新手易学·服装实用技术丛书

看图学服装纸样设计（双色版）

张丽琴 编著

机械工业出版社
CHINA MACHINE PRESS

本书共分五章，主要内容包括服装基础知识，原型变化，上衣、下装、连身装结构变化与纸样设计。采用双色图文一体的编写方式，将复杂的服装样板设计进行了逐步分解，每一个知识点都配有详细的绘图步骤与文字说明，并采用大量最具代表性的款型为范例进行样板绘制，图文并茂、通俗易懂，使初学者能够快速掌握服装结构设计的变化原理。

本书可作为服装制作初学者的参考书，也可作为服装裁剪、纸样设计、结构打板的培训用书，还可作为各院校服装设计与工艺专业的教材。

图书在版编目（CIP）数据

看图学服装纸样设计：双色版/张丽琴编著. —北京：机械工业出版社，2015. 12（2020. 3重印）
（新手易学服装实用技术丛书）
ISBN 978-7-111-52013-9

Ⅰ. ①看…　Ⅱ. ①张…　Ⅲ. ①服装设计—纸样设计—计算机辅助设计—AutoCAD软件—图集　Ⅳ. ①TS941.26—64

中国版本图书馆CIP数据核字（2015）第260014号

机械工业出版社（北京市百万庄大街22号　邮政编码100037）
策划编辑：马　晋　责任编辑：马　晋　王　辙
责任校对：纪　敬　责任印制：孙　炜
保定市中画美凯印刷有限公司印刷
2020年3月第1版第4次印刷
184mm×260mm・13印张・271千字
标准书号：ISBN 978-7-111-52013-9
定价：39.80元

凡购本书，如有缺页、倒页、脱页，由本社发行部调换

电话服务
服务咨询热线：010-88379833
读者购书热线：010-88379649

网络服务
机 工 官 网：www.cmpbook.com
机 工 官 博：weibo.com/cmp1952
教育服务网：www.cmpedu.com
金 书 网：www.golden-book.com

前言 FOREWORD

服装纸样是服装款型设计得以实现的核心技术，是成衣加工的依据和基础。服装纸样设计是服装设计师必须要掌握的专业技术知识，不同于一般以公式尺寸为主的公式裁剪法，纸样设计是基于人体造型变化原理、具有二次设计理念的一种结构设计。

笔者经过多年深入研究和大量的实践应用，对女装的结构设计形成了一套独特的见解，最大的心得体会就是：在结构理念分析上一定要尽量避免将简单问题复杂化，在讲解结构设计时要与人体造型相结合，同时要从设计与技术两个层面讲解结构设计。

本书的特点：一是从人体造型的角度谈结构，二是从设计的角度谈结构。原型是依据人体体型研发出来的，只要理解了原型与人体之间的对应关系，就能够在原型上进行灵活多样的结构变化。本书采用了最新的第八代日本文化式原型，用图解的形式讲解了原型与人体、领型与人体、袖型与人体、裤型与人体之间相对应的基准点与基准线的位置，使学习者一目了然。基于女装款型设计的复杂性因素，笔者根据女装结构的设计规律，运用了科学加艺术的思维方式，不仅对既有的女装款型进行了总结、提炼，还增加了众多的创意研发，将这些资源进行系统的归纳、划分，利用服装CAD的打板系统，绘出所有的平面款式图、结构步骤图和纸样完成图。

本书采用双色图文一体的讲解方式，将复杂的纸样设计进行逐步分解，每一个重要结构设计都配有绘图步骤与文字详解。每一章节都进行了详尽的结构分析，并采用了大量最具代表性的款型为范例进行样板绘制，用图文并茂的理念分析使学习者能够快速掌握结构设计的变化原理。

全书由河北师范大学张丽琴编写。笔者1996年毕业于北京服装学院服装设计专业，多年主讲服装设计、服装CAD等课程，希望为广大服装制作

从业人员、服装设计，专业师生及服装制作爱好者编著一本简单易懂、深入浅出的结构设计图书。因笔者能力有限，且时间仓促，书中难免有不足及错误，恳请专家和同行指正。联系邮箱：zlqyysls@126.com。

编著者

目　录 CONTENTS

第一章

服装基础

第一节　服装纸样设计概述

一、服装纸样概念

服装纸样是服装款型设计得以实现的核心技术，是成衣加工的依据和基础。服装纸样设计是服装设计师必须要掌握的专业技术知识，不同于一般以公式尺寸为主的平面裁剪法，纸样设计是基于人体变化原理、具有二次设计理念的一种结构设计。纸样设计是在结构设计基础上进行更加完善的样片绘制。

二、服装纸样设计流程

根据款式设计，结合人体造型进行结构设计，绘出净样，在净样上做纸样处理，如加缝边、纱向、标注等，这个过程叫作纸样设计。纸样完成后，就可以进入裁剪制作环节。

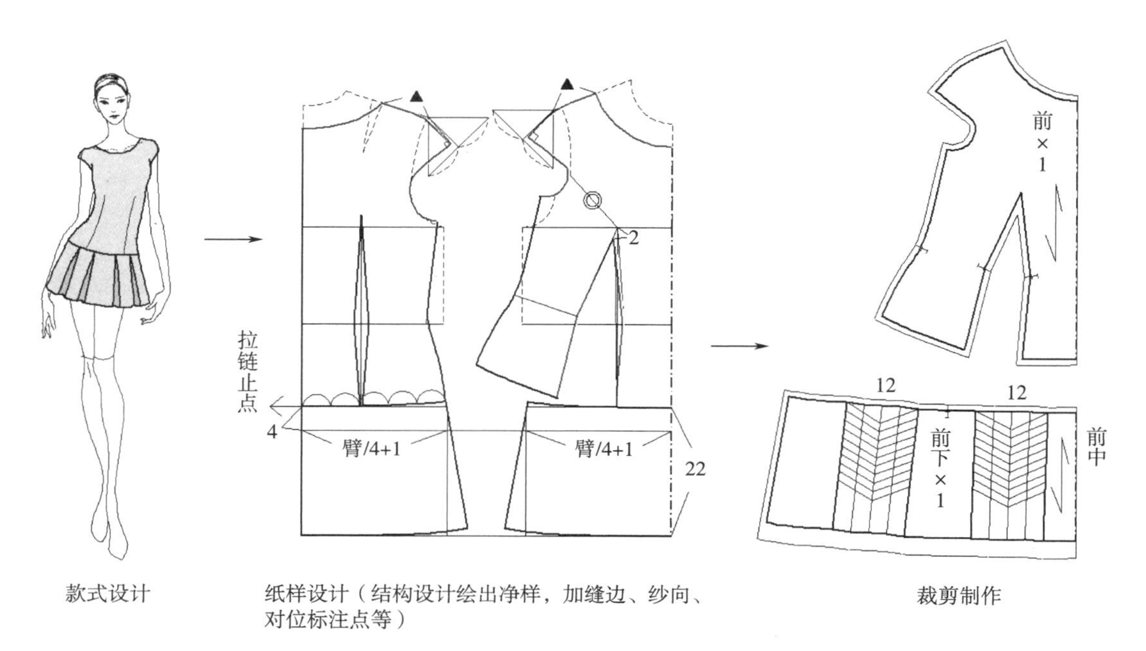

款式设计　　纸样设计（结构设计绘出净样，加缝边、纱向、对位标注点等）　　裁剪制作

三、制图工具

1. 绘图纸笔

牛皮纸和白色卡纸因为有着较好的韧性和厚度，在平常的绘图时应用较多。工厂一般应用CAD专用绘图纸和黄板纸。

绘图直接应用HB绘图铅笔。

2. 绘图尺

绘制1∶1的纸样，需要使用以下尺子工具：

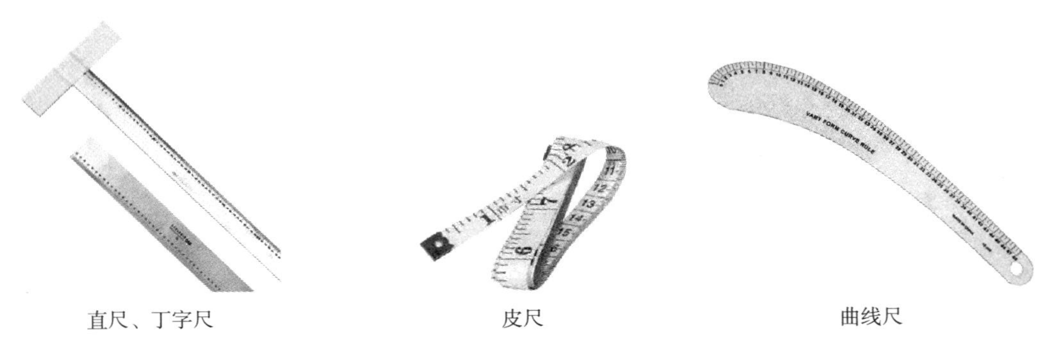

直尺、丁字尺　　皮尺　　曲线尺

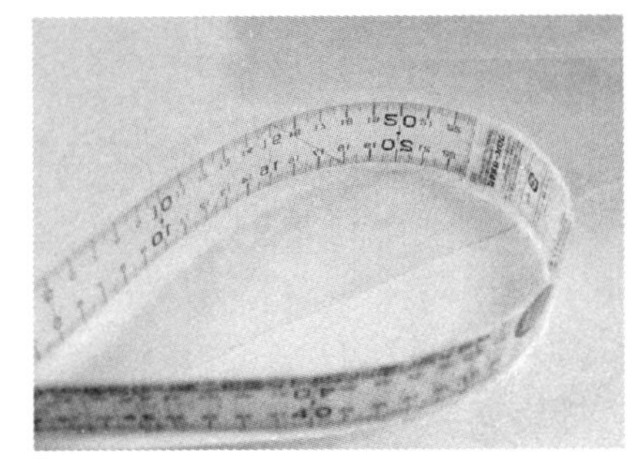

软尺：超薄超轻型新型直尺，柔韧性非常好，可以测量袖窿等曲度很大的弧线，还可以进行局部的围度测量，如手臂围、腿围等。软尺可以兼顾直尺、皮尺和曲线尺的功能。

3. 金属工具

如果有条件，剪纸、剪布时，最好使用不同的专业剪刀。有齿滚轮主要应用于裁剪。

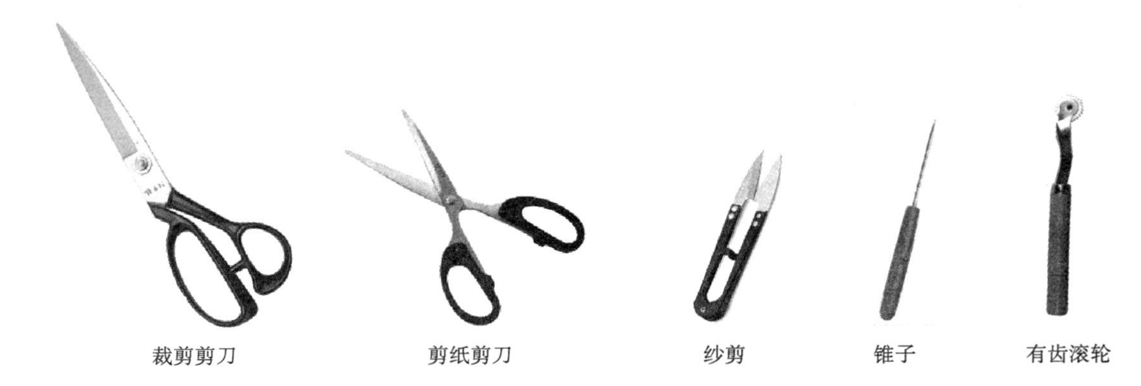

裁剪剪刀　　剪纸剪刀　　纱剪　　锥子　　有齿滚轮

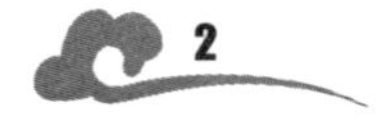

四、制图符号

1. 制图线条

表1-1　制图线条

序号	名称	线条	用途
1	黑色粗实线	——	完成后的轮廓线
2	红色粗线	—— - - -	与绘图步骤相对应的绘制线条
3	细线	—— - - -	结构图的基准线、辅助线 明缉线、辅助线
4	粗虚线、点画线	- - - —·—·—	表示对称部位的对折线 口袋、挂面、贴边位置

2. 制图符号

表1-2　制图符号

序号	名称	符号	用途
1	步骤顺序号	①②③④	表示绘图的先后顺序
2	等分标注线		表示平均等分线段
3	合并		表示纸样拼合
4	直角		直角标注
5	等量标记	△ ○ ▲ ● ○	表示两个或多个部位的尺寸相同
6	交叉重叠		纸样的交叉重叠
7	缩缝抽褶		表示某部位需要进行缩缝或抽褶
8	扣子和扣眼		表示钉扣子、锁扣眼的位置

第二节　人体测量

一、测量要求

1. 测量工具

运用皮尺，即测量软尺进行主要测量，采用测高计来测量身高。

2. 测量事项

① 要求被测量者采用站立姿势或坐姿。站立状态时，全身自然伸直，头部摆正，两腿合并；坐姿时，上身自然伸直，且垂直于椅面。

② 软尺拉得要松紧适度，以贴身为宜，里面能够放入一根手指，皮尺能在身上转动。

③ 测量长度时，通过基准点随着人体的起伏来测量，穿着内衣测量最为准确。

3. 测量基准点

人体的曲度较复杂，为了方便测量，将人体外表比较明显的一些骨骼点、突出点、结构点等设定为测量的基准点。

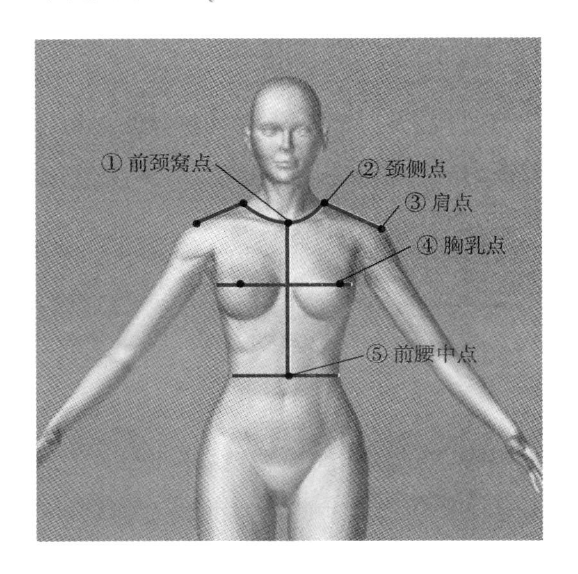

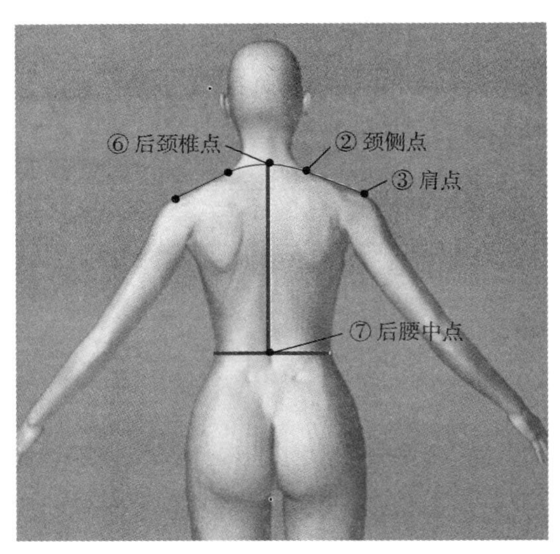

① **前颈窝点**：位于左右锁骨的中点，也就是前中颈根部的凹陷点，是测量颈根围的基准点。

② **颈侧点**：颈根部与肩部的交接点，差不多是耳垂根垂直向下的点，是测量颈根围的基准点。

③ **肩点**：肩胛骨上缘最外端的突出点，处于肩部与手臂的交界处，是测量肩宽和臂长的基准点。

④ **胸乳点**（bustpoint）：胸部的最高点，简称*BP*点，是测量胸围的基准点，也是女装结构中最重要的基准点之一。

⑤ **前腰中点**：腰围线与前中线的交点。

⑥ **后颈椎点**：第七颈椎点，就是颈部向前弯曲时的突出点，是测量背长、衣长的基准点。

⑦ **后腰中点**：腰围线与后中线的交点，是测量背长的基准点。

二、测量项目

1. 三围测量

三围是指胸围、腰围和臀围，是进行原型结构变化的三个最重要的围度数据。

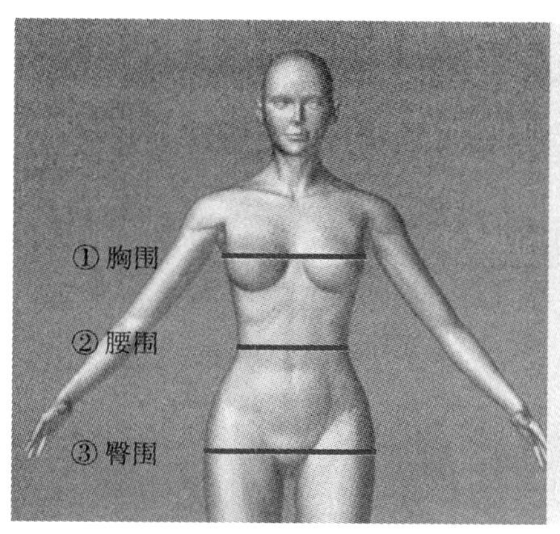

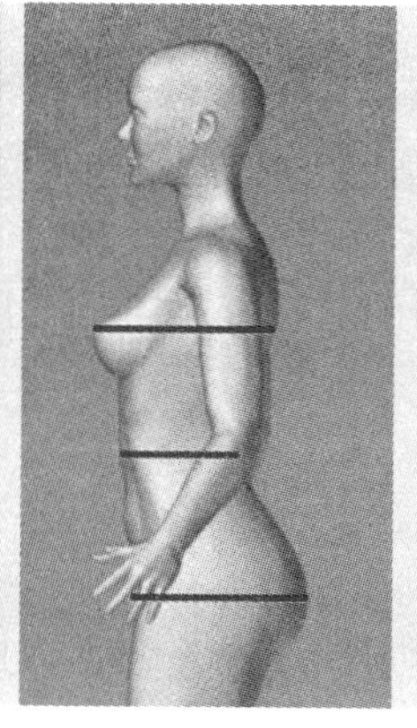

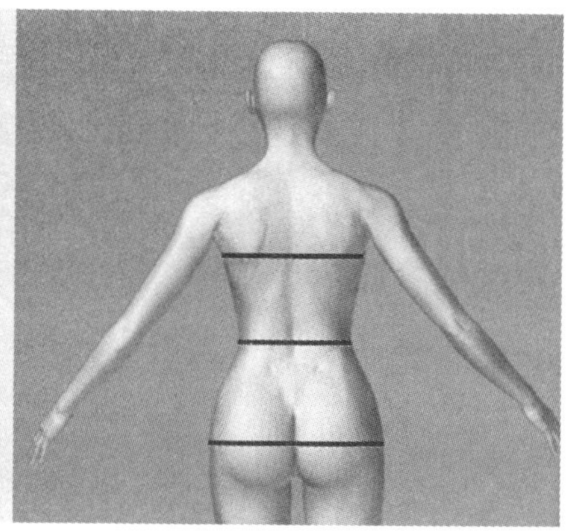

① **胸围：** 皮尺沿胸部最丰满处水平绕身一周，经过两个胸乳点（*BP*点）。

② **腰围：** 皮尺沿腰部的最细处水平绕身一周。

③ **臀围：** 皮尺沿臀部的最丰满处水平绕身一周。

2. 高度测量

原型变化的重要长度数据是背长、衣长（后颈椎点为测量始点）、股上长（上裆长）、裤长或裙长（腰线处为测量始点）。

① **身高：** 从头顶垂直向下至脚跟的长度。

② **背长：** 从后颈椎点沿着背部曲线向下至后腰中点的长度。

③ **颈椎点高：** 将皮尺放于后颈椎点垂直向下至脚跟（或者根据衣长来确定终点）的长度。

④ **腰线高：** 从腰围线至脚跟的长度。

⑤ **臀高：** 从腰围线至臀围的长度。

⑥ **股上长（上裆长）：** 从腰围线至会阴点的长度。

⑦ **膝长：** 从腰围线至膝盖最高点的长度。

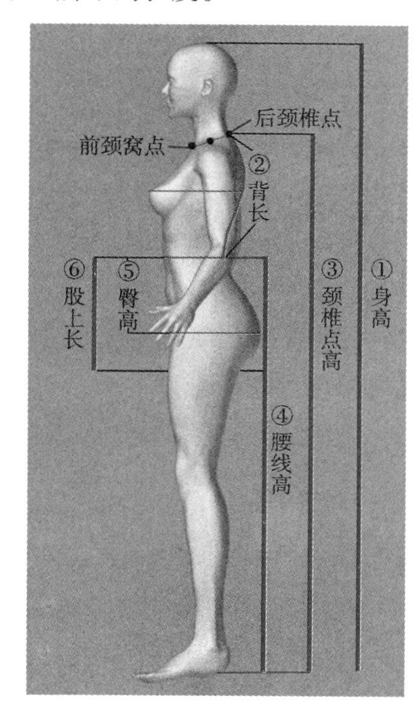

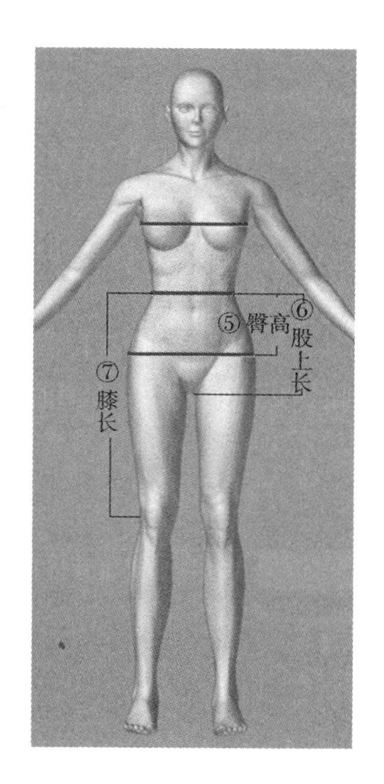

3. 局部测量

根据不同的款式要求，测量的项目也不同，如制作紧身衣，就需要更详细的测量数据，在三围、背长的基础上还要加上胸底围、乳间距和乳高点等项目的测量。

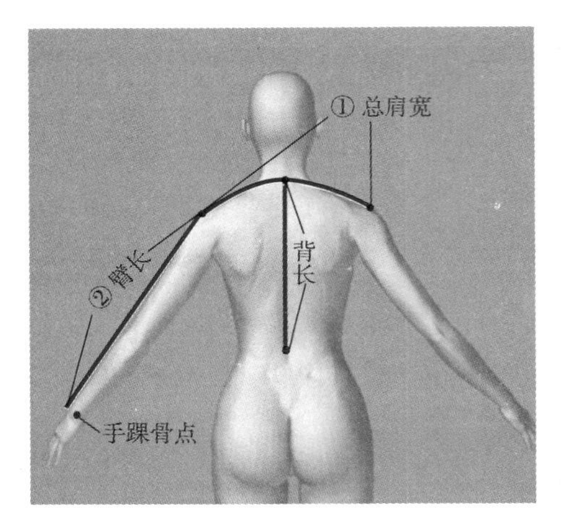

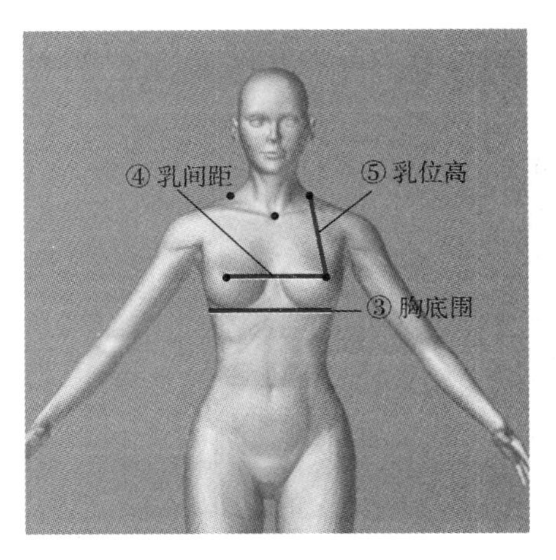

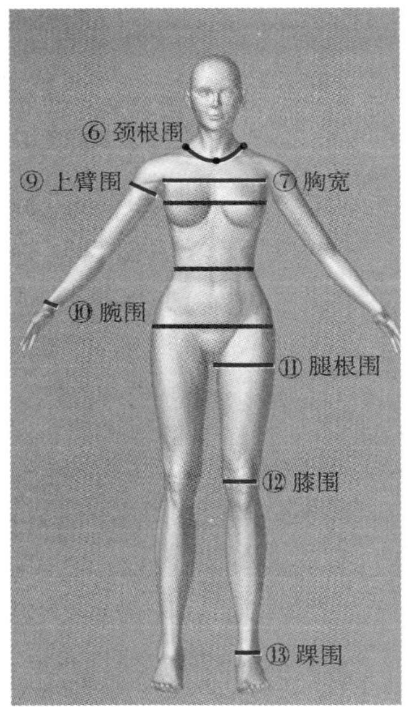

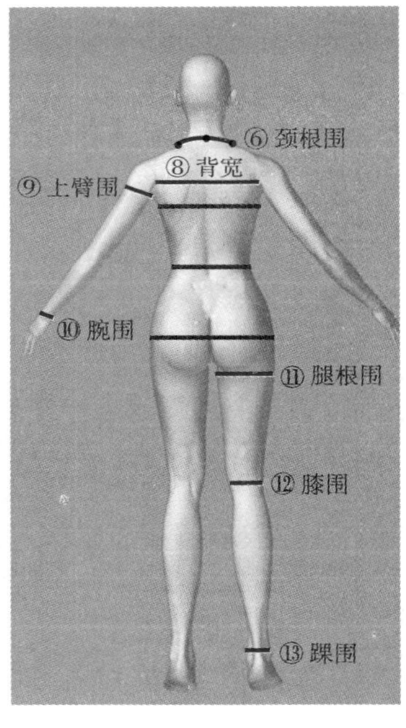

① **总肩宽**：经过左右两个肩点和后颈椎点的长度。

② **臂长**：从肩点到手踝骨点的长度。

③ **胸底围**：水平环绕乳根一周的长度，也叫下胸围。

④ **乳间距**：两个乳尖点之间的直线距离。

⑤ **乳位高**：从颈侧点到乳尖点的距离。

⑥ **颈根围**：经过前颈窝点、颈侧点、后颈椎点一周的曲线长度。

⑦ **胸宽**：前胸左右两个腋窝点之间的距离。

⑧ **背宽**：后背两个腋窝点之间的距离

⑨ **上臂围**：上臂根部最粗处的围度。

⑩ **腕围**：腕关节最突点处的围度。

⑪ **腿根围**：大腿根部的水平围度。

⑫ **膝围**：经过膝盖骨中点的水平围度。

⑬ **踝围**：经过外踝点的水平围度。

第三节 服装规格尺寸

一、国家号型标准

1. 号型标准

由中华人民共和国国家质量监督检验检疫总局、中国国家标准化管理委员会发布的国家标准GB/T 1335—2008《服装号型》，包括三个部分：GB/T 1335.1—2008《服装号型 男子》，GB/T 1335.2—2008《服装号型 女子》，GB/T 1335.3—2009《服装号型 儿童》。

2. 号型定义

“号”指人体的身高，以cm为单位，是设计和选购服装长短的依据；“型”指人体的胸围和腰围，以cm为单位，是设计和选购服装肥瘦的依据。

3. 体型分类

以人体的胸围与腰围的差数为依据来划分体型，并将体型分为四类。体型分类代号分别为Y、A、B、C。

表1-3 体型分类表 （单位：cm）

体型分类代号	男子胸腰围差	女子胸腰围差
Y	17~22	19~24
A	12~16	14~18
B	7~11	9~13
C	2~6	4~8

4. 号型标志

号型的表示方法为号与型之间用斜线分开，后接体型分类代号。例如：上装160/84A，其中160为身高，代表号；84为胸围，代表型；A代表体型代号。下装160/68A，其中160为身高，代表号；68为腰围，代表型；A代表体型代号。

服装上必须标明号型，套装中的上、下装分别标明号型。

5. 号型系列

号型系列是服装批量生产中规格制定和购买成衣的参考依据。号型系列以各体型中间体为中心，向两边依次递增或递减组成。服装规格也以此系列为基础按需加放松量进行设计。以成年男子和女子为例，身高以5cm分档组成系列，胸围以4cm分档组成系列，腰围以4cm或2cm分档组成系列，身高与胸围、腰围搭配分别组成5.4或5.2号型系列。

二、号型应用

1. 女子胸罩号型

胸罩号型由胸围（上胸围）减去胸底围（下胸围）的差值来确定。

胸罩号型75A，指胸底围75cm，A罩杯，胸围大约75cm+10cm=85cm；胸罩号型75B，指胸底围75cm，B罩杯，胸围大约75cm+12.5cm=87.5cm。

2. 成衣号型应用

表1-4　女子胸罩号型

（单位：cm）

上下胸围差	胸罩罩杯
约7.5	AA
约10	A
约12.5	B
约15	C
约17.5	D
约20	E

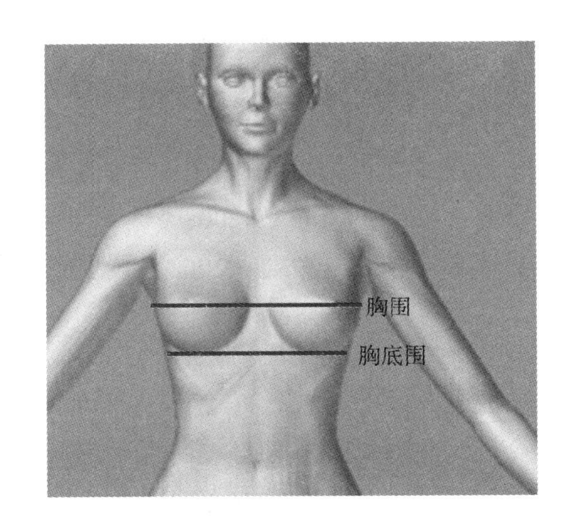

表1-5　女式内衣尺码对照表　（单位：cm）

国际尺码	英式尺码	胸底围	胸围	上下胸围差	罩杯
70A	32A	68~72	78~80	9~11	A
70B	32B		80~83	12~13	B
70C	32C		83~85	14~16	C
75A	34A	73~77	83~85	9~11	A
75B	34B		86~88	12~13	B
75C	34C		88~90	14~16	C
80A	36A	78~82	88~90	9~11	A
80B	36B		91~93	12~13	B
80C	36C		93~95	14~16	C
85A	38A	83~87	93~95	9~11	A
85B	38B		96~98	12~13	B
85C	38C		98~100	14~16	C

表1-6　女装尺码对照表

尺码代号	XS	S	M	L	XL	XXL
上装号型	150/76	155/80	160/84	165/88	170/92	175/96
胸围/cm	76	80	84	88	92	96
对应身高/cm	148~152	153~157	158~162	163~167	168~172	173~177
对应胸围/cm	74~77	78~81	82~85	86~89	90~93	94~97
对应腰围/cm	57~61	62~66	67~70	71~74	75~79	80~84

表1-7 女裤尺码对照表

尺码代号	S		M		L		XL	
尺码/in	25	26	27	28	29	30	31	32
下装号型	155/62A	159/64A	160/66A	164/68A	165/70A	169/72A	170/74A	170/76A
对应臀围/cm	85	87.5	90	92.5	95	97.5	100	102.5
对应腰围/cm	62	64.5	67	69.5	72	74.5	77	79.5

表1-8 男装尺码对照表

尺码代号	S	M	L	XL	XXL	XXXL
上装尺码/in	46	48	50	52	54	56
上装号型	165/80A	170/84A	175/88A	180/92A	185/96A	190/100A
对应身高/cm	163~167	168~172	173~177	178~182	183~187	187~190
对应胸围/cm	82~85	86~89	90~93	94~97	98~102	103~107
对应腰围/cm	72~75	76~79	80~84	85~88	89~92	93~96
肩宽/cm	42	44	46	48	50	52

表1-9 男裤尺码对照表（一）

尺码代号	S		M		L	
裤子号型	170/72A	170/74A	170/76A	175/80A	175/82A	175/84A
裤子尺码/in	29	30	31	32	33	34
对应臀围/市尺	2尺9	3尺	3尺1	3尺2	3尺3	3尺4
对应臀围/cm	97.5	100	102.5	105	107.5	110
对应腰围/市尺	2尺2	2尺3	2尺4	2尺4	2尺5	2尺6
对应腰围/cm	73.7	76.2	78.7	81.3	83.8	86.4

表1-10 男裤尺码对照表（二）

尺码代号	XL		XXL		XXXL	
裤子号型	180/86A	180/90A	185/92A	185/94B	190/98B	195/102B
裤子尺码/in	35	36	37	38	40	42
对应臀围/市尺	3尺5	3尺6	3尺7	3尺8	4尺	4尺2
对应臀围/cm	112.5	115	117.5	120	122.5	130
对应腰围/市尺	2尺6	2尺7	2尺8	2尺9	3尺1	3尺2
对应腰围/cm	89	91.4	93.3	96.5	101.6	106.6

第二章

原型变化

第一节　原型基础

原型是依据人体体型研发出来的一种基本结构图，运用原型可以很直观地变化出多种多样的结构形式，原型法是公认的一种简单、实用的平面样板设计法。在中国应用最广泛的是日本文化式原型，为日本文化服装学院主导研发，经过几十年的不断研发改进，文化式原型已经发展到了第八代原型。

根据不同的性别和年龄分为成人女子原型、妇人原型、男装原型、儿童原型。在这里，我们采用了最新的文化式原型——第八代原型，与第七代原型相比，新原型更符合现代人的体型进化趋势，更加修身合理。女式原型包括衣身原型与原型裙。

注意：本书在以后绘图时出现的计算公式，如胸/2+6cm，腰/4+0.5cm，臀/4+1cm等，其中的胸、腰、臀等单字，全部指净尺寸，成衣尺寸会特别标注，如成衣胸围或成衣胸宽等。

一、原型部位名称

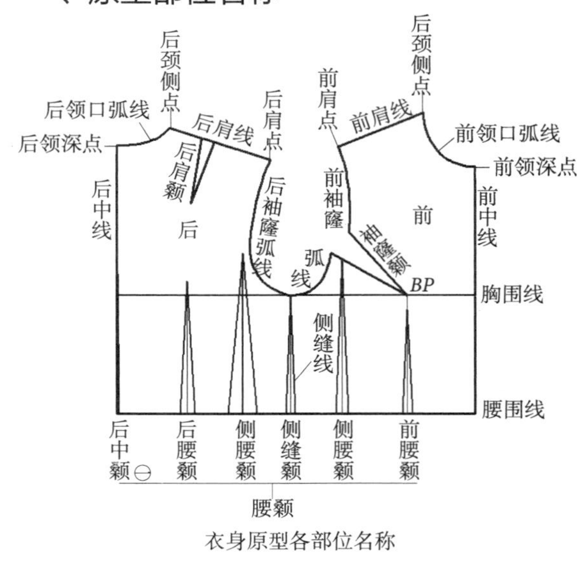

衣身原型各部位名称

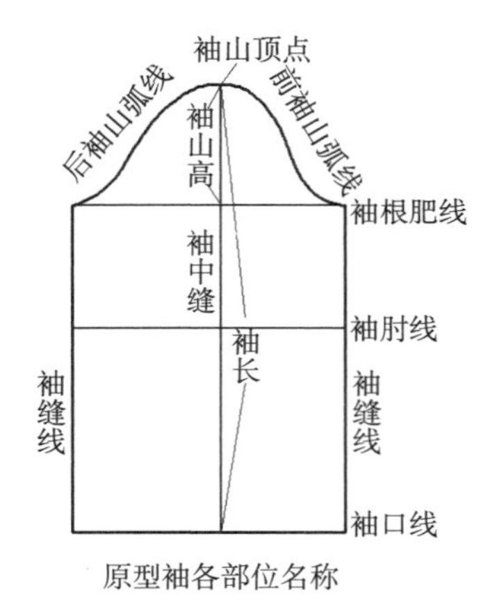

原型袖各部位名称

㊀ 本书采用规范术语——颡，等同于大家常说的“省”。

原型衣身缝制后的着装效果如下图所示，注意原型与人体相对应的几个基准点与基准线的位置。在掌握了原型与人体的结构关系后，就可以根据款式在原型上进行灵活多变的结构设计。

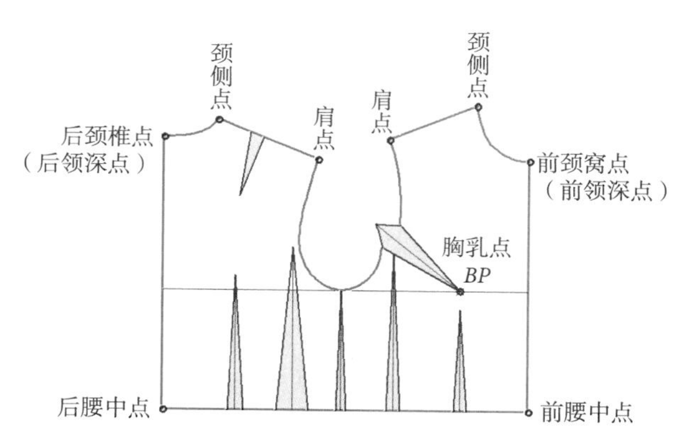

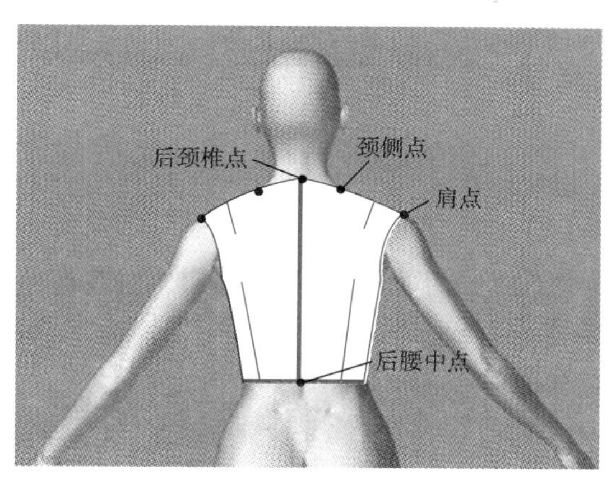

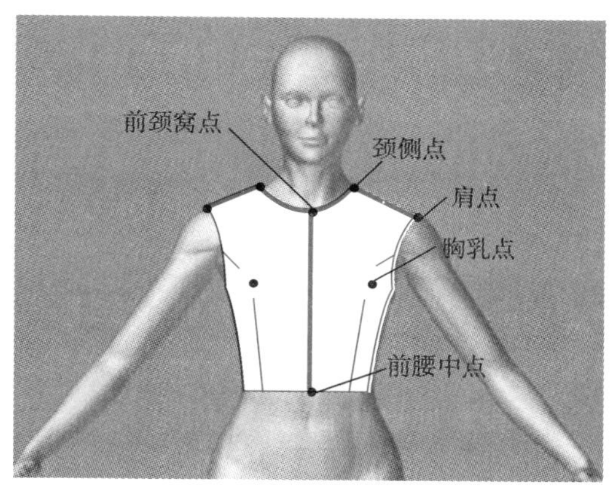

二、衣身原型

1. 衣身原型基础线

尺寸规格：160/84A，胸围=84cm，腰围=68cm（或66cm），背长=38cm，袖长=54cm。

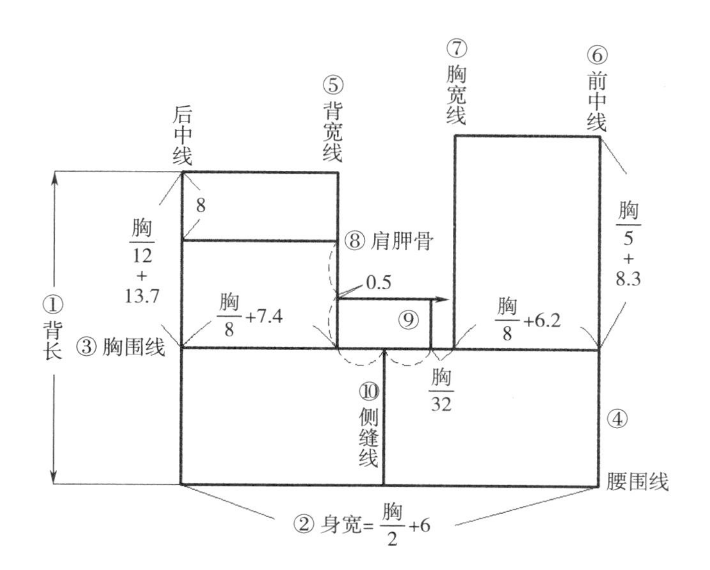

① **绘制垂直线（背长）：**这里按照尺寸规则160/84A背长标准设定为38cm。

② **做身宽线（腰围线）：**在背长下端点绘制水平腰围线，长度为**胸/2+6cm**（松量），指一半的衣身围度。

③ **绘制胸围线：**从背长上端点往下取**胸/12+13.7cm**，绘制水平胸围线。

④ **绘制前中线下端：**在前中线处，连接腰围线与胸围线，两线长度是相等的。

⑤ **绘制背宽线：**从后中线沿胸围线向前中方向取**胸/8+7.4cm**，做垂直的背宽线，高度与后中线上端点齐平，做水平线连接两垂直线。

⑥ **绘制前中线上端：**从胸围线与前中线交点绘制垂直线，长度为**胸/5+8.3cm**。

⑦ **绘制胸宽线：**从前中线沿胸围线向后中线方向取**胸/8+6.2cm**，做垂直的胸宽线，高度与前中线上端点齐平，做水平线连接两垂直线。

⑧ **绘制肩胛骨位置线：**从后中线上端点向下取**8cm**，绘制肩胛骨位置线。

⑨ **绘制辅助线：**在背宽线上，从肩胛骨线至胸围线的中点向下**0.5cm**处，绘制一条水平线；从胸宽线与胸围线的交点往后中线方向取**胸/32**的长度，绘出一条垂直线，与水平线相交。

⑩ **绘制侧缝线：**从刚画的垂直辅助线与背宽线之间的中点做垂直侧缝线。

2. 衣身原型轮廓线1——领口弧线与肩线

① **标出*BP*点：**胸围线上的胸宽中点向左偏移0.7cm，绘出*BP*点。

② **标出肩胛点：**肩胛线中点向右偏移1cm。

③ **绘制前领宽：**前领宽=胸/24+3.4cm。

④ **绘制前领深：**前领深=前领宽+0.5cm。

⑤ **绘制前领口弧线：**确定领口对角线的1/3向下0.5cm的点，连接三点（颈侧点、对角线基准点和领深点）。

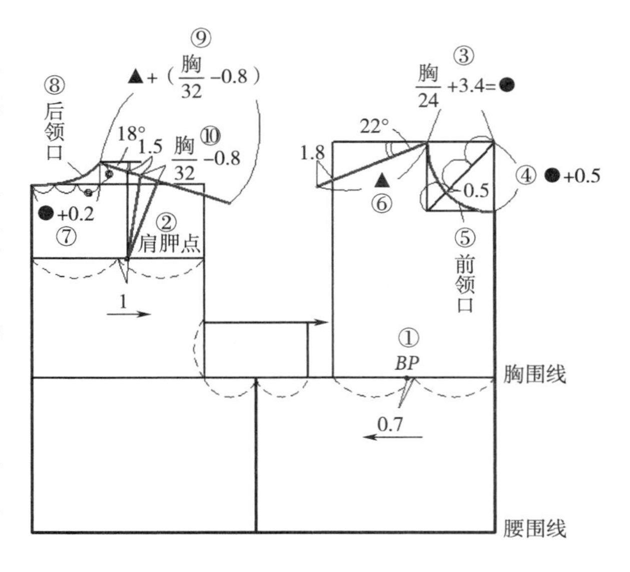

⑥ **绘制前肩线：**自前颈侧点开始，角度=逆时针22°，长度超过胸宽线1.8cm。

⑦ **绘制后领宽和领高：**后领宽=前领宽+0.2cm，后领高=后领宽/3。

⑧ **绘制后领口弧线**

⑨ **绘制后肩线：**自后颈侧点开始，角度=顺时针18°，长度=前肩线+后肩颡，其中后肩颡=胸/32−0.8cm。

⑩ **绘制后肩颡：**从肩胛点做垂直线与后肩线相交，向右偏移1.5cm绘制后肩颡，颡尖是肩胛点，颡量=胸/32−0.8cm。

3. 衣身原型轮廓线2——袖窿弧线

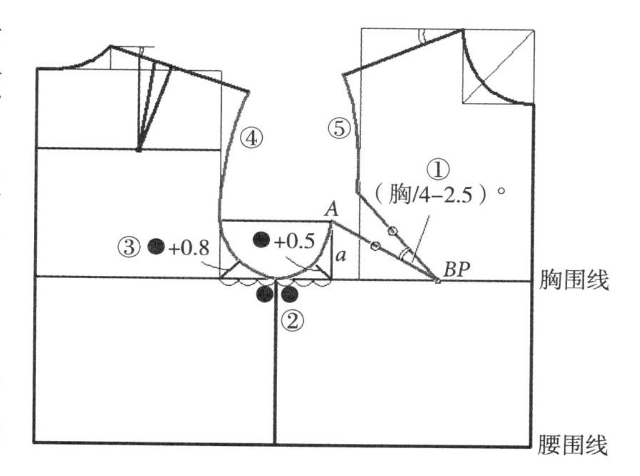

① **绘制袖窿褶：**连接A点与BP点，顺时针方向绘出（胸/4−2.5）°的角度，这也是褶量，两条褶线相等。

② **做前袖窿辅助线：**将a线与侧缝线之间分成三等份，每一等份长为●，绘制a线与胸围线之间的角平分线，长度=●+0.5cm。

③ **绘制后袖窿辅助线：**长度=●+0.8cm。

④ **绘制后袖窿弧线：**从后肩点向下绘制曲线，中间连接两个辅助点，到达袖窿深点。

⑤ **绘制前袖窿弧线：**同样绘出上下两条前袖窿弧线。

4. 衣身原型腰褶分配

计算褶量：原型的腰褶有6个，分别以a、b、c、d、e、f代称，要将胸腰差的一半按照一定的比例放在这些腰褶当中。原型的胸围放松量为12cm，腰围的放松量为6cm，腰褶褶量=（84cm/2+6cm）−（68cm/2+3cm）=11cm。胸围相同，腰围越小，胸腰差就越大，腰褶就越多。如腰围66cm，那么腰褶褶量=（84cm/2+6cm）−（66cm/2+3cm）=12cm。要根据不同的形体来调整腰褶褶量。

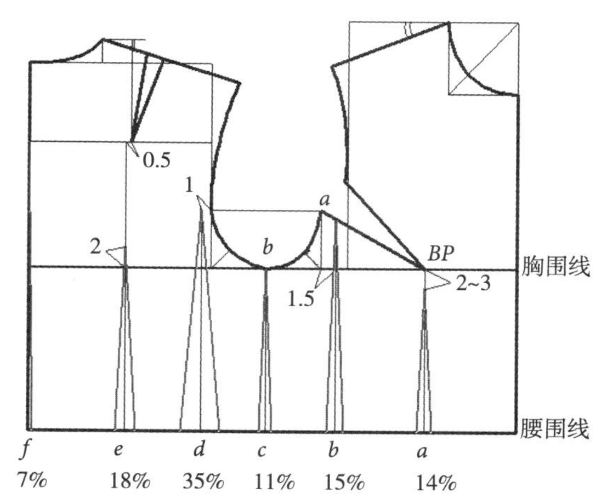

① **做a褶（前腰褶）：**BP向下2~3cm处绘制垂直线作为褶中心线，将褶量（11×14%）cm平均放于褶中心线两端。

② **做b褶（前侧腰褶）：**从a线沿着胸围线向前中线方向偏移1.5cm，分别向上向下绘制垂直褶中心线，将褶量（11×15%）cm平均放于中心线两端。注意：褶尖要与袖窿褶下褶线相交。

③ **做c褶（侧缝褶）：**将褶量（11×11%）cm平均放于侧缝线两端。

④ **做d褶（后侧腰褶）：**背宽线与b线的交点向后中线方向偏移1cm，绘制垂直褶中心线，褶量为（11×35%）cm。

⑤ **做e褶（后腰褶）：**肩胛点向后中线方向偏移0.5cm，绘制垂直线，褶尖在胸围线以上2cm处，褶量为（11×18%）cm。

⑥ **做f褶（后中褶）：**从后中线与肩胛线的交点向下绘制褶线，褶量为（11×7%）cm。

三、原型袖

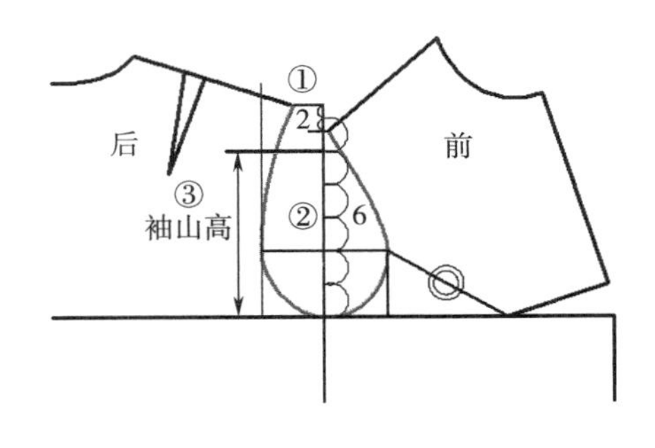

在绘制原型袖之前，要先将前袖窿弧线成为一个整体。方法：剪开前中线与腰围线交点至BP点的线段，闭合袖窿额，将额量转移到前中线处。

① **二等分：**将前、后肩点之间的高度差二等分。分别从前、后肩点做水平线，与从衣身侧缝线（作为袖中缝）上延出来的垂直线相交，将中间的高度差二等分。

② **六等分：**将袖窿深点与肩点高度差中点这两点之间的距离六等分。

③ **标出袖山高：**六等分最上端的一等分处，就是袖山顶点，从而得到袖山高。

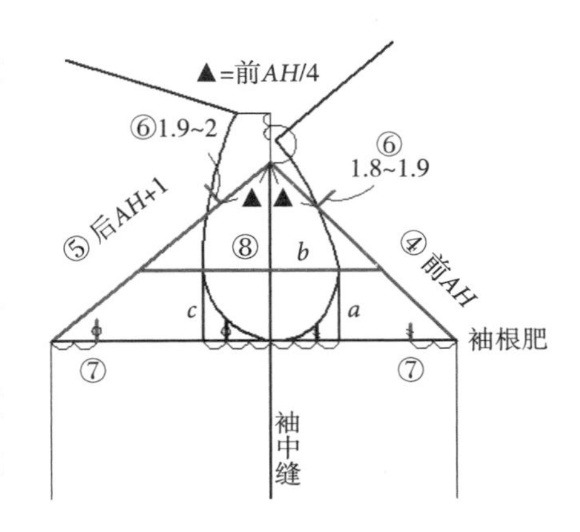

④ **绘制前袖山斜线：**测量出原型衣身前、后袖窿弧线长（简称前AH和后AH）。从袖山顶点绘制一条长度为前AH的斜线，与袖中缝右边的袖根肥线（衣身的胸围线）相交。

⑤ **绘制后袖山斜线：**从袖山顶点绘制一条长度为（后AH+1cm）的斜线，与袖中缝左边的袖根肥线相交。

⑥ **绘制前、后袖山弧线辅助线1：**在前、后袖山斜线上，袖山顶点向下，$AH/4$长度处，绘制袖山斜线的垂线，前垂线长度=1.8~1.9cm。后垂线长度=1.9~2cm。

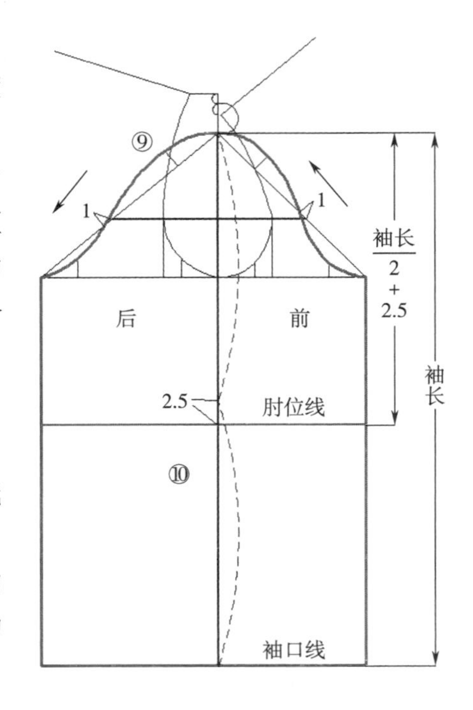

⑦ **绘制前、后袖山弧线辅助线2：**将a线至袖中缝、c线至袖中缝之间分别三等分，在2/3处绘制垂直线与前、后袖窿线相交，得到的垂直线段平行移动到相应的位置，到袖根肥线两端点的距离为三等分的2/3长度。

⑧ **延长辅助b线：**将b线左右延长至前、后袖山斜线上。

⑨ **绘出袖山弧线：**如图所示，连接几个辅助线所标示的定位点，绘出前、后袖山弧线。

⑩ **绘出袖长和肘位线：**袖长指从袖山顶点到袖口线的距离。从袖山顶点向下取（袖长/2+2.5）cm的长度，绘出肘位线。

四、原型修正

1. 修正领口与袖窿

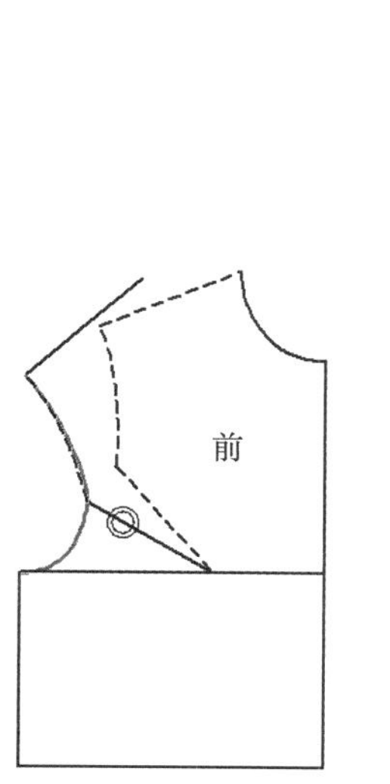

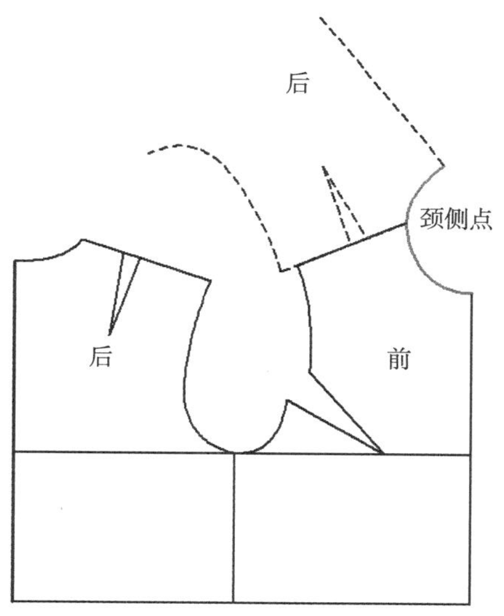

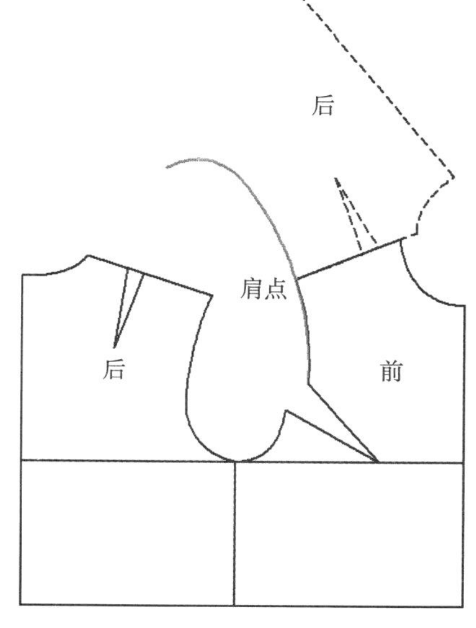

闭合前袖窿颡，修圆顺前袖窿弧线。

前后身自颈侧点开始进行肩线对合，修圆顺前后领口弧线。

前后身自肩点开始进行肩线对合，修圆顺前后袖窿弧线。

2. 修正颡道

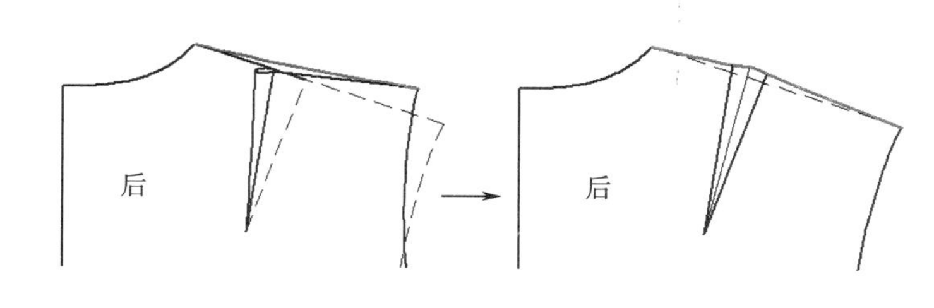

后肩颡在缝合后，会出现凹角，需要修齐凹进去的部分，左图中的红色线为颡道闭合之后的修正肩线。右图的红色肩线是修正完成后的肩颡打开效果。

第二节　颡道设计与变化

一、 颡道设计原理

（一）颡道概念

颡道：使平面的布料构成立体的造型。颡道是使衣料贴和人体的关键技术之一，也是女装结构设计中最需要掌握的技术。

女性人体特征主要在躯干，典型的女性形象就是窄肩、丰胸、细腰、圆臀，女性丰满隆起的胸部，最高点就是胸点，一般称为BP点。

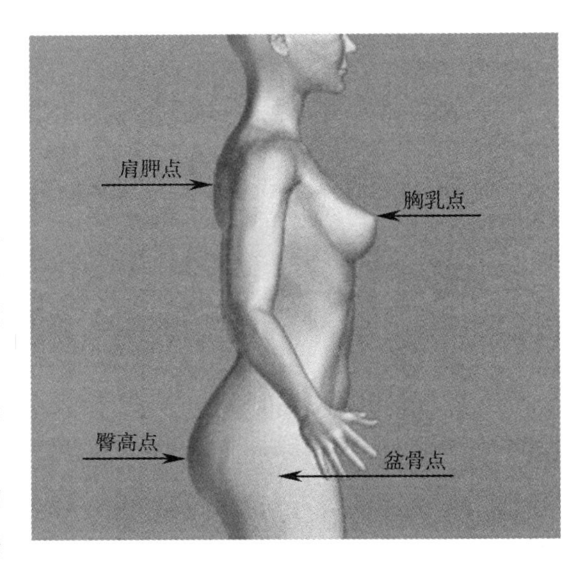

将平面的布料覆盖躯干部分，会有很多不合体的空余处，除去多余的部分，整体服装就能达到贴体的效果，这些多余部分就是颡道。

女性衣身原型中颡道的作用是为了突出胸部，收缩腰部，表现人体曲线。

如图所示，人体的最突出的部位是胸乳点、肩胛点、盆骨点和臀高点，而这些最高点正是颡道的始点。

始于这几点，呈放射状向任何方向取颡道，终点可以在肩、侧缝、腰节、领口和袖窿等处，可以得到很多位置不同但都有相同功能的颡道。

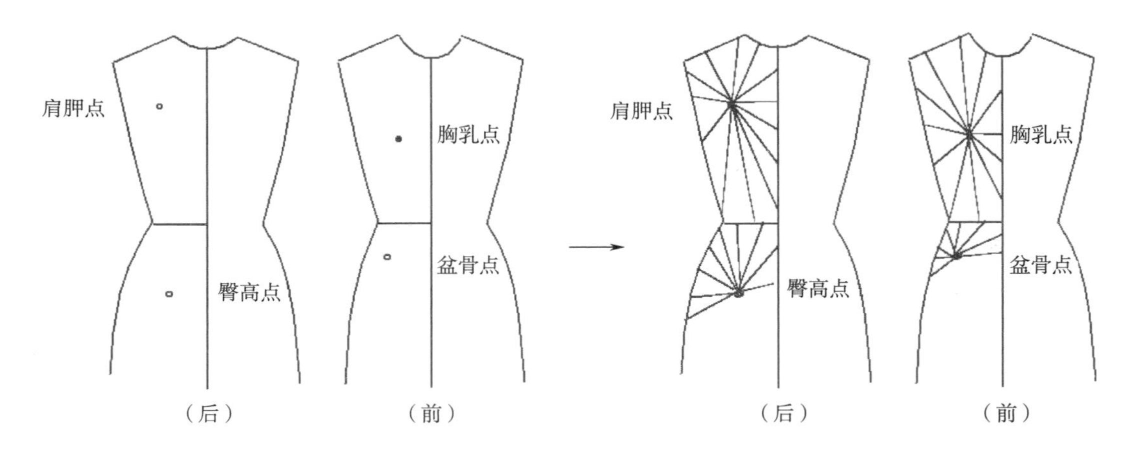

（二）颡道分类

根据颡道位置的不同，可以分为以下几种：肩颡、腋下颡、领口颡、袖窿颡、腰颡、门襟颡等，如图所示。

以原型前片为例，所有颡道都可以总称为胸颡。颡尖指向BP点的胸颡都以BP点为圆心进行360°转移。

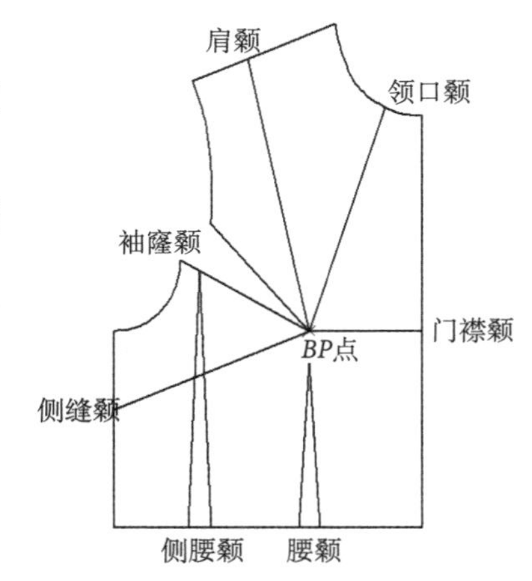

（三）颡道概念与颡道转移图解

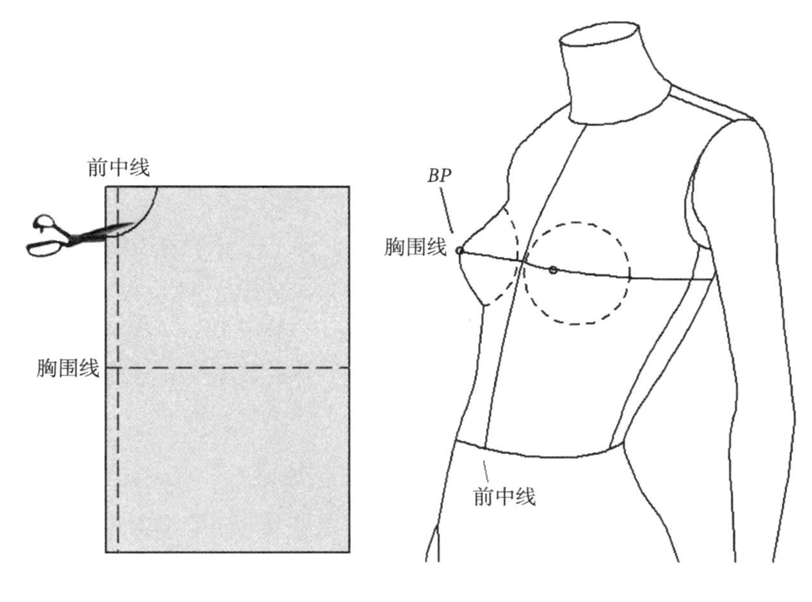

①在矩形面料上标出前中线与胸围线（红色虚线），底摆线为腰线位置，画出领口弧线并剪开。在人台上标出前中线与胸围线。

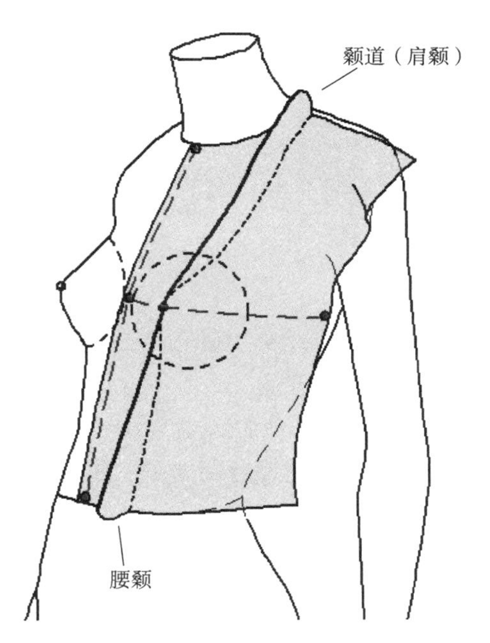

② 将面料的前中线、胸围线与腰围线分别对准人台的相应位置，用大头针固定几条基准线。面料的胸围线上下部分都会出现多余量，这就是颡量，以*BP*点为中心，捏出肩部和腰部的颡道。

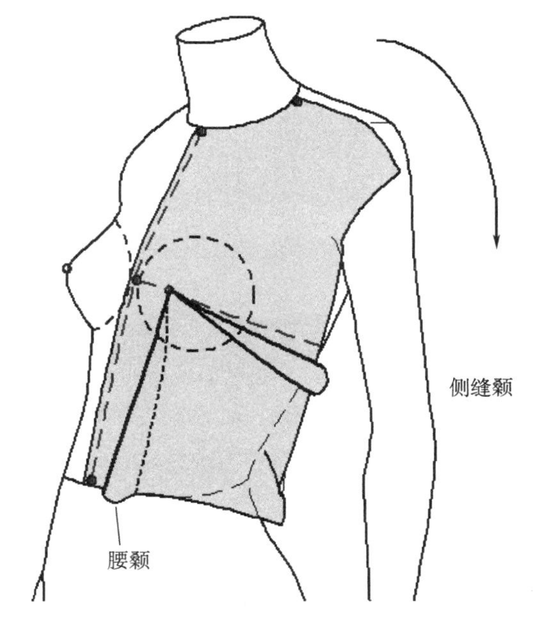

③ 拔出固定胸围线的大头针。将肩颡以*BP*点为中心，向下方推移，到了侧缝位置捏出颡道，称为侧缝颡。面料的胸围线位置下落。

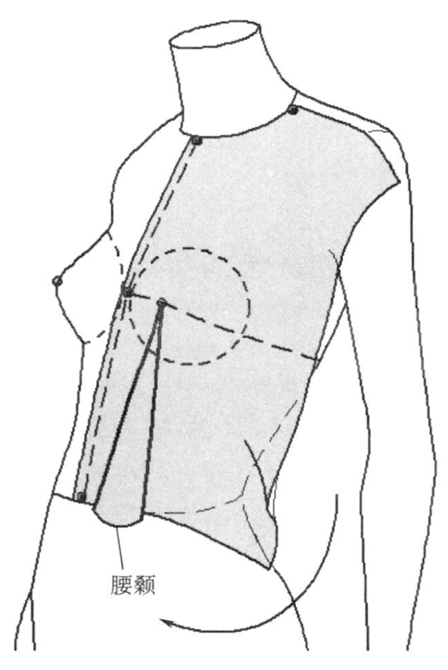

④ 将侧缝省以BP点为中心，继续向下方推移，到了腰省位置，与原腰省合并，捏出省道。

（三）省道转移

省道的位置与大小的变化，直接影响款式的结构变化，省道转移其实就是进行省道方向与大小的移动变化。

1. 省道转移方法

省道转移方法包括剪开转移法和旋转转移法。

剪开转移法，以BP点为中心画出新的省线，将新省线剪开，闭合原来的省道，原省量就转移到了新省位置，如图所示。

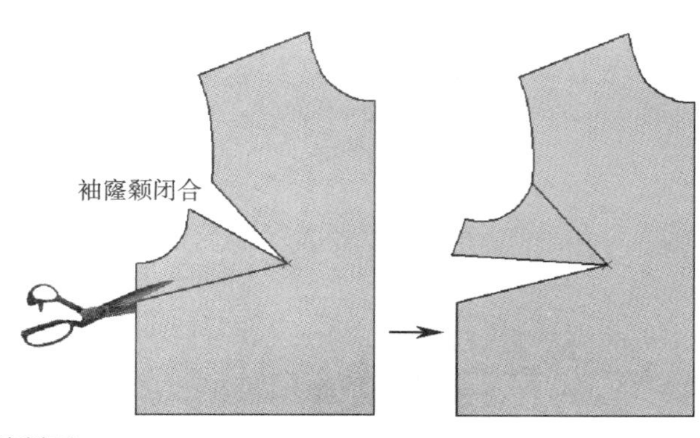

旋转转移法，如下图所示，画出新省线，描出原型轮廓线，摁住BP点，以BP点作圆心旋转原型，将旋转原型的下省线对合到原省的上省线，即原省的省道闭合处，描出新省线到对合线之间的轮廓线。

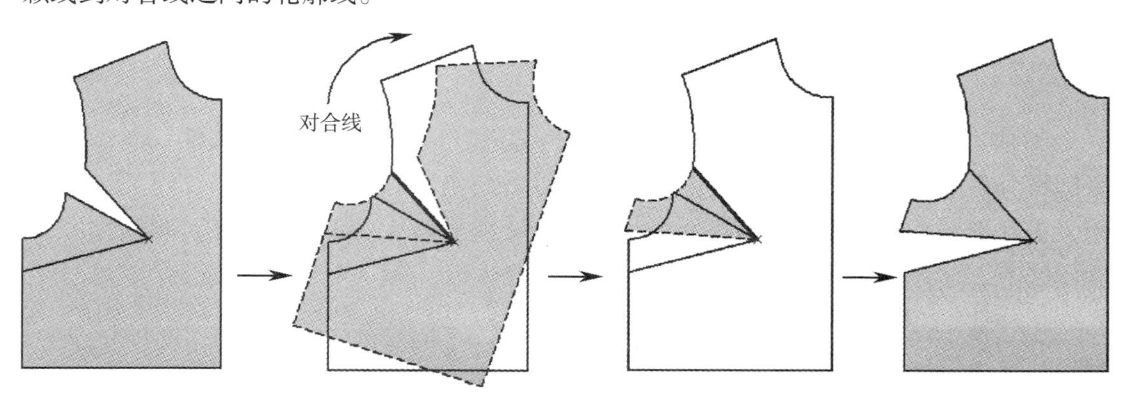

2. 省道转移形式

省道转移形式包括全部转移、部分转移和分散转移。

全部转移，就是把原来的省量全部转移到新省位置，原省位闭合。

部分转移，如下图所示，把原来袖窿省的一部分省量转移到新省位置，原来省位还保留有一部分省量。

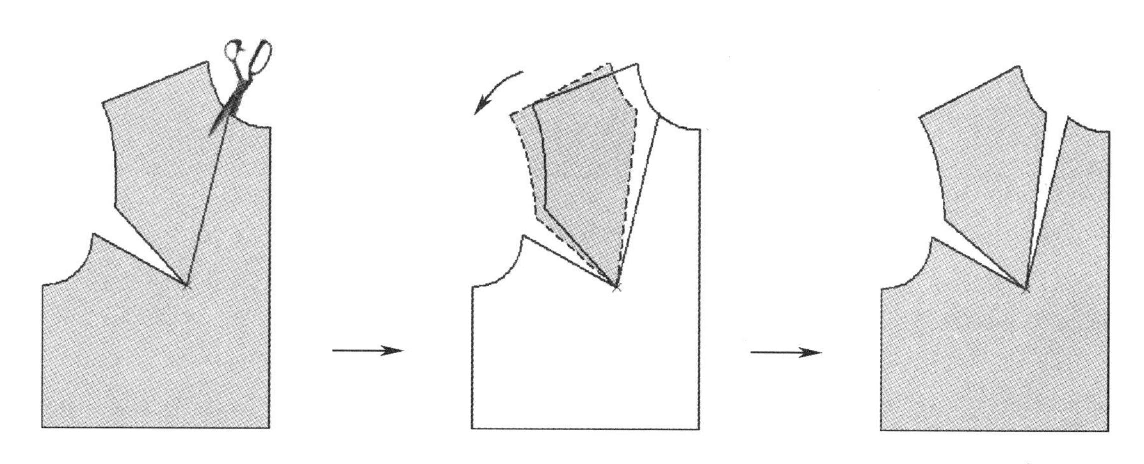

分散转移，如图所示，将原省的省量分别转移到两条（或多条）新省线位置上，原省闭合。

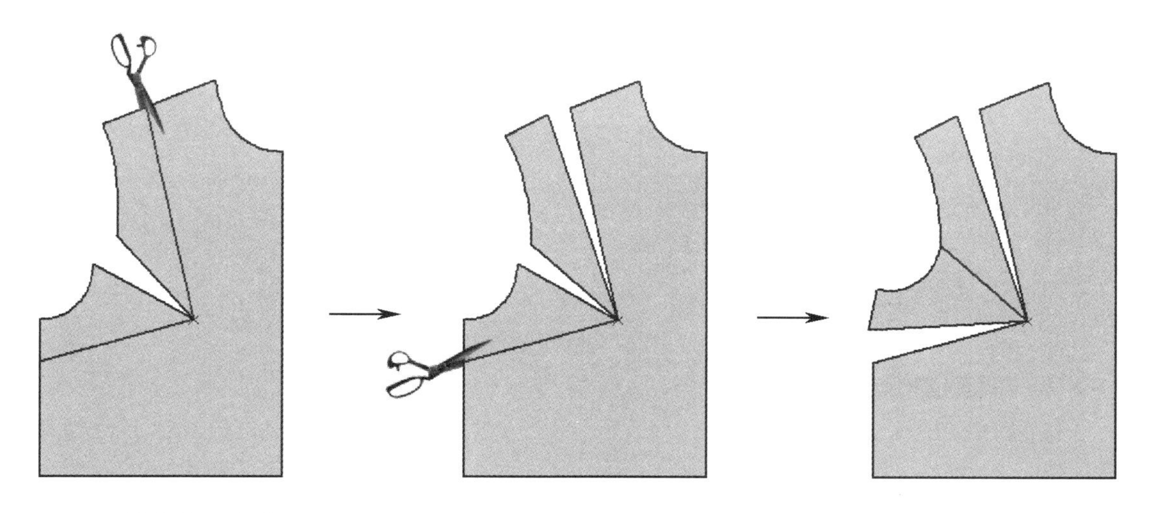

3. 省道大小变化

省道大小的影响因素：角度与长度。角度越大，省长越长，那么省道也就越大。反之亦然。

省线长度相同，省线之间的夹角越大省量就越大。如下图所示，领部的两条新省线a_1、a_2长度相同，把袖窿省分别转移到这两条新省线中，a_1角度小于a_2角度，形成两个新领省，省量1明显小于省量2。

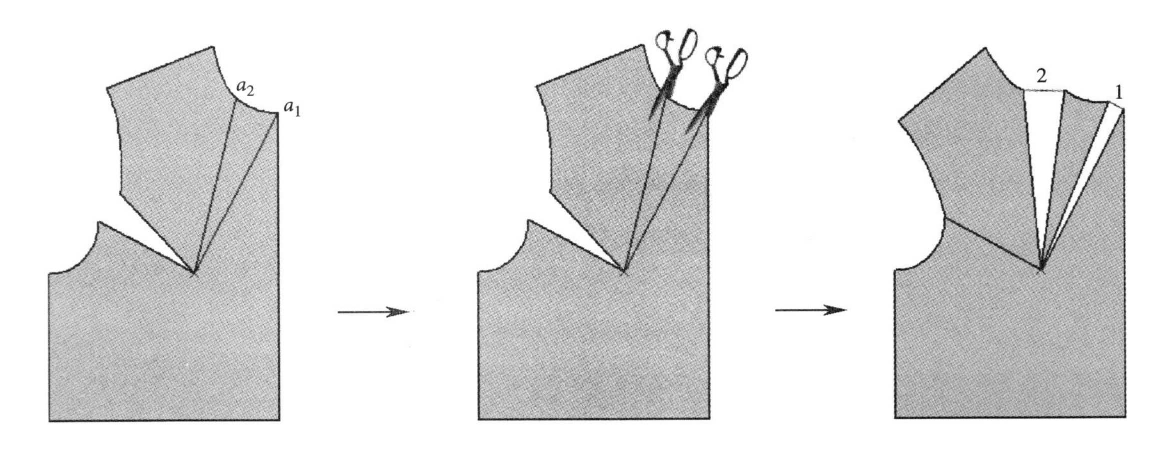

颡的角度相同，颡线长度越长颡量就越大。如下图所示，袖窿颡两条颡线之间的夹角为α，转移到肩部成为肩颡，角度没变，但是因为颡线加长，所以颡量也加大了，颡量2明显大于颡量1。

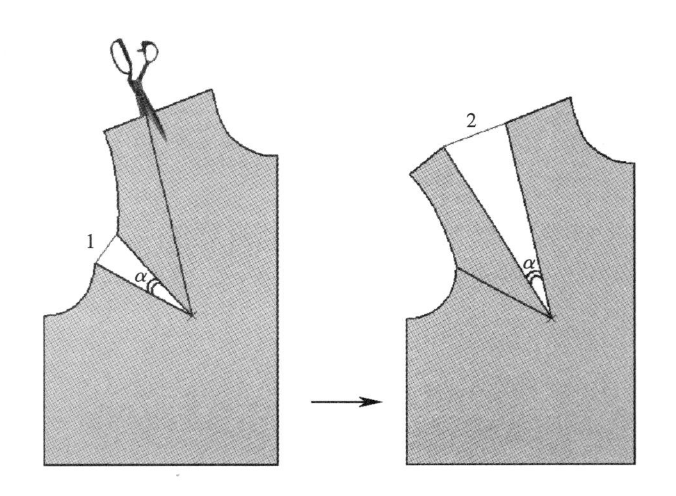

二、 颡道变化实例

（一）通过胸点的颡道变化实例

以胸点（*BP*点）为圆心，呈放射状向外发射的所有颡道形式，都可以叫作通过胸点的颡道。不管这些颡道的终点落在何轮廓线上，颡尖点都指向胸点，这些颡道的主要作用是为了突出女体的胸部造型。

1. 颡尖与*BP*点之间的距离调整

胸颡转移要依据*BP*点来进行，生成纸样后，颡尖不应该落在*BP*点上，颡尖位置要距离*BP*点2~3cm，其中，肩颡、领颡的颡尖与*BP*点的距离为4~5cm，如图所示。

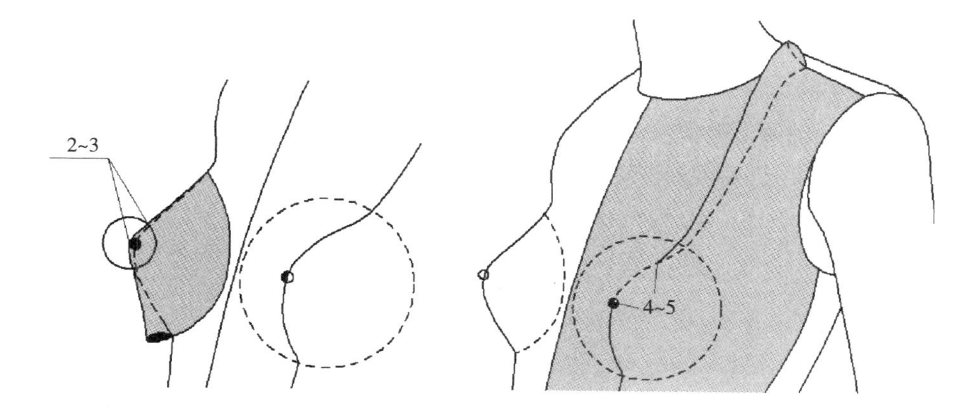

省尖与*BP*点的距离表现在纸样上，如下图所示。

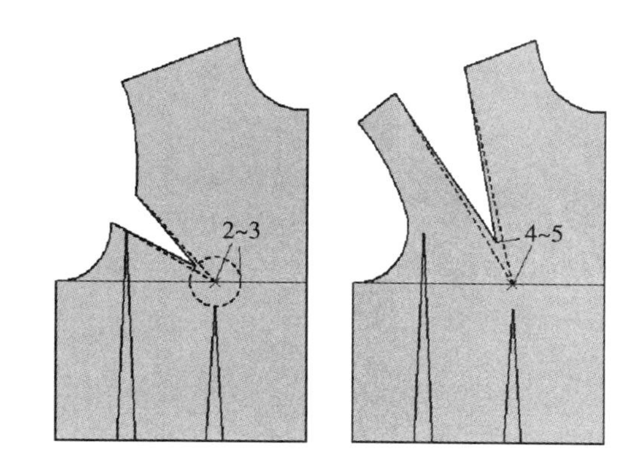

2. 前片侧腰省的闭合与放松

侧腰省的省尖并不指向*BP*点，它的主要作用是调节腰部宽松度，紧身型与适体型衣身的侧腰省要进行闭合或半闭合，宽松型衣身的侧腰省直接放松掉（指忽略）。闭合是指将省道的两条省线直接合并，没有经过转省，此时的侧缝线和腰节线都发生了变化，也就是说这种合并也是具有造型意义的。

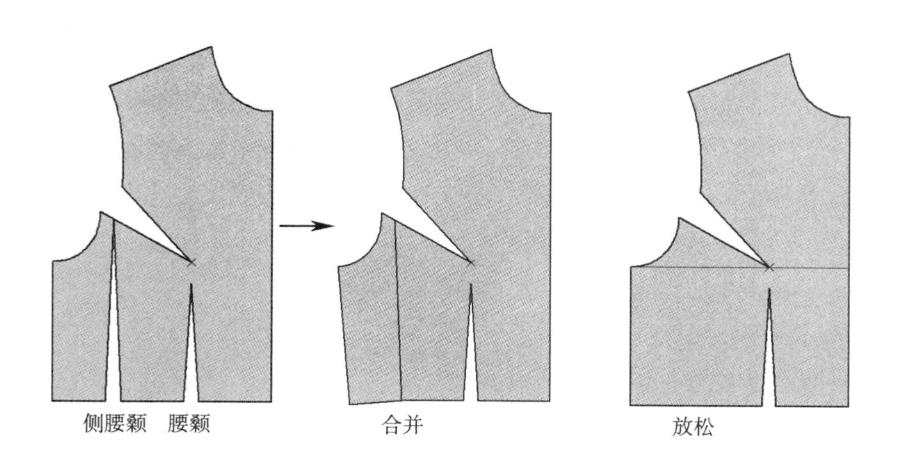

侧腰颡闭合和放松的几种应用效果，如下图所示，注意侧缝线、腰节线与轮廓的变化。

闭合的应用效果：

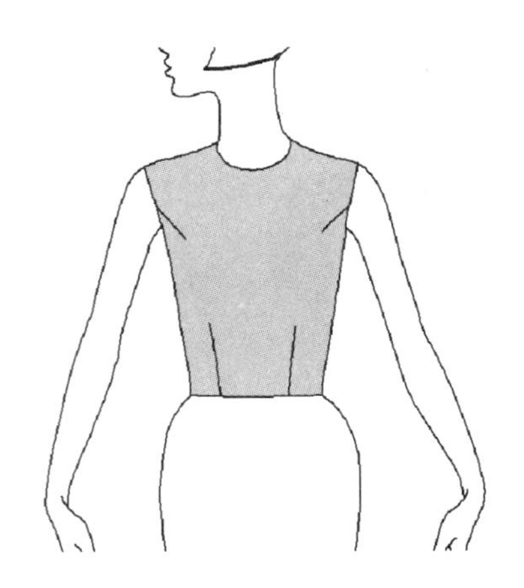

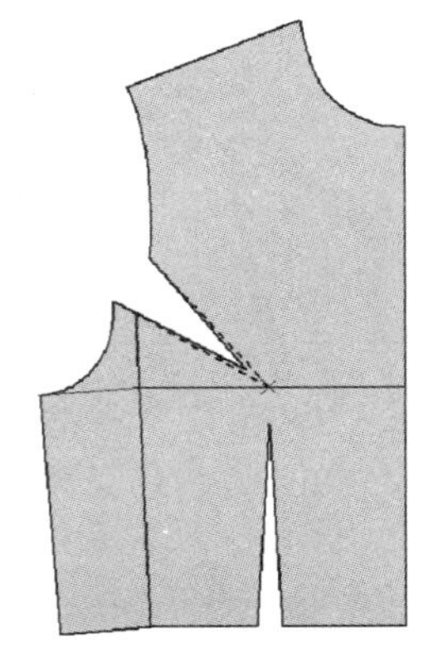

在纸样上直接闭合侧腰颡，缝合袖窿颡与腰颡，轮廓线呈倒梯形。

放松的应用效果：

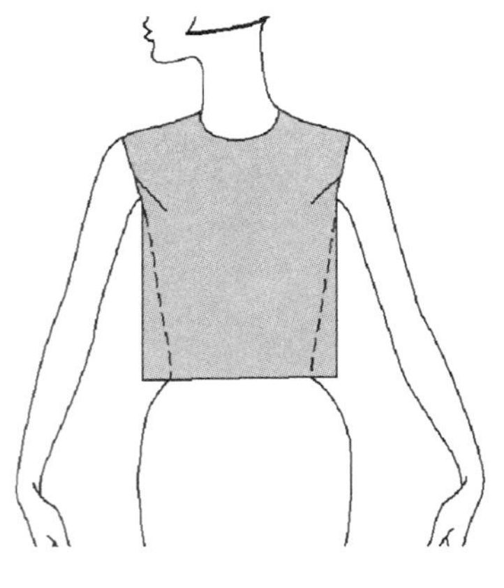

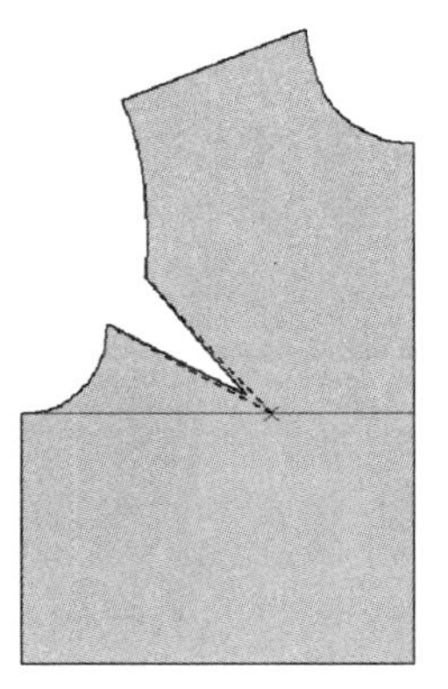

在纸样上放松两个腰颡，缝合袖窿颡，轮廓线呈矩形。

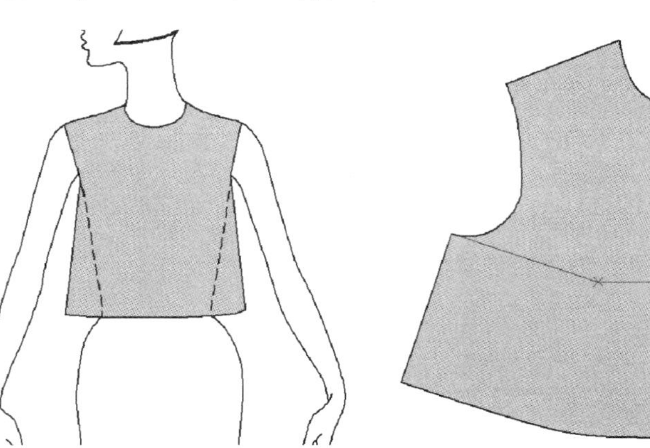

将袖窿颡转移到腰颡，放松两个腰颡，轮廓线呈梯形。

3. 直线颡道变化实例

款式一：腰颡与腋下颡组合

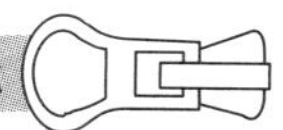

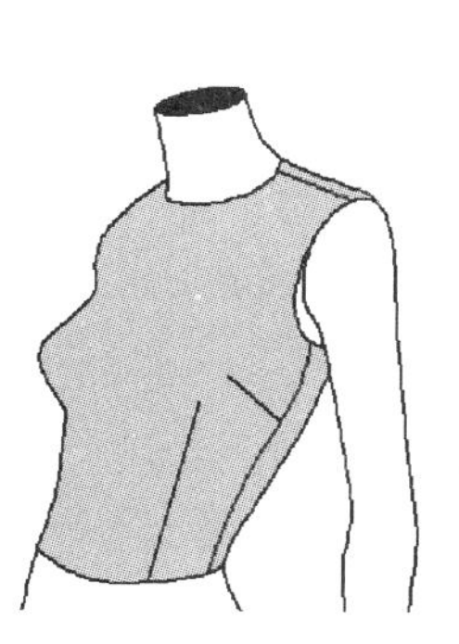

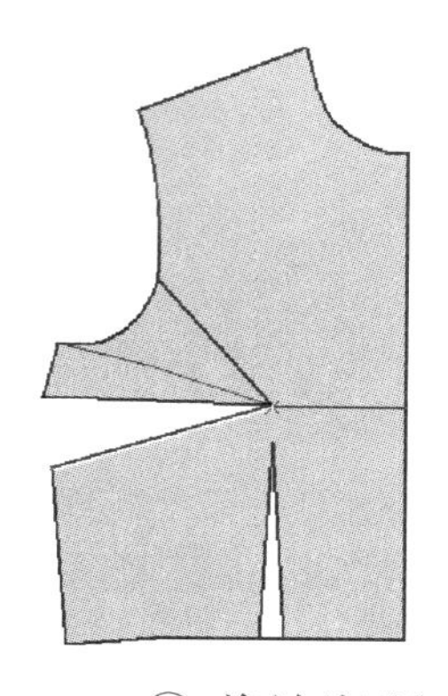

① 首先合并侧腰褶，从袖窿深点向下4cm的位置画出一条新褶线。

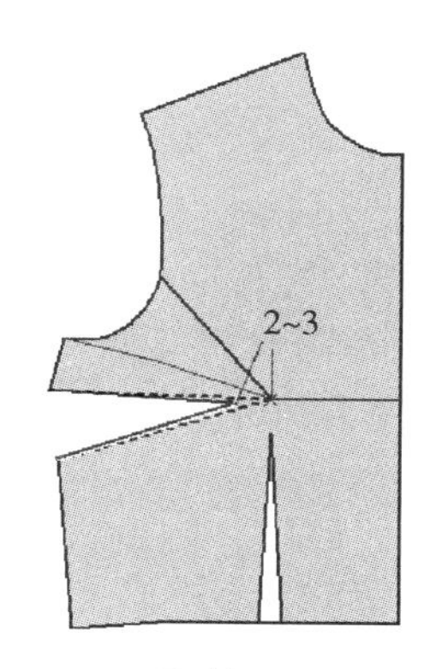

② 将袖窿褶转移到腋下褶。

③ 修正褶尖到距离*BP*点2~3cm的位置。

款式二：斜向门襟褶

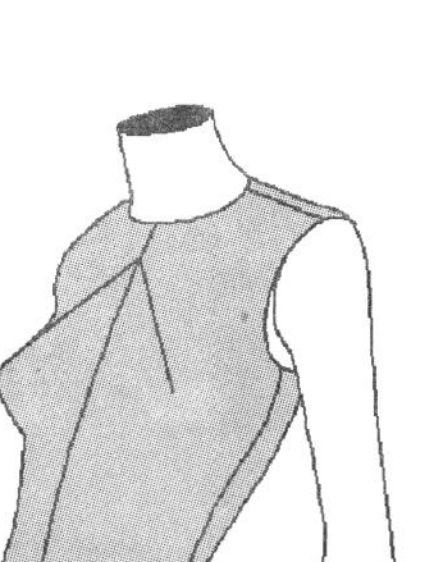

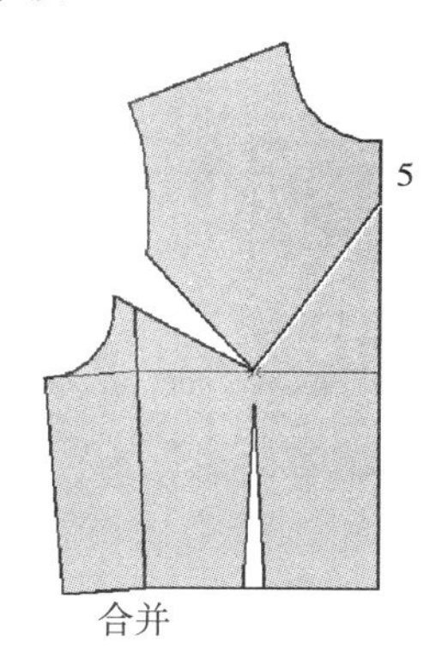

① 首先合并侧腰褶，从前领深点向下5cm的位置画出一条新褶线。

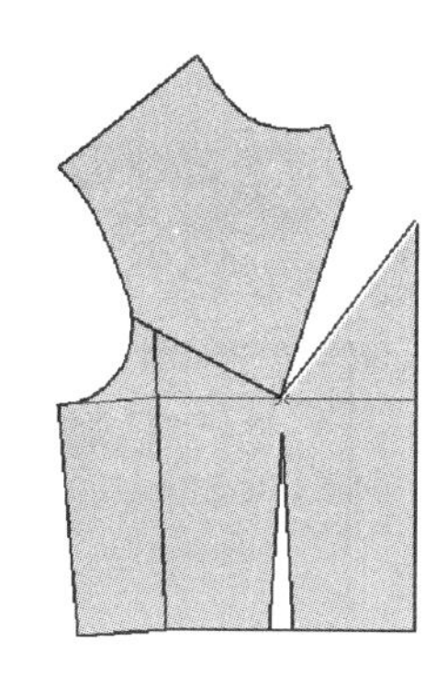

②将袖窿褶转移到门襟褶。

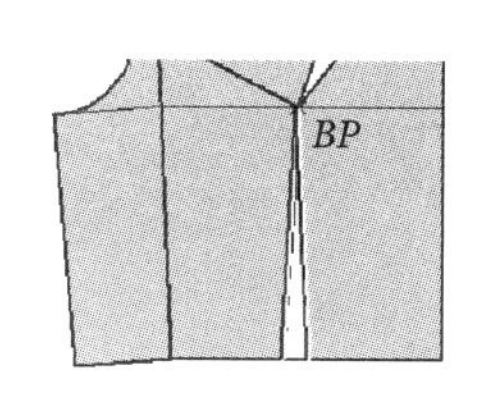

③腰褶的褶尖没有在*BP*点上，因褶尖是指向*BP*点的，可以直接进行转褶，与褶线相交于*BP*点的原理相同。

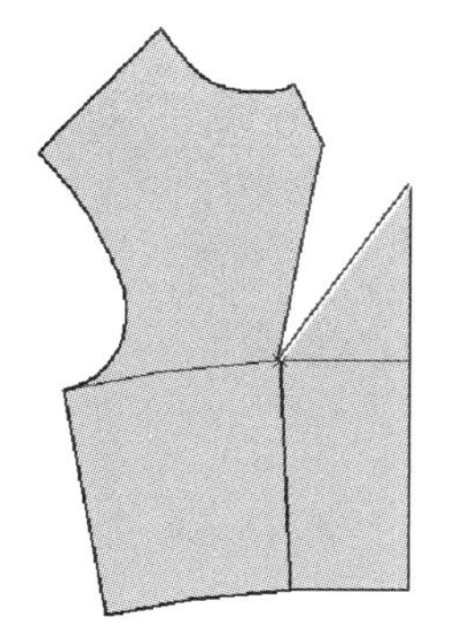

④将腰褶褶量转移到门襟褶。

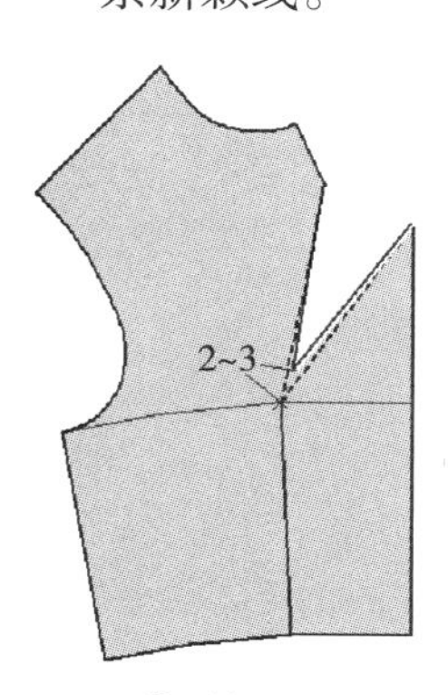

⑤ 修正褶尖到距离*BP*点2~3cm的位置。

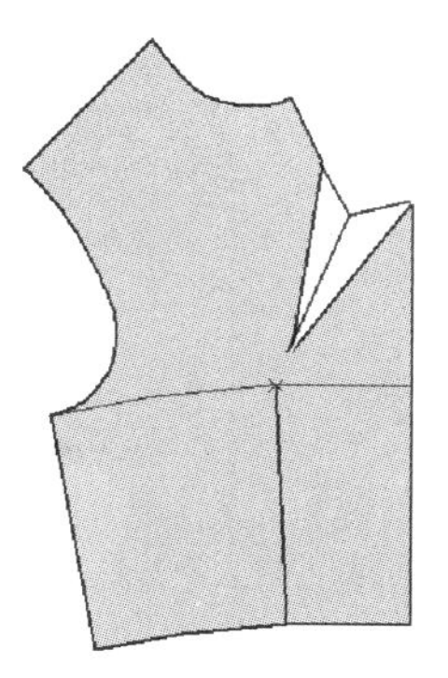

⑥ 画出褶折线。

4. 曲线和折线颡道变化实例

款式一：曲线颡道

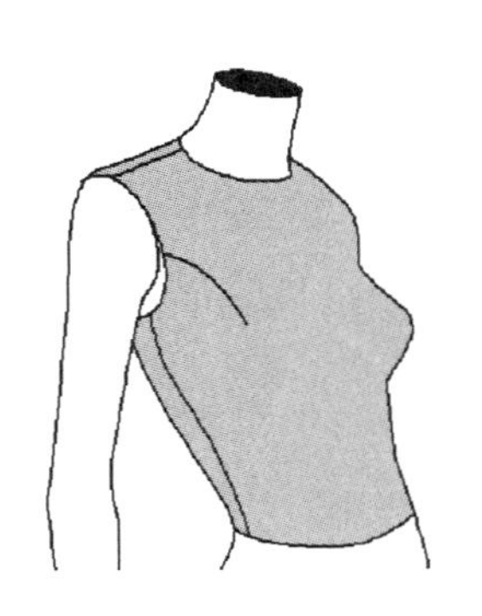

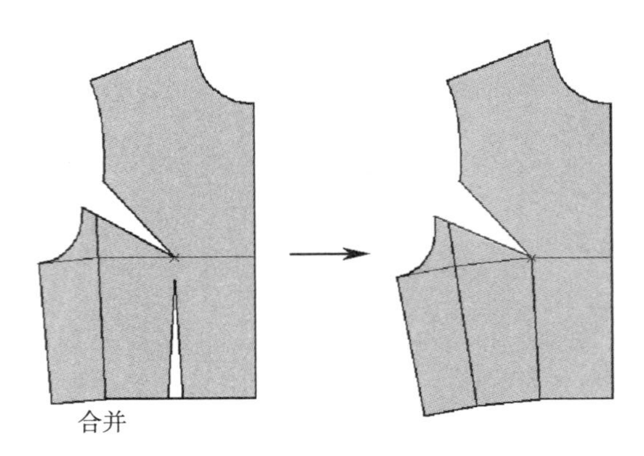

① 先合并侧腰颡，将右侧腰颡转移到袖窿颡。

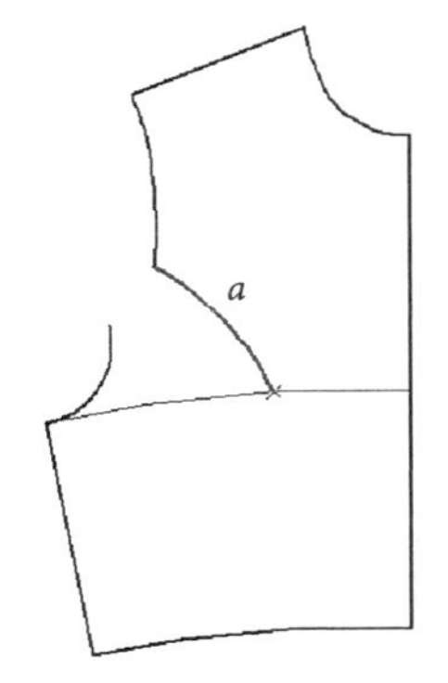

② 在袖窿颡的上颡线位置重新绘出一条曲线a，弯度不宜过大。

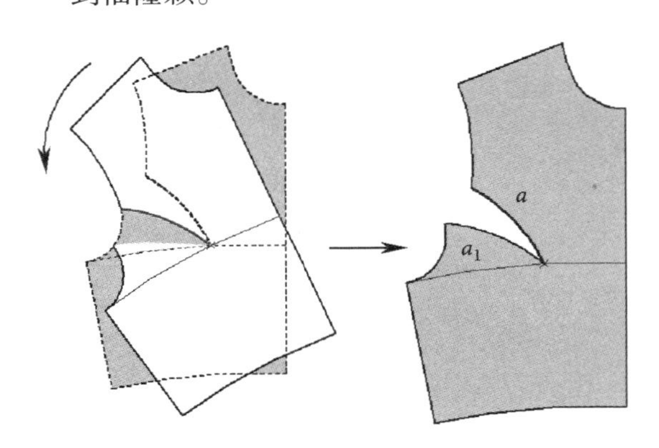

③ 按住BP点转动原型，将a线描绘在下颡位置，画出a_1线。

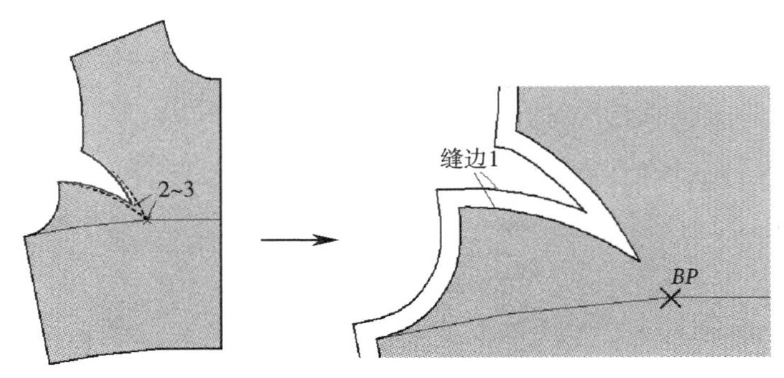

④ 修正颡尖到距离BP点2~3cm的位置，右图为曲线颡加缝边后的纸样完成效果。

款式二：折线颡道

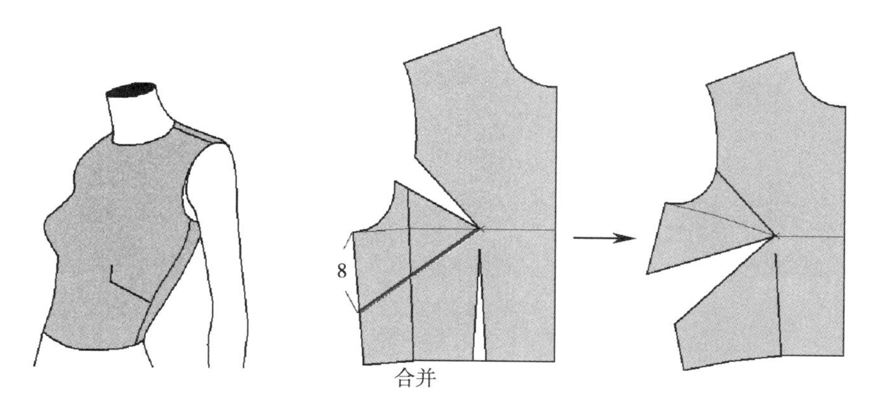

① 侧腰颡合并，从袖窿深点向下8cm处绘制一条新颡线，将袖窿颡和右侧腰颡转移到腋下颡。

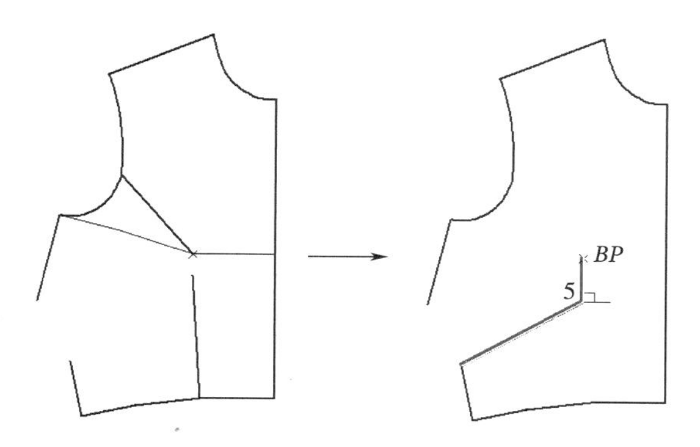

② 擦除新颡边线，重新绘制一条折线，先画出BP点向下5cm的垂直线，连接腋下颡下端点。

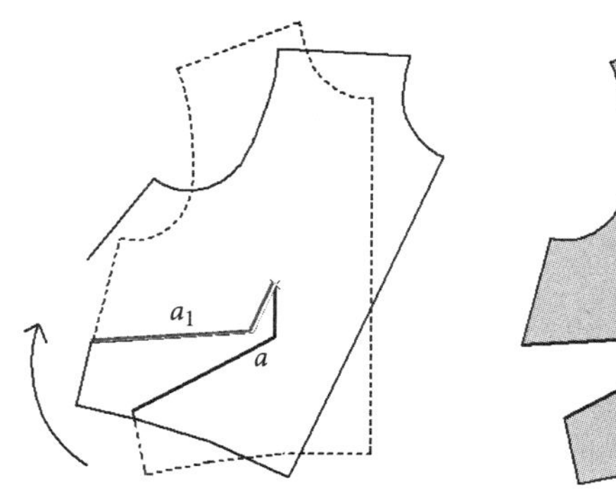

③ 按住BP点转动原型，将a线对合到腋下颡上端点位置，画出a_1线。

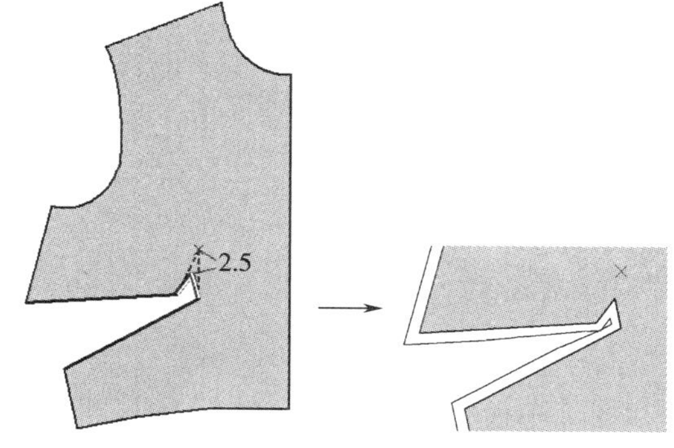

④ 修正颡尖到距离BP点2~3cm的位置，右图为折线颡加缝边后的纸样完成效果，小折线处的缝边宽度为0.7cm。

（二）不通过胸点的褶道变化实例

1. 多领褶设计

此款式在前片领口位置设计多个平行或呈放射性的褶道，称为领口褶。

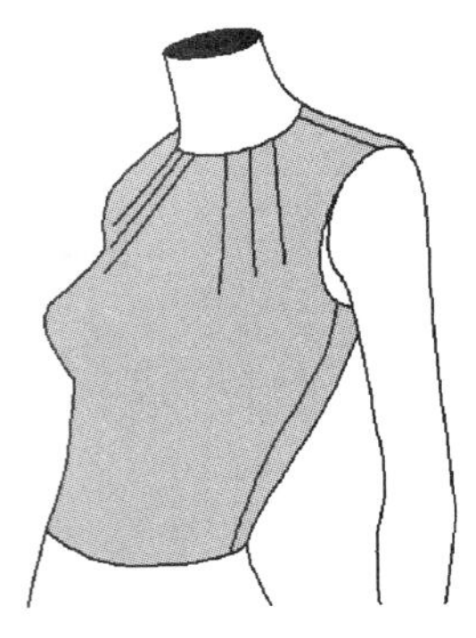

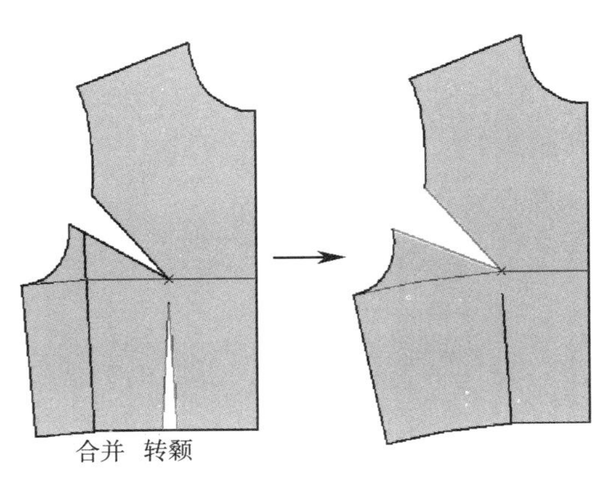

① 首先合并侧腰褶，将腰褶褶量转移到袖窿褶中。

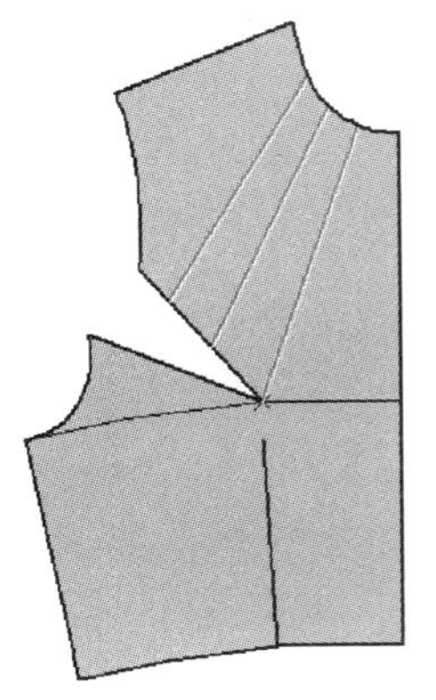

② 根据款式图中的褶位设计，在领口弧线上分别画出三条褶线，右褶线与*BP*点相连，其他两条褶线的终点分别落在袖窿褶的褶边线上。右褶线与前中线的距离：2.5~3cm，褶线之间的距离：2~2.5cm。

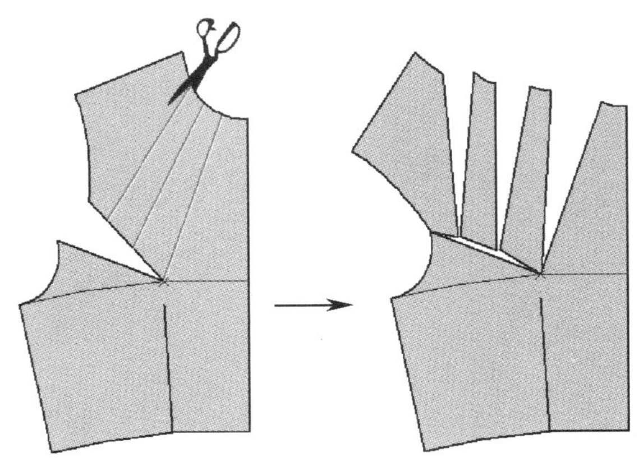

③ 分别剪开褶线，将袖窿褶的褶量大致平均地分别转移到三个领口褶中。

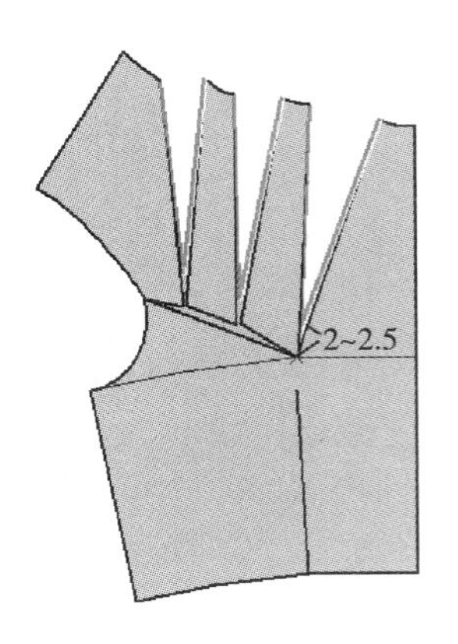

④ 在距离*BP*点2~2.5cm处，重新绘出新的袖窿右褶尖点，并依次绘出其他两条褶道。

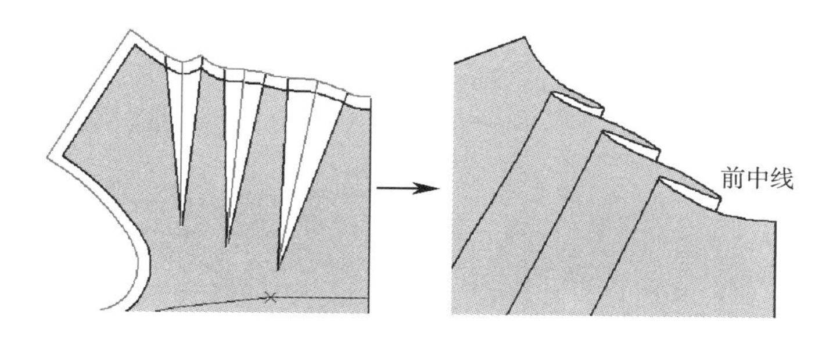

⑤绘出褶折线与1cm的缝边，此褶道倒向效果如右图所示。

2. 多侧缝褶设计

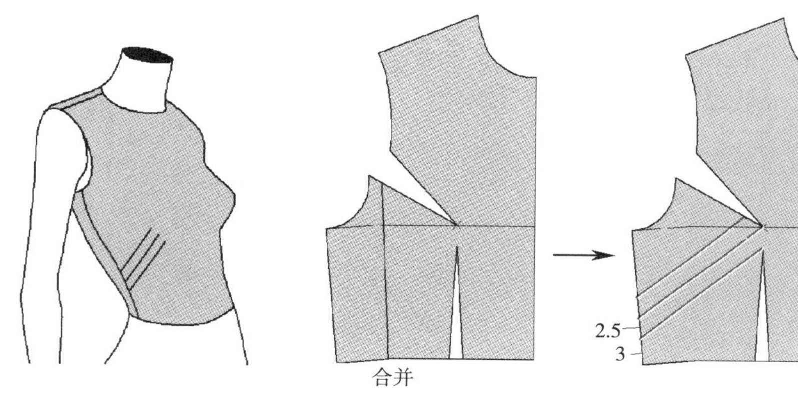

此款式在前片侧缝位置设计多个平行或呈放射性的褶道，称为侧缝褶。

① 从侧缝线3cm处绘出三条平行间距为2.5cm的新褶线，其中最下面一条新褶线的褶尖与腰褶的褶尖相连，中间新褶线的褶尖与袖窿褶的褶尖（*BP*点）相连。

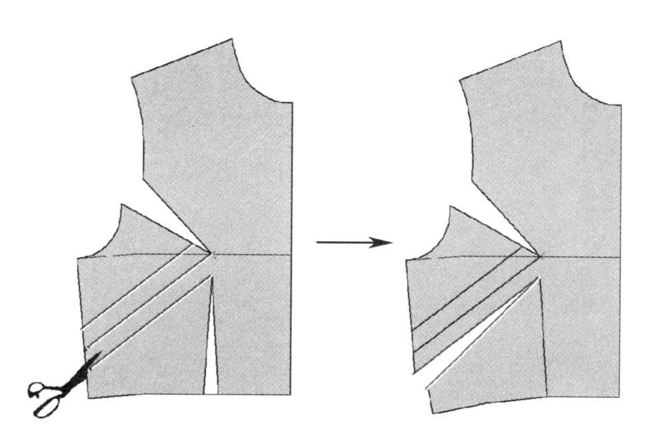

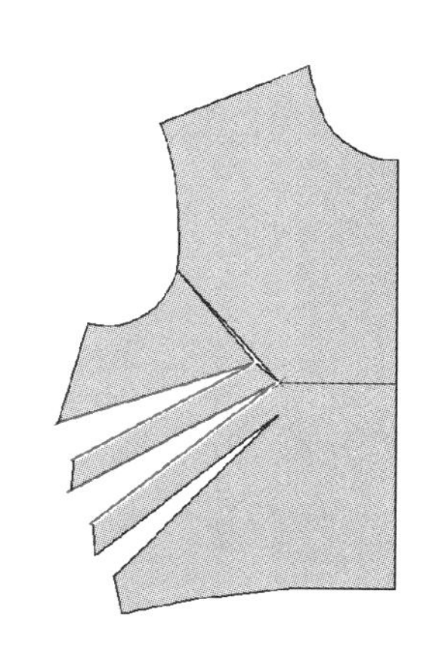

② 将腰褶的褶量转移到最下面一条新褶线中。

③ 将袖窿褶的褶量平均转移到另外两条新褶线中。

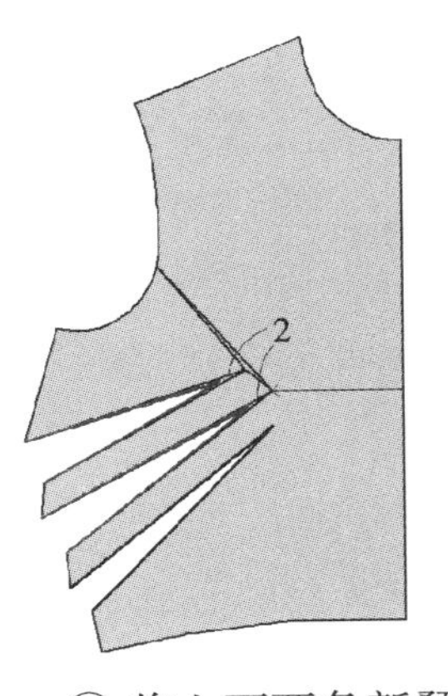

④ 将上面两条新颡的颡尖向里缩小2cm。

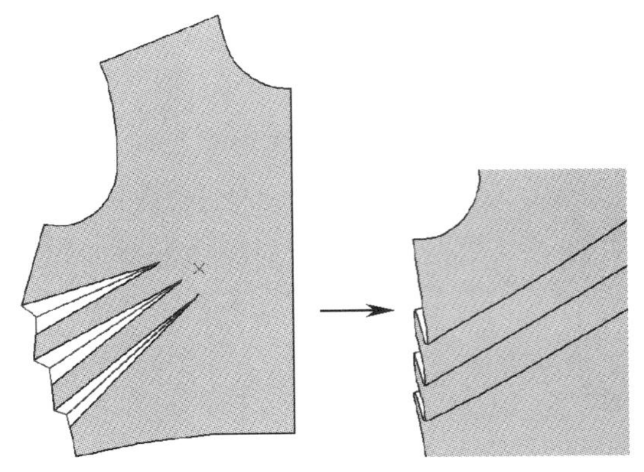

⑤ 绘出颡折线，颡道倒向效果如右图所示。

（三）不对称颡道变化实例

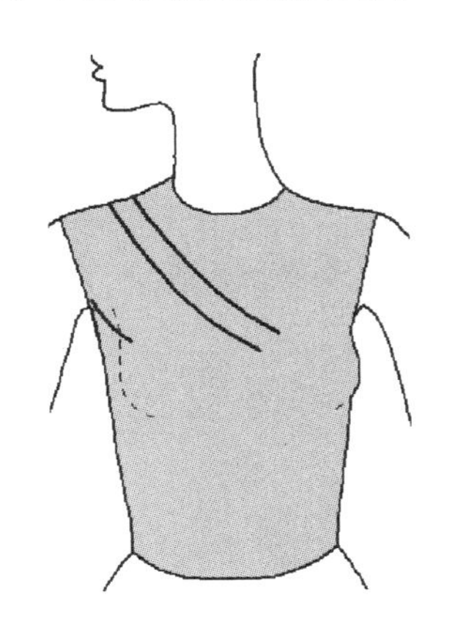

本款式为不对称式斜向曲线颡。

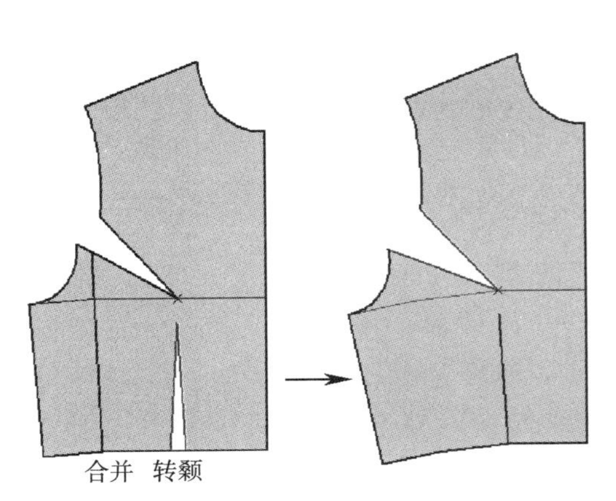

① 首先合并侧腰颡，将腰颡颡量转移到袖窿颡中。

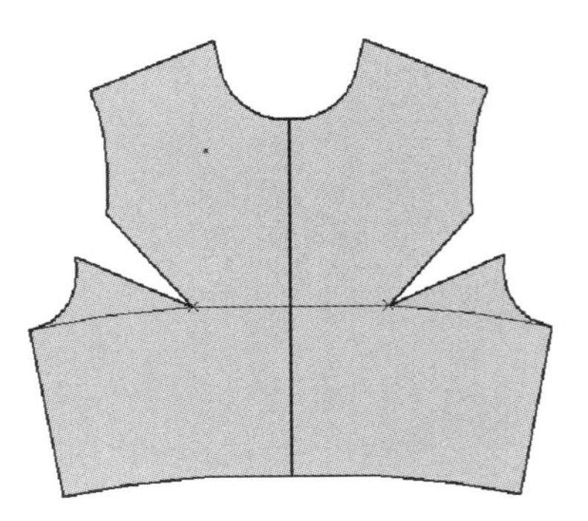

② 以前中线为基准线，对称展开前片。

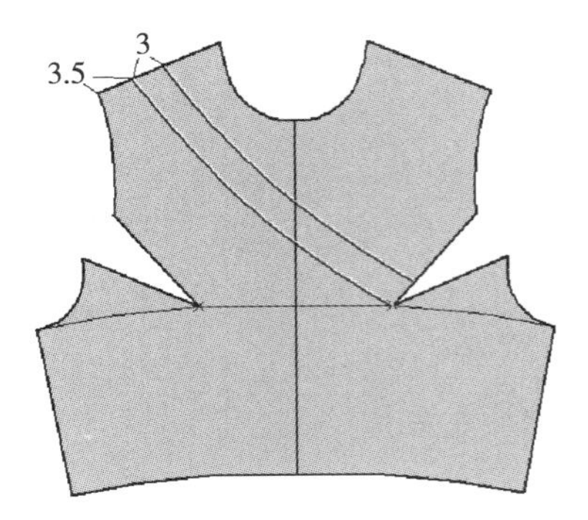

③ 根据款式图的颡道设计，从左肩线绘出两条新颡线，其中左边的新颡线与右前片的袖窿颡的颡尖（*BP*点）相连。

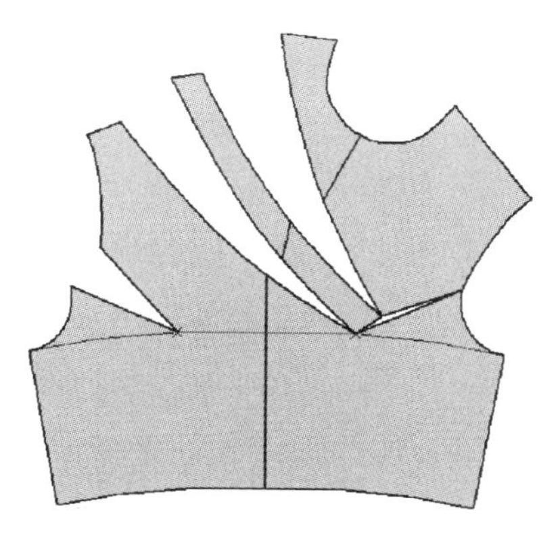

④ 将右袖窿省分别转移到两条新肩省中。

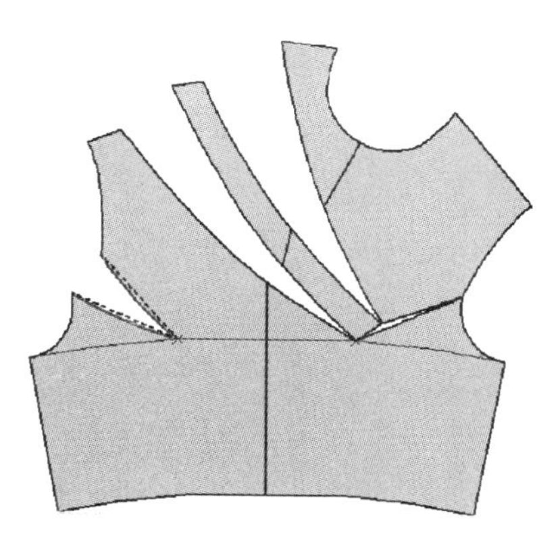

⑤ 将左袖窿省线绘制成曲线。

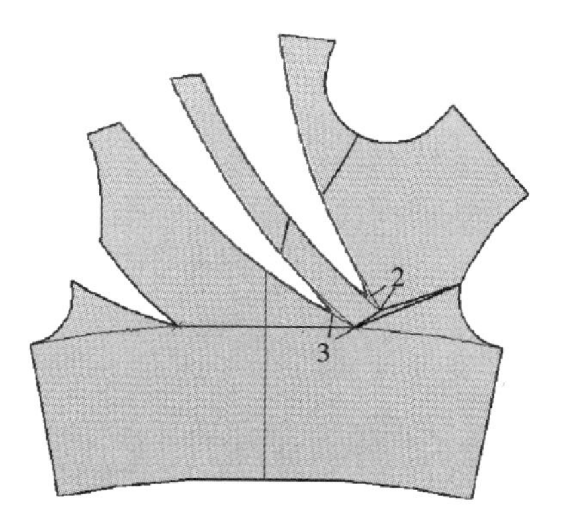

⑥ 修正两条新肩省的省尖，分别缩小2~3cm。

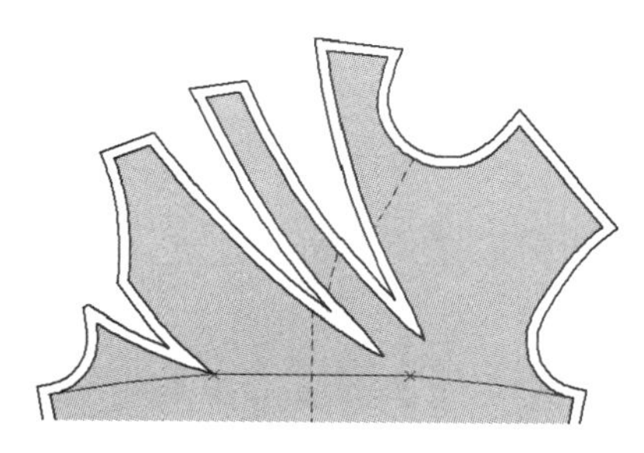

⑦ 加缝边（1cm）后的效果如图所示。

（四）后片省道变化实例

1. 后肩省

后肩省道的作用，是为了满足后肩胛骨的凸起造型。后肩省的省尖点落在后肩胛点的位置，它与前片省道的转移方法是相同的，可以将后肩省省量转移到袖窿、领口、后中线、底摆等部位。

经过肩省尖点可以绘出无数条新省线，以肩省尖点为旋转支点进行转省。注意：省道越长省量就越大。

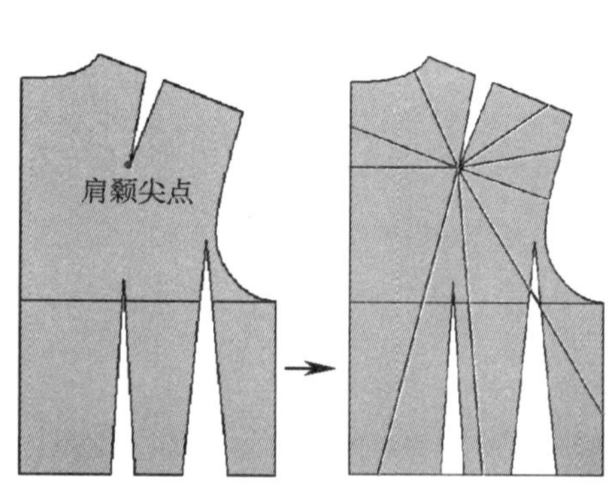

变化实例一：后肩𫋟全部转移为袖窿𫋟

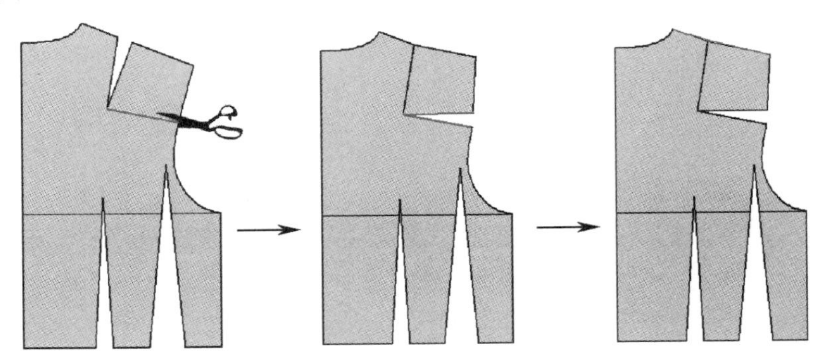

① 从后肩𫋟尖点绘出一条到袖窿线的𫋟线，剪开。

② 将后肩𫋟量全部转移到袖窿𫋟中。

③ 修正后肩斜线。

变化实例二：后肩𫋟全部转移为领口𫋟

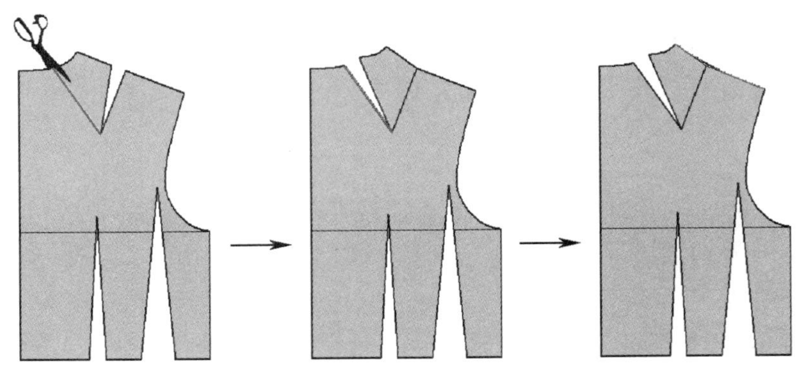

① 从后肩𫋟尖点绘出一条到领口弧线的𫋟线，剪开。

② 将后肩𫋟量全部转移到领口𫋟中。

③ 修正后肩斜线。

变化实例三：后肩𫋟部分转移为领口𫋟（袖窿𫋟）

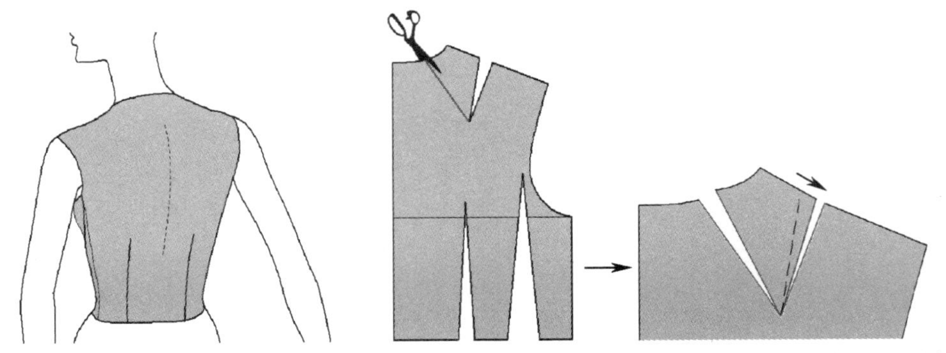

① 将大约2/3的后肩𫋟量转移到领口𫋟中，后肩𫋟中还保留有1/3的𫋟量。

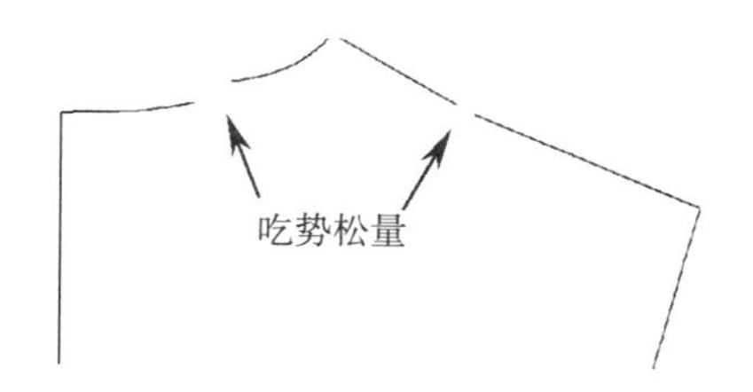

② 分散后的褶量分别作为后领与后肩部的吃势松量。

③ 修正后领弧线与后肩斜线。

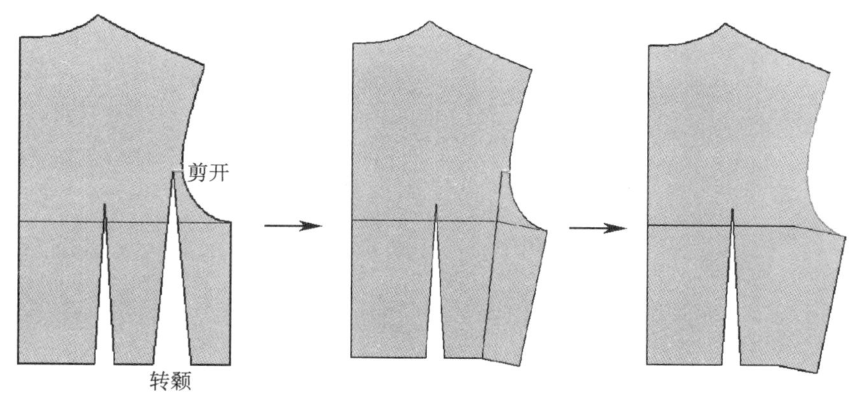

④ 将侧腰褶转移到袖窿褶中，因褶道很短，所以褶量也很小，做后袖窿的吃势松量。修正袖窿弧线，完成后片褶道设计。

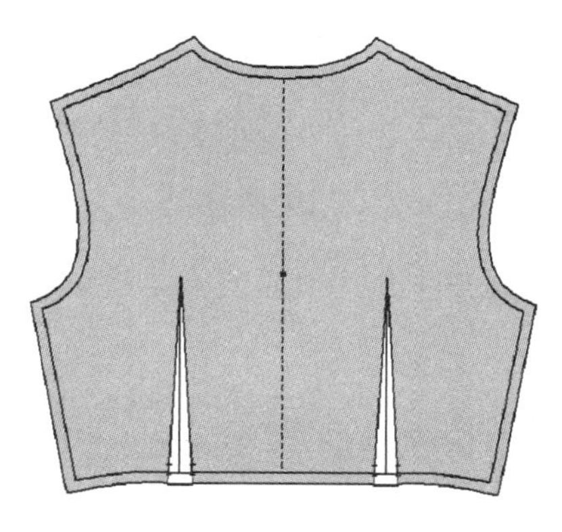

⑤ 以后中线为基准线对称展开，加缝边，完成后片纸样。

变化实例四：后肩褶转移为腰褶

将后肩褶全部转移到腰线上，因为新褶道比肩褶褶道长很多，因此所产生的新腰褶要比原肩褶宽得多。

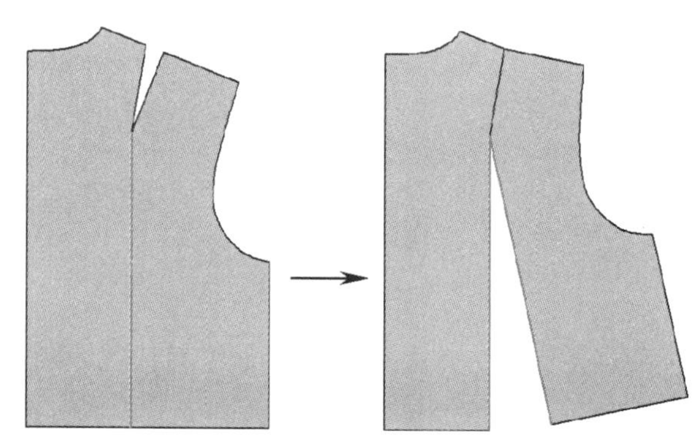

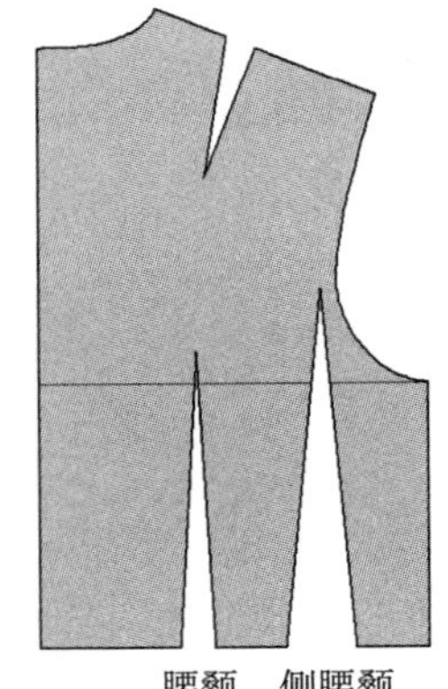

2. 后腰褶

（1）后片侧腰褶 后片有两条腰褶，其中，右边的腰褶称为侧腰褶。

后片侧腰褶与前片侧腰褶的作用相同，都是为了调节腰部的宽松度。如紧身型与适体型衣身的侧腰褶需要完全闭合，宽松型衣身的侧腰褶可以直接放松掉。

做紧身型衣身的纸样时，通常将侧腰褶（闭合）转移到袖窿，极小的褶量被放松在袖窿，作为袖窿的吃势松量。注意转褶后的侧缝线变化。

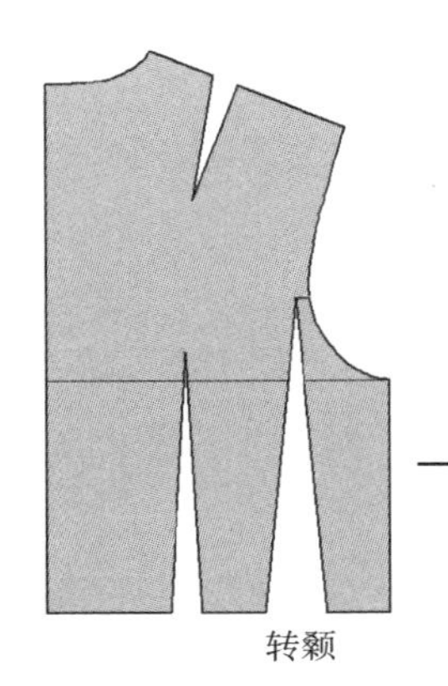

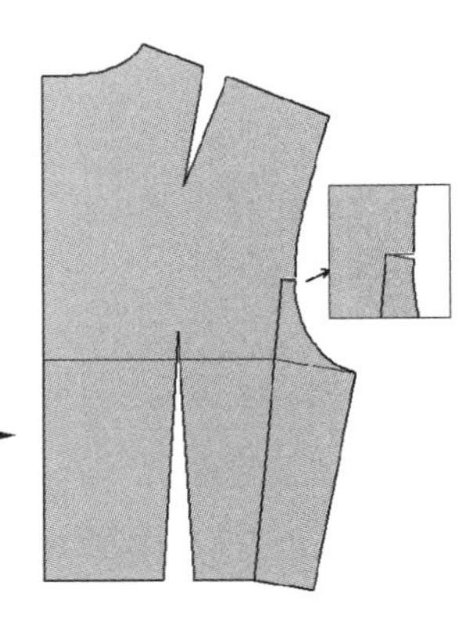

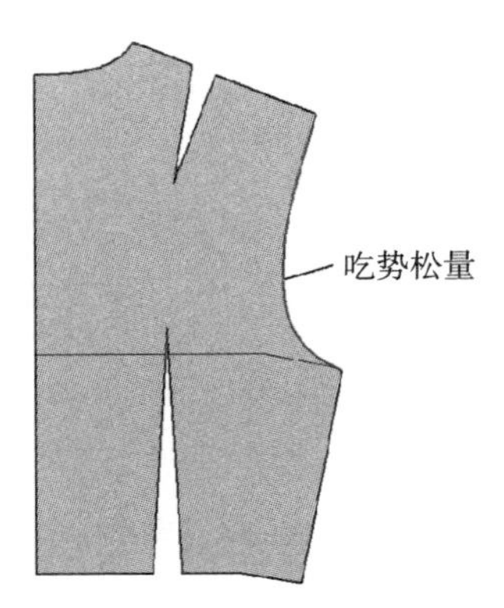

① 在侧腰褶褶尖部画出一条垂直于袖窿的水平线。

② 闭合侧腰褶，将褶量转移到袖窿褶中。褶道长度很短，褶量也就很小。

③将新褶作为吃势松量放松在袖窿中，圆顺袖窿弧线。

（2）后片腰褶 后片腰褶尖点（即左边腰褶顶点）作为旋转支点进行褶道转移，可以将腰褶转移到领口、肩部、袖窿、侧缝等部位。

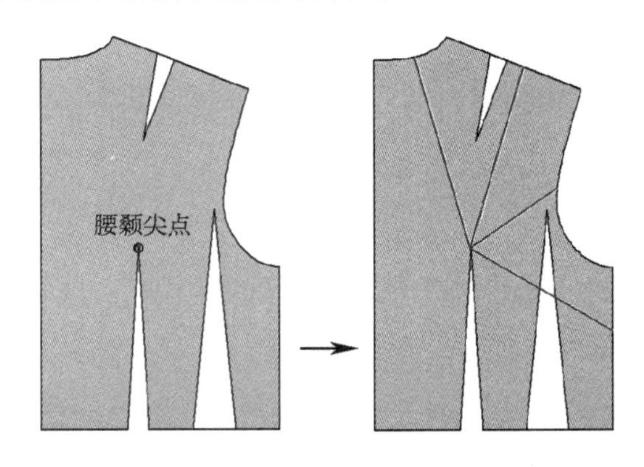

这种转褶方式一般作为转褶中转应用，就是先将后腰褶转移到袖窿或肩部，设计分割衣片以后，再把褶量转移到分割线或新褶线中。比如腰部育克的款式设计，如下图所示。

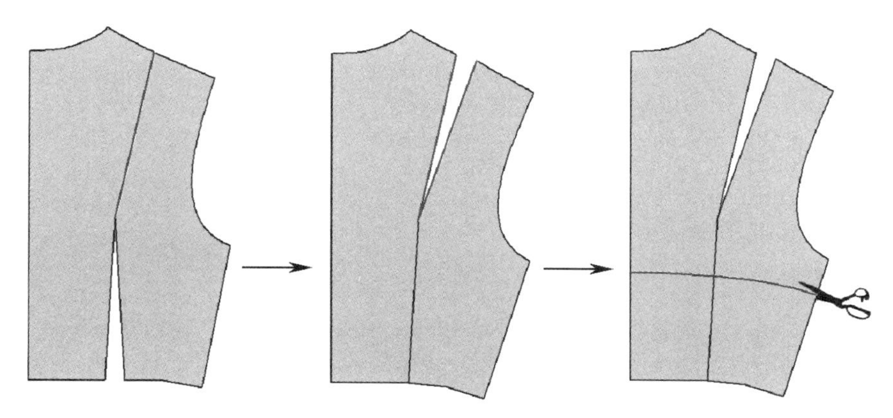

① 以后片腰褶尖点为旋转支点，将腰褶转移到肩部的新褶线中，画出分割线，剪开移动。

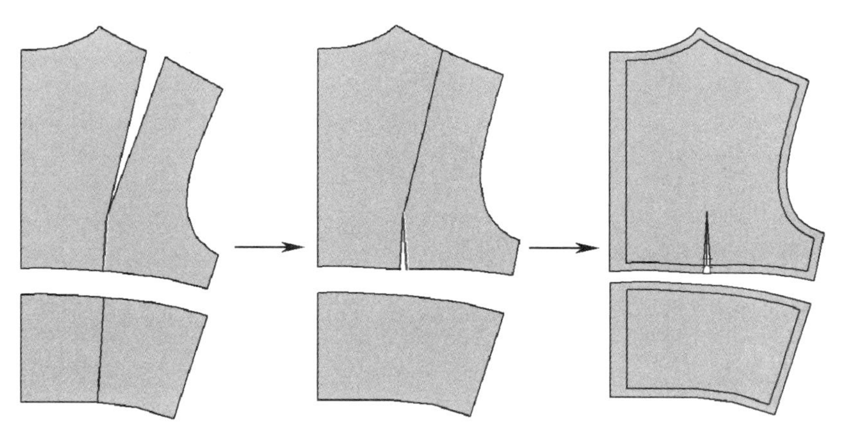

② 纸样分割移动后，再将新肩褶转移到原褶线中，加缝边（后中线处加2cm缝边）完成纸样。

第三节　褶裥设计与变化

一、褶裥设计原理

褶裥设计在服装结构设计中起着重要的作用，包括造型作用和装饰作用两种。造型作用是指褶裥里包含着全部或一部分褶量，也就是将起到造型作用的褶道转化为褶裥。褶裥的立体装饰效果是毋庸置疑的，同一件款式因为褶裥的变化而呈现不同的风貌，这也是服装设计师惯用的一种设计手法。

褶裥的形式主要包括顺褶、对褶、抽褶。顺褶是指进行同向折叠的褶裥，有直线、斜线、曲线三种线型形式。对褶也称工字褶，指同时进行相对折叠的褶裥。抽褶指通过抽、推动作形成的不规则的小细褶。

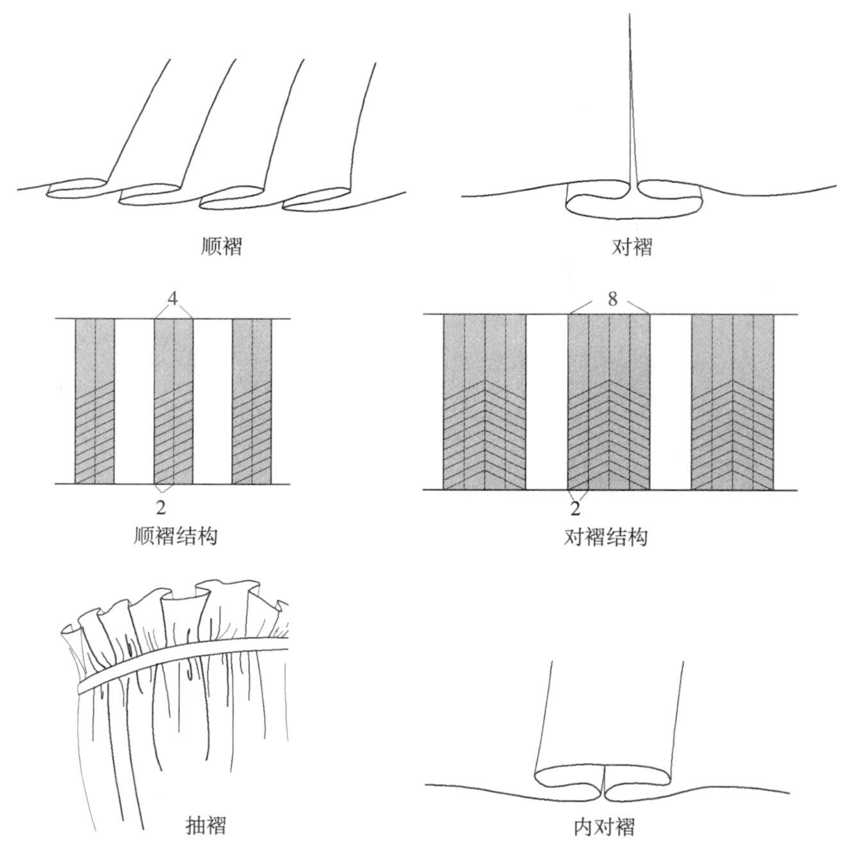

二、褶裥变化实例

1. 对褶设计

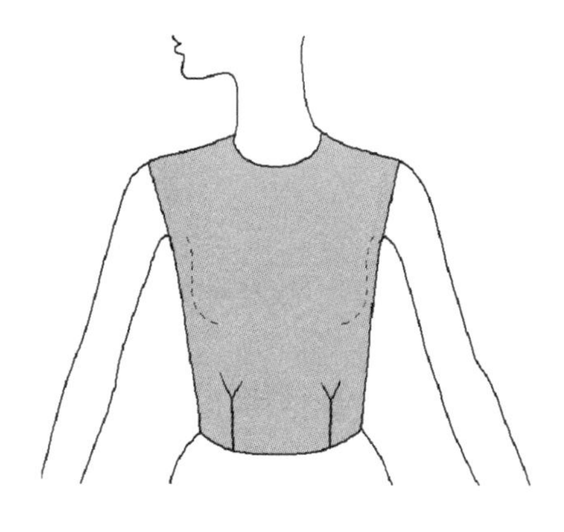

此款的特点就是对褶的对合线一部分（下端）是缝合的，一部分（上端）是打开状态，这是颡道转化为褶裥的一种方式。

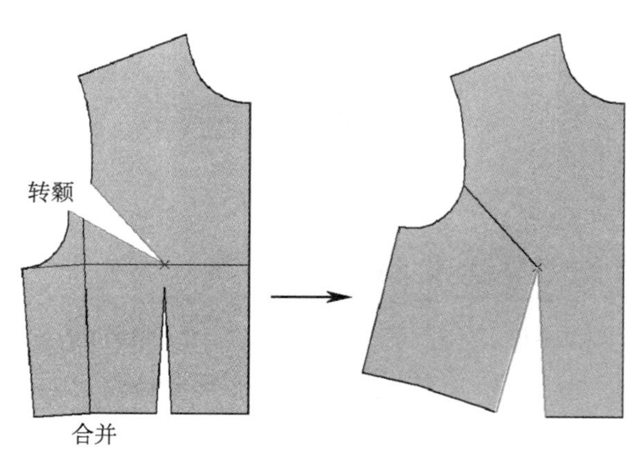

① 侧腰颡合并，将袖窿颡转移到腰颡中。

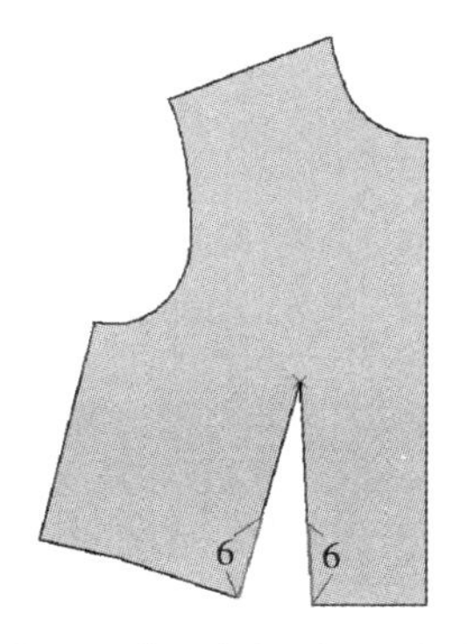

② 两条褶线从腰线向上取6cm，此长度为缝合长度。

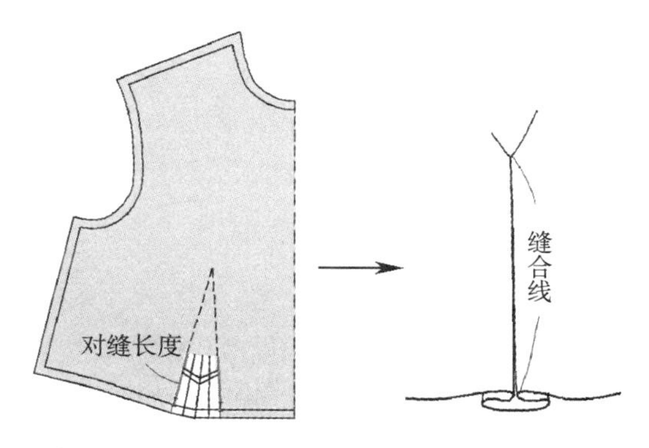

③ 加对褶标注，加缝边（1cm）完成纸样设计。右图为缝合后的效果。

2. 抽褶设计

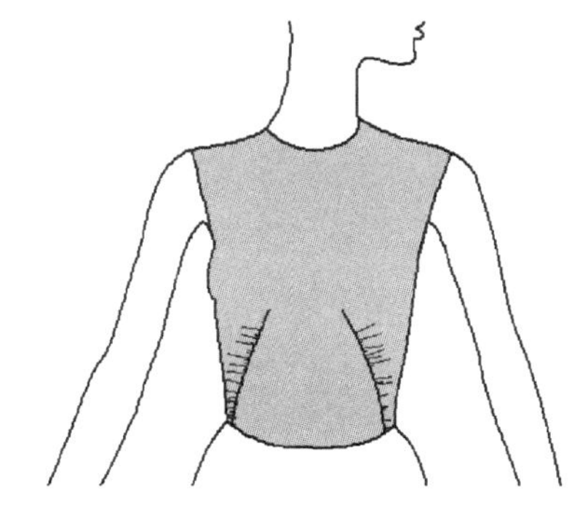

此款抽褶设计的特点是在曲线腰褶中进行抽褶，首先将褶量都转移到曲线腰褶中，在抽褶部位的褶线上添加几条切开线，只在切开线的一端，即褶线上展开所需褶量。

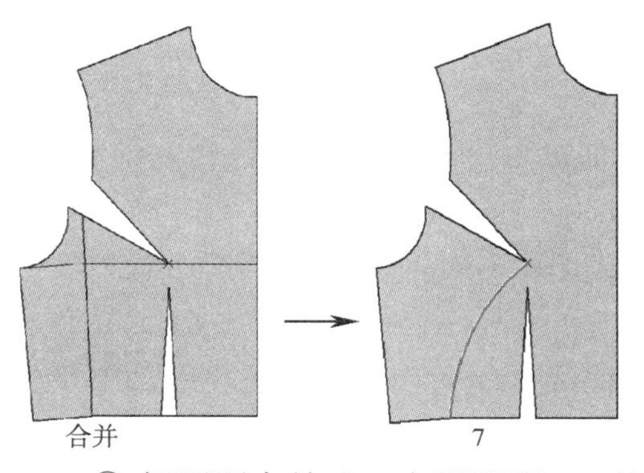

① 侧腰褶合并后，在距腰褶7cm的腰线上绘出一条曲线，与*BP*点相连。

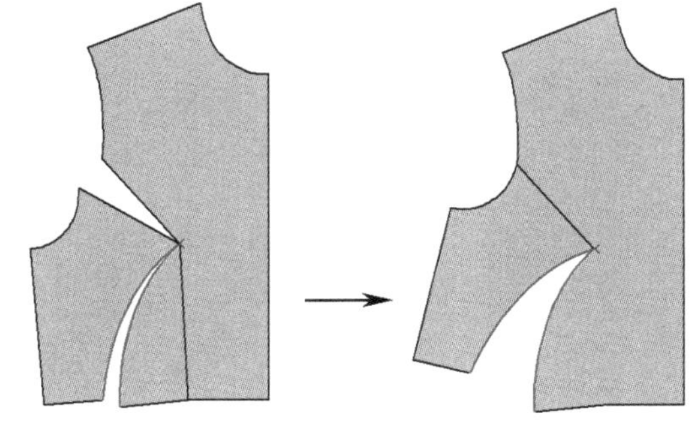

② 进行两次转褶，分别将腰褶、袖窿褶转移到曲线腰褶中。

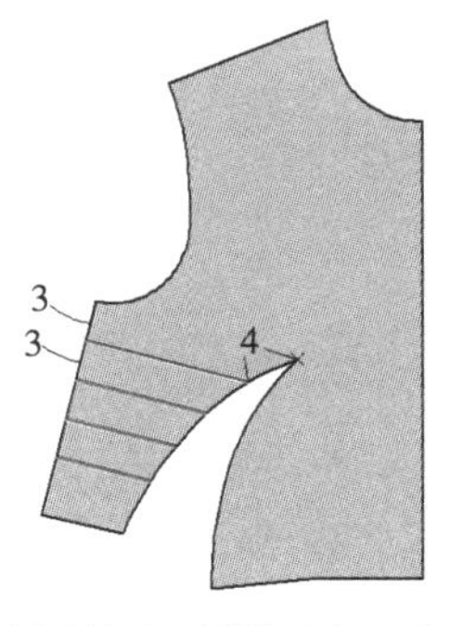

③ 从腰褶的左褶线距*BP*点4cm处，绘出一条直线，终点落在侧缝线距袖窿深点3cm处，再绘出其他三条切开线，平行间隔距离为3cm。

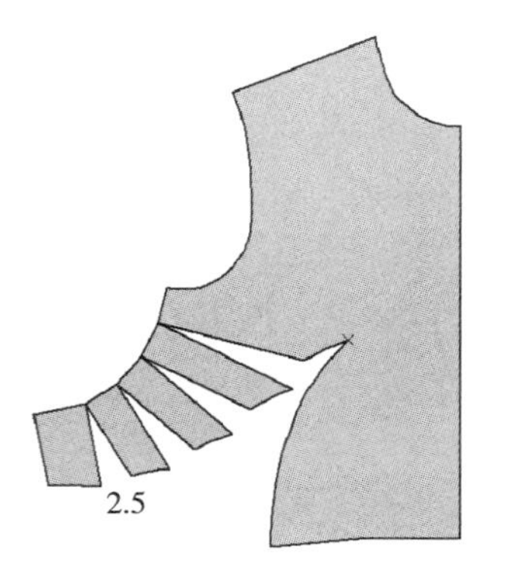

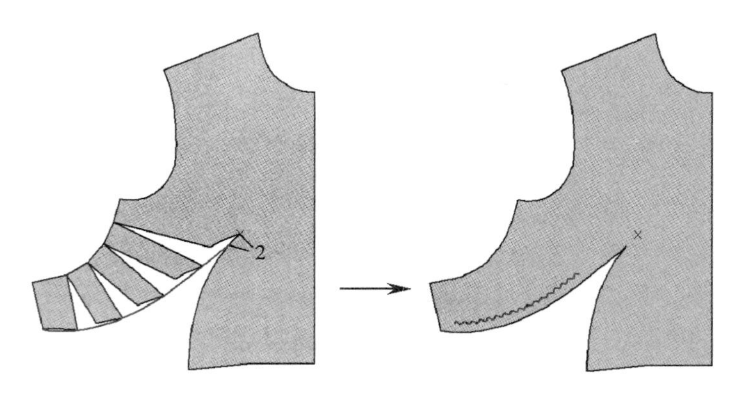

④ 分别剪开四条切开线，只在额线一端展开褶量，均为2.5cm。

⑤ 在距BP点2cm处绘出一条新的曲线，修正腰额。需要抽褶（缩缝）的部位标注上波浪弧线。

⑥ 加1cm缝边后，纸样完成。

3. 顺褶设计

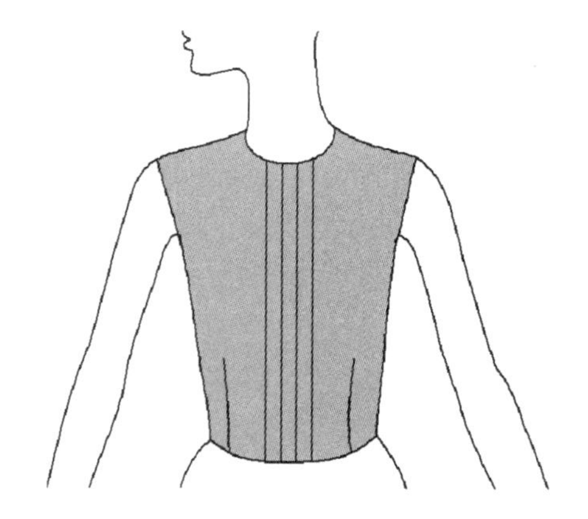

此款设计特点是前中部位的平行直线型顺裥，需要绘制4条切开线平行展开褶量。这个顺褶设计只具有装饰作用，起造型作用的是两条腰额。

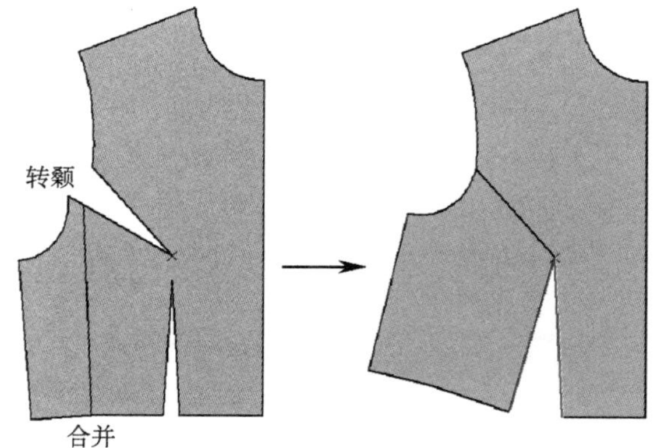

① 将袖窿额转移到腰额中。

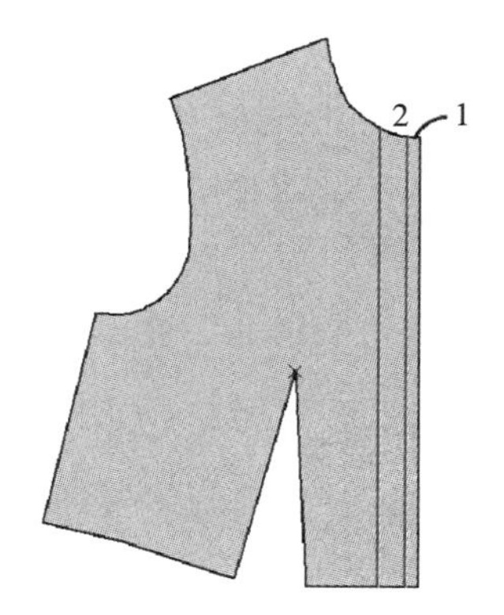

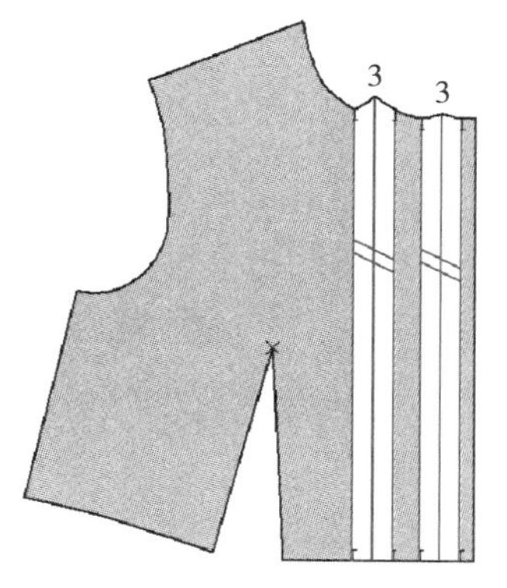

② 在领口弧线距前中线1cm处绘出一条垂直线，间隔2cm再绘制一条垂直线。两条切开线分别平行展开3cm的褶量。加顺褶标注。

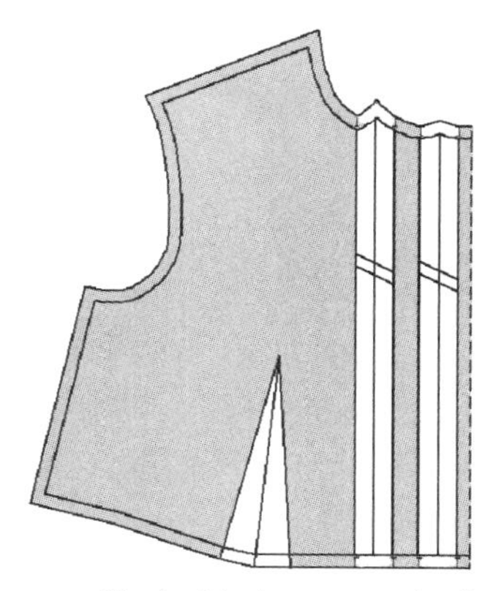

③ 加缝边1cm，完成纸样。

第四节　分割设计与变化

服装中的分割线设计，同样具有造型与装饰两种作用。比较常见的分割线设计就是将颡道包含进分割线中，这种设计与单纯的颡道设计相比，有更多的设计变化与艺术审美性，比如多面料、多色彩的设计变化。

一、 纵向分割设计

纵向分割在视觉上能增加人体的修长感与曲线美。最常见的纵向分割是刀背缝与公主线，这两种分割方式在视觉上最具有造型美感。

（一）刀背缝设计

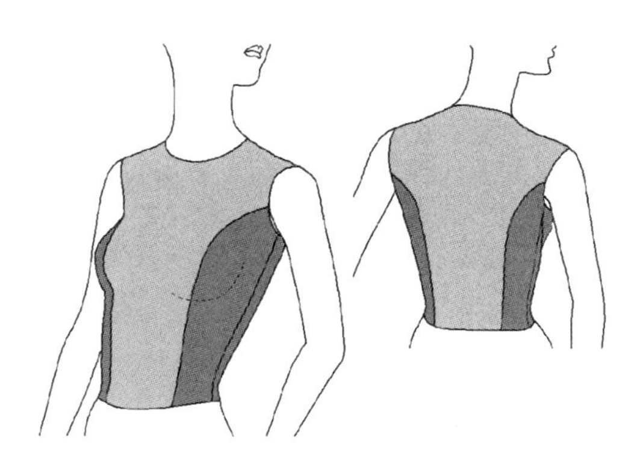

刀背缝的纵向分割线始自袖窿部，前端有一定曲度。刀背缝可以做成两种或多种面料的拼接设计。

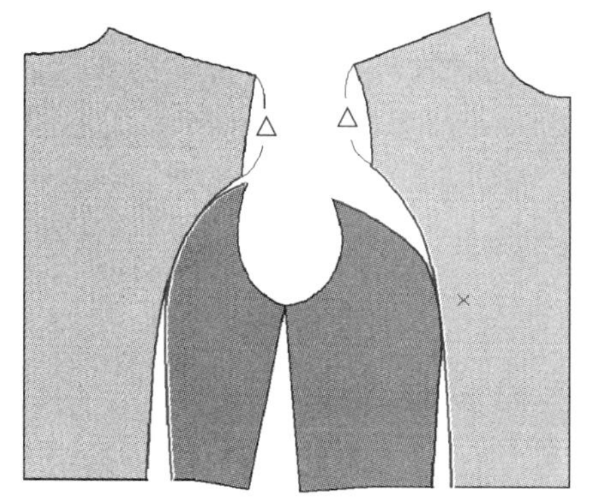

纸样分割示意图

1. 前片分割设计

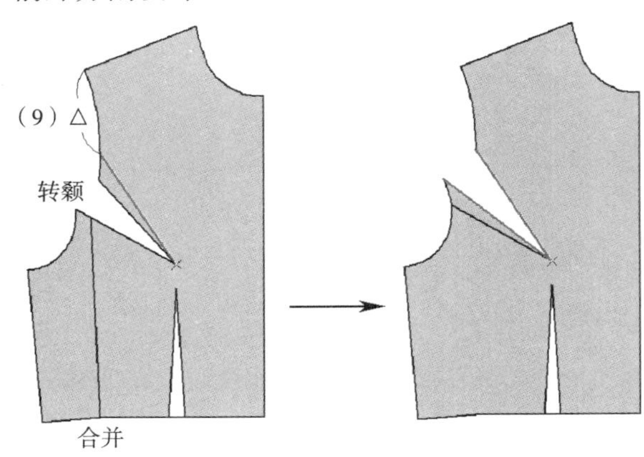

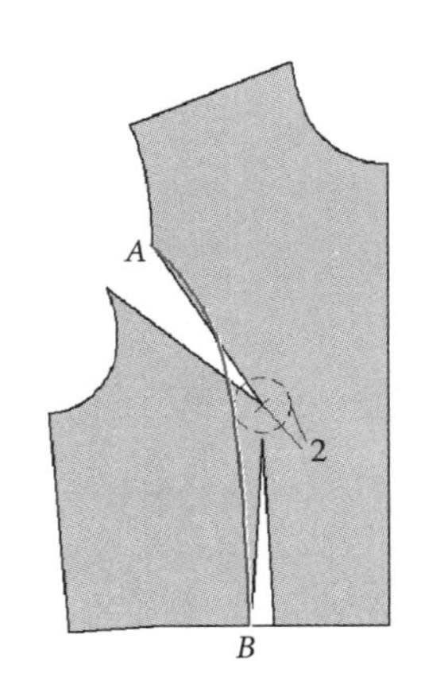

① 首先确定刀背缝的开始位置，根据刀背缝的曲度确定尺寸（曲度不宜过大），前后片相同。本款因为曲度中等，因此，分割线的起始点定为肩点向下9cm的位置。将袖窿颡转移到新颡线中。

② 从新袖窿颡的A点绘制一条曲线，距离BP点2cm，终点落在腰颡左颡线的B点。

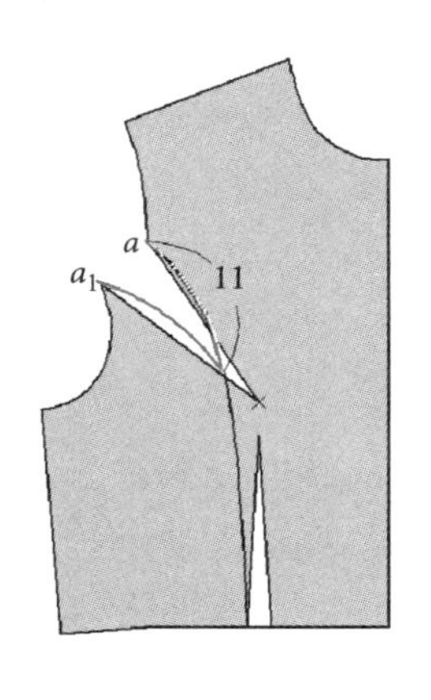

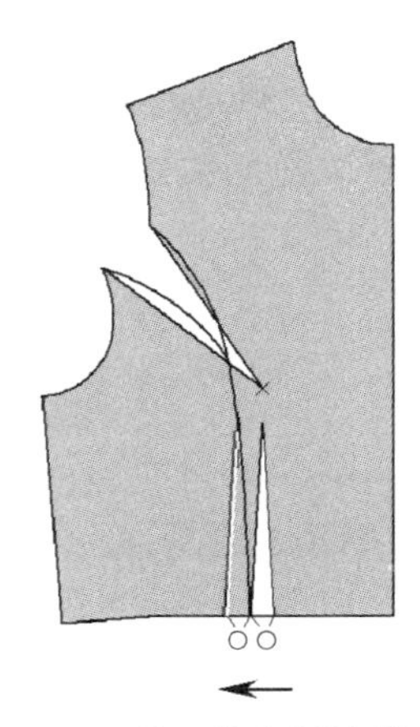

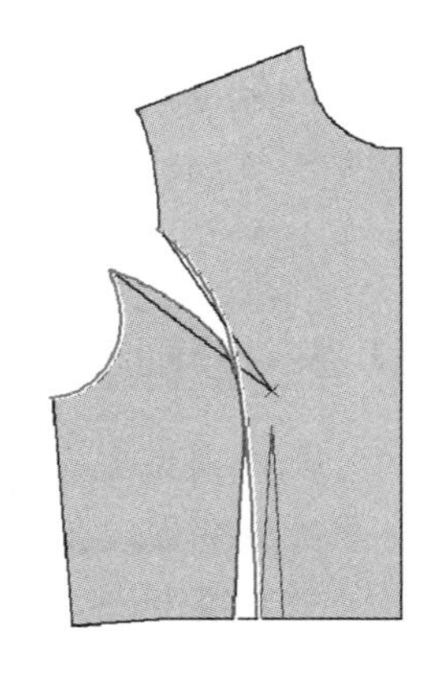

③ 取分割曲线上端长度为11cm的a线，旋转纸样，旋转量为袖窿颡量，将a线转动为a_1线，$a=a_1$。

④ 将腰颡的左颡线向左平行移动，移动距离为腰颡颡量。

⑤ 连接并圆顺两条分割曲线，修正袖窿下部弧线。

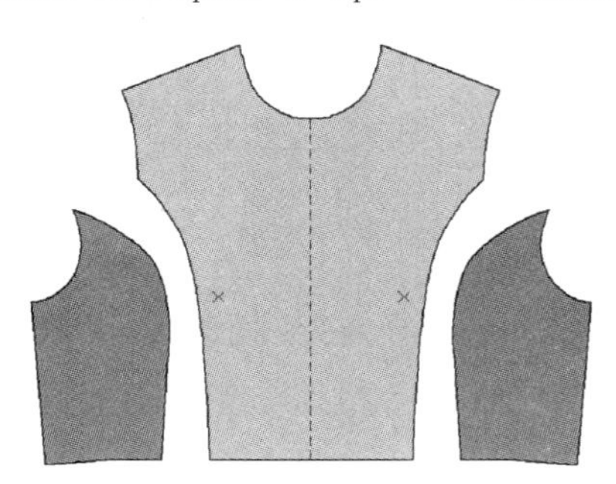

⑥ 净边纸样分割效果如图所示。

2. 后片分割设计

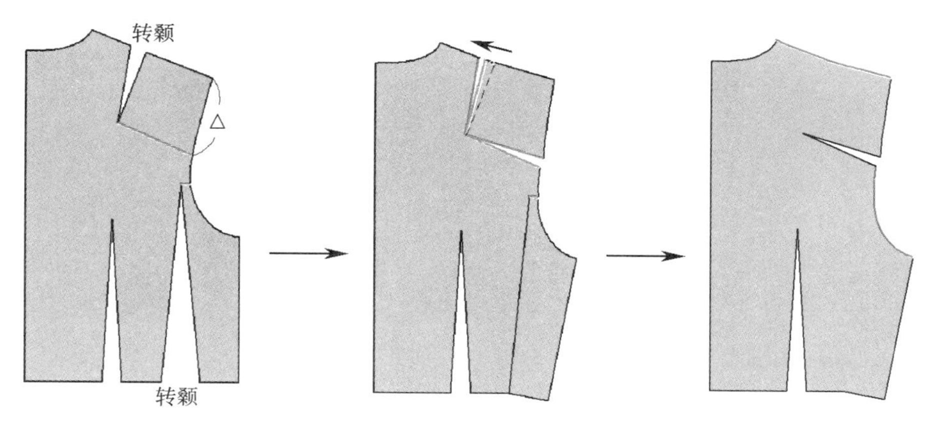

① 参照前片分割线的起始点位置，后肩点向下9cm，绘出袖窿颡的转颡线，在侧腰颡颡尖处做垂线到袖窿弧线。分别将袖窿颡与侧腰颡转移到两条新颡线中，其中，将大约2/3的后肩颡量转移到领口颡中，后肩颡中还保留有1/3的颡量，这部分颡量作为吃势松量。闭合侧腰颡，转移后的小颡量作为袖窿吃势松量。修正肩部与袖窿弧线。

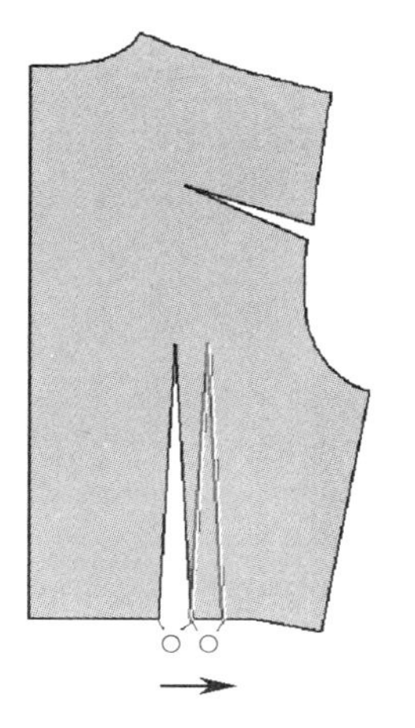

② 将腰颡平行向右移动，移动距离为腰颡颡量。

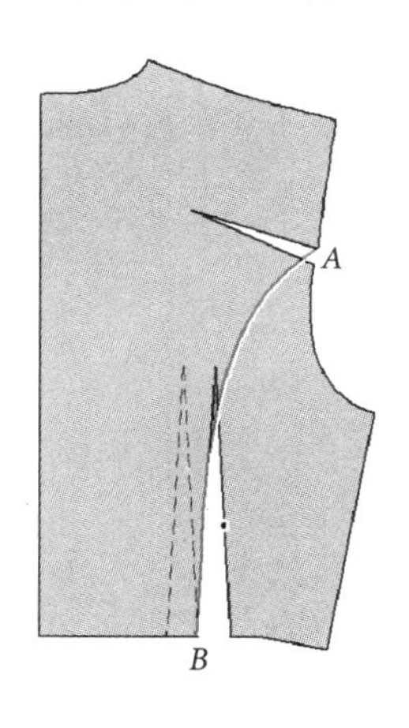

③ 从袖窿颡线的A点绘出一条分割曲线，终点落在腰颡线的B点，注意弧度不宜过大。

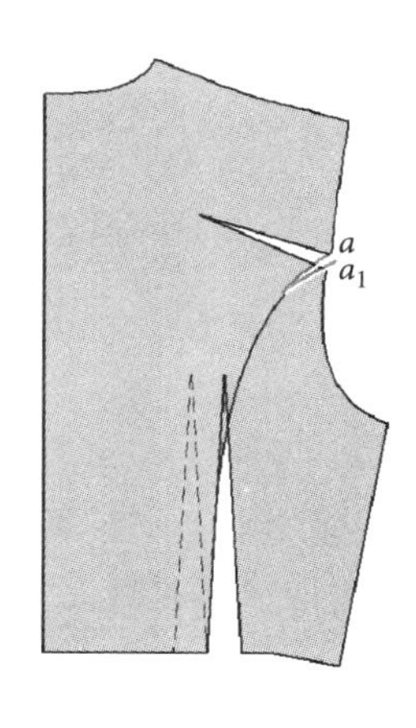

④ 在分割曲线上端，取4cm长度的线段a，旋转纸样，将a线复制为a_1线，注意旋转角度一定要小于袖窿颡。颡道如果过大，制衣时会在此处产生鼓包，因此也可以将袖窿颡转化为吃势松量，分割线处不用加颡量。

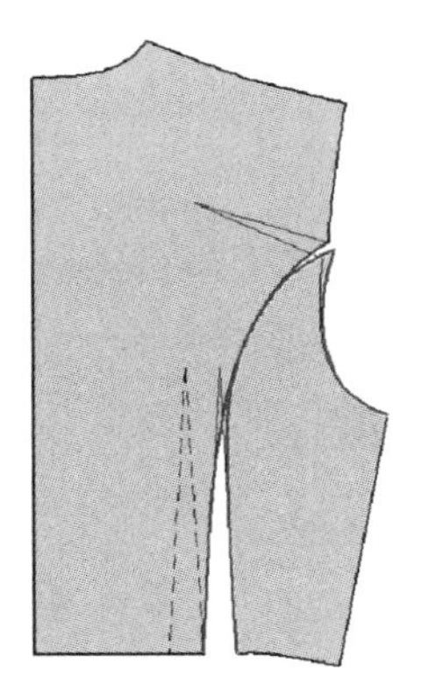

⑤ 分别修正两条分割曲线与袖窿弧线。

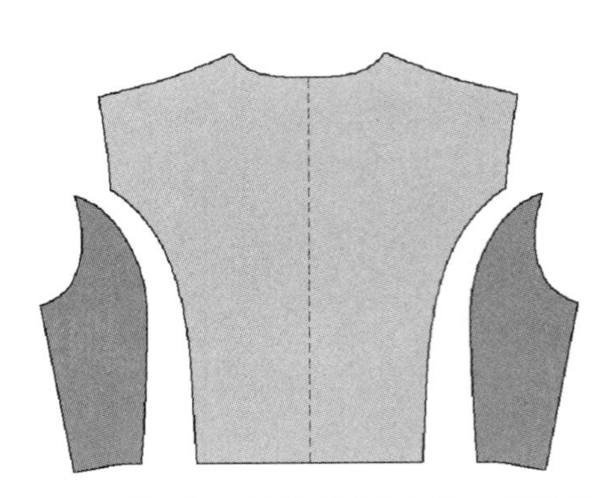

⑥ 净边纸样分割效果如图所示。

（二）公主线设计

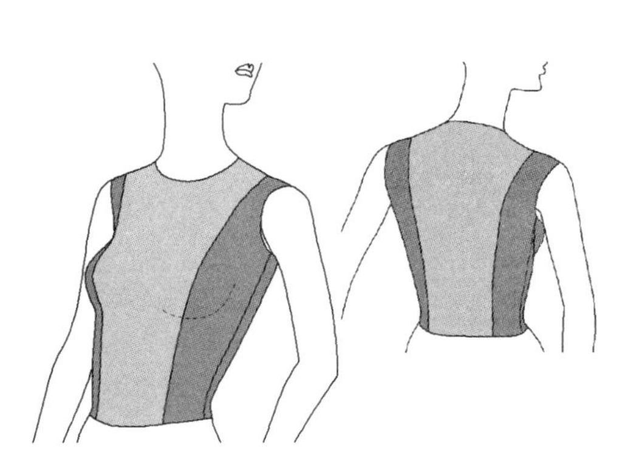

公主线的纵向分割线始自肩部，前端曲度较小，更能显示女性的修长感。公主线同样可以做成两种或多种面料的拼接设计。

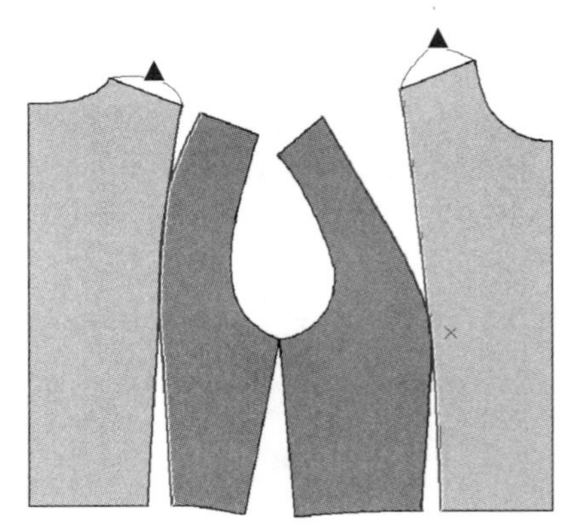

纸样分割示意图

1. 前片分割设计

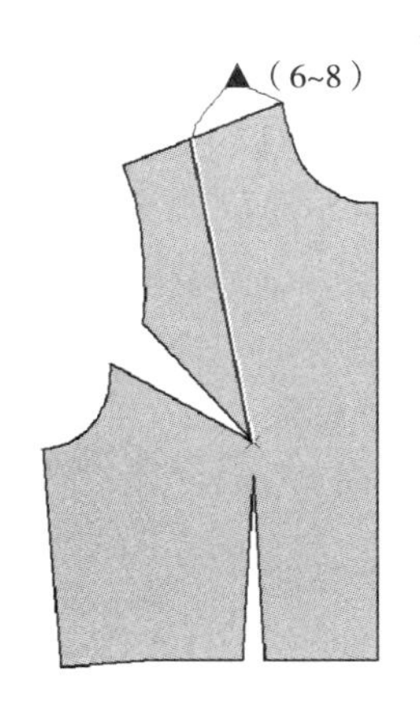

① 在前肩线上绘出一条连接*BP*点的直线，距离前颈侧点7cm（6~8cm距离的曲度在视觉上比较舒服），注意前后分割线起始位置相同。

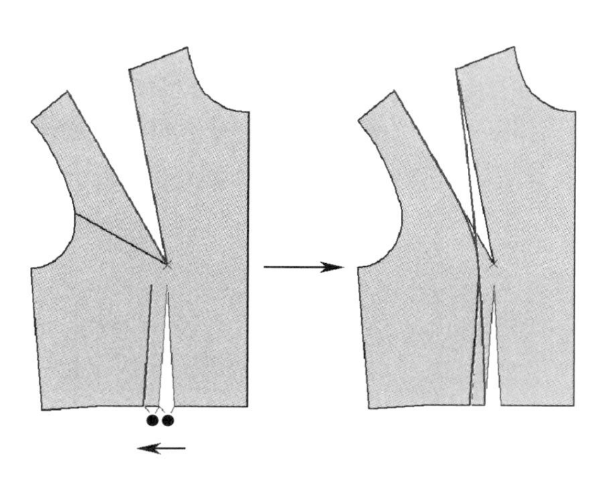

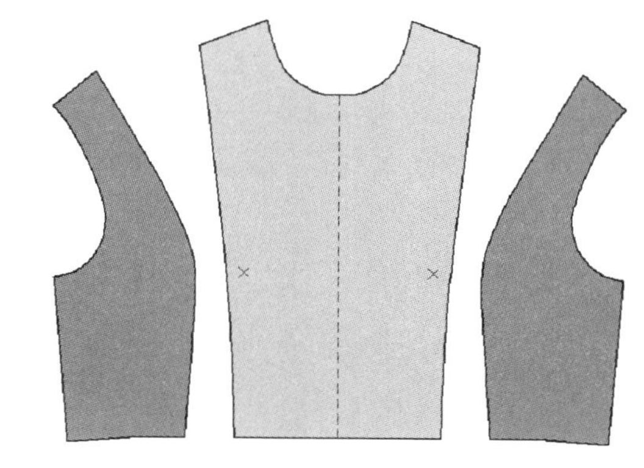

② 袖窿颡转移为肩颡。将腰颡的左颡线向左平移，平移距离为腰颡颡量。绘出两条分割曲线，注意分割线距离*BP*点最少1.5cm。

③ 净边纸样分割效果如图所示。

2. 后片分割设计

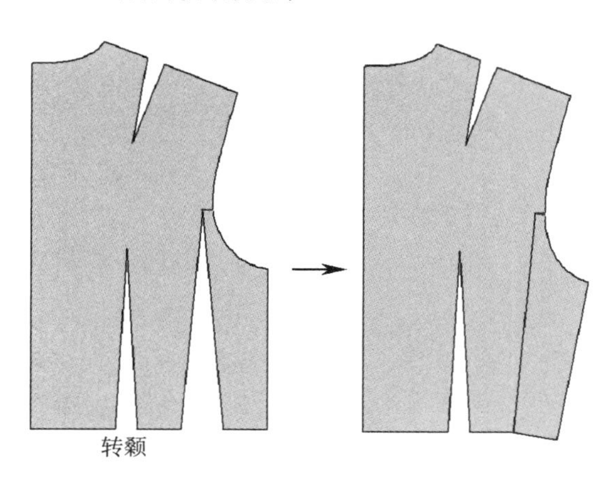

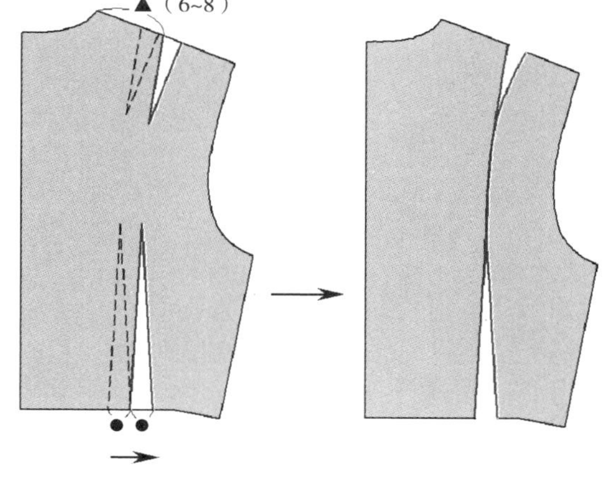

① 首先将侧腰颡转移到袖窿，放松在袖窿，作为吃势松量。

② 与前片分割线的起始点相同，将后肩颡向右平行移动到距后颈侧点7cm的位置。腰颡同样向右平移，平移距离为腰颡量。绘制并圆顺分割曲线。

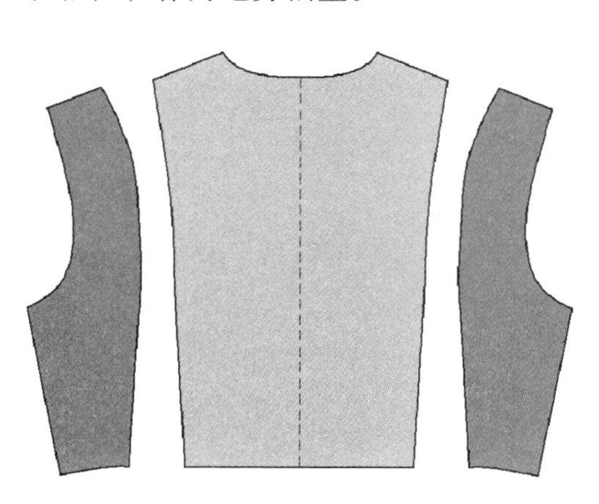

③ 净边纸样分割效果如图所示。

二、横向分割设计

横向分割在视觉上有平稳感、扩张感，对人体某一部位起着强调作用，如胸下分割设计突出胸部的丰满。最常见的横向分割是胸上分割线、胸下分割线、腰节分割线等。

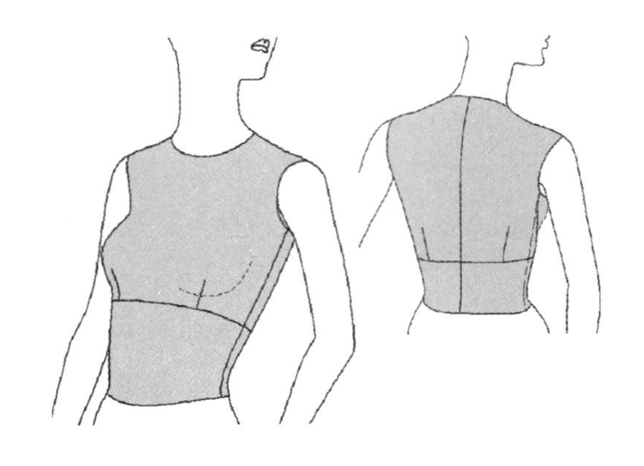

胸下横向分割线

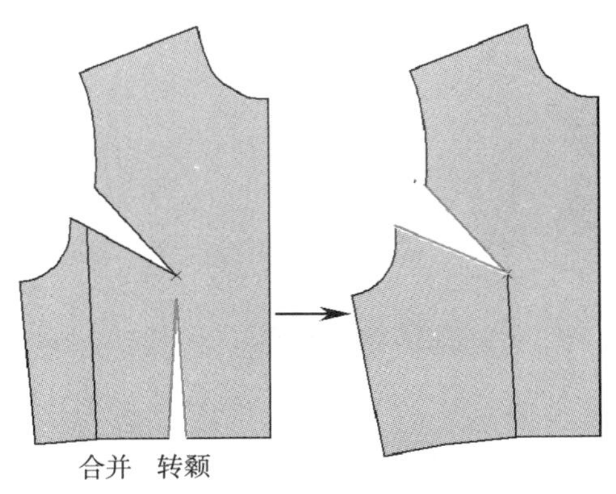

① 首先将前片的腰颡转移到袖窿。

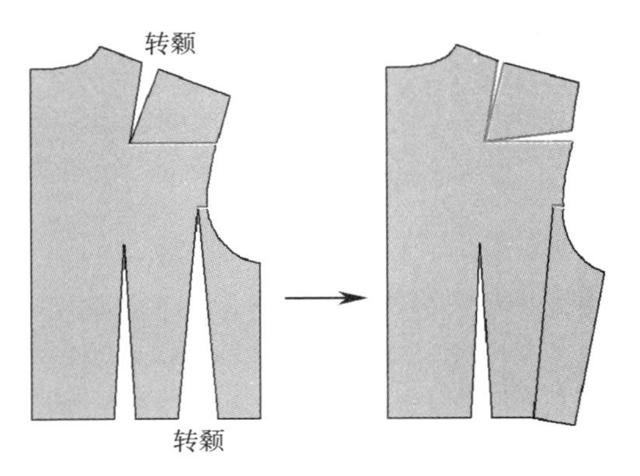

② 后片肩颡的2/3颡量转移到袖窿，侧腰颡全部转移到袖窿，三个新颡都作为吃势松量分别放松到肩线与袖窿线中。修正肩线与袖窿弧线。

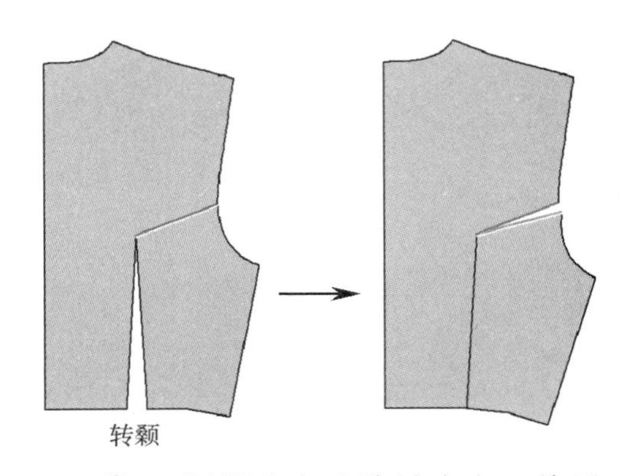

③ 以腰颡尖点为旋转支点，将后片腰颡转移到袖窿。

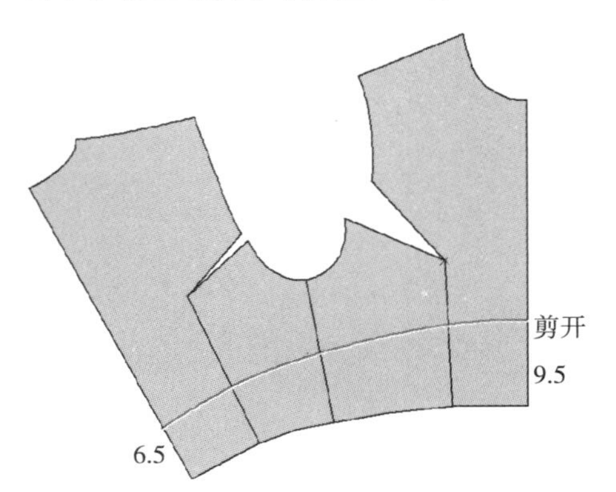

④ 对合前后片的侧缝线，从前中线到后中线之间绘出一条曲线，与前中线、后中线相交处为90°直角。这样绘制的横向分割线，在衣片拼接之后会很圆顺。剪开分割线。

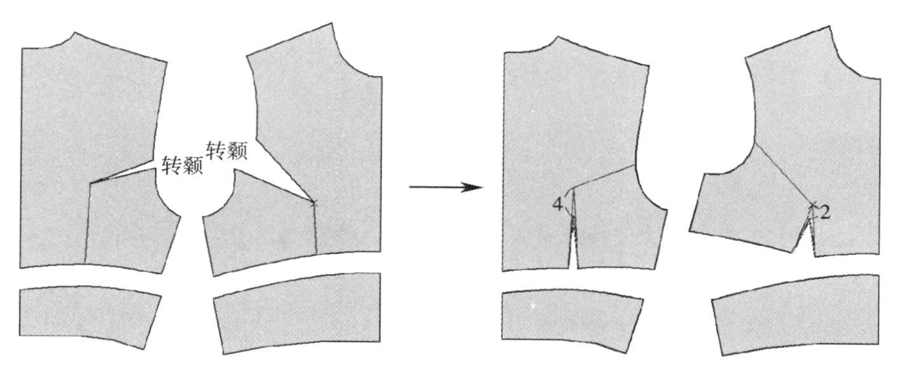

⑤ 纸样分割移动后，进行最后一次转褶，袖窿褶都转移为腰褶。截取合适的褶道长度。

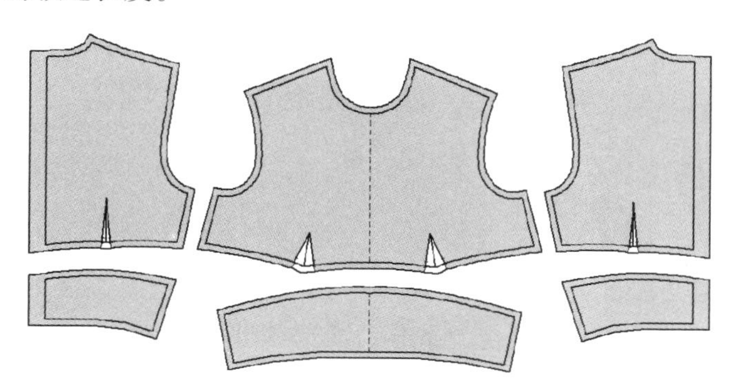

⑥ 加缝边纸样分割效果如图所示。

三、弧线分割设计

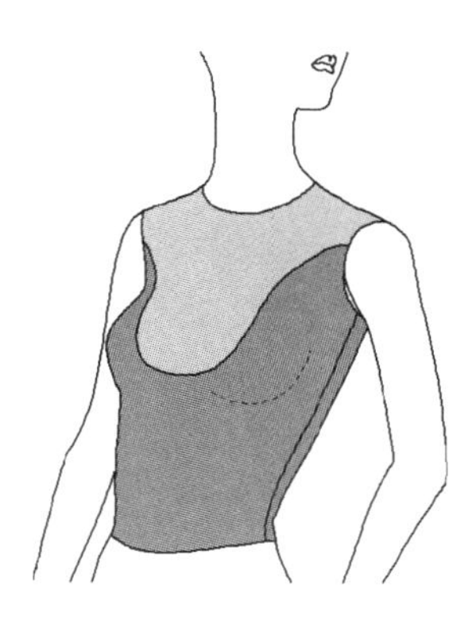

弧线分割在视觉上具有韵律感，更显优美、奔放。

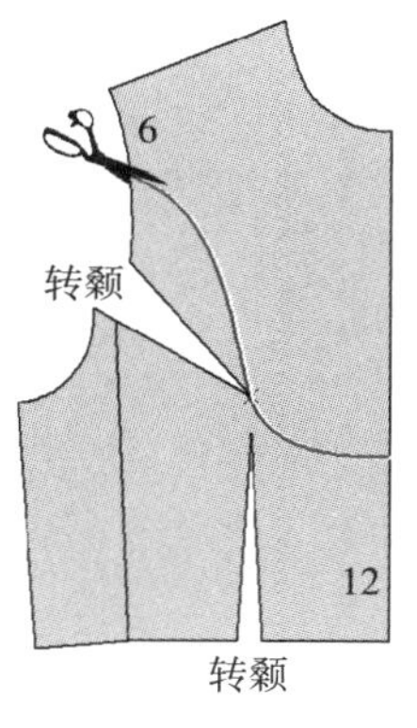

① 根据款式，在袖窿线上确定弧线的起始点，经过*BP*点，弧线延伸至前中线。剪开*BP*点以上的弧线段。

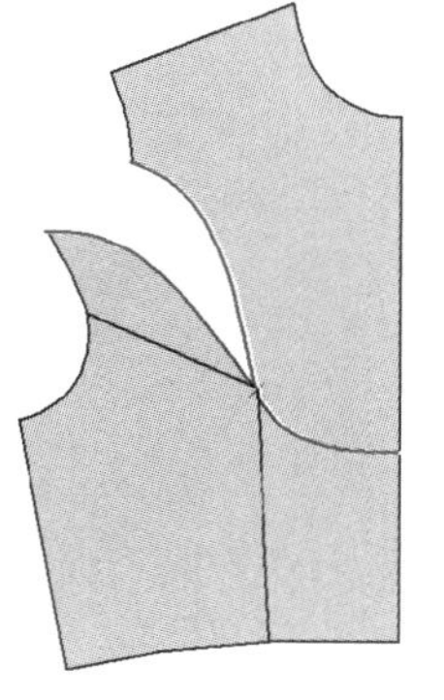

② 将前片的袖窿褶与腰褶全部转移到弧线褶中。

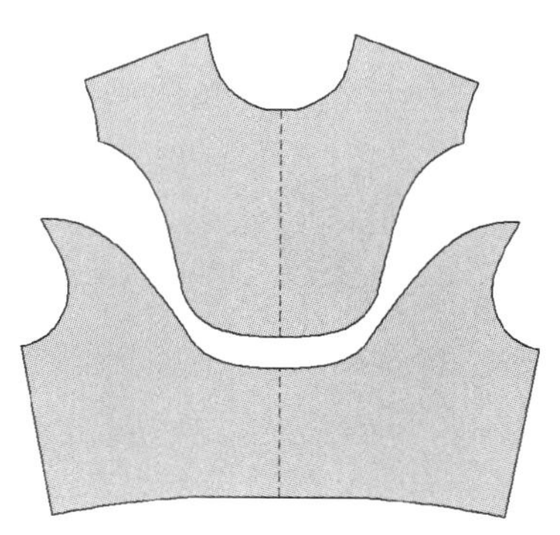

③ 净边纸样分割效果如图所示。

第三章

上衣结构变化与纸样设计

第一节 衣身结构变化与纸样设计

衣身是决定服装款式风格最重要的一个部位，进行服装制版时，首先要确定的也是衣身的结构，根据衣身的结构制出领与袖以及其他部件的结构图。

一、衣身廓形设计

（一）廓形特点

服装的廓形是指服装外造型的轮廓线，也叫作外形线。服装的廓形有几种主要形式，这几种主要廓形可以进行组合、重叠、变形等处理手法，产生千变万化的服装造型变化。不同的廓形适合不同的体型。

服装廓形分为直线型与曲线型两个大类，直线型廓形包活矩形、梯形、倒梯形，曲线型廓形包括自然紧身型、X型、郁金香型、椭圆形，我们先以服装的整体廓形为例讲解廓形特点。

1. 直线型廓形

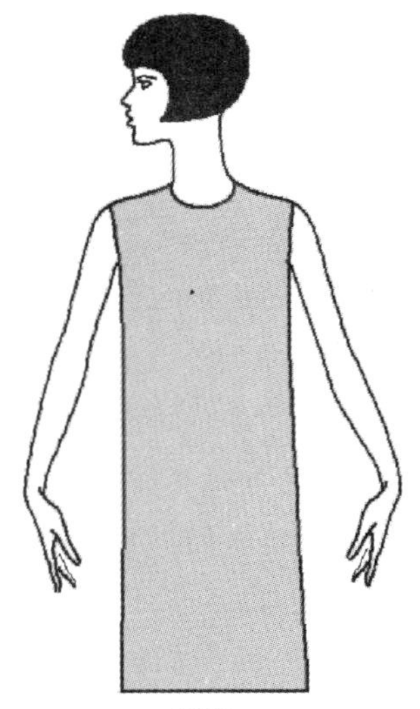
矩形

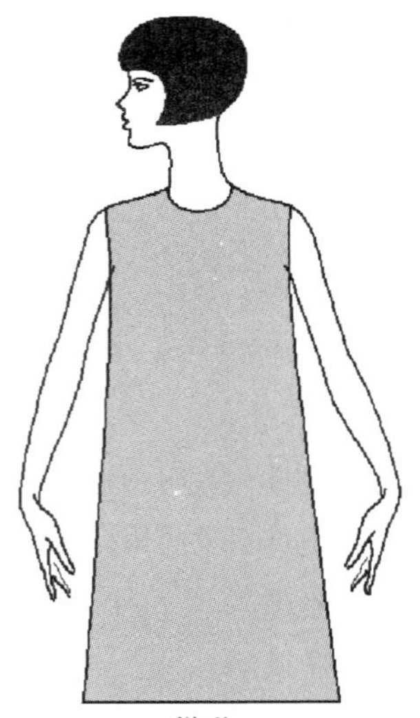
梯形

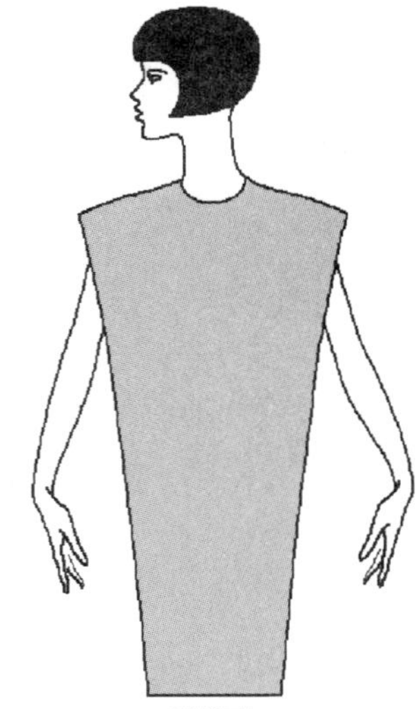
倒梯形

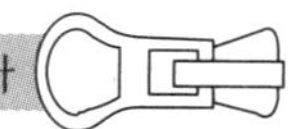

（1）矩形廓形　腰部放松，肩、腰、臀、底摆的宽度基本一致，整体呈矩形。风格随意自然。

（2）梯形廓形　肩窄摆宽，肩部与底摆的宽度相差较大，整体呈梯形。具有活泼的年轻化风格。

（3）倒梯形廓形　肩宽摆窄，强调、夸张肩部造型，底摆收小，整体呈倒梯形。具有阳刚之美。

2. 曲线型廓形

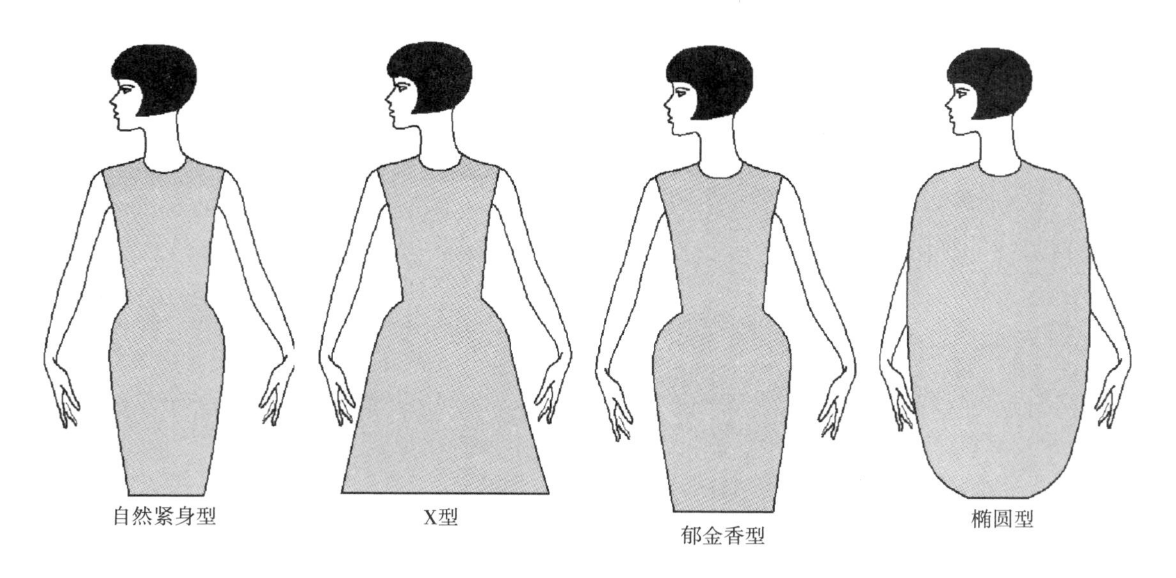

（1）自然紧身型廓形　以女性的自然身体曲线为基础，合身贴体，充分展现自然的人体美。风格柔和、优美。

（2）X型廓形　丰胸、细腰、宽摆，强调胸部的丰满与腰臀差，对比明显的腰臀差可以凸显腰部的纤细感，整体呈英文字母X型。风格大气、典雅，极具女性美。

（3）郁金香型廓形　收紧腰部，夸张臀部，收缩下摆，强调臀部的丰满，整体呈郁金香型。此廓形的人体曲度更加明显，展现性感、妩媚的女性形象。

（4）椭圆形廓形　没有棱角、放松圆润的肩部，宽大蓬松的腰部，收缩弧线状的侧面到底摆的连接线，整体呈椭圆形。风格夸张、活泼。

综上所述，可以看出，主要决定服装廓形变化的几个部位就是肩部、胸部、腰部、臀部和底摆，这几个部位的围度变化决定了衣身的合体性和宽松度。从这一点也可看出不同的廓形适合不同的体型，要尽可能扬长避短。此外在成衣设计中，衣身廓形的变化，要趋于简洁化，过于复杂的廓形会有混乱、无序感。

（二）廓形样片设计

通过变化原型，可以设计出不同形态的廓形，如紧身型、矩形、梯形等衣身廓形。

1. 紧身型廓形

这种造型一般应用于礼服风格的服装（针织类服装除外），可以利用第八代原型本身的颡道来进行紧身型廓形的设计。

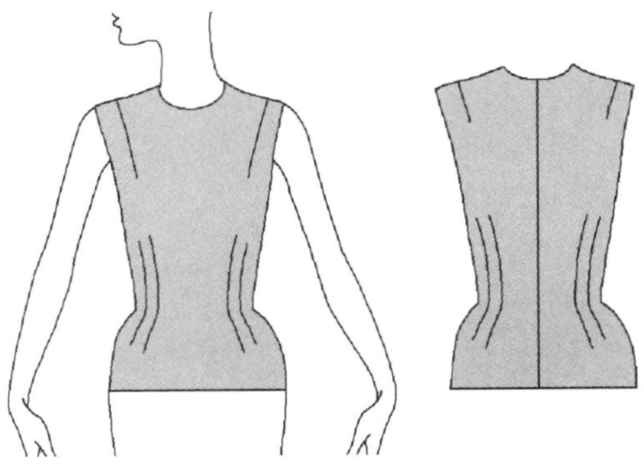

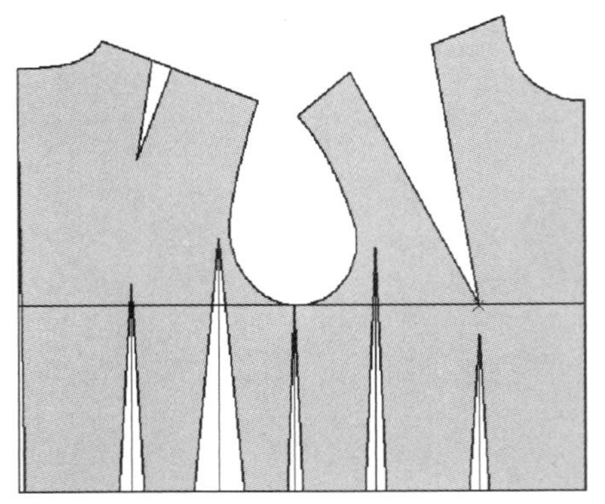

① 将原型前后片的侧缝对合，前片袖窿颡转移到肩部。原型的胸围松量为12cm，腰围的松量为6cm，紧身衣的胸腰围的松量范围一般为4~8cm（礼服式紧身衣为2~4cm）。此款紧身衣的胸围松量定为8cm，腰围松量为6cm。

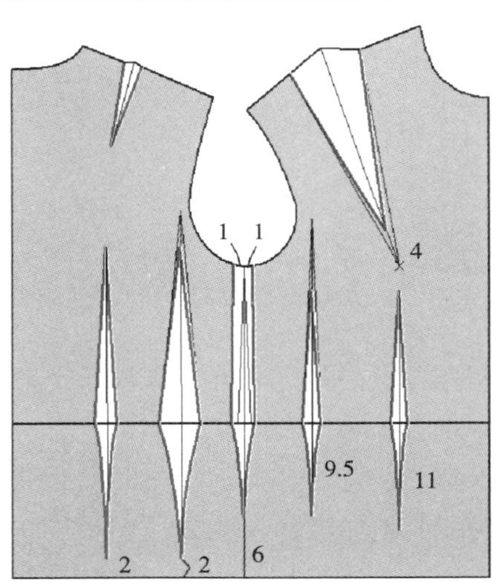

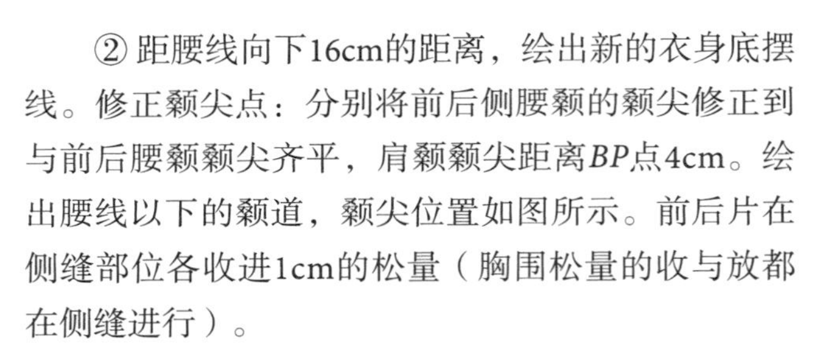

② 距腰线向下16cm的距离，绘出新的衣身底摆线。修正颡尖点：分别将前后侧腰颡的颡尖修正到与前后腰颡颡尖齐平，肩颡颡尖距离*BP*点4cm。绘出腰线以下的颡道，颡尖位置如图所示。前后片在侧缝部位各收进1cm的松量（胸围松量的收与放都在侧缝进行）。

2. 矩形廓形

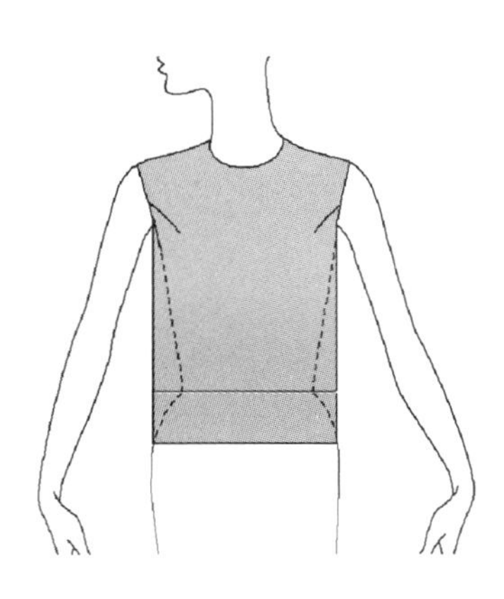

此款式特点为胸部以上合体（前片有袖窿颡），胸部以下放松所有腰部颡道。

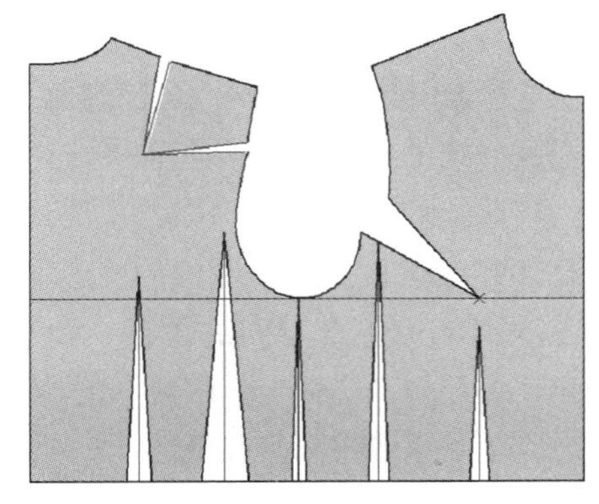

① 将原型前后片的侧缝对合，后片肩颡转移一半颡量到袖窿部。

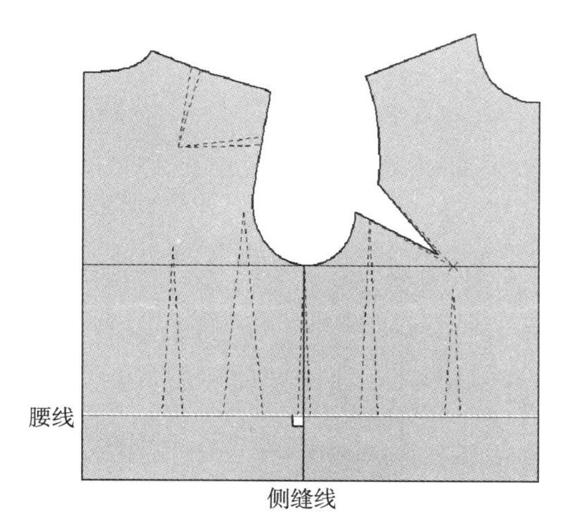

② 距腰线向下7cm的距离，绘出新的衣身底摆线。除了前片的袖窿颡，其他所有颡道都不进行缝合，侧缝线垂直于腰线。

3. 梯形廓形

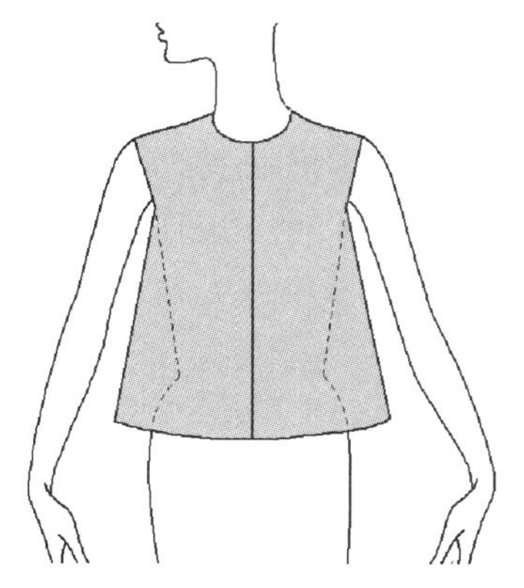

此款式特点为无颡式底摆展开型廓形。

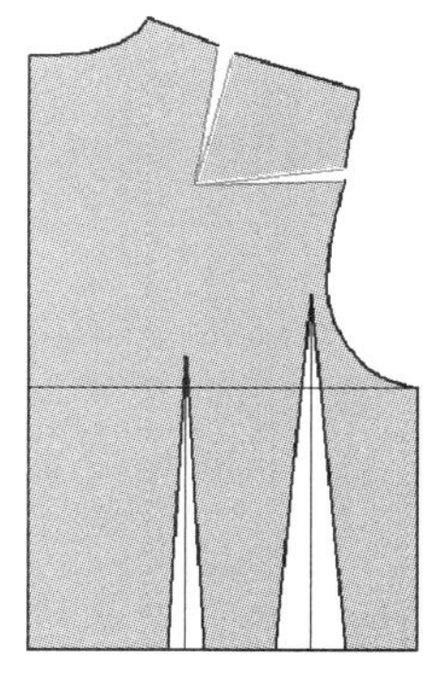

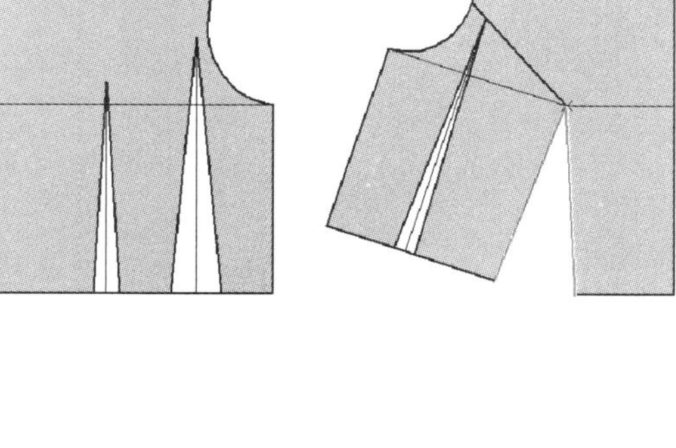

① 将后片肩颡转移一半颡量到袖窿部，这两个颡量分别作为肩部与后袖窿的吃势松量。前片袖窿颡全部转移到前腰颡。

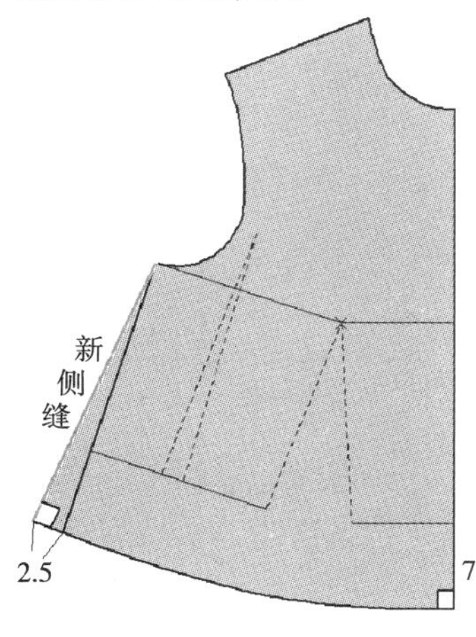

② 绘制前片，距腰线向下7cm的距离，绘出新的衣身底摆线。侧缝处的底摆向外延伸2.5cm的长度，绘出新的侧缝线，注意侧缝与底摆相交处为直角。

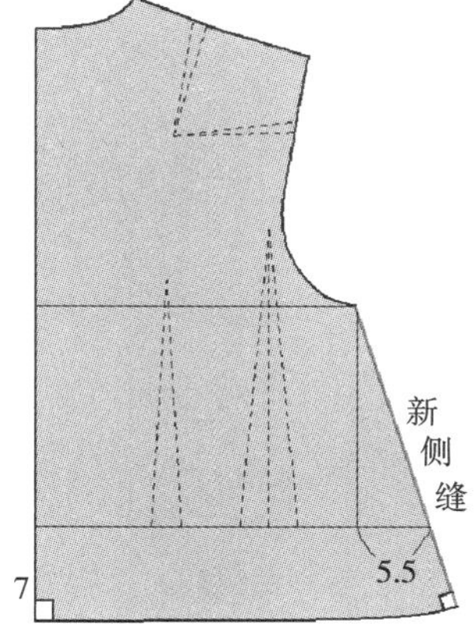

③ 绘制后片，腰线处向外延伸5.5cm的长度，绘出侧缝线（长度与前侧缝线相同），最后绘出底摆线。

4.长梯形廓形

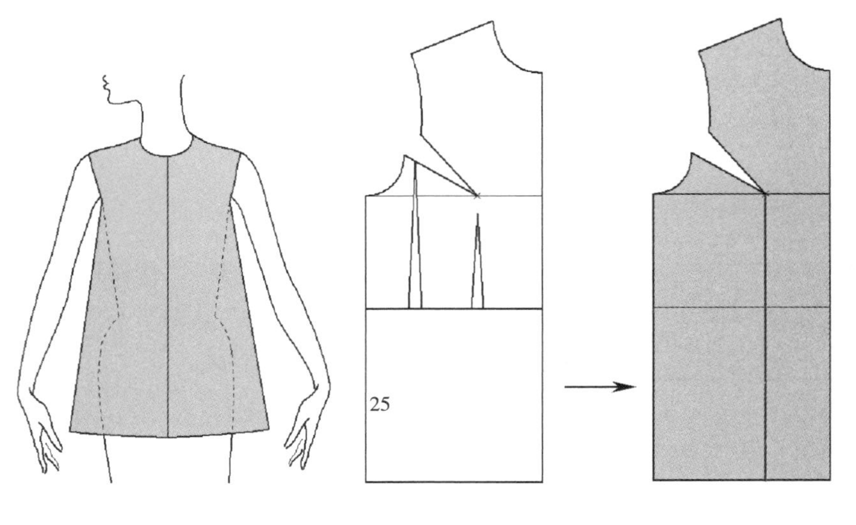

①绘制前片，距腰线向下25cm的距离，绘出新的衣身底摆线。从*BP*点绘出一条底摆线的垂直线。

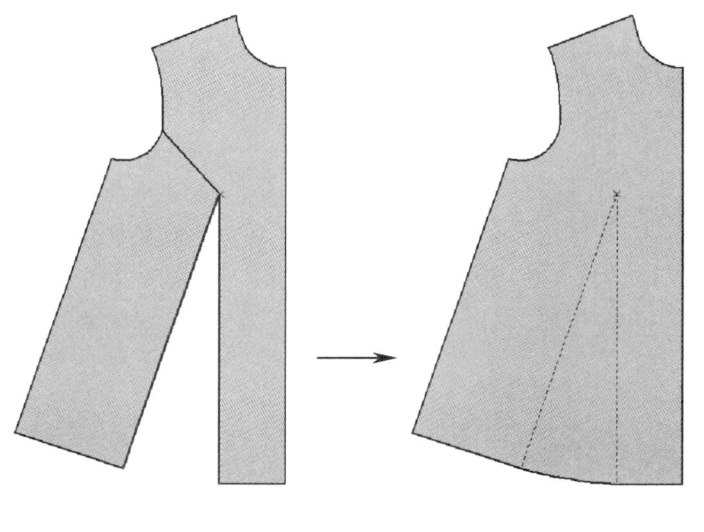

②将袖窿颡全部转移到新颡中。此颡道放松，使底摆围度加大。

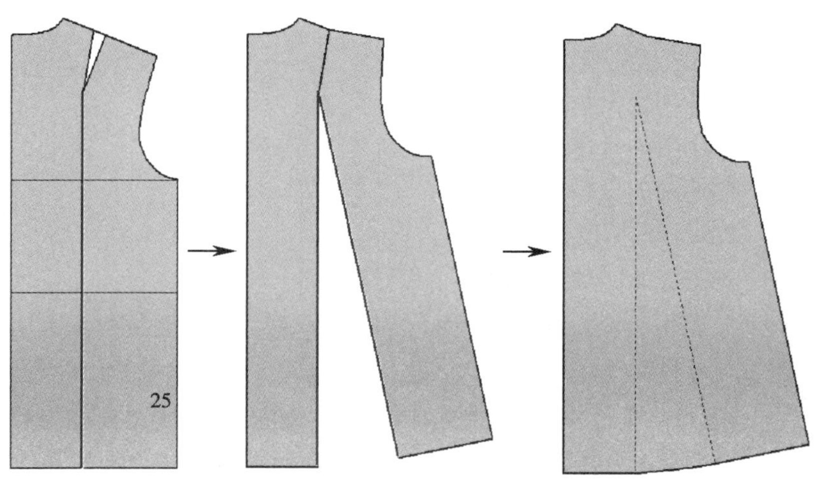

③绘制后片，距腰线向下25cm的距离，绘出新的衣身底摆线。从后肩颡尖点绘出一条垂直于底摆线的颡线，将肩颡转移到新颡中，圆顺新的底摆线。

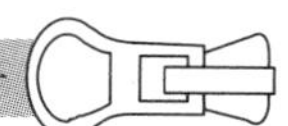

二、衣身结构设计

衣身的结构变化，是指衣身的颡道、褶裥、分割、领口、门襟、口袋等的内部结构变化，我们在原型变化中对前三项已经做了初步讲解，这里我们进行更加复杂的组合变化，如分割线与褶裥的组合变化。

完全相同的廓形，只在衣身的内部分割上做变化，就能设计出更多的款式。

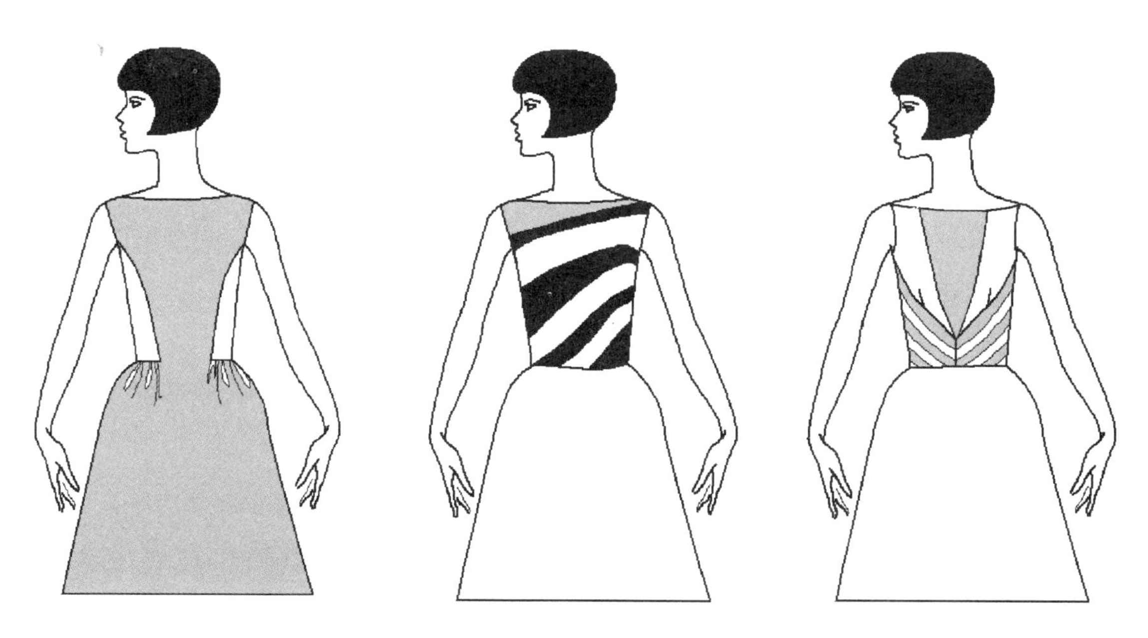

相似的廓形，门襟、领口等部位的结构变化，也会衍生出丰富多样的款式。

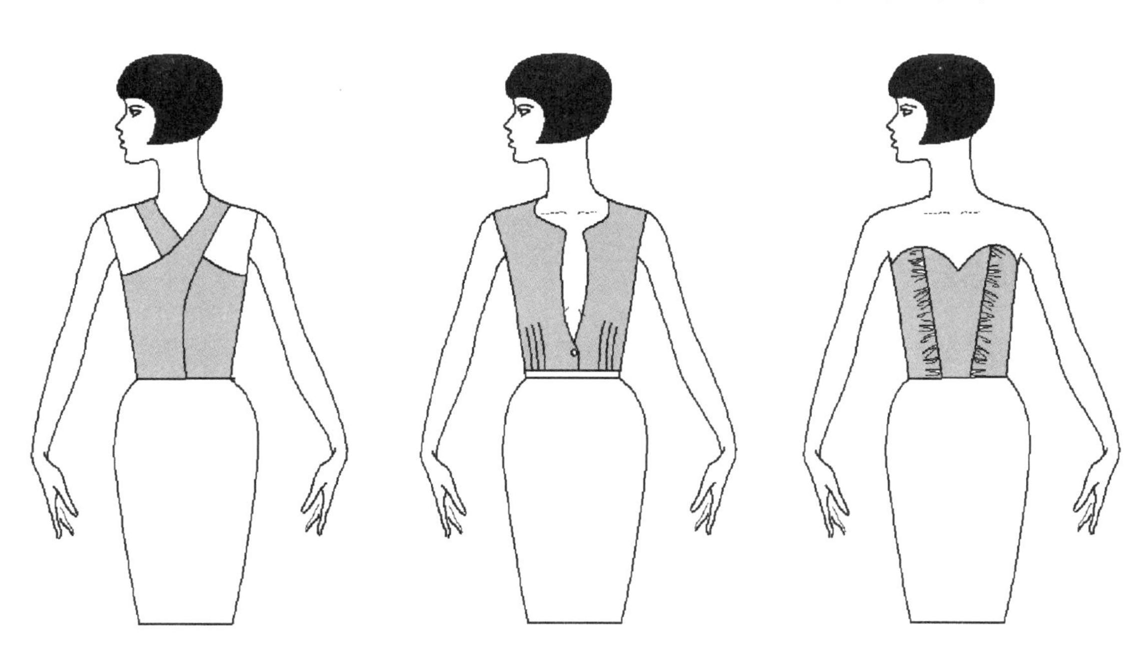

（一）腋下开刀缝与抽褶的组合变化

此款设计为腋下开刀缝式衣身，胸部抽褶。

腋下开刀缝接近*BP*点处进行抽褶，应该先将袖窿颡和腰颡颡量全部转移到*BP*点至前中线位置的颡道（为抽褶做准备），在袖窿的腋下部位画出分割线，分割纸样，最后将前中部位的颡量转移为褶量。

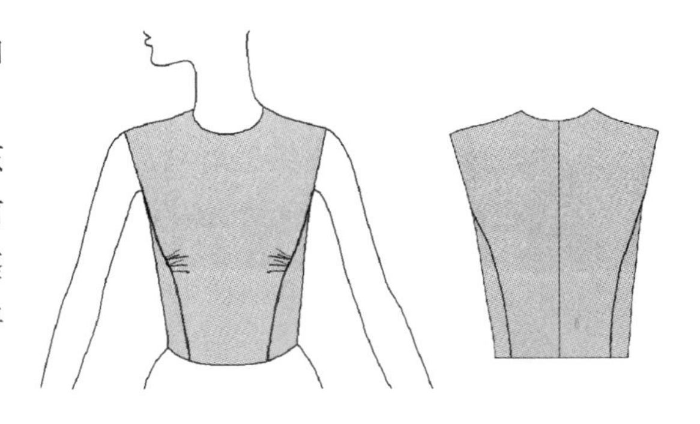

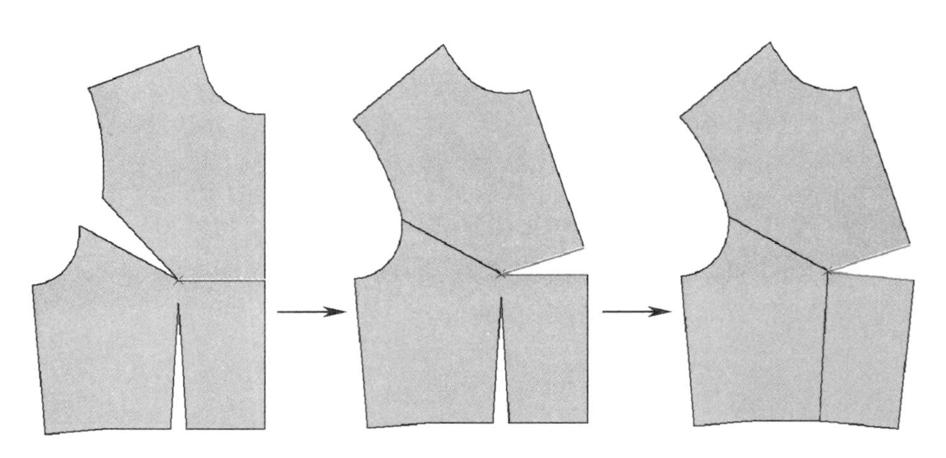

① 经过*BP*点，绘出一条垂直于前中线的新颡线。分别将袖窿颡和腰颡颡量全部转移到新颡中。

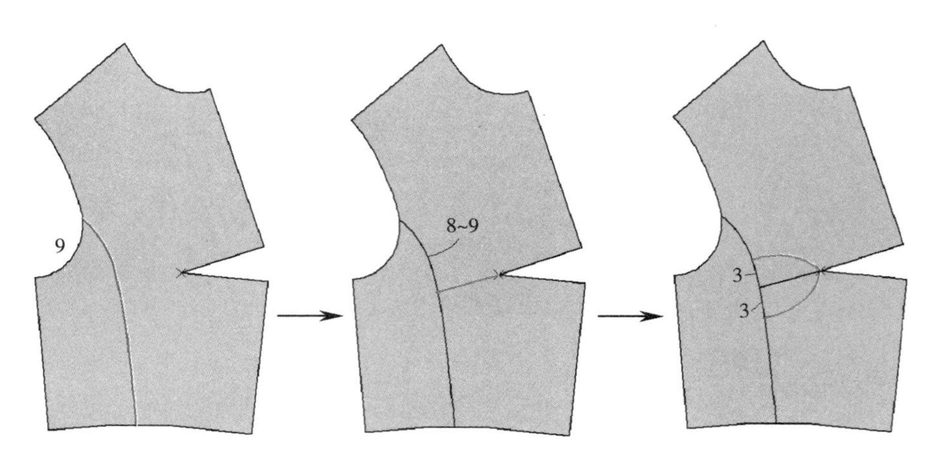

② 根据款式，从袖窿深点往上9cm的位置作为起始点，绘出分割线。接着绘出一条直线连接*BP*点与分割线，在直线两端各3cm的位置，绘出两条曲线。

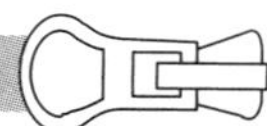

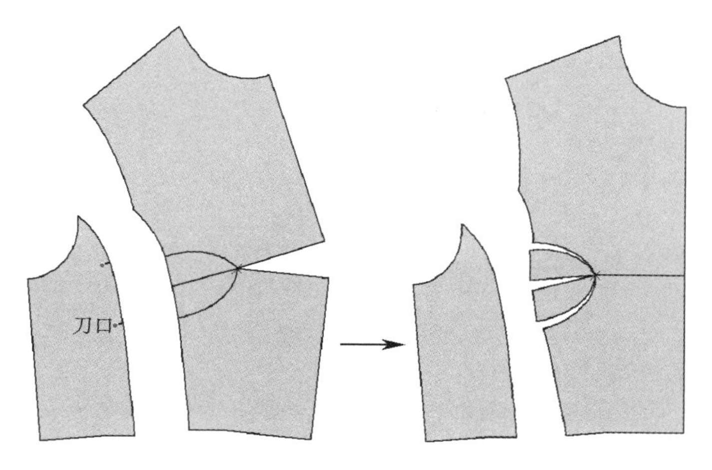

③ 分割纸样，在需要抽褶的线段处标出刀口标记。将前中颡平均转移到三条新颡线中。

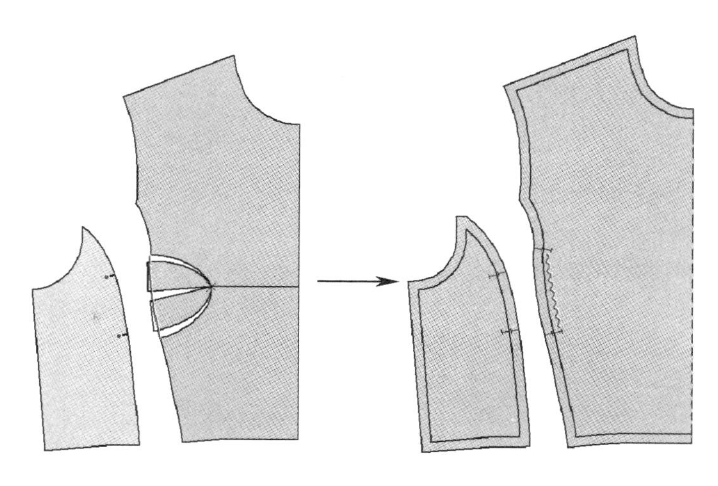

④ 重新绘出抽褶弧线并标出波浪线，同样在抽褶区域标出刀口，加缝边，完成纸样。

（二）育克与抽褶的组合变化

育克，指服装前后衣片上的横向开刀部分，用在衬衫上，也叫做过肩。

根据款式绘出育克线后，把育克部分分割出来；接着绘出纵向分割线，将袖窿颡和腰颡都转移到分割线中，绘出几条横向切开线，展开抽褶所需的褶量。

前片操作步骤：

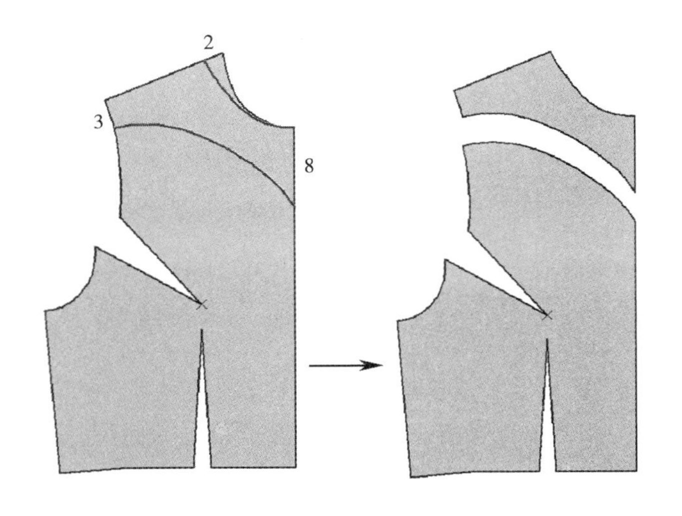

① 根据款式，前领深点往下8cm处，绘出育克线，终点距前肩点3cm。距前颈侧点2cm处，绘出新领口弧线。从育克线处分割纸样。

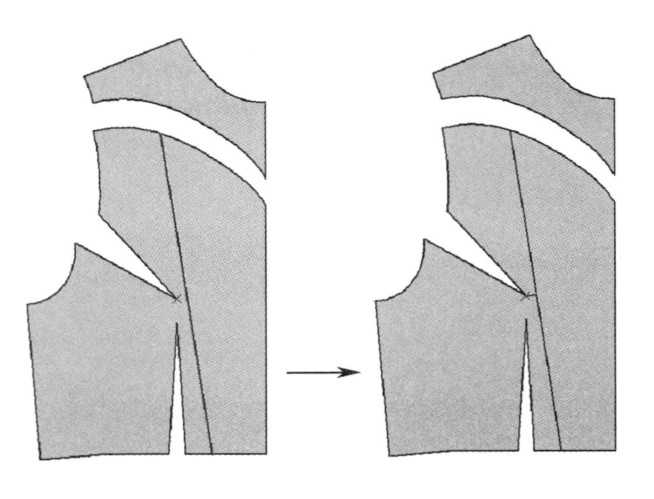

② 绘出一条斜向分割线。因为分割线没有经过*BP*点，所以要先画出袖窿颡与分割线之间的连接线，再进行转颡。

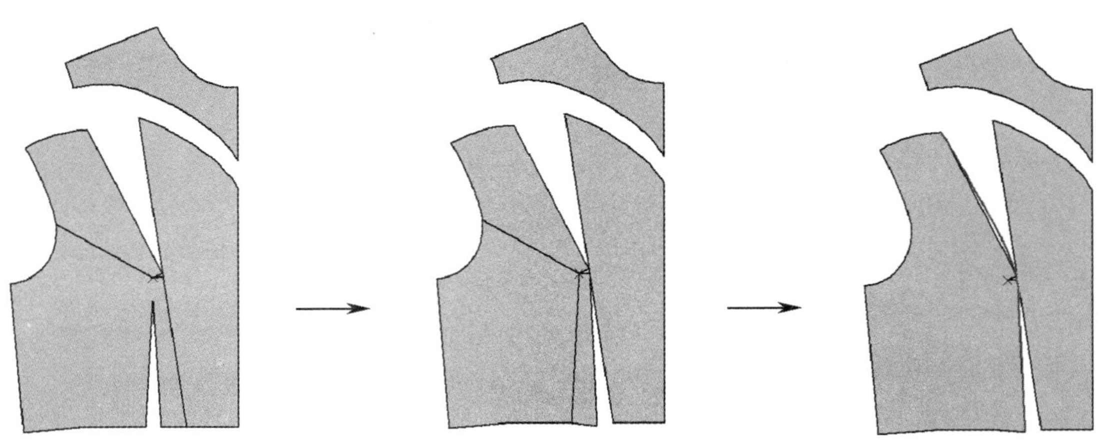

③ 分别将袖窿颡和腰颡颡量全部转移到新颡中。圆顺分割弧线。

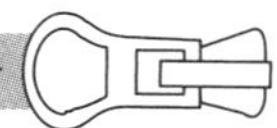

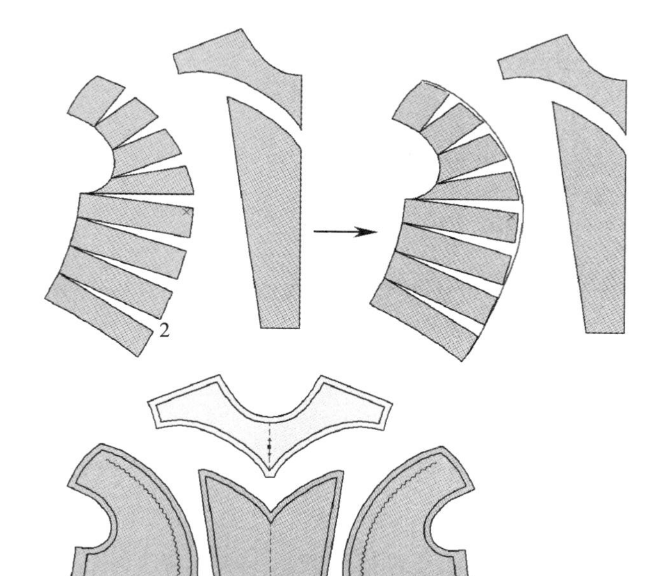

④ 绘出7条切开线，只在分割弧线上展开褶量， 每个切开线展开量为2cm。重新绘出分割弧线。

⑤ 抽褶部位绘出波浪线，前中上下两片分别对称展开，加缝边，其中侧缝线缝边宽度为2cm。标出垂直纱向。

后片操作步骤：

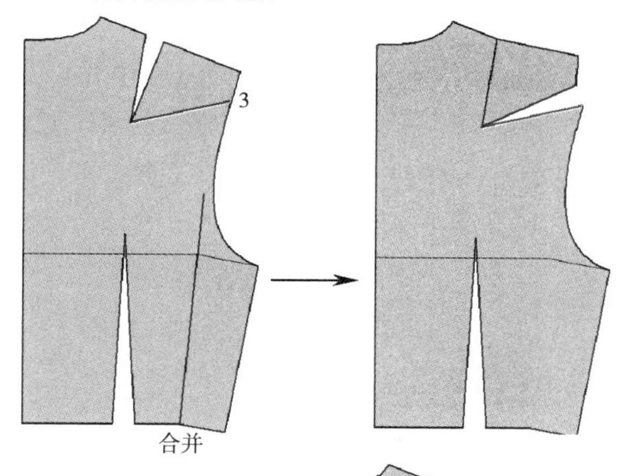

① 从后肩点往下3cm的位置，绘出一条新颡线连接肩颡颡尖，转颡，肩颡变为袖窿颡。

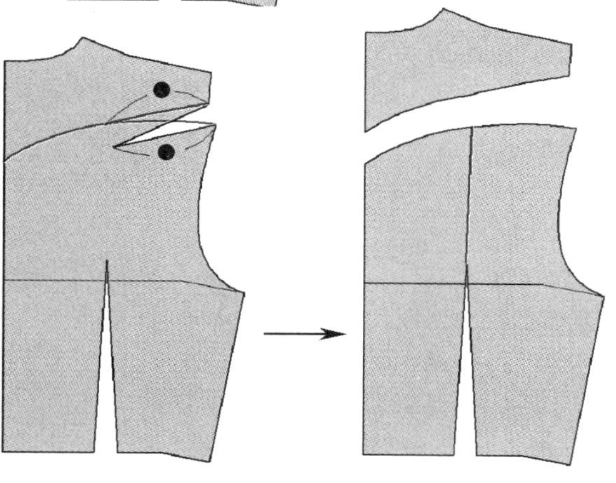

② 根据款式，绘出一条分割弧线，连接到袖窿颡下颡线，接着在上颡线处绘出一条短弧线，长度与袖窿颡长度相同。

③ 分割移动纸样。从腰颡顶点绘出一条新的分割线，将后下片分割为左右两片。

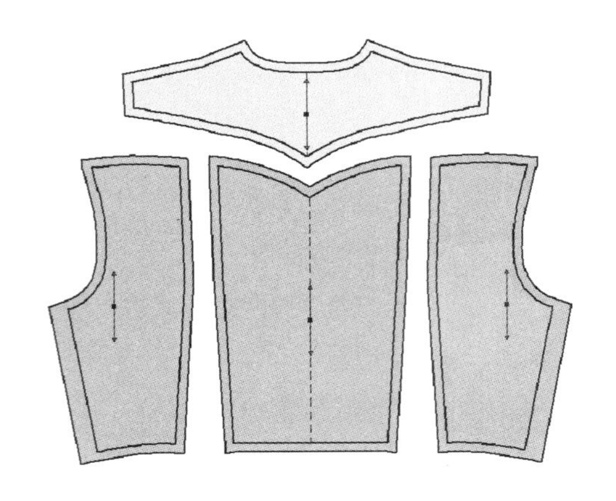

④ 以后中线为基准线，对称展开后上片（育克片）、后中片。加缝边和纱向标注，完成纸样。

（三）门襟的结构变化

门襟指衣服的开合部位，门襟的变化代表着不同的穿脱方式。根据门襟的位置特征，主要分为以下几种形式：前门襟、侧门襟、背门襟（后背开襟）、肩开襟（肩部开襟）等，应用较广泛的是前门襟和侧门襟。

1. 前门襟

前门襟指在上衣的前身开襟，这是最常用的一种门襟方式，方便穿脱。根据结构特征，又分为对襟和搭襟。

对襟指左右衣襟不互相重叠，没有搭门的一种开襟形式。

搭襟指两个门襟互相重叠，有搭门，左右门襟一边门襟锁扣眼，一边门襟钉扣子。根据扣子的排列形式，又分为单排扣门襟和双排扣门襟。

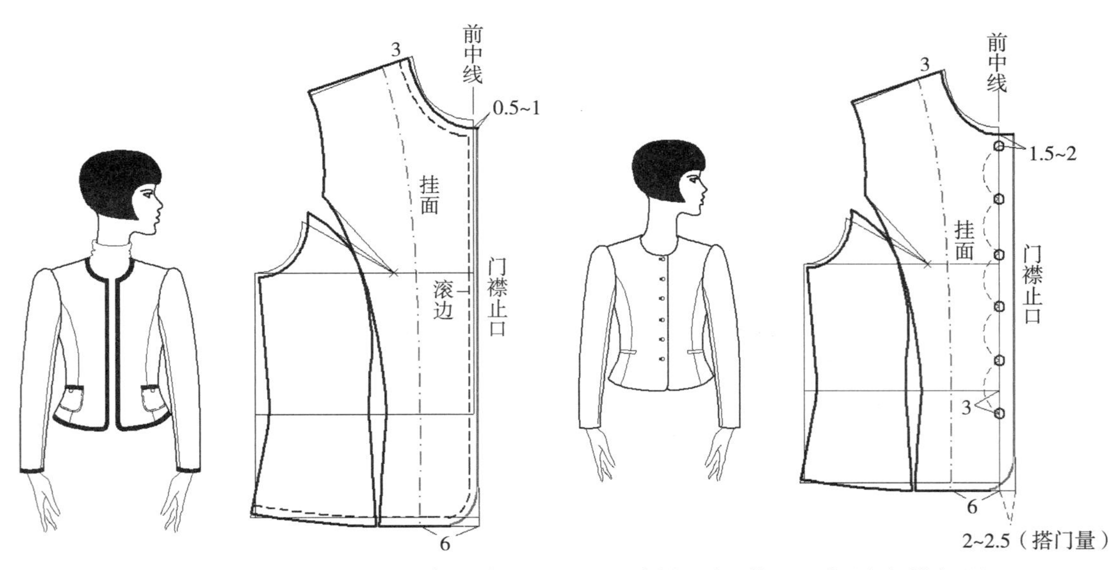

对襟：没有搭门，门襟呈对合状态，一般以滚边工艺来处理门襟止口。

单排口门襟：一般设定搭门量2~2.5cm。

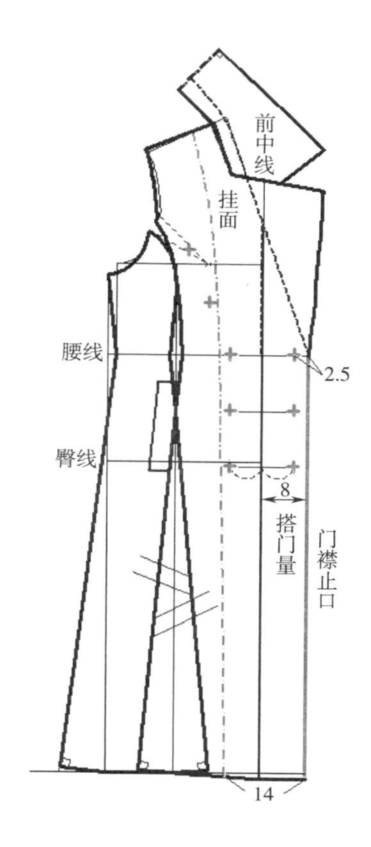

双排扣门襟：有两排纽扣，搭门量6~9cm，注意：前中线两边的纽扣排列是对称的。

2. 侧门襟

侧门襟指在上衣的侧身开襟，如中式大襟衫与旗袍，就是典型的侧开襟。

中式大襟衫：前襟为斜大襟，外襟压内襟（红色虚线），一般内襟小于外襟，在侧缝系带。

后领

系带

系带

第二节　领子结构变化与纸样设计

一、领子结构变化

领子是构成服装造型的一个重要局部，起着衬托、装饰和美化脸型的作用，一般作为整体造型的视觉中心。

领子主要包括领口与领型两部分，领口（领窝）与领型（领片）构成了领子结构的基本变化。

（一）领口变化

领口指没有领型的领窝状态，一般也叫无领。领口是最基础的一种领型，根据领窝的形状一般分为圆形领、方形领、V型领、一字领等。

1.领口的三个位置点

进行领口结构设计，就必须要掌握三个位置点的概念，即原型领口与人体相对应的三个位置点：颈窝点（前领深点）、颈侧点（前领宽点）、后颈椎点（后领深点）。熟悉这三个位置点和与之相对应的人体结构点，领口的设计就能更加直观，如下图所示。

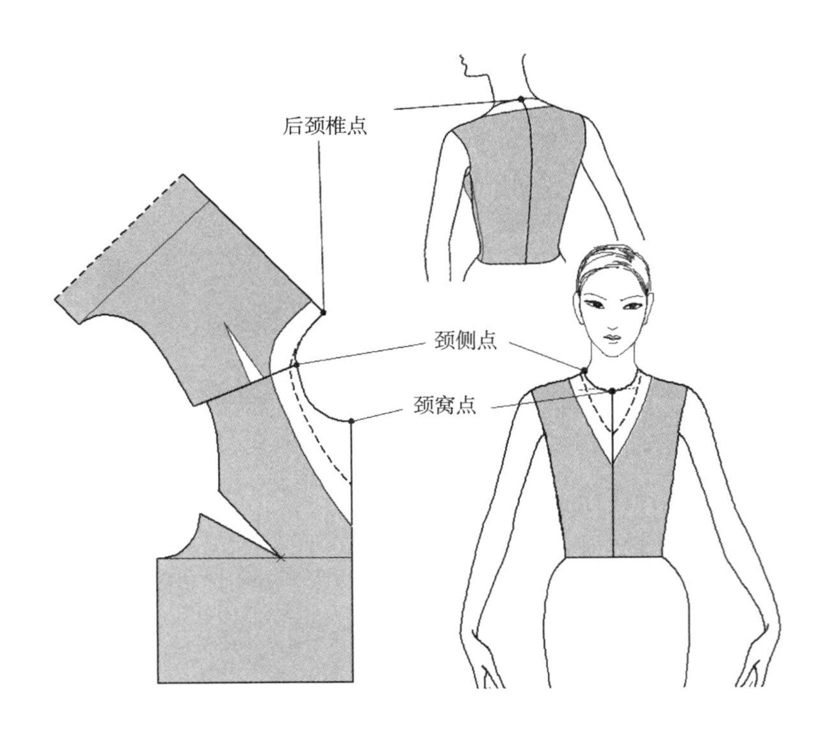

2. 领口的构成结构线

除了掌握以上三个位置点的概念，还要掌握领口的构成结构线与人体颈根造型的关系。领口的构成结构线是指前后横开领、直开领。

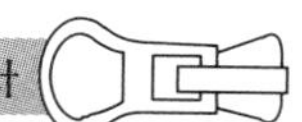

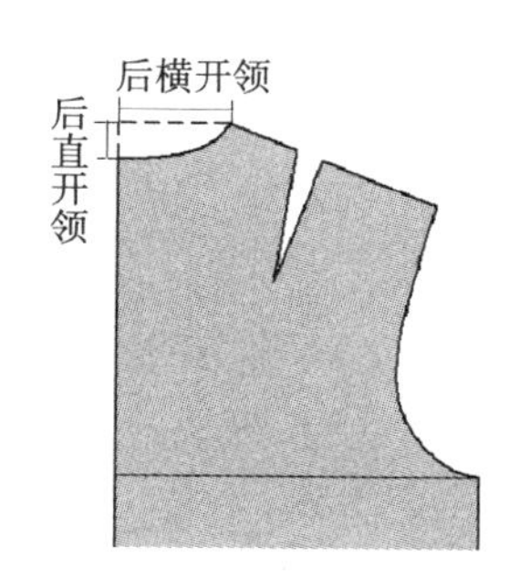

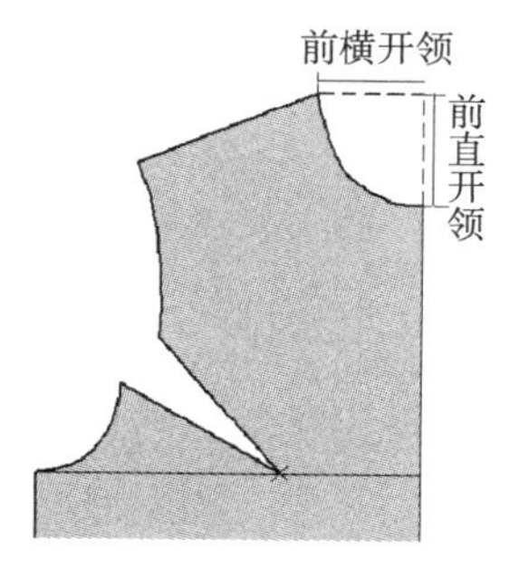

横开领，指领宽；直开领，指领深。这两个领口结构线的数值变化决定了领口的长度与形状。

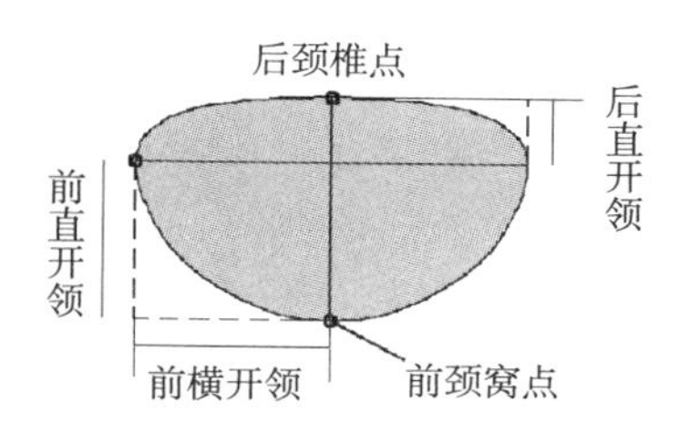

通过颈根围度的示意图，可以比较直观地了解领口的构成结构线与人体颈根造型的关系。

3. 圆领

横开领较小的圆领，前后增加的横开领量可以相同，如果是套头式圆领，要注意领围要大于头围，这样利于穿脱。

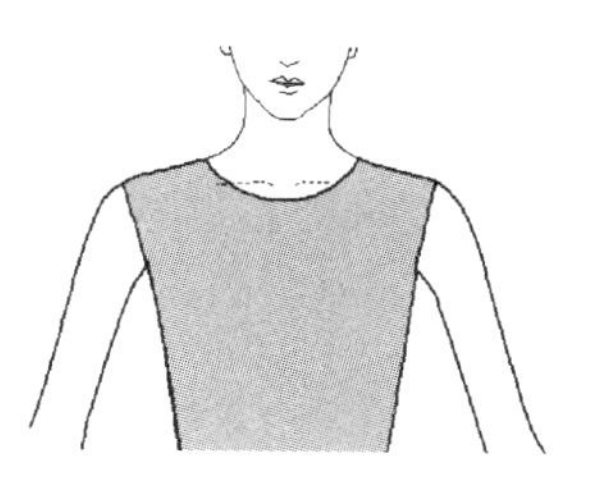

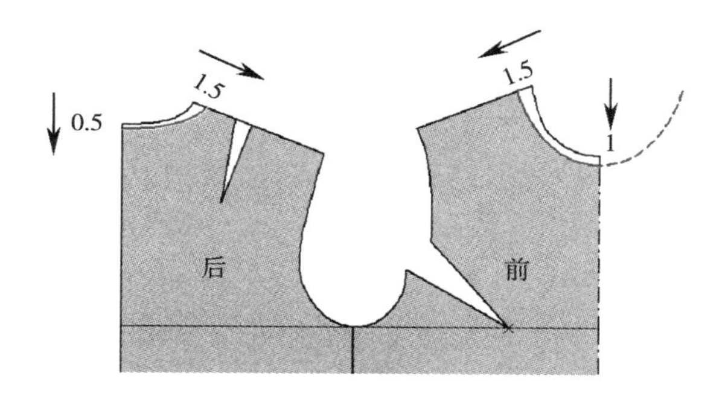

① 绘制领口弧线

增加1.5cm的横开领量：分别在前后肩线上，距颈侧点1.5cm处往前后中线方向绘制曲线，前领深点下落1cm，后领深点下落0.5cm。

可以翻转一下前领口弧线，看看是否圆顺。

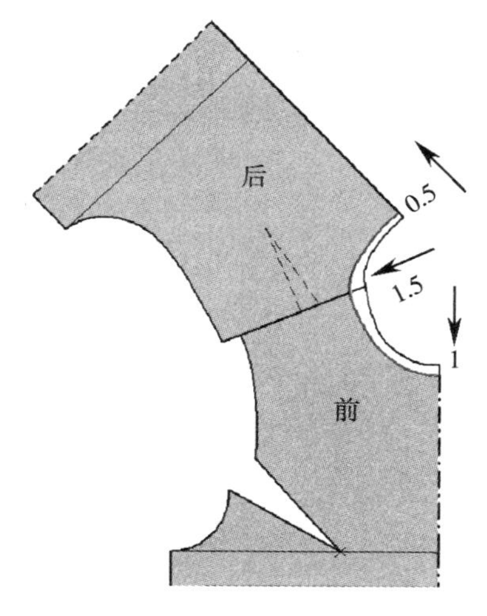

② 对合前后肩线绘制领口弧线

为了更加一目了然，先将前后衣片的肩线对合，再进行绘制。这样比较直观地看到前后领口弧线的圆顺情况。

4. 一字领

前横开领较宽，前领部会有多余浮起量，解决方法：①前横开领比后横开领小约0.5~1.2cm，横开领越大，差值就越大；②前直开领在前领深点基础上，上抬1~1.5cm。

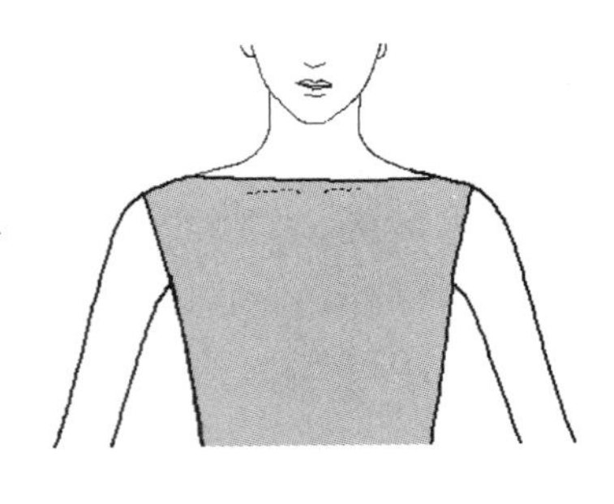

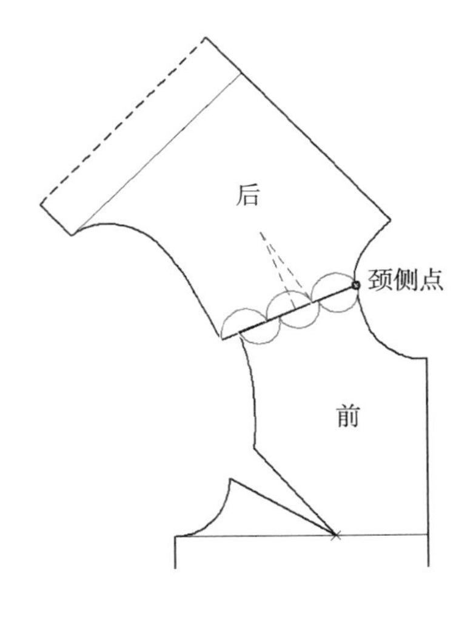

①前后肩线分别三等分

为了更加一目了然，这里将前后衣片的肩线对合。

后片的肩颡作为吃势松量时，如果横开领比较大，这时候的吃势松量就过多了，因此先分别把前后肩线分成三等分，吃势松量也就按比例缩小了。

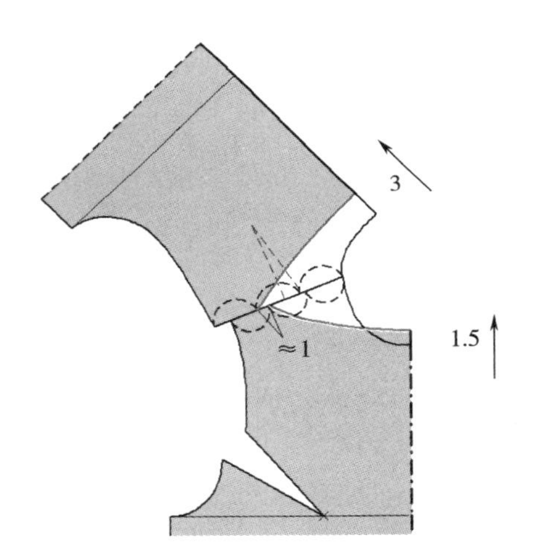

②绘出前、后领口弧线

前领深点上抬1.5cm，至前肩线的2/3处绘出前领口弧线。后颈椎点（后领深点）下落3cm，至后肩线的2/3处绘出后领口线。此时的前后横开领相差1cm左右，即后横开领比前横开领大约大1cm，横开领越大差值也越大。

完成一字领口。

5. 方形领

此款式属于横开领较大的合体式方形领，绘图原理与一字领相同。

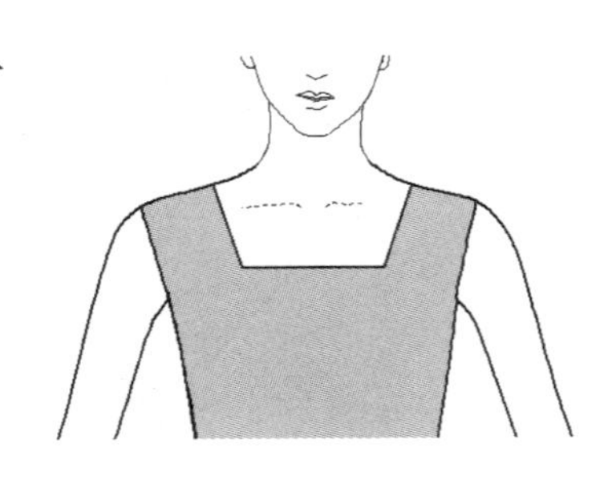

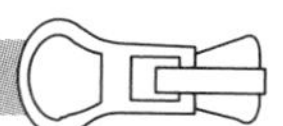

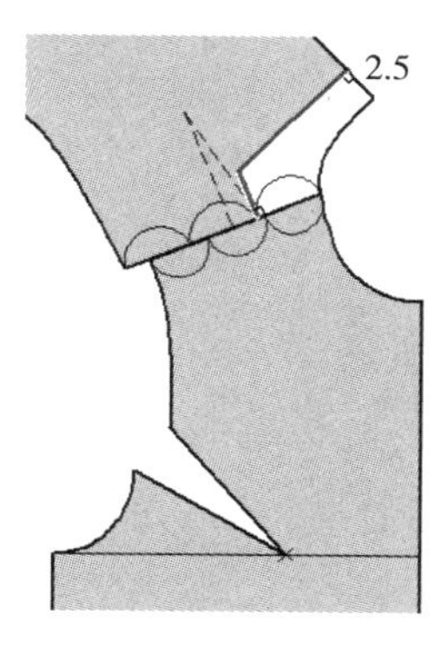

① 绘制后领口线

在后肩线1/3处绘出一条直线，垂直于肩线。距后颈椎点（后领深点）2.5cm处，绘出一条直线，垂直于后中线。两线相交，完成后领口。

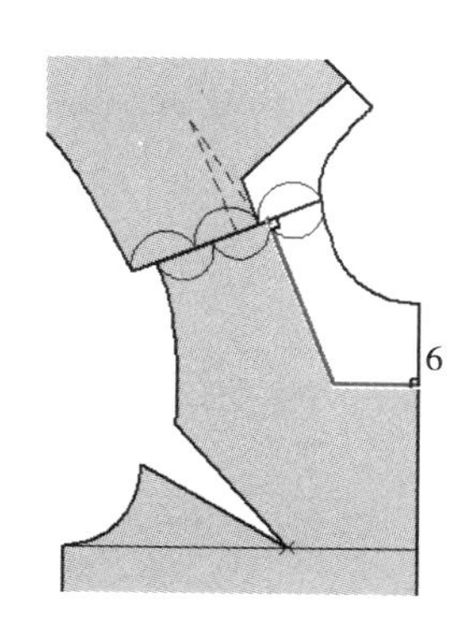

② 绘制前领口线

用同样的方法绘出前领口。原型前领深点下落6cm。

此时的前后横开领相差大约0.6cm，即后横开领比前横开领大约0.6cm。

6. 荡领

荡领，也叫垂褶领。在原型领口的基础上，增加前横开线的宽度和前中部分的余量，使其形成自然的垂褶。

款式一：

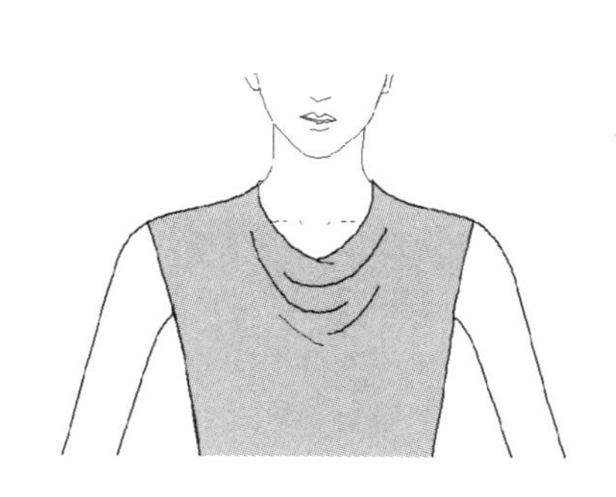

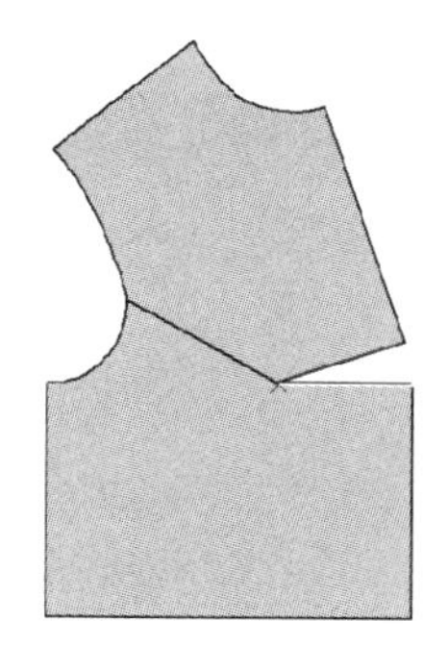

①首先将袖窿颡转移到前中位置。

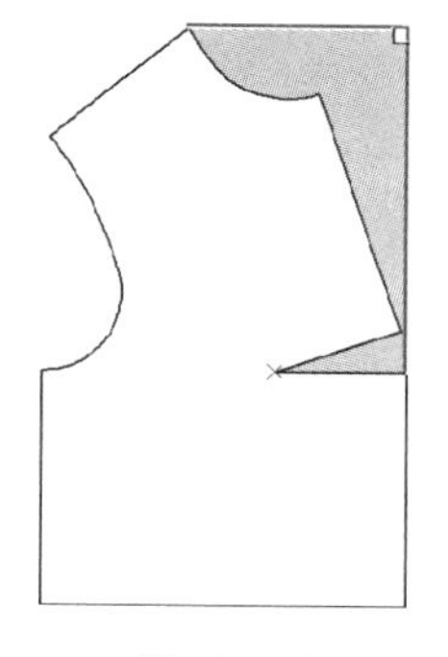

②从颈侧点绘出一条水平线（新的前横开线），前中线位置绘出一条垂直线，两线相交。阴影部分为增加的余量。

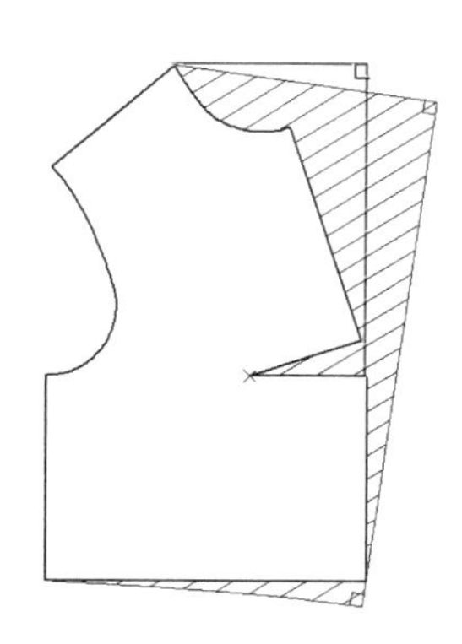

③ 斜线部分的荡领，在款式效果上，领口深度与褶量都更大一些，此时的前中线不是垂直状态了，重新绘出腰线垂直于前中线。前中线作为对折展开线时，要注意两点：一是前横开领要与前中线垂直，二是纱向一般与前中线平行。

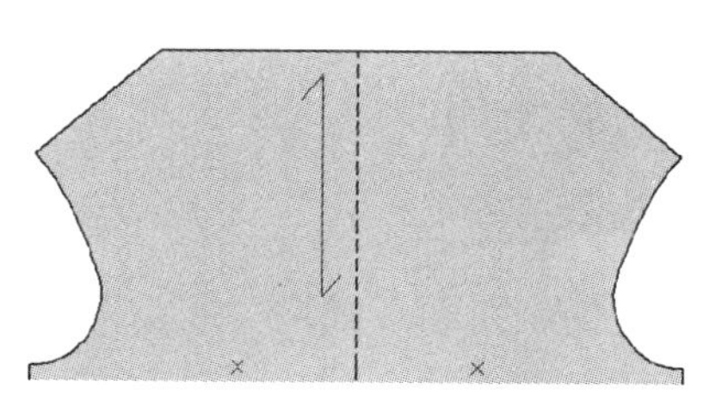

④ 前中线对折展开后的效果。

款式二：

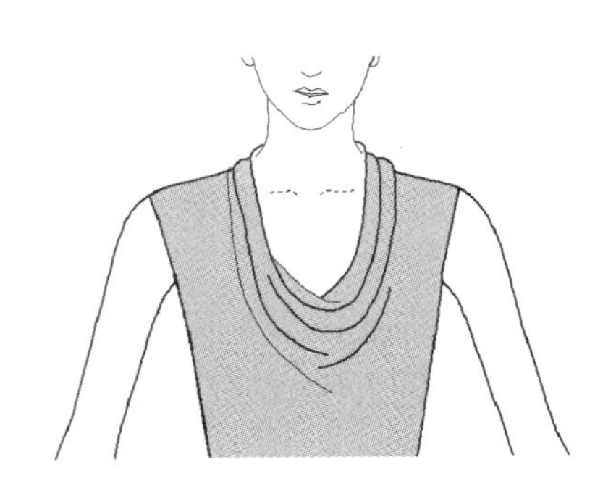

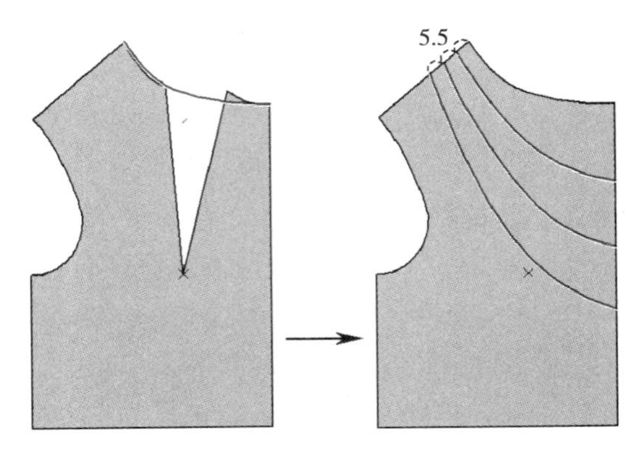

① 首先将袖窿颡转移到领口位置，重新修正领口弧线。从颈侧点向肩线取5.5cm，三等分后分别根据款式绘出三条分割线。

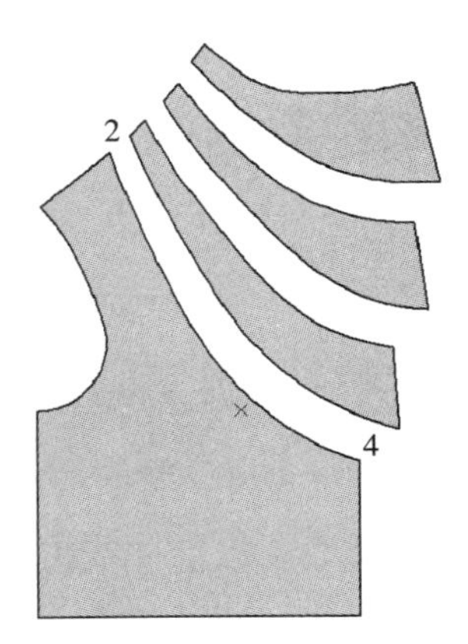

② 按照肩斜线方向，向右上方进行分割移动。肩部每个分割片移动距离为2cm，前中部每个分割片移动距离为4cm。

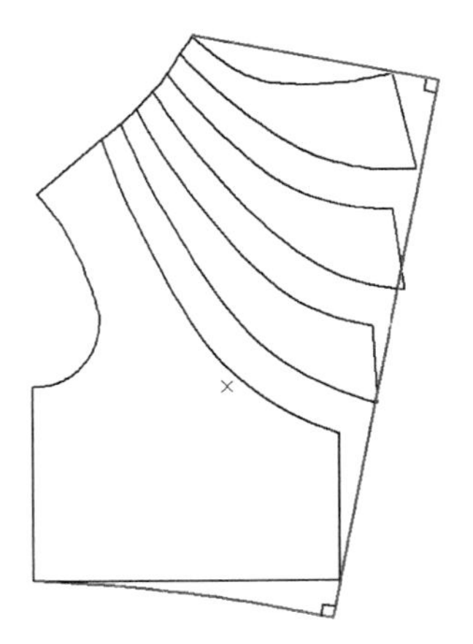

③ 绘制前横开线和前中线，两线垂直相交。绘制腰线垂直于前中线。

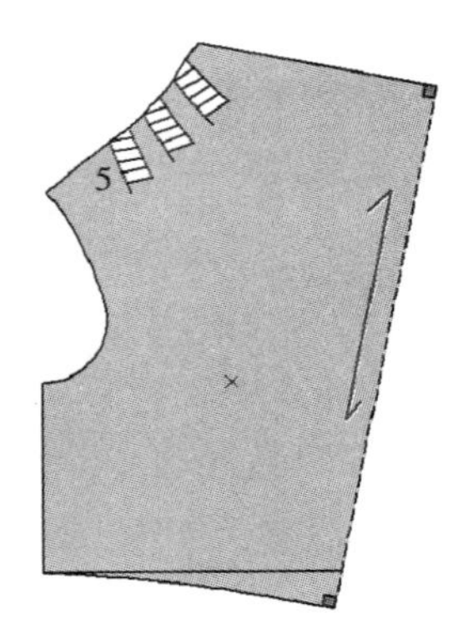

④ 根据分割移动量，在肩部标出长度为5cm的三个活褶。绘制平行于前中线的纱线。

7. 褶领

褶领指通过抽褶、压褶等手法形成的领口。

本款式为压褶，即用缝线方式固定褶裥，缝线上下部分均为活褶。抽褶也是同样的制版方法。

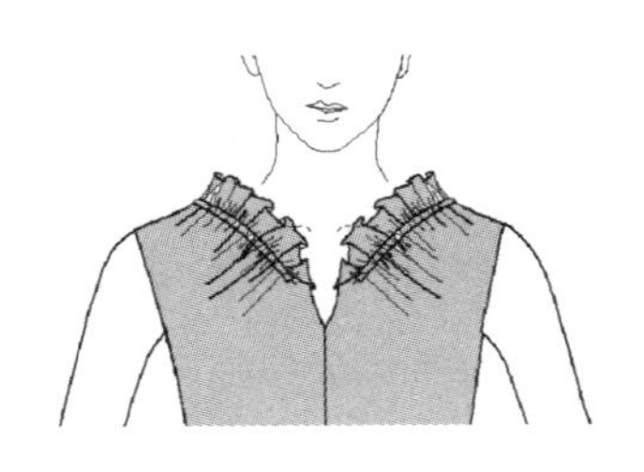

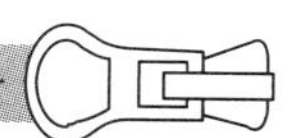

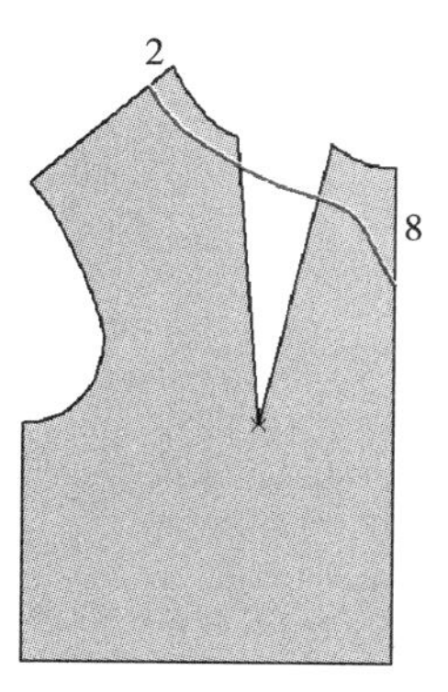

①首先将袖窿颡转移到领口位置，重新绘出领口弧线。从颈侧点向肩线取2cm，前领深点下落8cm，注意弧线转折的位置。

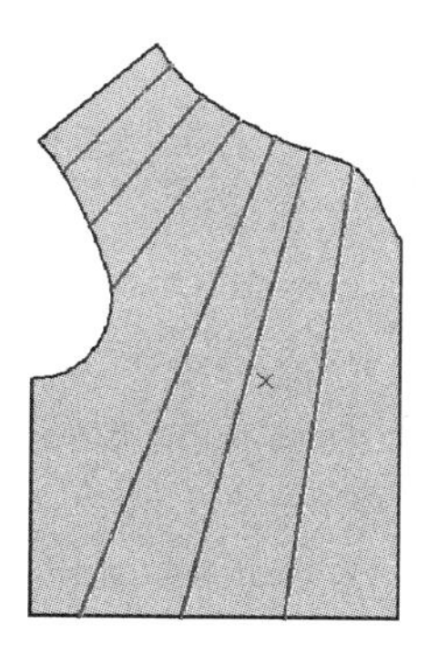

②在领口弧线上绘制6条分割线，终点分别落到袖窿弧线和腰围线上。

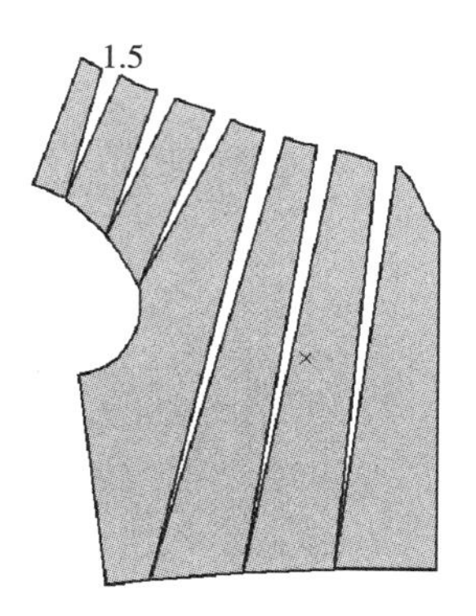

③从前中线开始分别剪开分割线，只在领口进行放量，每个褶量都是1.5cm。

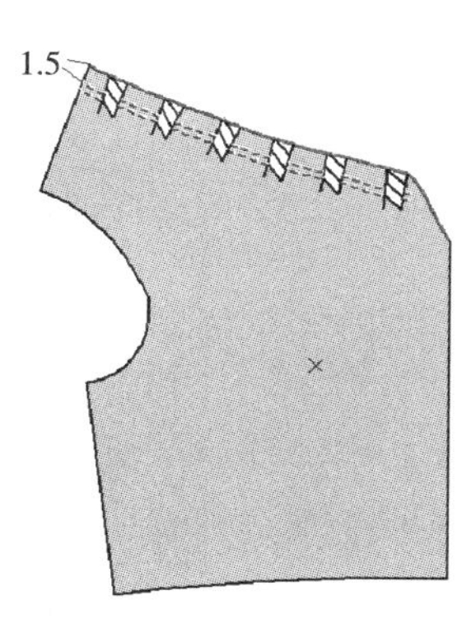

④重新绘制领口弧线，标出缝纫线（红色虚线）的位置，两条缝线间距为0.5cm，缝线距离边缘线1.5cm。

（二）领型基本变化

领子除领口之外的立体造型部分都称领型。

1. 领型与领口的关系

小领口能够使领型贴近脖颈，领口越大领型越远离脖根，下面以两种立领为例讲解领口与领型的关系。

• 小领口与领型

最小的立领型小领口，采用原型领口即可。根据前后领口弧线长度，直接绘制立领的底领口线，红线标注处为领口位置和与领口相拼接的底领口线（领型）。

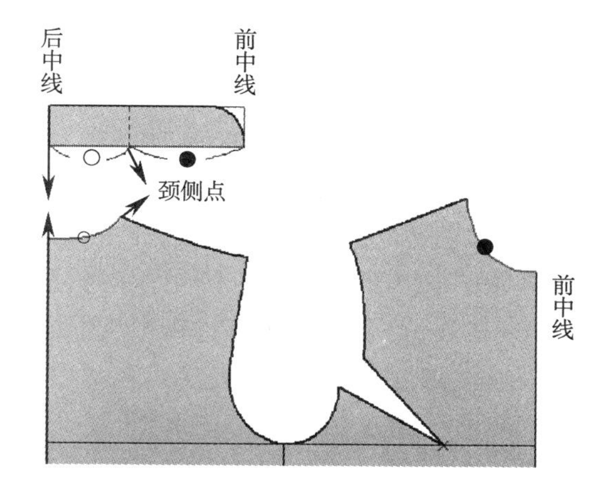

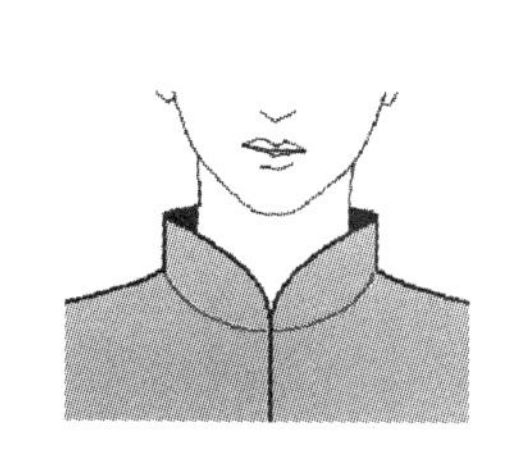

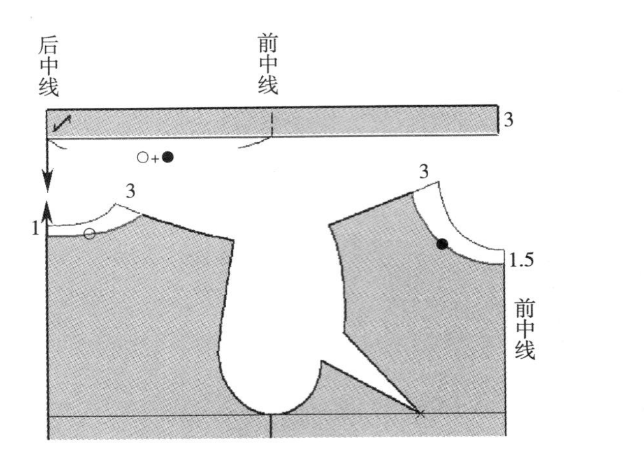

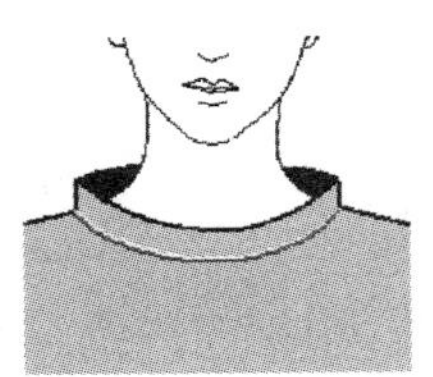

● 大领口与领型

大领口的领型，造型上会更随意一些。远离脖根的立领，领型如果采用45° 斜裁方式，可形成更加自然流畅的造型。

2. 领型基本形态

领型大致可以分为三类，立领、翻领、平翻领。通过对比上领口与底领口的弧线大小，可以看出这三种领型的主要区别。

● 立领

立领，指领型直立于领口之上。

如图所示，上领口线与底领口线基本相同，或者上领口线要小于底领口线的长度。

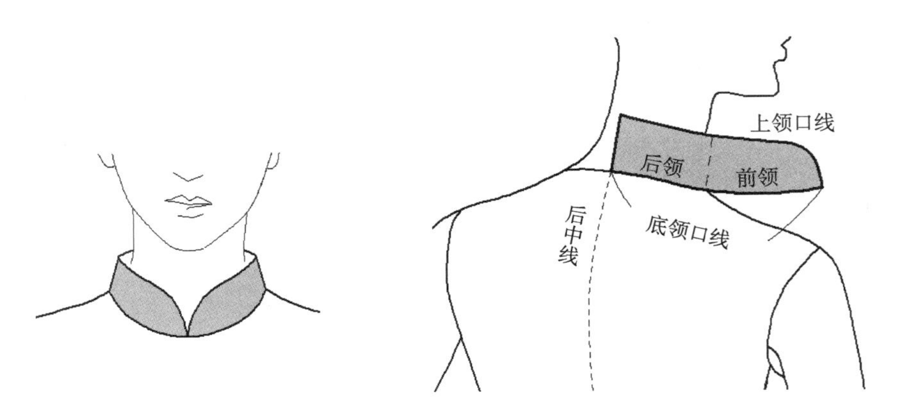

● 翻领

翻领，包括翻折领和翻驳领两种形态。翻折领指领部有翻折线的领型，包括外翻领和领座两部分（翻折线以上部分称外翻领，以下部分称领座），比如衬衫领。翻驳领，又称西服领，包括外翻领、底领、驳头三部分。下图所示为翻折领。

如图所示，翻领的上领口线要大于底领口线，外翻领才会翻折下来。

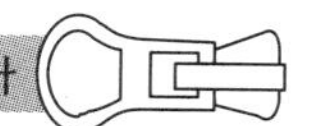

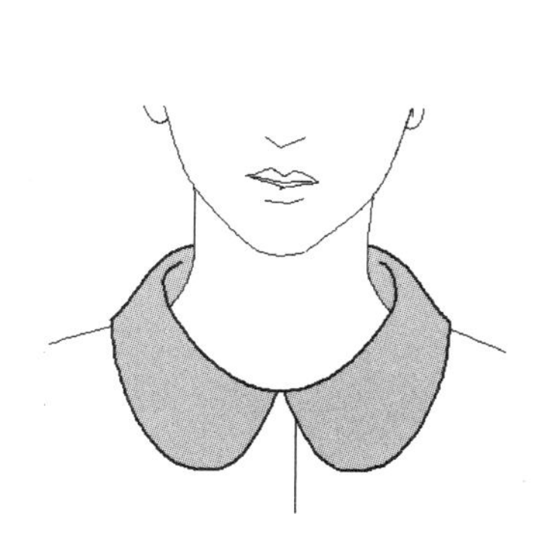

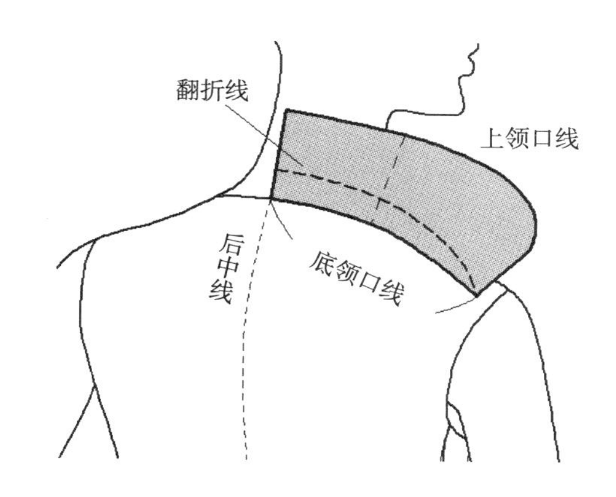

● 平翻领

平翻领，又称趴领、坦领、摊领、平领，没有翻折线，领型平伏在领口周围。

如图所示，同翻领比较，平翻领的上领口线要更大于底领口线的长度。

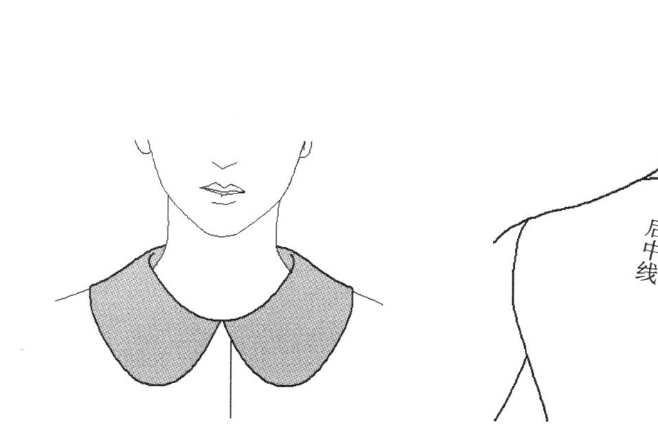

二、领子纸样设计

（一）立领纸样设计

1. 立领结构分析

立领的倾斜角度，与上领口线跟底领口线的大小对比有关。立领一般有三种角度变化：竖直式、内扣式、外扩式。

● 竖直式

上领口线与底领口线的长度相同，领片呈矩形。领子与颈部之间有一定的宽松量。

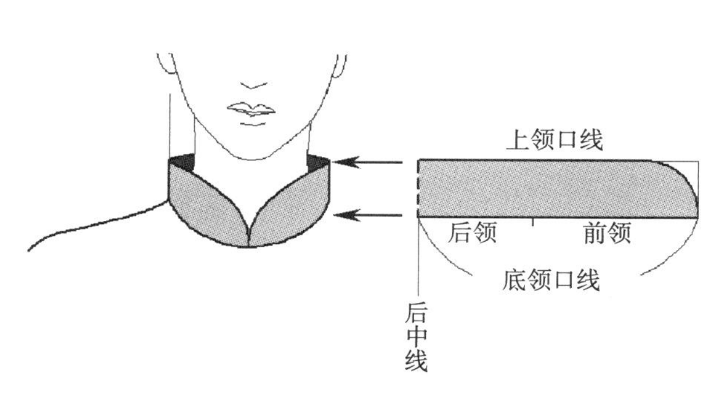

• 内扣式

前领部分进行起翘，即上翘，此时上领口线要小于底领口线的长度，领型呈梯形。领子与颈部贴合比较紧密。起翘越大，上领口线越小于底领口线，领子就越贴合颈部。

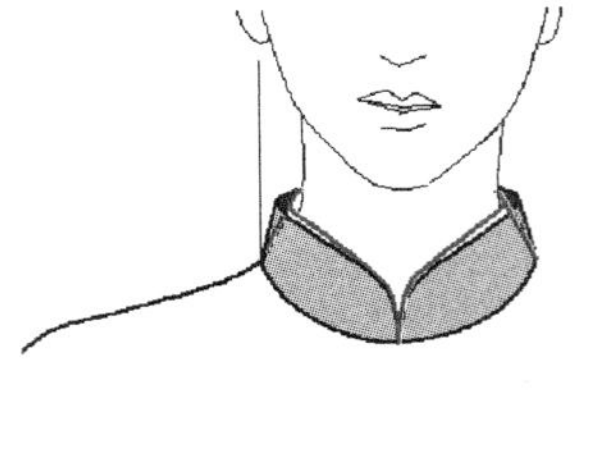
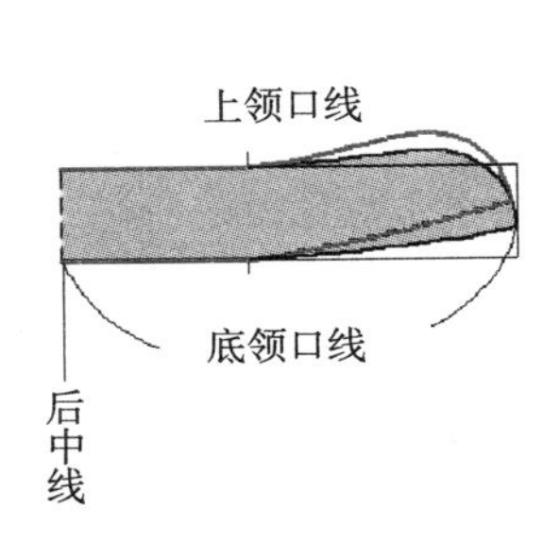

• 外扩式

前领部分进行下翘，此时上领口线要大于底领口线的长度，领型呈倒梯形。下翘越大，上领口线越大于底领口线，领子就越远离颈部。

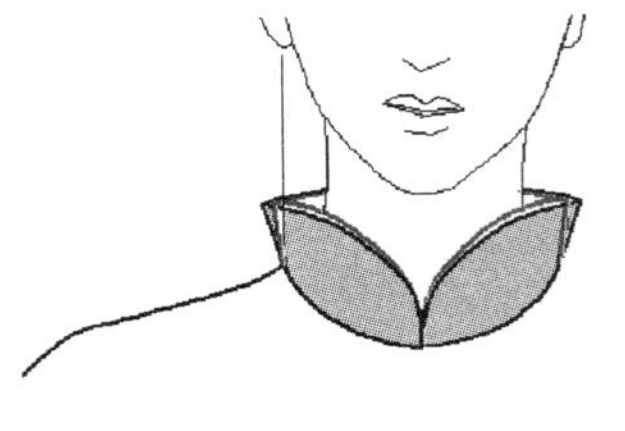
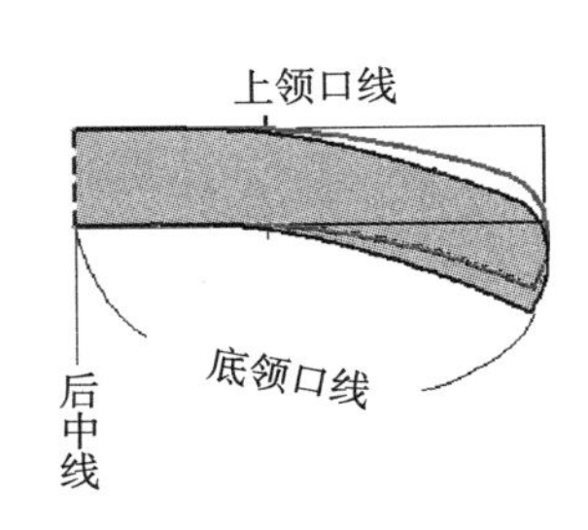

2. 旗袍式立领

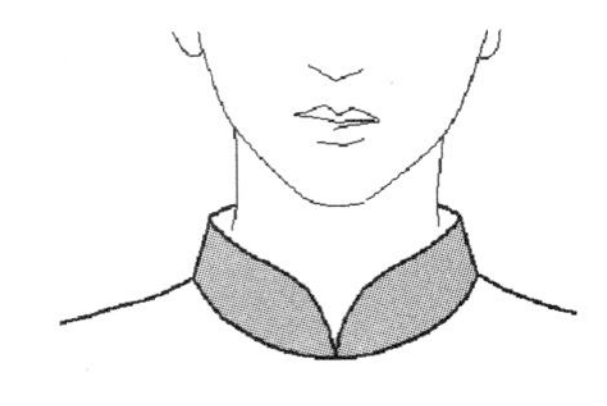
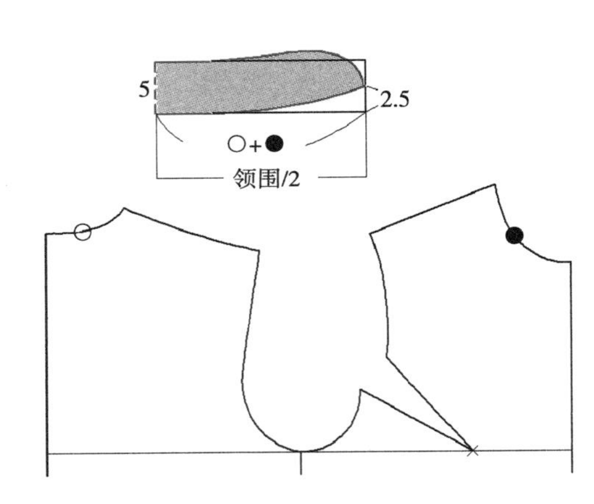

首先测量出原型前后领口弧线的长度和，即领围的1/2，以此为长，宽为领高5cm，做矩形。旗袍领属于内扣型立领，前领起翘2.5cm。

3. 高领座立领

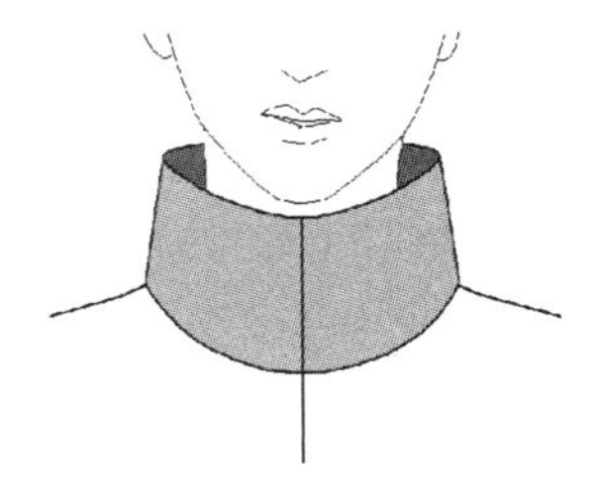
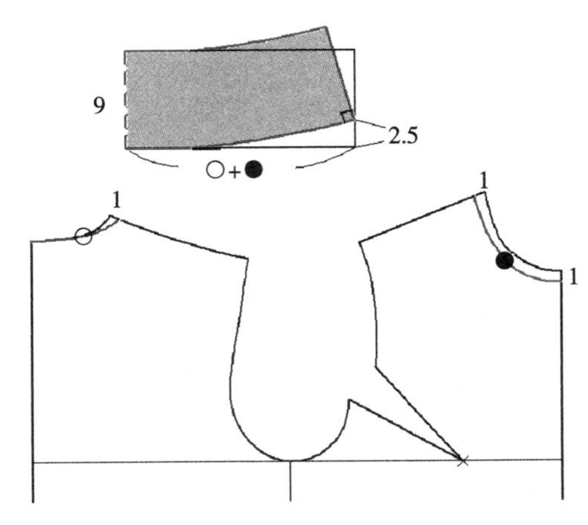

高领座的绘制方法同旗袍领基本一样，只加大了领口和领高尺寸。在原型领口的基础上绘出新的领口线，其中前后横开领分别扩大1cm，前直开领加大1cm。

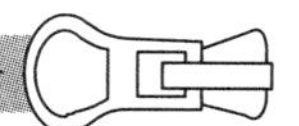

4. 翼状立领

翼状立领属于立领中的一种变形。

翼状立领的结构变化要点：①后领高的尺寸可以根据穿着的舒适性来定，图例设定为3.5cm；②前中部的领尖可以是尖角的，也可以是圆角的，或者其他形状；③翼状部分（翻折部分）因为长度的不同会产生各异翻折的效果，图例设定为5cm；④外领边线可以根据不同的设计而变化。

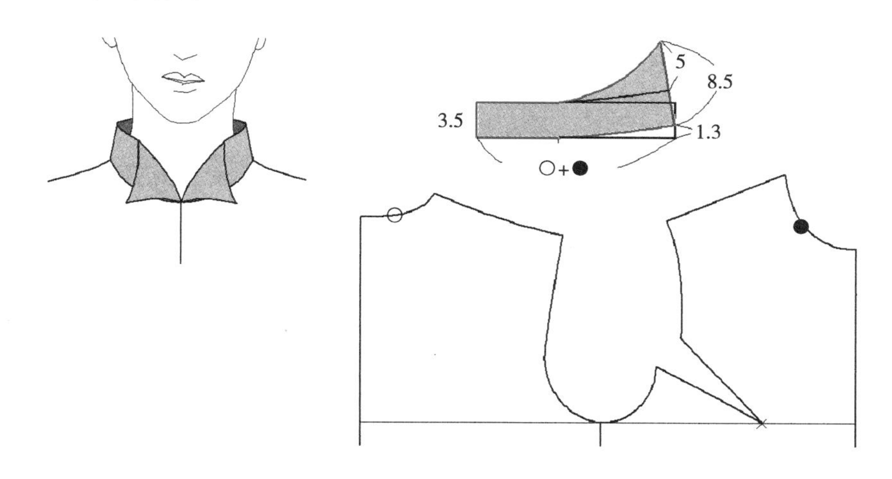

5. 交式立领

交式立领是一种最具中国古韵风格的斜襟领，一般搭配宽松衣身。

交式立领的结构变化要点：①交式立领的前直开领比普通立领开得要大，这样便于颈部活动，左右前领相交处一般不高于颈窝处（特殊交领除外）；②为了使领子能够有一个自然直立的造型，领子与衣片的对合点处（如原型的颈侧点），应该有1~1.5cm的交叠量。

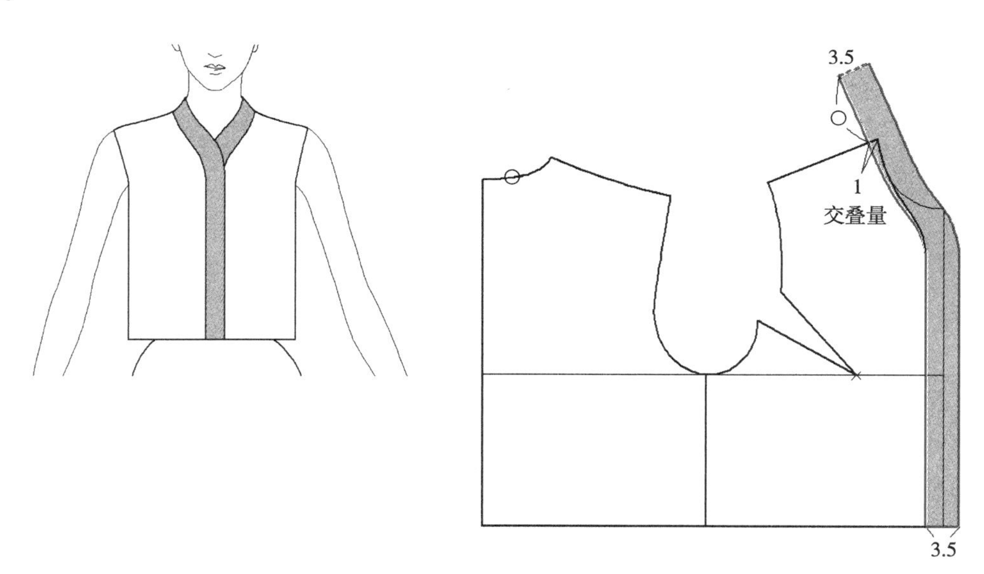

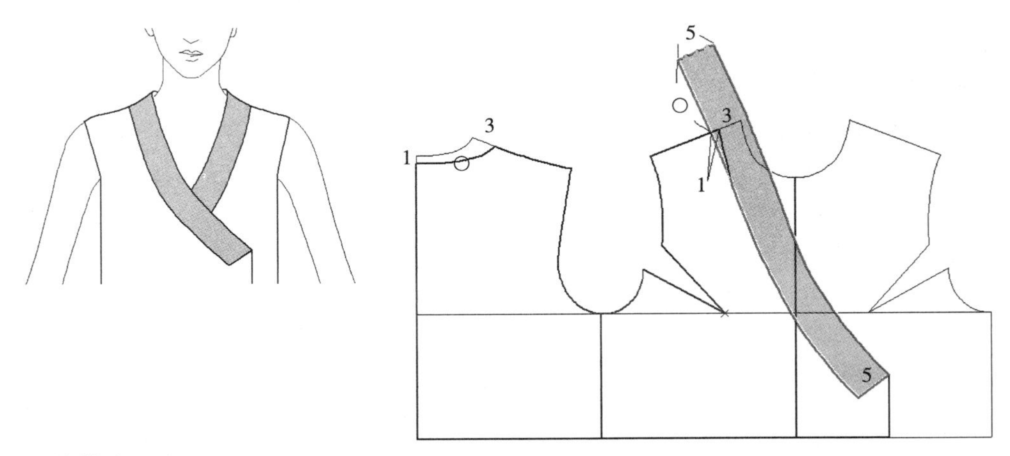

6. 结带式立领

结带式立领包括立领与结带两部分，是一种在立领的基础上加上结带装饰的领型设计。

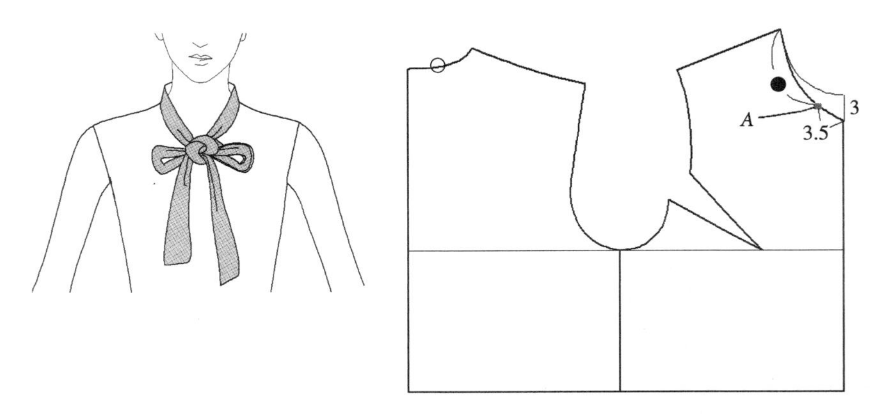

① 根据设计，首先将前直开领下落3cm（本款式打结位置接近颈窝部，可以根据设计调整下落量），重新绘出衣身的前领口弧线。

在新的前领弧线上标出距前中线3.5（3~5）cm的一个点*A*，*A*点是立领与结带两部分的连接点。3.5cm × 2=7cm，这是给前中留出的打结位。

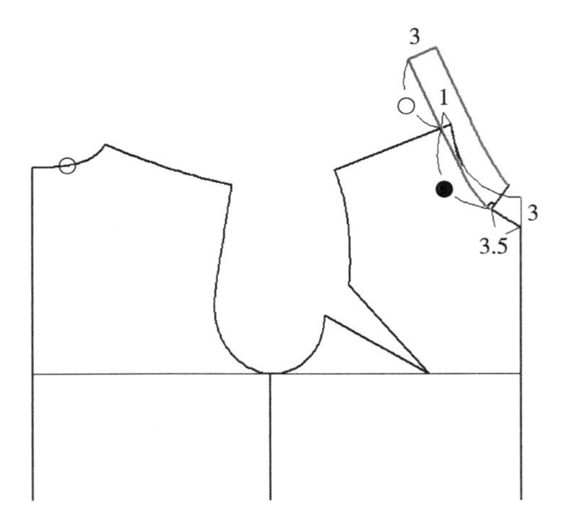

② 绘出立领部分，领宽3cm。在连接点处绘出一条底领口线的垂线，因上领口线小于底领口线，领子会比较贴合颈部，属于内扣式立领。

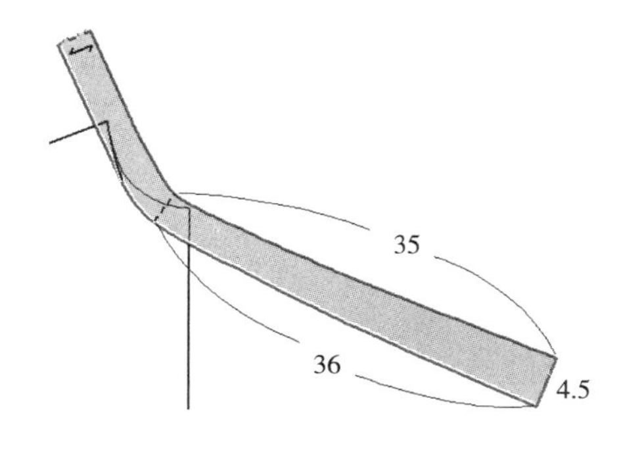

③ 最后，根据设计绘出结带部分，标出平行于后领中线的纱向。此时的结带部分为斜纱向，制作完成后的实物要更长一些。这种制图方式较复杂，但是立领部分最贴合。

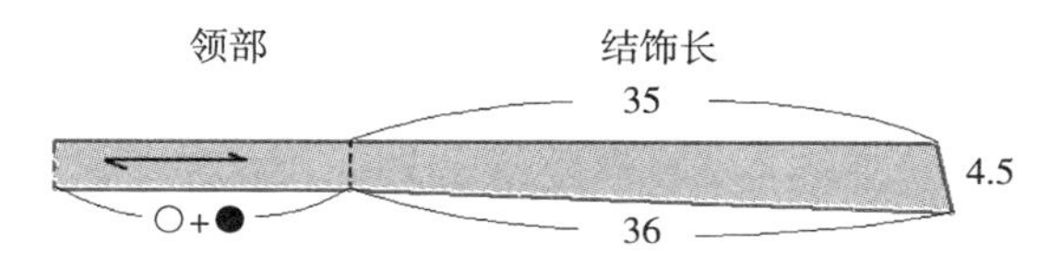

④ 简单绘图方法：测量出前后领口立领部位的尺寸，直接绘出立领与结带（可以适当加长），标出垂直于后领中线的纱向。

7. 连身式立领

连身式立领，指立领与衣身相连为一体的一种立领。

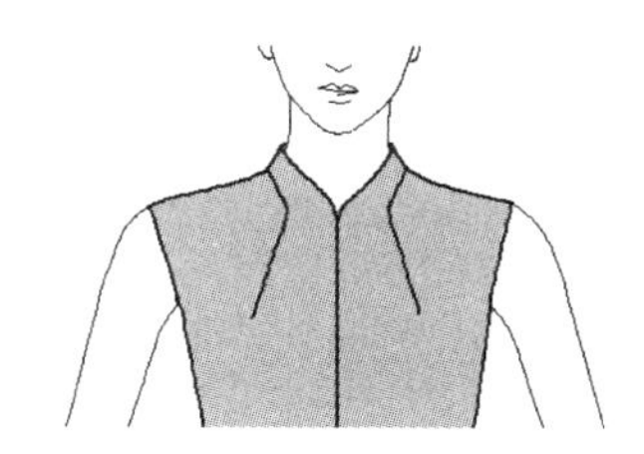

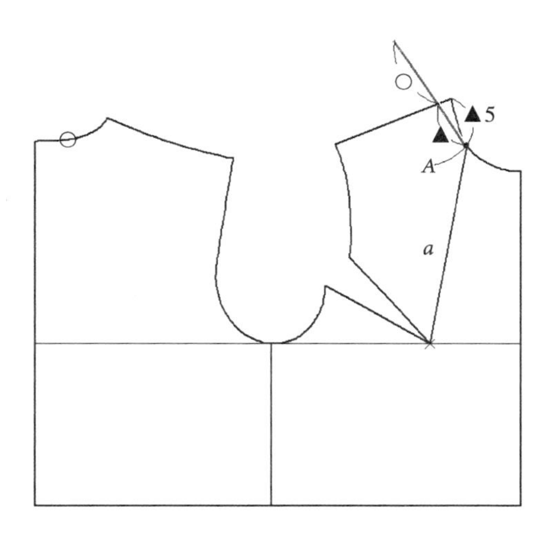

① 根据设计，首先从*BP*点到领口绘制一条直线*a*，与领口相交于点*A*，距离颈侧点5cm（三角部分为前上领）。

从点*A*绘出弧线的切线，长度为：后领长度+前上领长度。

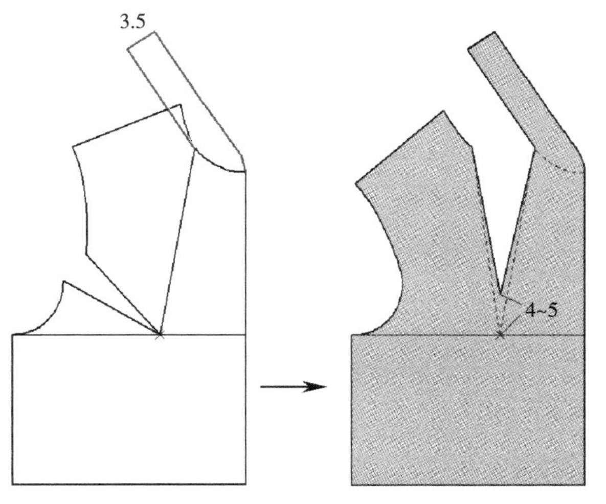

② 绘制立领部分，领宽3.5cm。

将袖窿颡转移到*a*线中，颡尖距离*BP*点4~5cm。

完成前片。

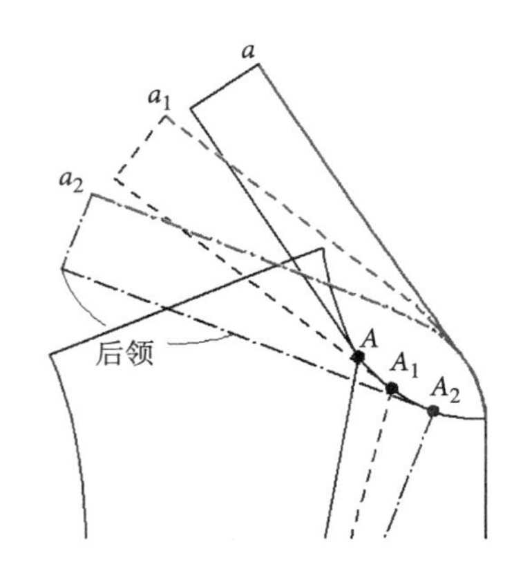

切点*A*与领部造型的关系：

切点越向下（A，A_1，A_2），立领越向水平方向倾斜，即倾斜角度越小，相应的上领口的长度就越大：$a_2>a_1>a$。上领口长度越大，越是远离颈部。

（二）平翻领纸样设计

1. 平翻领结构分析

平翻领，又称趴领、坦领、摊领等，从名称上可以看出，领型是平伏在肩部的。

平翻领的上领口线明显大于底领口线，领子才能平伏于肩部。为了更加形象，我们在这里将底领口线称为领内沿线，上领口线称为领外沿线。

平翻领的最大特点就是平伏于肩部，没有肩缝，平翻领结构设计的主要变化体现在领口、领宽和领外沿线的形状。一般都是在衣片上直接绘制结构图。

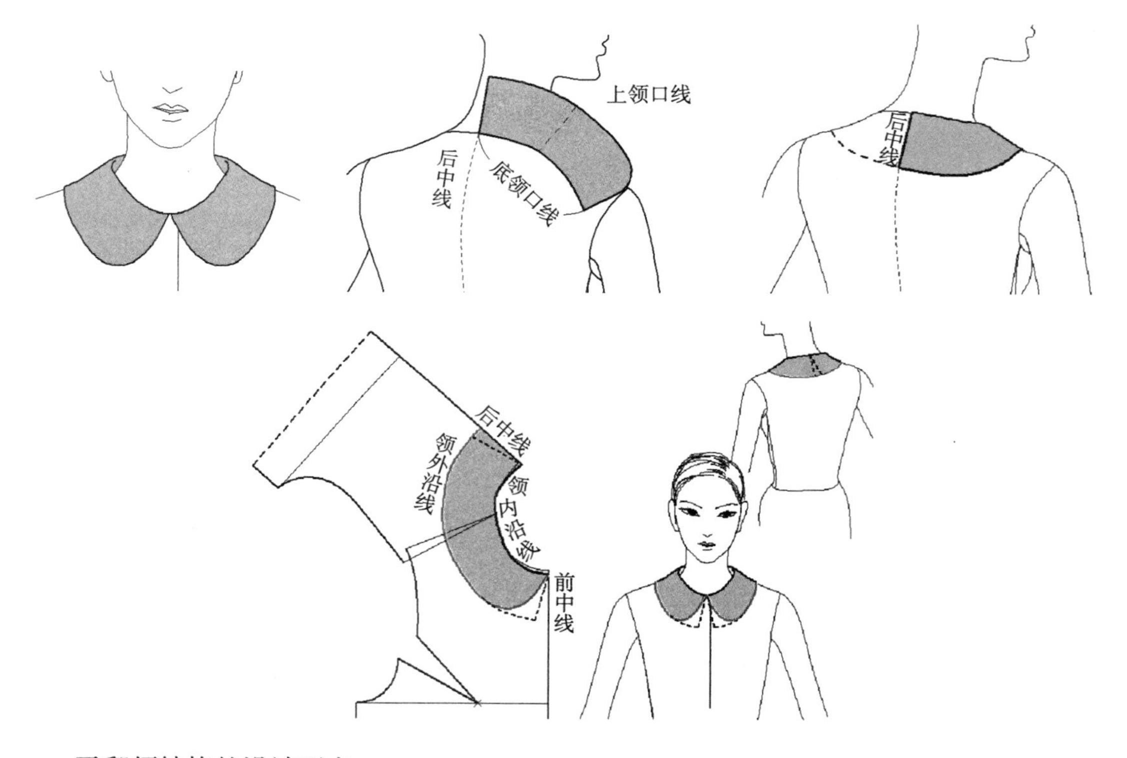

平翻领结构的设计要点：

我们以圆形平翻领结构制图为例进行图解。

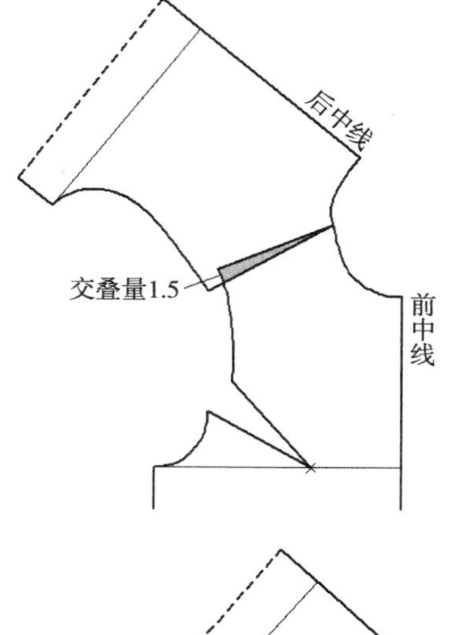

要点一：衣片的前后肩部交叠1.5cm

绘图时，将前后衣片的颈侧点拼合，肩点位置交叠1.5cm，这是因为领外沿线是弧形的，制作时容易被拉长，在绘图时要使领外沿线小于肩部的弧线，这样的领外沿线才能很好地贴合肩部。这个是进行平翻领绘制的首要原则。

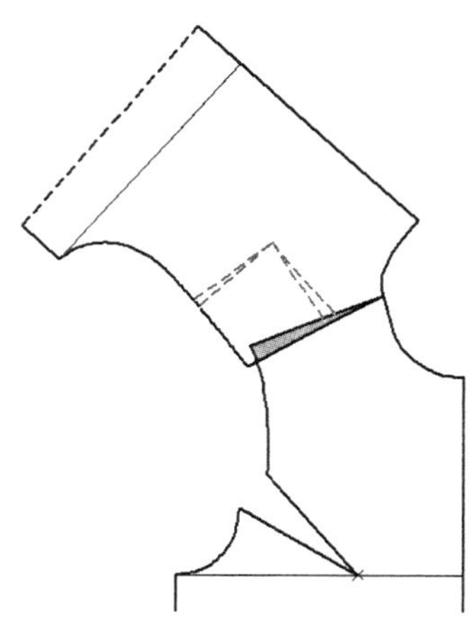

要点二：衣身的后肩颡放松

平翻领不适于做后肩颡，一般将后肩颡作为肩部的吃势松量。或者后肩颡的一部分转移到了袖窿，都作为吃势松量放松。

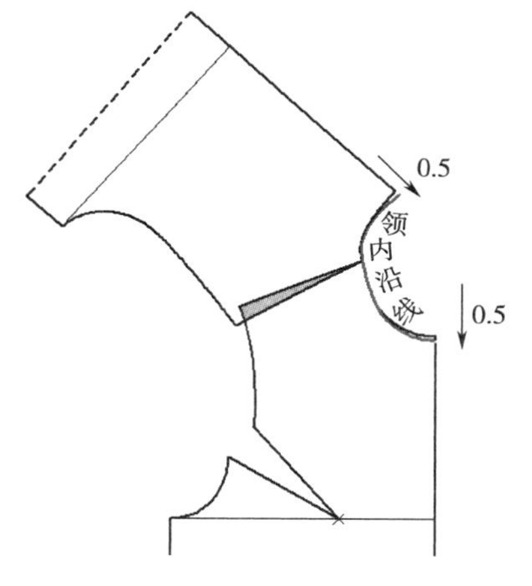

要点三：适当隐藏领子与衣身的拼接缝合线迹

绘制领内沿线时，领子的后领深点比衣身的后领深点上抬0.5cm，领子的前领深点比衣身的前领深点下落0.5cm，这样有利于隐藏装领时的缝纫线。

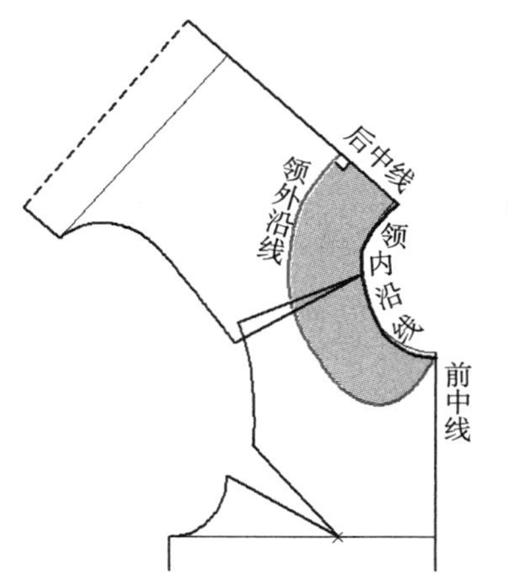

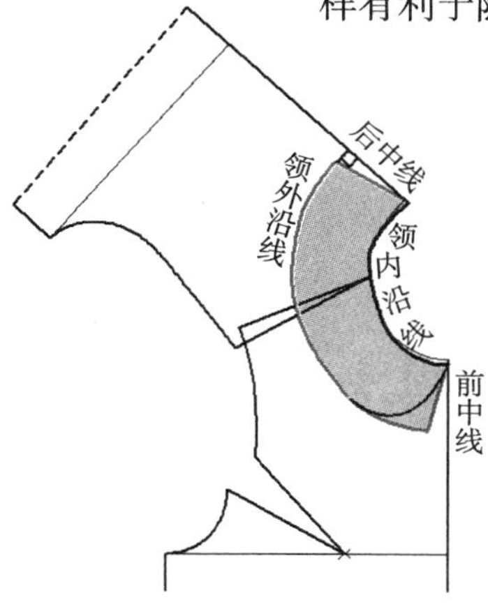

要点四：绘制领外沿线要垂直于后中线

根据设计，绘制领宽和不同形状的领外沿线，领外沿线要垂直于后中线。平翻领的后中也可以是和前中一样的分片形式。

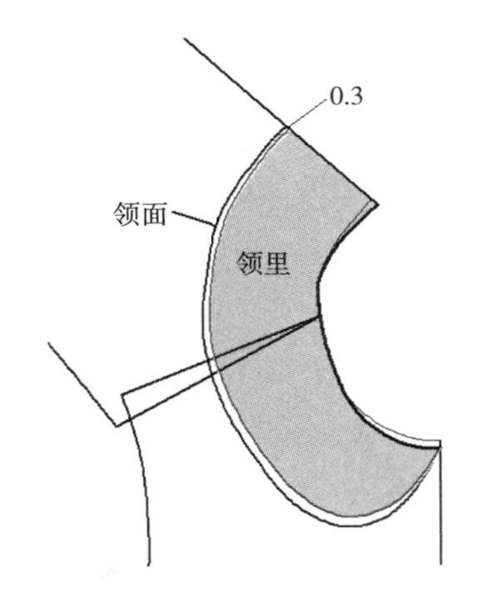

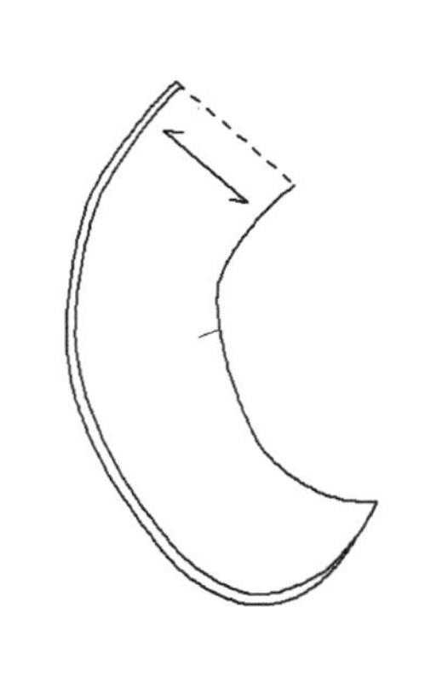

要点五：领面要比领里略大

领面要略大于领里，这样在缝合时领外沿线就能被盖住，即隐藏缝纫线。一般从领面的后中线开始减0.3cm，一直到前中线为零，如图所示，红线内阴影部分为领里。纱向平行于后中线。

2. 方形平翻领

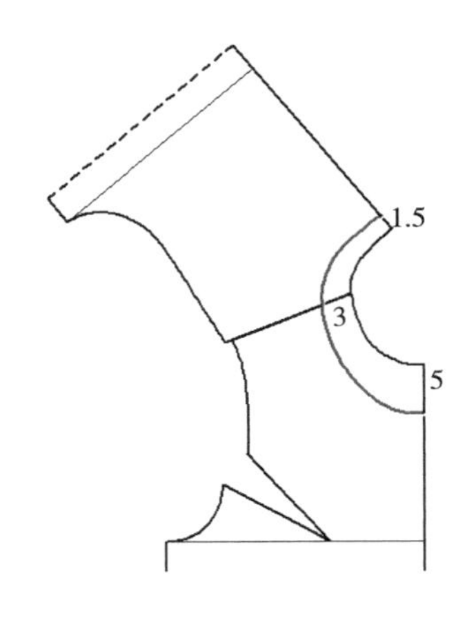

① 首先要绘出衣身的新领口线。将衣身前、后片在肩部对合（此时不交叠），后领深点降低1.5cm，颈侧点向肩点方向收进3cm，前领深点降低5cm，绘出弧线。

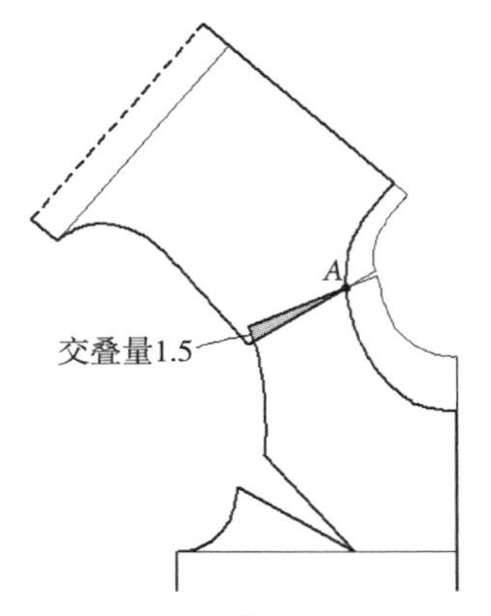

② 前后肩部进行交叠。把A点作为旋转支点，在肩点部交叠1.5cm。圆顺领口弧线。

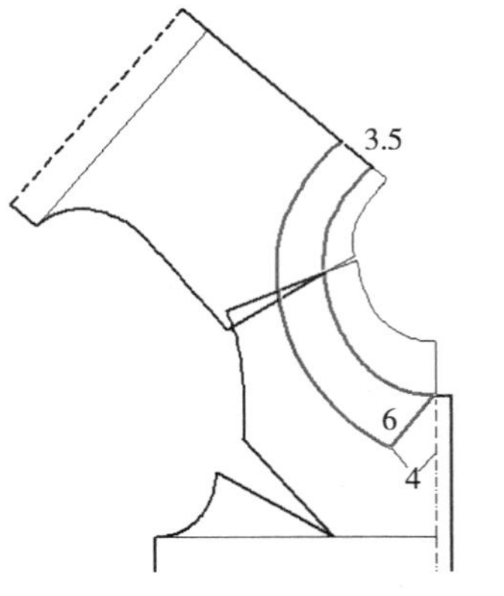

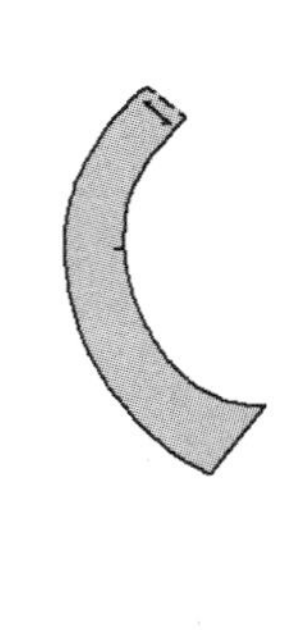

③ 根据设计，绘出领外沿线，标出平行于后中线的纱线。

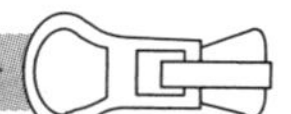

3. 水手领与披肩领

款式一：水手领

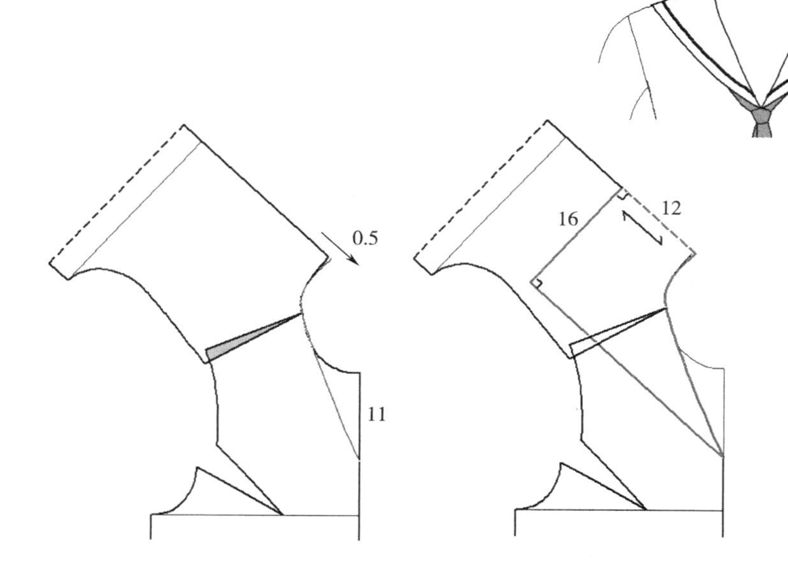

首先，将衣身前、后片在肩部交叠1.5cm，后领深点上抬0.5cm，前领深点降低11cm，绘出新领口线。

第二步，根据设计，绘出领外沿线。注意几条互相垂直的线段。

款式二：披肩领

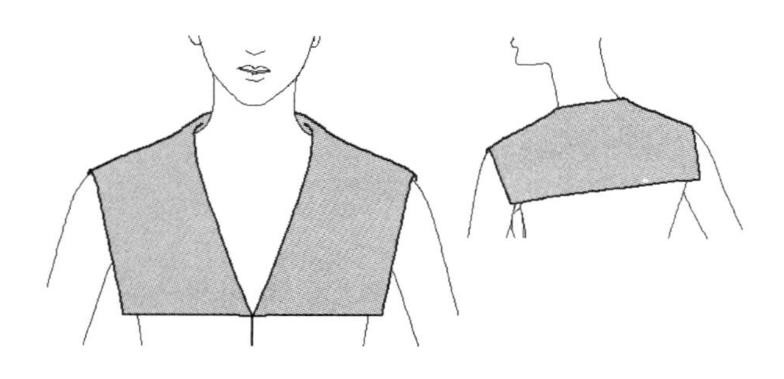

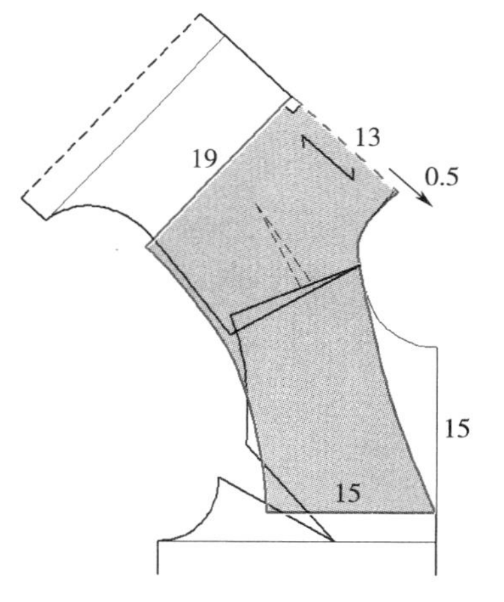

制作方法同上。（此时后肩部被领子覆盖，可做后肩颡。）

4. 波浪式平翻领

波浪领：长长的领外沿线形成波浪形的褶边，极具女性美。

制图要点：先绘出基本的平翻领形状，再进行剪开加量的操作。

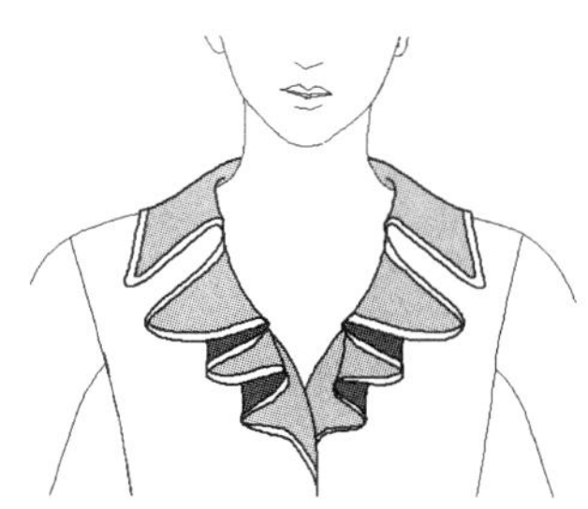

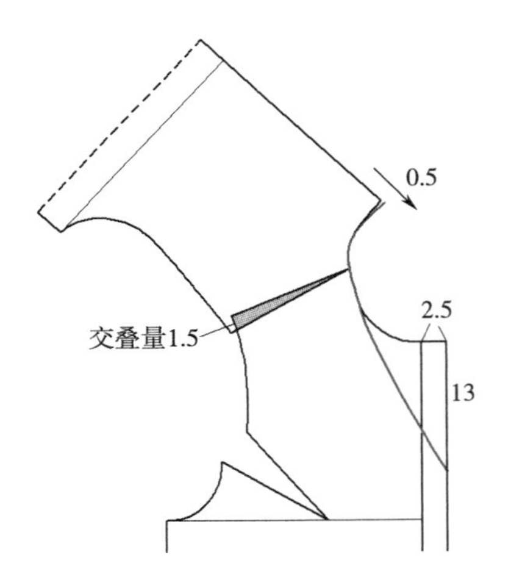

① 首先要在衣身上绘出新领口线。前中搭门宽度为2.5cm。

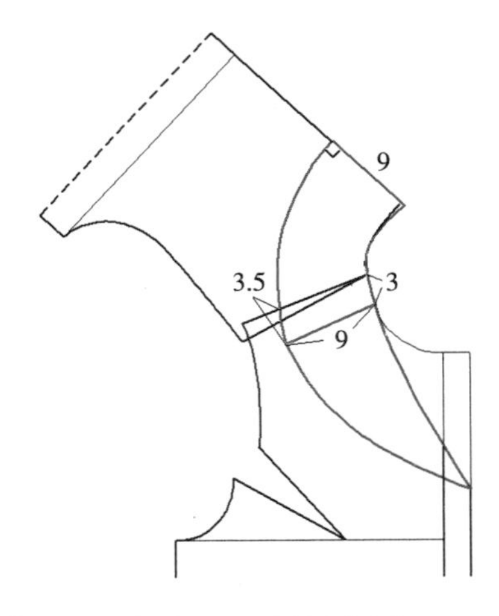

② 在后中线上，设计领宽9cm，以前肩线为基准辅助线，绘出领子的分割线，宽度同样是9cm。绘出领外沿线。

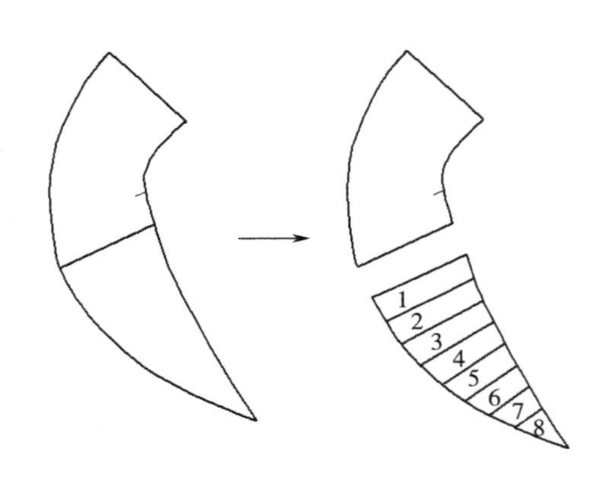

③ 分割上下领。将下领分成8份，剪开加褶量。

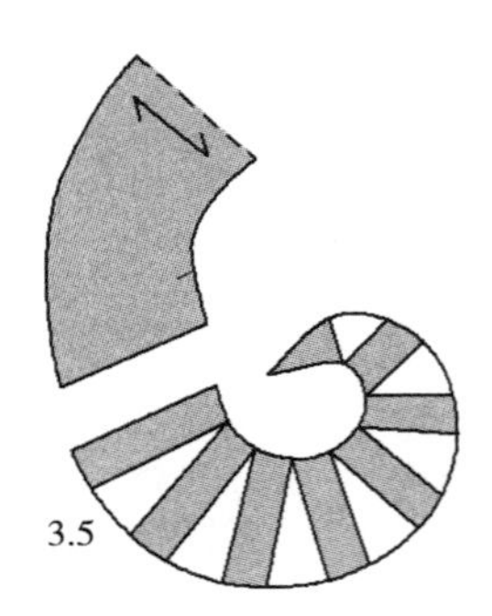

④ 只在领外沿线加量，每次加量3.5cm，分别修圆顺领的内外沿线。纱线平行于后中线。

（三）立翻领纸样设计

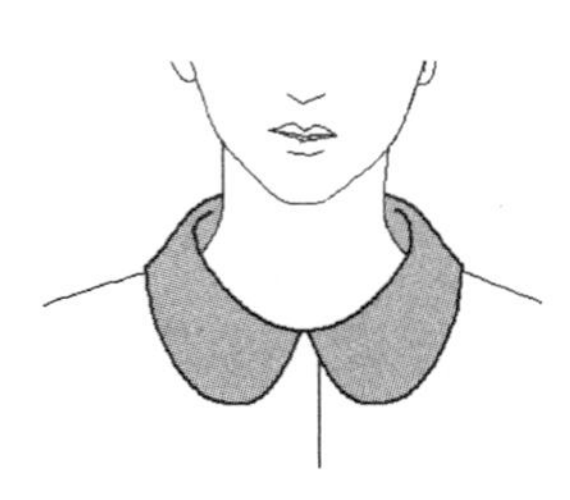

在立领的基础上加上一个翻领，就成为立翻领。它由底领（也称领座）和翻领两部分组成。典型立翻领就是衬衫领。立翻领的领外沿线要大于底领口线，但不如平翻领的差值大。

根据底领与翻领的连接方式，分为一片立翻领与双片立翻领两种形式。

底领口线与衣身的领口线拼合，缝纫线称为装领线，领外沿线翻折下来后，要盖住装领线。

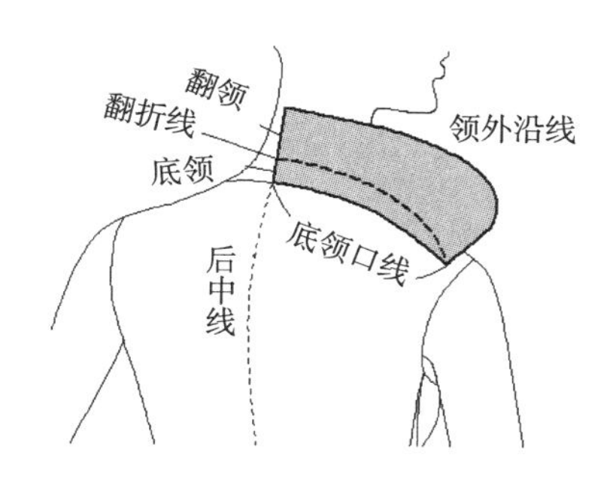

① 以半个翻领为例：后中缝固定，上领口线（领外沿线）大于底领口线，但是没有平翻领那么长。

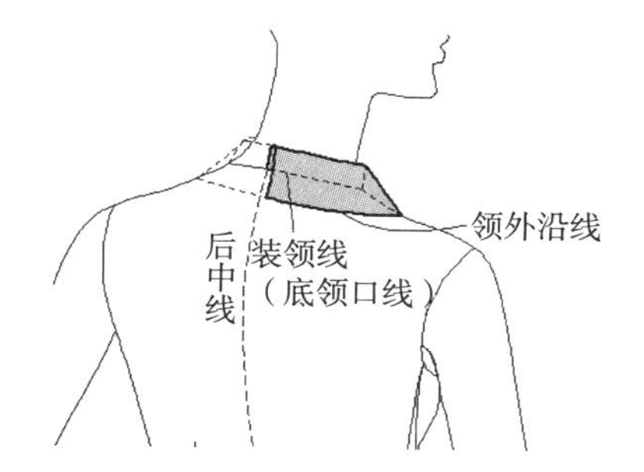

② 缝合好领子后，将翻领翻折下来，后领的可见部分是从翻折线至上领口线（领外沿线）部分，即翻领部分。

立翻领结构设计要点：

① 底领宽度一般为2~4cm，一般情况下，最舒适的底领高度为2.5~3cm。

② 翻领下翻后，要盖住底领与衣身的缝合线，因此，翻领宽度大于底领，且不小于1cm。

1.一片立翻领结构分析

一片立翻领，指底领与翻领在一个裁片上。

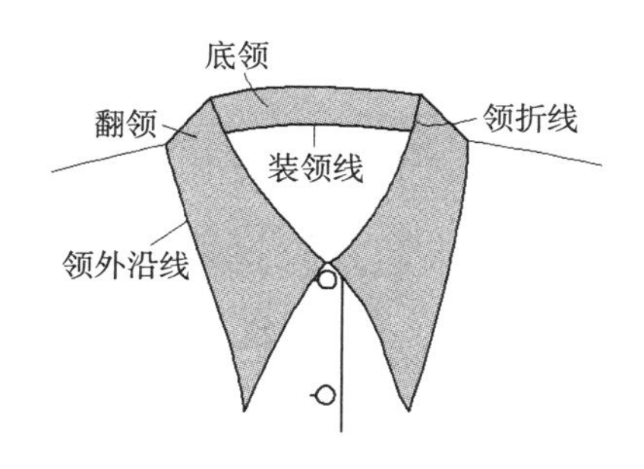

绘图方式：

在矩形基础上进行领型的单独绘制。

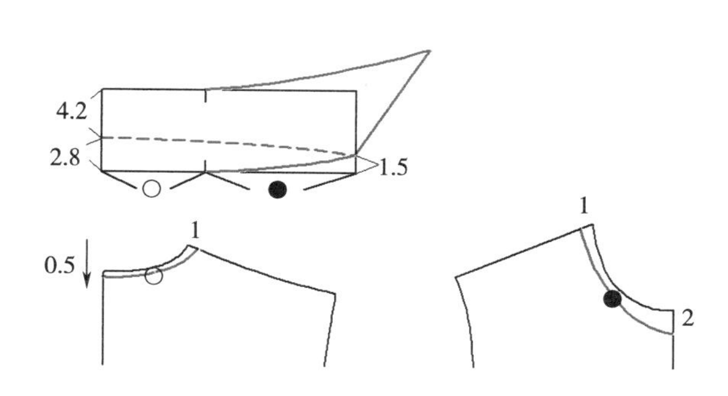

要点一：翻领宽比底领高最少要大1cm

首先绘制一个矩形，高度为7cm，长度为后领+前领。前领起翘1.5cm（因立翻领的领宽较大，出于穿着的舒适性考虑，此处起翘不宜过大）。

底领高设计为2.8cm，翻领宽4.2cm。绘出领折线（曲度不宜大）。翻领宽比底领高最少要大1cm，这样翻领翻折下来之后才能盖住装领的缝纫线。

根据设计绘出领角，领尖部可以是方形、圆形等多种形状。

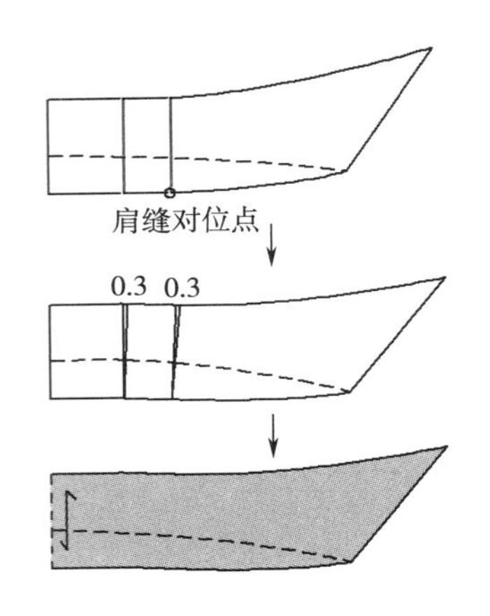

要点二：领外沿线要大于底领口线

肩缝对位点，指前后领分界点与肩缝的拼合位置。把领子的领外沿线展开加量，展开量为0.3cm × 2=0.6cm（最小展开量）。领外沿线必须要比底领口线略长，这样才能使领子的外沿线在翻折后合体。

修正领外沿线、领折线，完成立翻领。

2. 双片立翻领结构分析

双片立翻领，由底领与翻领两部分组成。

绘图方式：

首先绘制底领，在底领上绘制翻领。

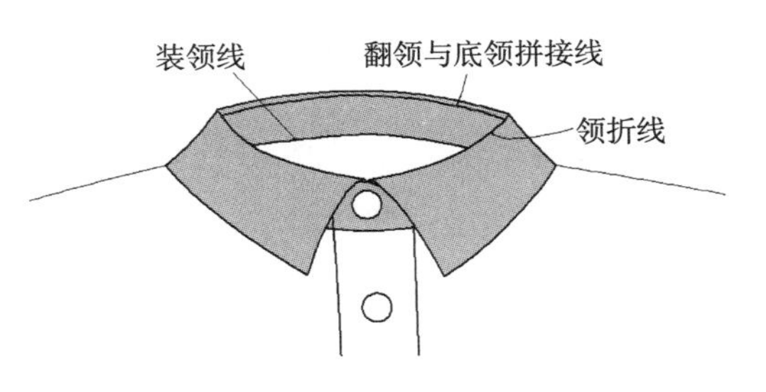

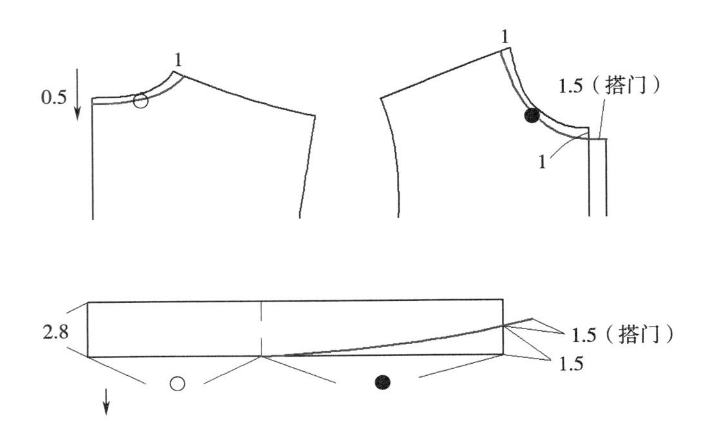

要点一：在底领上绘制搭门量

底领的绘制参见旗袍式立领部分。底领后中高设计为2.8cm（2~4cm均可，衬衫领一般为2.5~3cm）。

在前中线处，延长前底领口线1.5cm（与衣身的搭门宽度相同），底领口线长度=后领+前领+搭门。

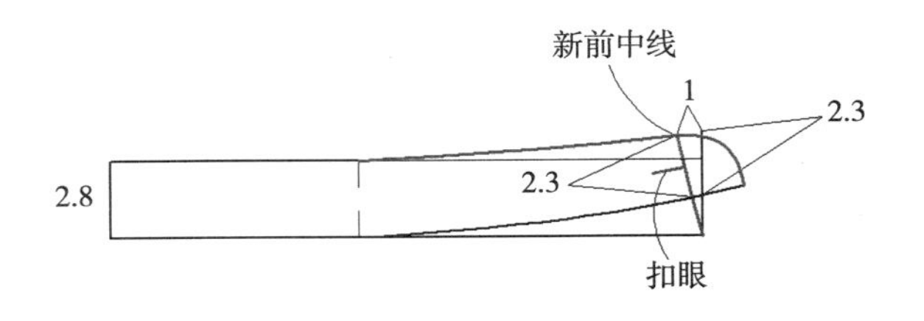

要点二：在底领上绘制新的前中线

首先，在原前中线的底领口线之上截取2.3cm为底领前高（底领前高比后高小0.5cm）。原前中线向后中线方向倾斜1cm，绘出新的前中线。接着绘出前上领口线和扣眼位置。

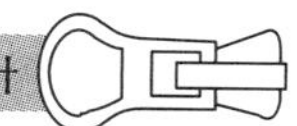

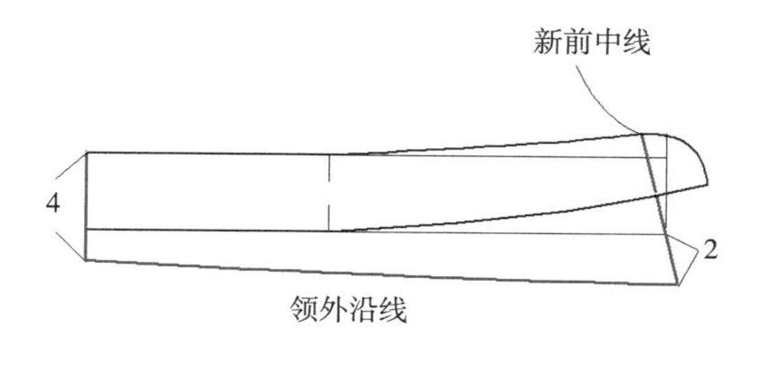

要点三：底领基础上绘出翻领的领外沿线

在底领基础上，向下方绘出翻领（翻领宽比底领高至少要大1cm），此时是翻折之后的效果，这样能够更直观。根据设计，后中线向下延伸4cm−2.8cm=1.2cm，新前中线向下延伸2cm，绘出领外沿线。

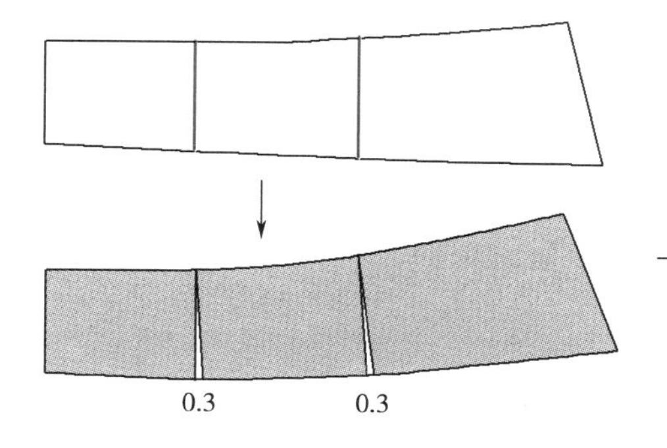

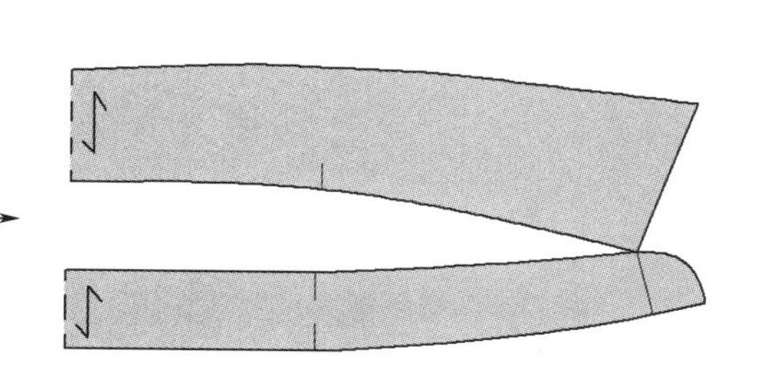

要点四：领外沿线要增加肩部的宽松量

把领子的领外沿线展开加量，展开量为0.3cm × 2=0.6cm，作为肩部的宽松量。

修正领外沿线，完成翻领部分。翻领水平翻转，绘出平行于后中线的纱向。

（四）翻驳领纸样设计

翻驳领是翻领中用途最广且结构最为复杂的一个类型，由驳领、翻领和底领组成，典型领型就是西服领。女式翻驳领来自于男式西服领。

1. 翻驳领结构分析

翻驳领，由立翻领和驳领两部分组成，前面的驳领与衣片成一体，平翻于人体胸部，后面的立翻领部分，根据底领与翻领连接方式的不同，分为一片式和双片式翻领。

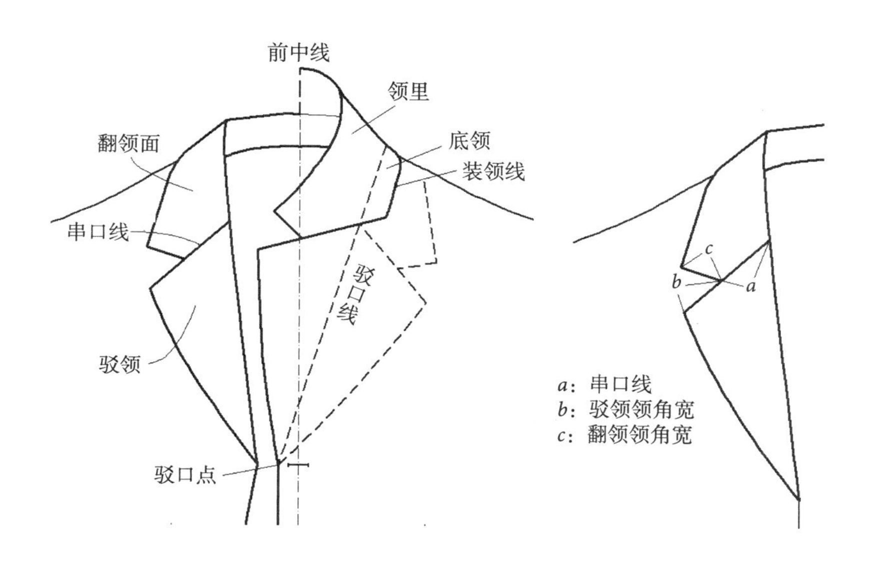

● 驳领

驳领，也叫驳头，与衣身的门襟成一体。根据领角的形状，分为平驳领、戗驳领和圆驳领、青果领（翻领、驳领为一体）等。驳头的结构比较简单，其设计更强调美观性。

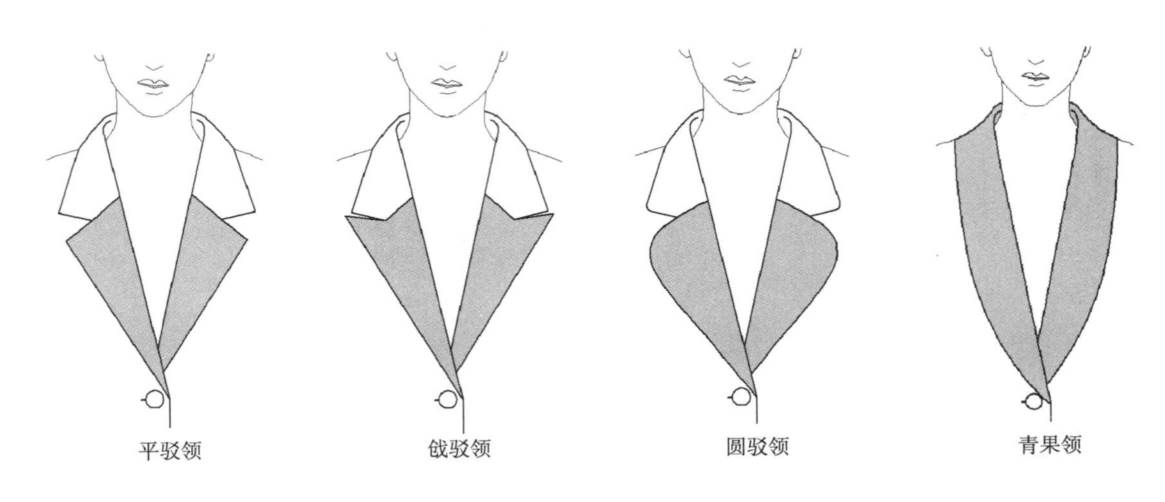

● 立翻领

立翻领是翻驳领中结构最为复杂的部分，其技术性非常强。翻驳领的舒适性与否，主要体现在立翻领的结构上。其中的翻领造型变化要与驳领相协调。底领高一般设定为2~4cm，常用2.5~3cm。

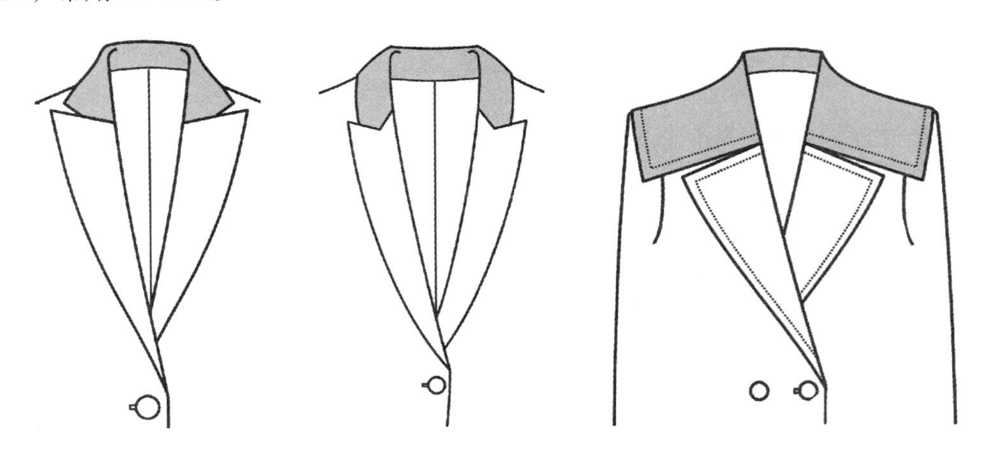

立翻领倒伏量的计算是最大的难点，即计算后翻领与驳口线之间的倾斜角度或倒伏距离。倒伏量过大过小都不合适。

立翻领倒伏量的大小，与翻领和底领的差量以及驳口线的角度有关，如驳口点越往上，驳口线就越向平行角度倾斜，翻领的领外沿线就越大，那么驳口线与后领口线的弧度也就越大。

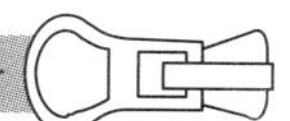

翻底领的差值变化对立翻领倒伏量的影响:

如图所示，两领的驳口线高度与底领高都相同，阴影部分的翻底领差值（3.5cm−2.5cm=1cm）要小于红线标注的翻底领差值（6.5cm−2.5cm=4cm），两领的底领口线与驳口线平行线之间的距离分别为a、b，明显$a<b$。

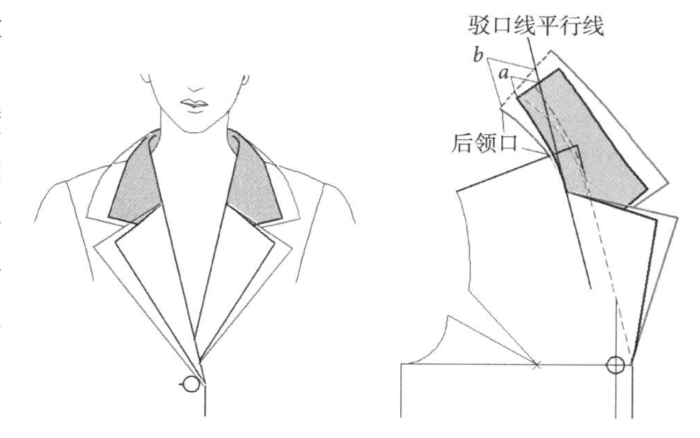

翻底领差值越大，领子的倒伏量就越大，后领口线（底领口线）的弧度也变大，相应的领外沿线也增长。

如果倒伏量过大，领外沿线过长，在翻折后会不服帖于肩背；倒伏量过小，领外沿线变短，翻折困难，会形成紧绷拉扯后的皱折。

- 驳口线

驳口线，也叫翻折线，驳口线的高低决定了整个领子的长短，也影响了立翻领倒伏量的大小。驳口线与门襟（搭门）止口线相交于驳口点。驳口点在胸围线以上的属于高位翻驳领（三粒扣西服），驳口点在腰围线上下的属于低位翻驳领（两粒扣西服或单粒口西服）。驳口线越短，立翻领的倒伏量就越大，反之亦然。

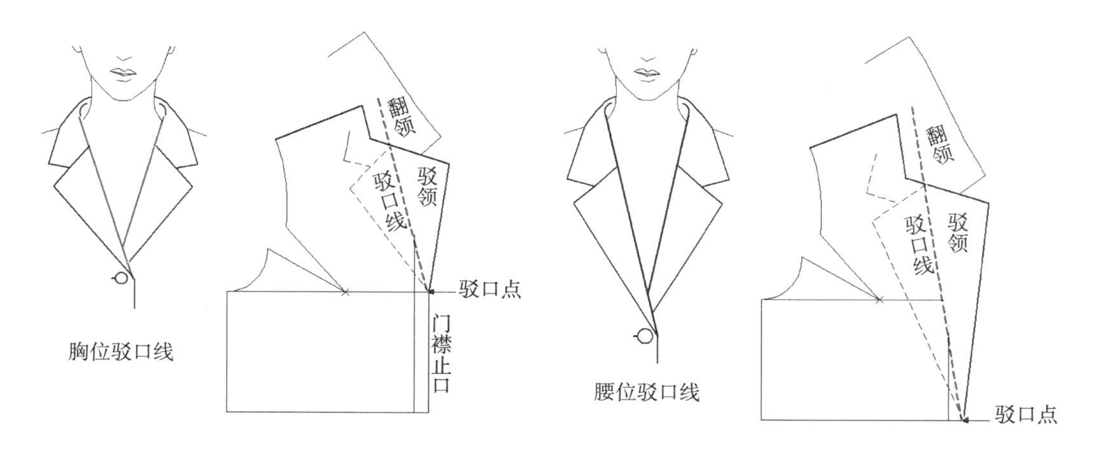

- 串口线

串口线是翻领与驳领相接的共同边线。翻领和驳领的长度变化，取决于串口线的位置高低，如串口线位置向下移，翻领加长，相应的驳领的长度就会缩短，叫作低驳领。串口线位置向上移，翻领变短，驳领的长度加长，叫作高驳领。

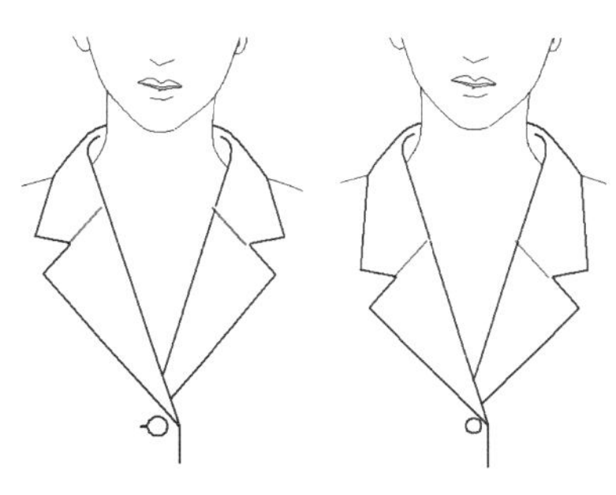

2. 平驳头西服领（一片立翻领）

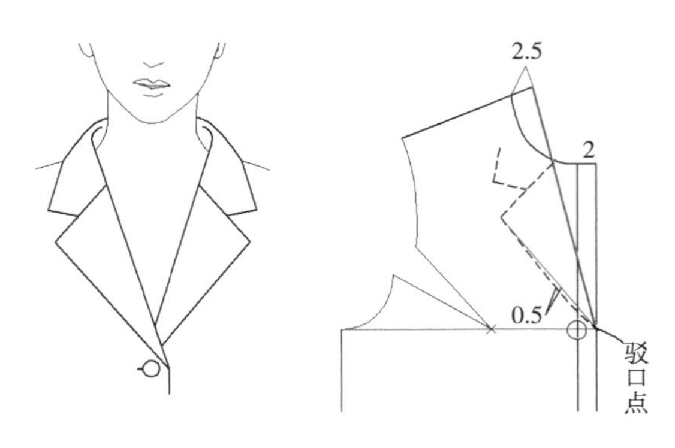

① 首先确定驳口点，绘出驳口线。

衣身前中搭门量为2cm。胸围线与门襟止口交点是驳口点，肩线从颈侧点往上顺延2.5cm（底领高），连接两点，完成驳口线。

胸围线与前中交点处定第一扣位。

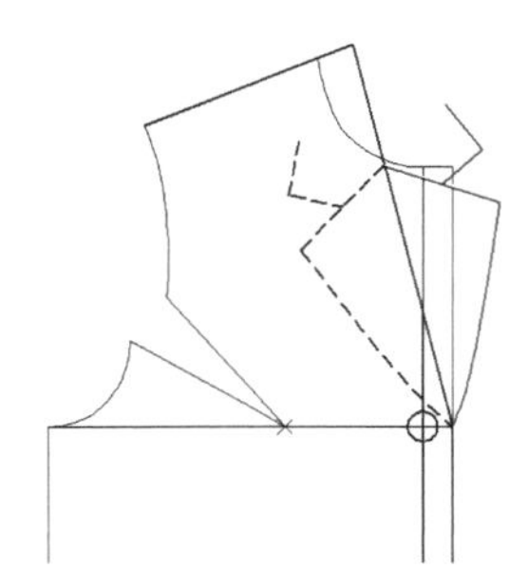

② 设计驳领与立翻领领角。

在驳口线的衣身侧绘出驳领和立翻领领角的形状（注意：串口线与驳口线交点最高不超过领口线，防止前底领过短）。将领型以驳口线为中心轴对称翻转。这种绘图方式比较直观，也非常简便。

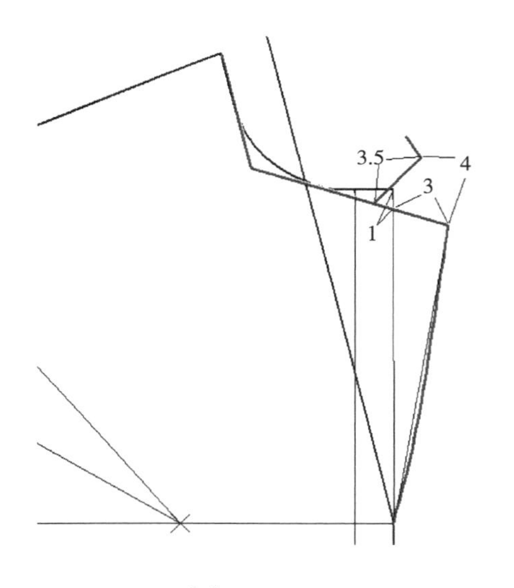

设计驳领与立翻领领角的另一种方法：

从肩点做驳口线的平行线，从门襟上端点下落1cm处做下领口的切线，两切线相交。绘出新的领窝后，再绘出驳领和立翻领的领角。这种方式比较复杂，不容易把握造型，经验很重要。

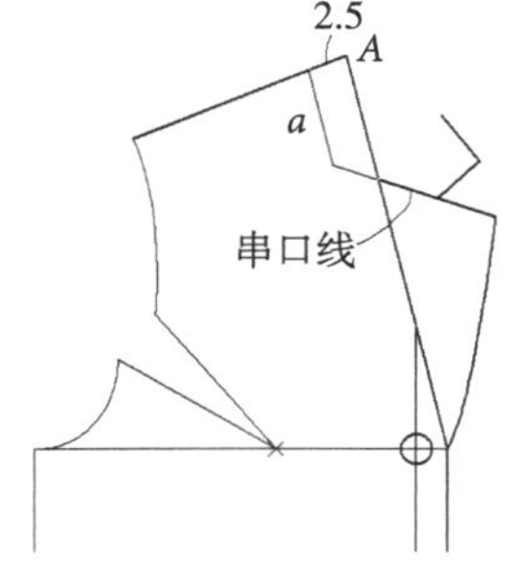

③ 绘制新前领窝。

从A点往肩点方向2.5cm处做驳口线的平行线a，与顺延的串口线相交，绘出新的领窝。

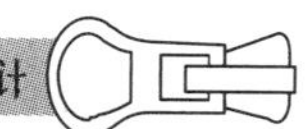

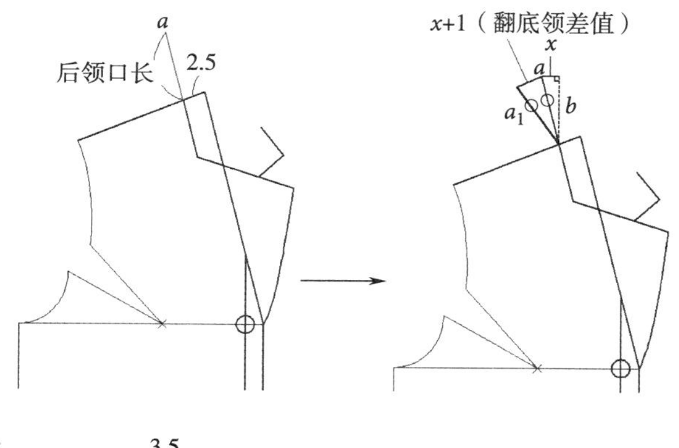

④ 绘制后领辅助线并计算倒伏量。

顺延a线，延长长度等于后领口的长度。做a线到垂直线b的垂线，测量垂线长度为x，做a_1线，$a=a_1$，两线之间的距离为x+1cm（翻领宽3.5cm–底领高2.5cm=1cm），翻底领差值是几，x就加几，如翻底领宽差值是2cm，那么就是x+2cm，以此类推。

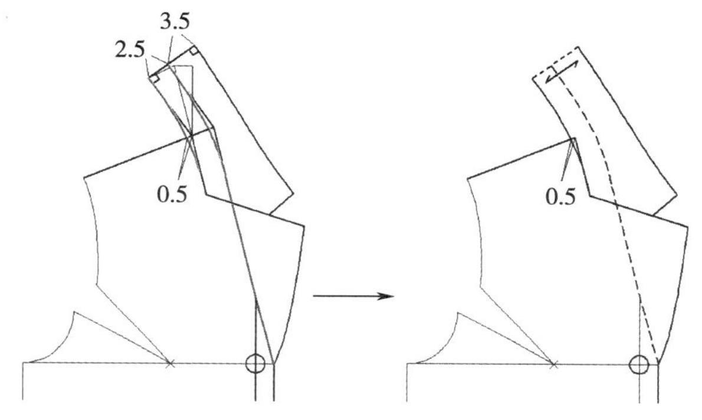

⑤ 绘制立翻领并圆顺底领口线与翻折线弧线。

立翻领与衣身的颈侧点交叠0.5cm。在翻领面上，标出平行于后中线的纱向，注意领里的后中线是斜纱向。

3. 平驳头西服领（双片立翻领）

翻驳领的翻领部分采用双片式，能够使衣领更加服帖于颈部。结构制图时，首先用绘制立领的方式绘出底领部分，在底领基础上再绘制翻领。

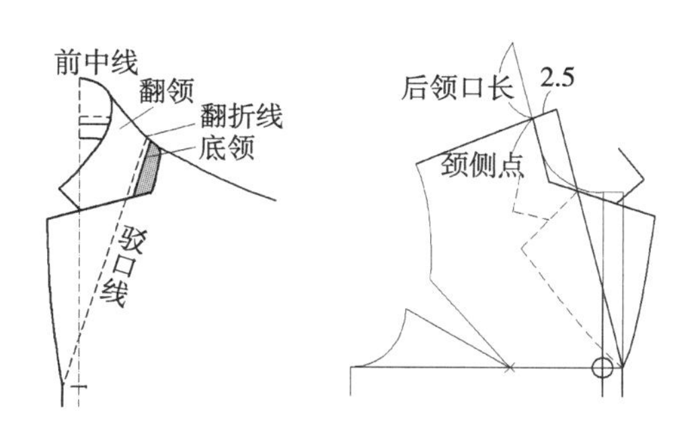

① 绘制后底领口线

参阅平驳头西服领（一片立翻领）的①②③④绘图步骤。

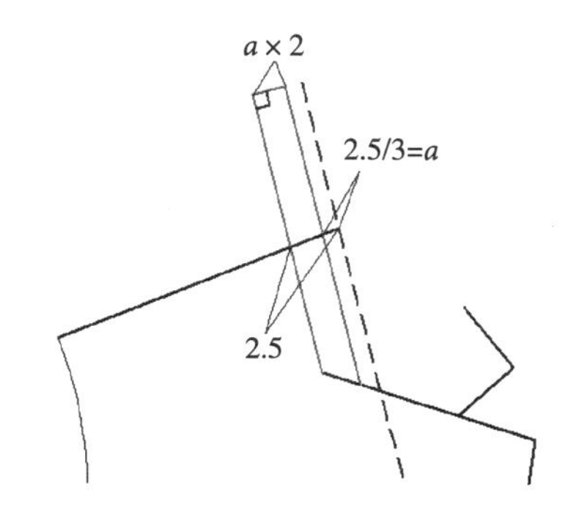

② 绘制后底领

底领与翻领的拼接缝纫线要在翻折线以下，因此双片翻领的底领高要小于一片翻领的底领高。将一片式翻领的底领高分成三份，2.5cm ÷ 3=a，底领高=a × 2。

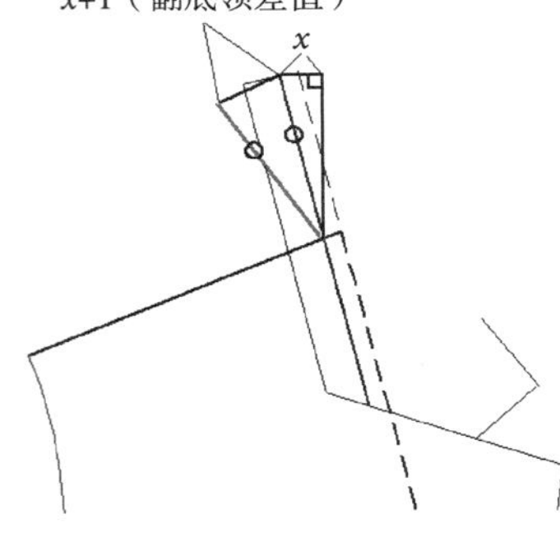

③ 绘制翻领下领口线

将底领的上领口线向肩线方向倒伏，成为翻领的下领口线。倒伏量计算参阅平驳头西服领（一片立翻领）。

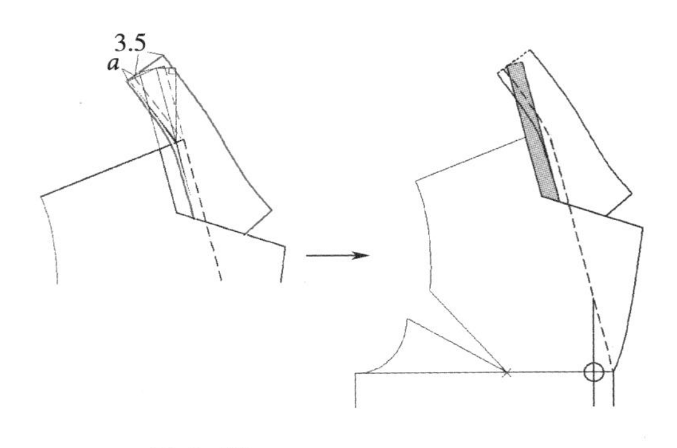

④ 绘制翻领

翻领高=3.5cm+a。

4. 风衣领

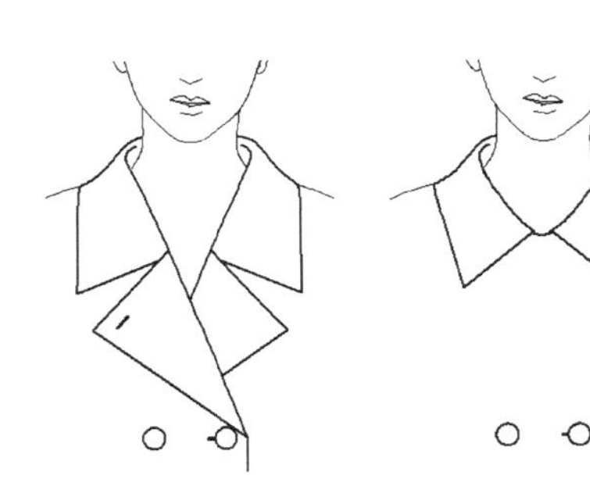

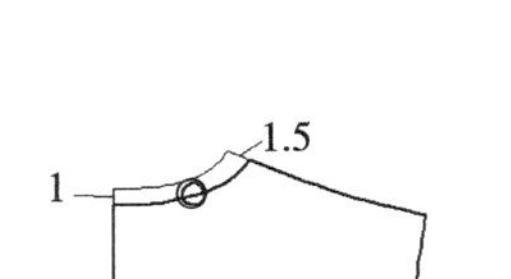

① 设计新领口和驳领

设定门襟宽度7cm。颈侧点和前领深点分别下落1.5cm，绘出新领口。绘出驳口线。分别延伸新领口弧线的上下两端，绘制后底领口线（平行于驳口线）和驳领（领角宽线水平）。

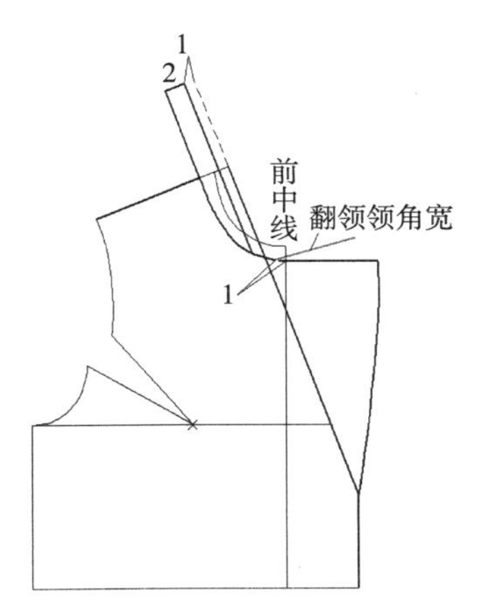

② 绘制后底领

绘制后底领，底领与翻领的拼接缝纫线要在翻折线以下1cm，底领高设定为2cm。

串口线上距离前中线1cm处，绘制翻领领角宽线。

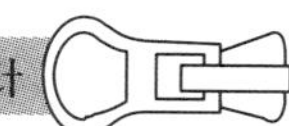

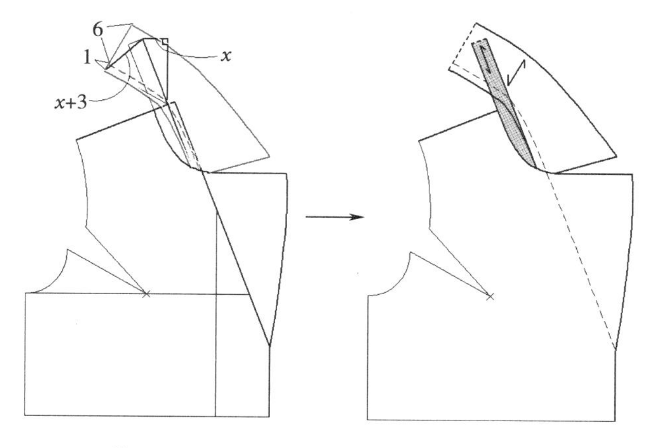

③ 绘制翻领

将底领的上领口线向肩线方向倒伏，成为翻领的下领口线。翻领宽设定为6cm，翻折线外增加1cm，倒伏量=x+3cm。

5. 戗驳头西服领

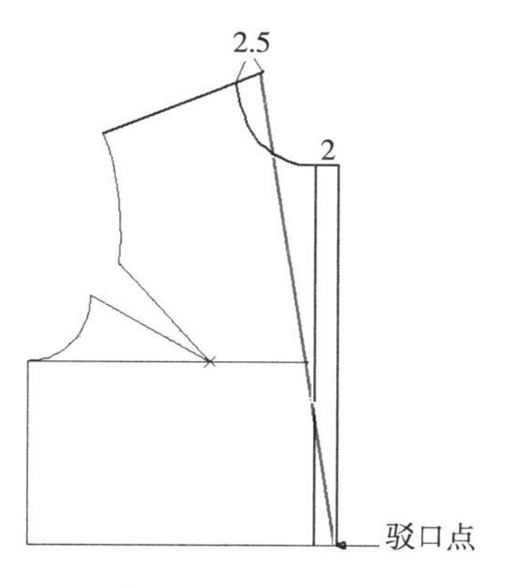

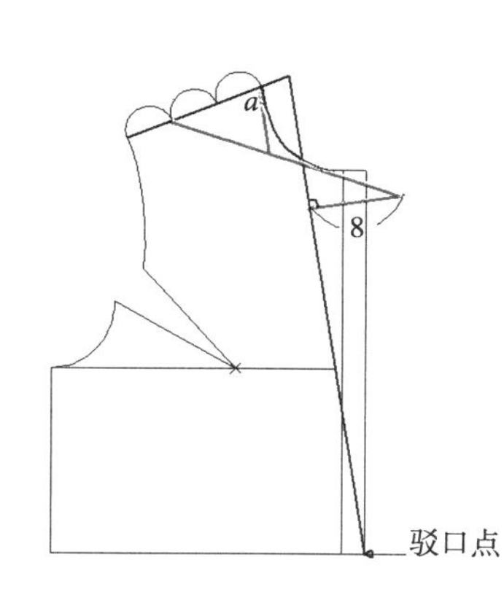

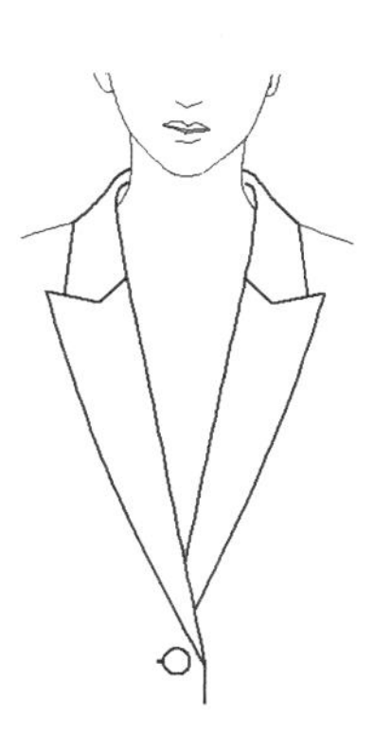

① 绘制驳口线与领宽

首先确定腰位线与门襟止口处的驳口点，绘出驳口线。从肩线上的1/3处绘制一条领口弧线的切线，先与驳口线平行线a相交，再与驳口线的8cm垂线相交。

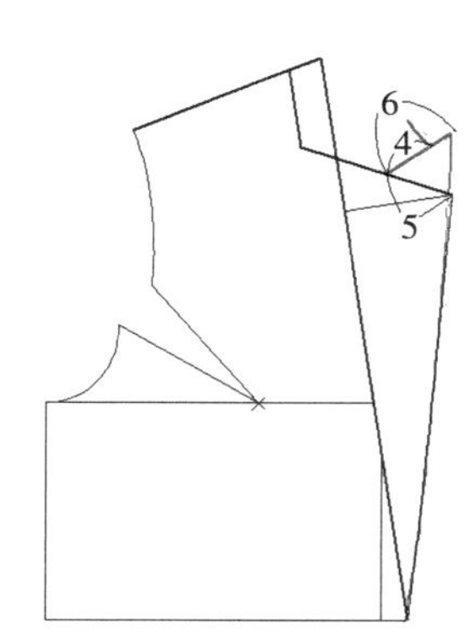

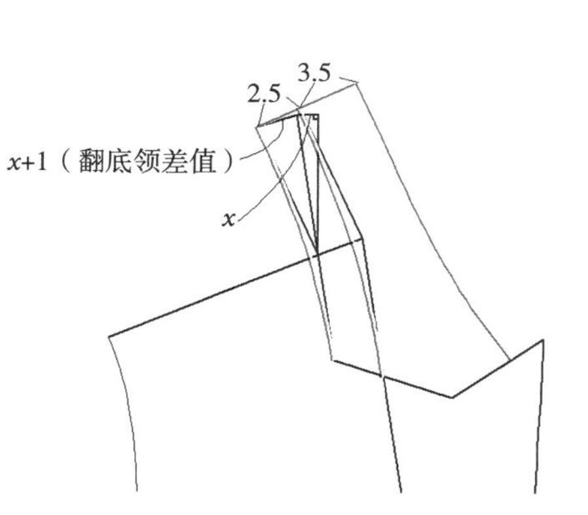

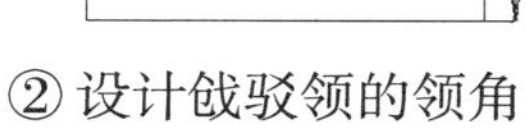

② 设计戗驳领的领角

设定驳领领角宽6cm，翻领领角宽4cm，一般两者差值为1.5~2.5cm，驳领领角不宜过长（特殊领型除外）。

③ 绘制翻领

戗驳领翻领的倒伏量计算方法与平翻领相同。

6. 青果领

青果领，就是领面形状如青果的一种翻驳领。青果领的驳领、翻领和衣身连为一体，没有领角，常规的青果领也没有串口线。增加串口线的青果领很大程度上是为了减少制作过程中的复杂性。翻驳领的领角，其张力可以使翻折后的领子更服帖，对于没有领角的青果领，可以利用适当加大后领的倒伏量来进行微量调整，如增加0.5cm左右的倒伏量。

款式一：有串口线的青果领

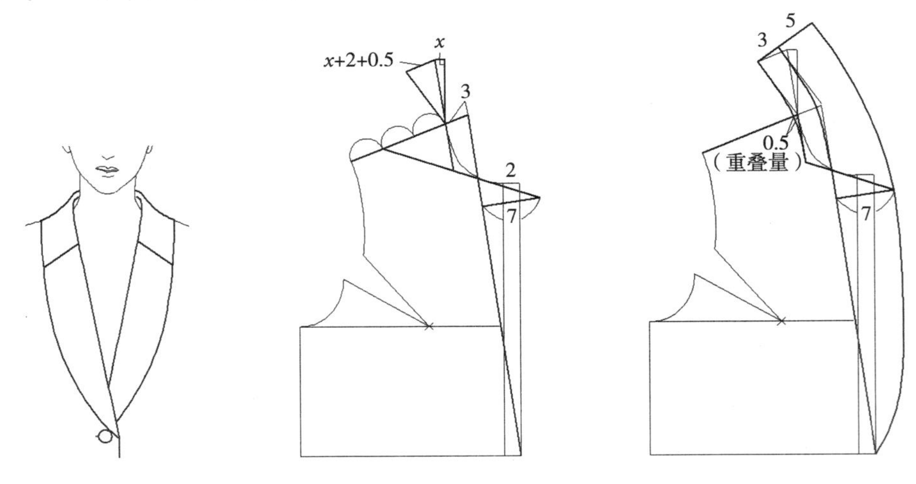

① 设定领宽与串口线

结构设计方式与一般翻驳领基本相同。根据款式，设定驳领宽7cm，立翻领的底领高与翻领宽分别为3cm、5cm。倒伏量为x+2cm+0.5cm。翻领与衣身的重叠量为0.5cm。

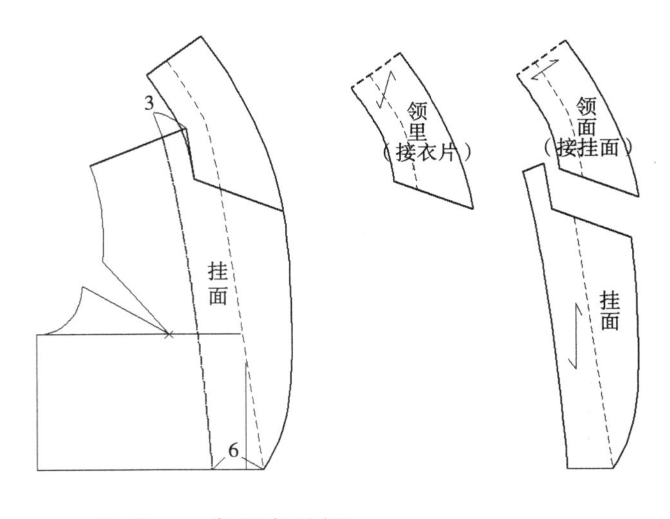

② 挂面处理

增加串口线就是为了方便处理挂面与翻领的这个重叠量。挂面指前片左右门襟的背面裁片，领面与挂面相连，这部分是要翻折出来的。领里与衣片相连。

款式二：常规青果领

不管有无串口线，青果领的结构设计方式都基本相同，只在挂面处理上有区别。没

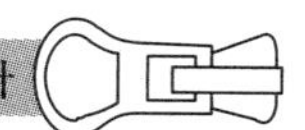

有串口线的常规青果领，因为翻领与挂面合二为一，翻领与衣身的0.5cm重叠量部分，挂面结构要更复杂些，一般有两种挂面的处理方式。

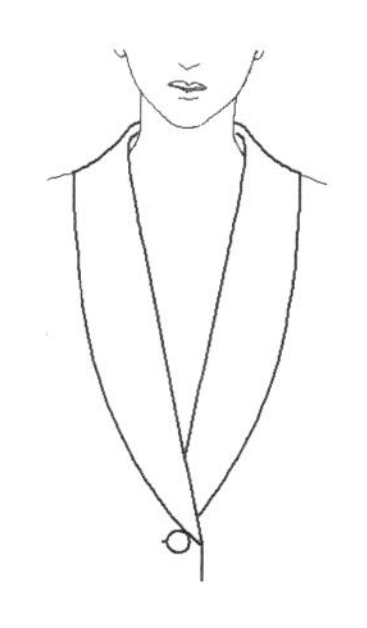

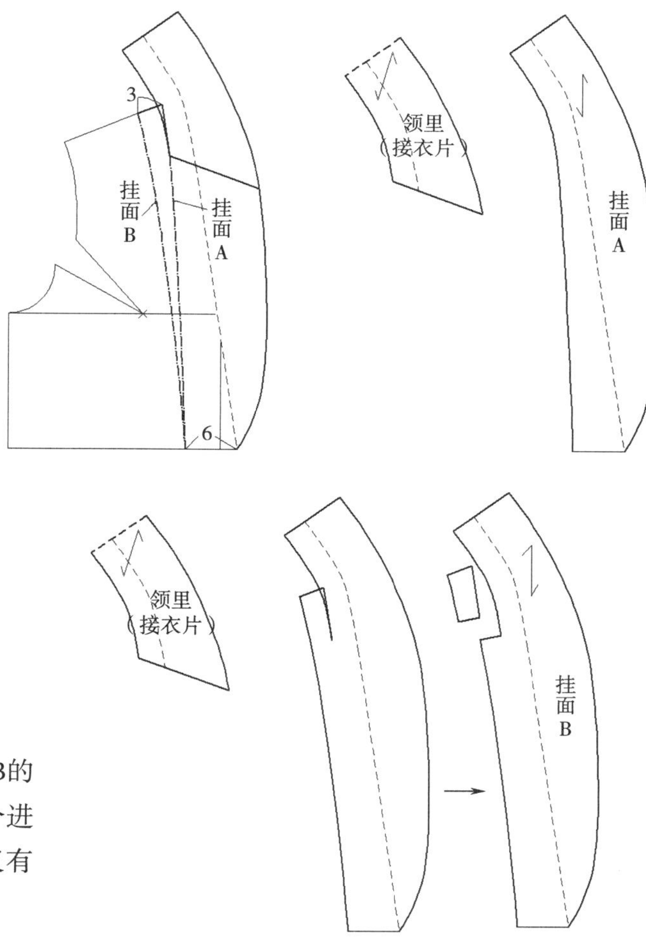

● 挂面处理方法一：

底领口线顺延向下绘制挂面A的边缘线（挂面与里子的拼接线），这样重叠部分就放到里子的纸样中。仅有领里，因为领面与挂面合为一体。

● 挂面处理方法二：

按照有串口线的方式绘制挂面B的边界线，将包含重叠量的样片部分进行分割，使挂面分成两个裁片。仅有领里。

款式三：变形青果领

此款领型没有串口线，可以按照青果领的结构方法制图。

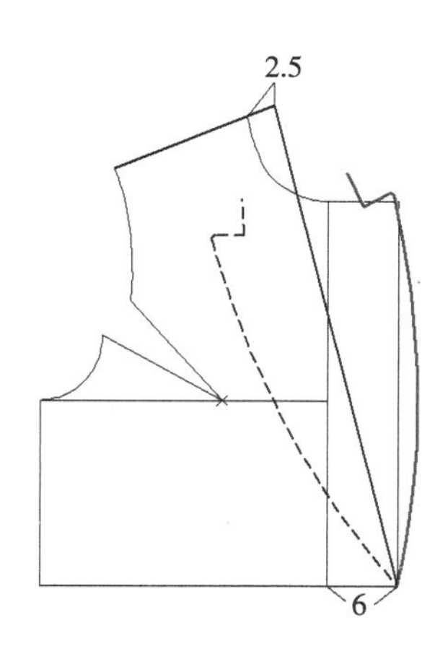

① 直接绘制驳领外形

根据款式，在驳口线衣身侧绘制驳领造型，以驳口线为基准翻转。因驳领的领角宽线为水平线，所以无法精确预测翻转到驳口线另一侧后的效果。用此种方法可以很精准地绘制出水平线的翻转效果。圆顺领角。

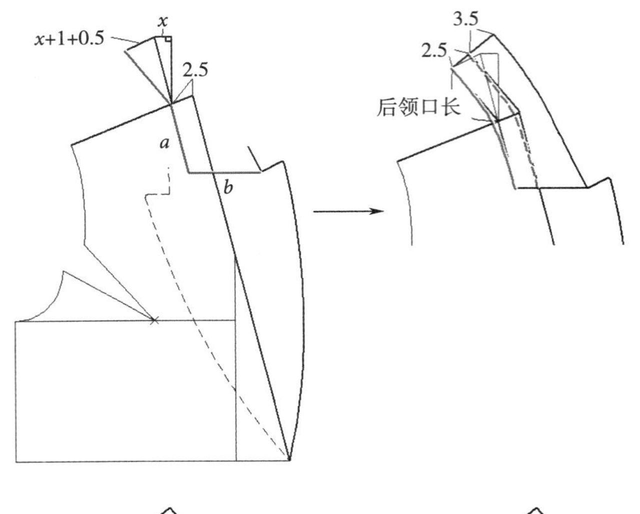

② 绘制翻领

*a*线是驳口线平行线，*b*线为水平方向的串口线，两线相交。翻领倒伏量为*x*+1cm+0.5cm，底领高2.5cm，翻领宽3.5cm。完成立翻领部分。

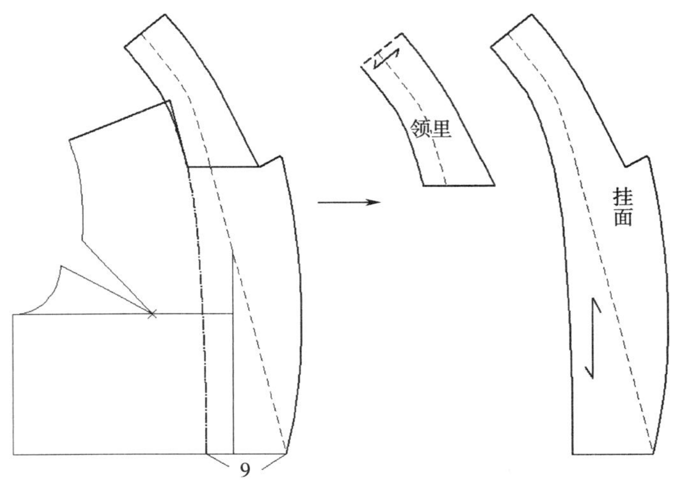

③ 挂面处理

底领口线顺延向下绘制挂面的边缘线，将重叠部分放到里子的纸样中。仅有领里。

7. 单驳领

此款领型没有翻领部分，只有底领（立领）加上驳领。

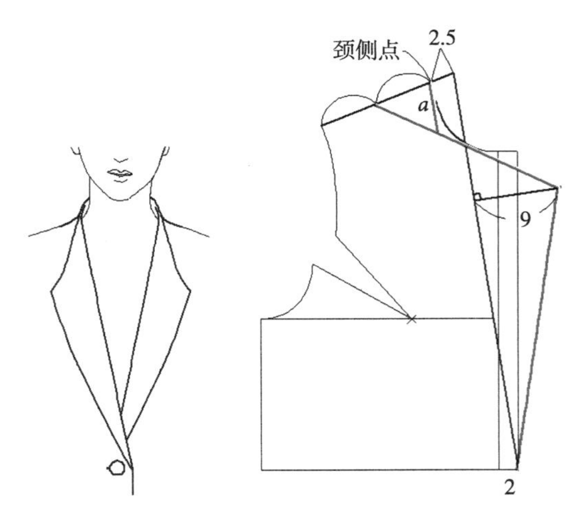

① 绘制驳口线与领宽

衣身前中搭门量为2cm，首先确定腰位线与门襟止口处的驳口点，肩线从颈侧点往上顺延2.5cm（底领高），连接两点，完成驳口线。从肩线上的1/2处绘制一条领口弧线的切线，先与驳口线平行线*a*相交，再与驳口线的9cm垂线相交。

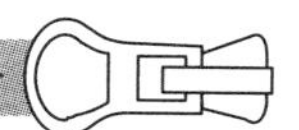

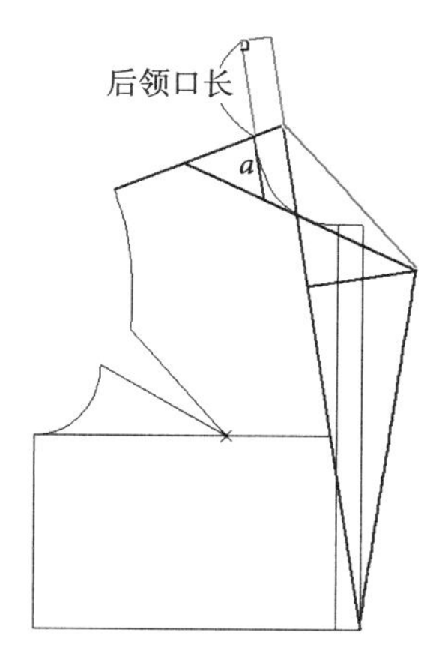

② 绘制后底领和驳领领角线

向上延长a线，长度为后领口长，垂直于串口线延长线，绘出后底领。绘出驳领领角线。

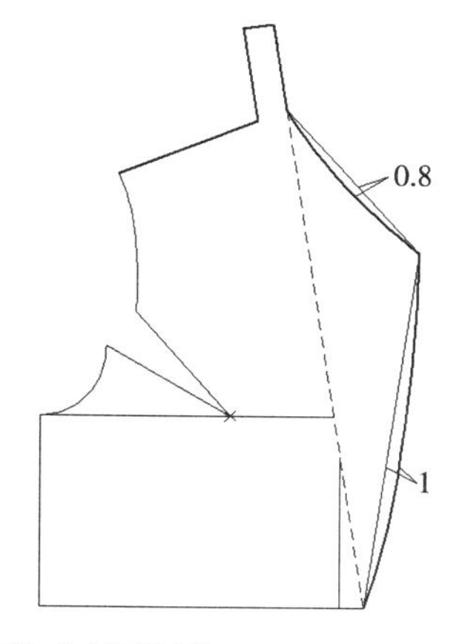

③ 完成单驳领

根据设计调整驳领领边线，驳领领角线内弧0.8cm，驳领边缘线外弧1cm，完成单驳领。

（五）连帽领

帽型与衣身连为一体，称为连帽领。连帽领其实就是帽子与翻折领组合而成的一种特殊领型。最常见的有两片连帽领与三片连帽领。

两片连帽领

三片连帽领

按照右图方法测量出的尺寸，再加上1~2cm的放量，就是头围尺寸。

成年女性的头围在53~59cm之间，一般的成衣以56cm为标准头围。

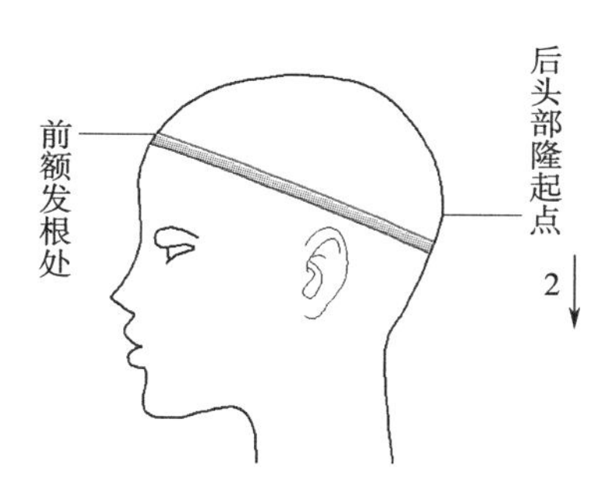

1. 两片连帽领

款式一：普通两片连帽领

此款帽体不是很贴合头部，属于最常见的一种连帽领。

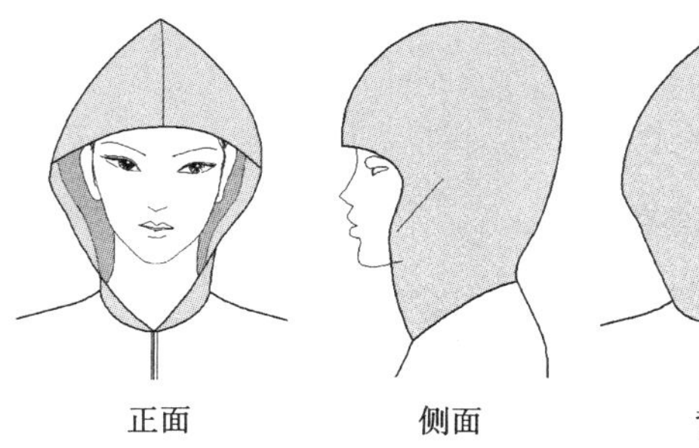

正面　　侧面

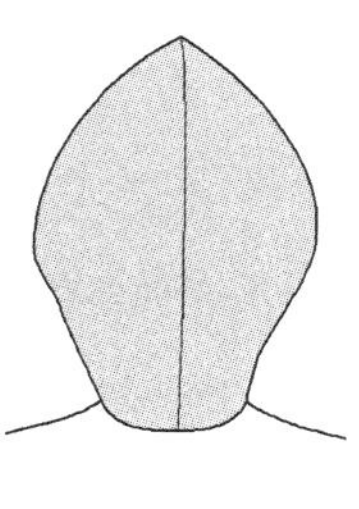

背面

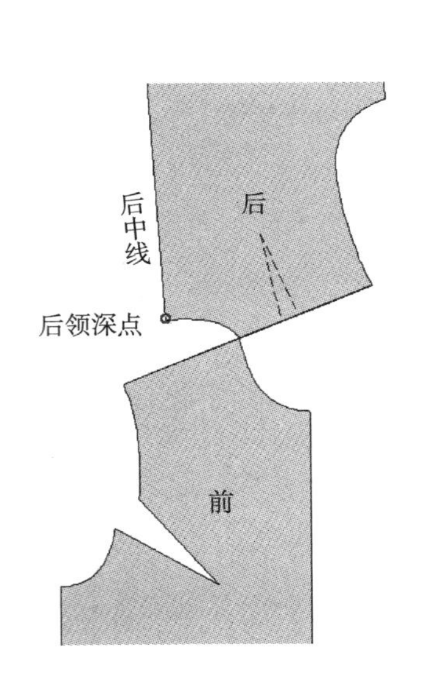

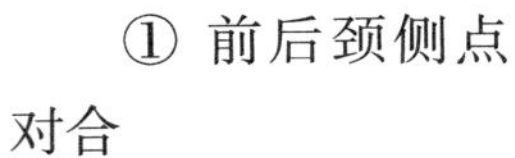

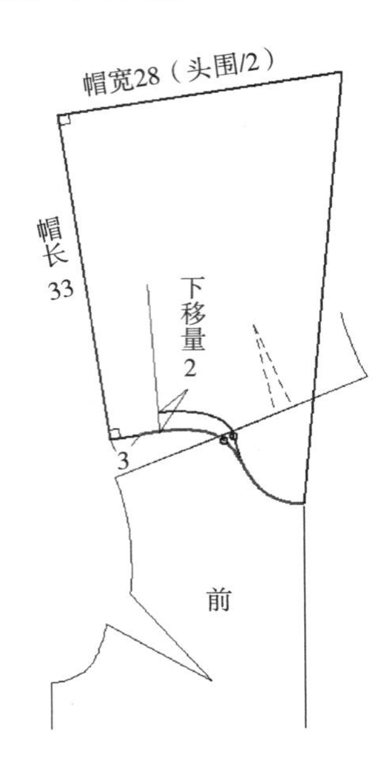

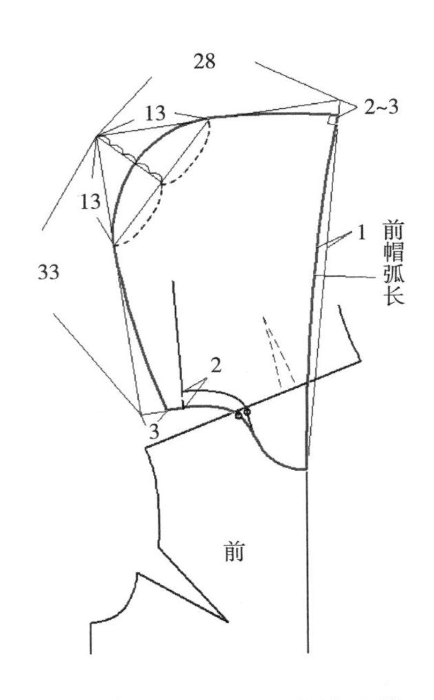

① 前后颈侧点对合

将衣身的前后颈侧点对合，后片肩线放于前肩线的延长线上。

② 绘制帽下口线与帽长帽宽线

从后领深点向下延伸2cm，确定帽座。绘出红色的帽下口弧线（前领+后领），并向外延长3cm，做33cm的垂线（帽长），帽长线顶部绘出28cm的垂线（帽宽=头围/2）。

③ 绘制帽领后中接缝线和前帽弧线

在帽的后部和顶部各取13cm做辅助线，画帽后顶圆弧，帽顶前部下落2~3cm，绘出帽领的后中接缝线。前帽弧线向内凹进1cm，也可根据款式设计来自由造型。

款式二：贴体两片连帽领

此款连帽领很贴合头部。

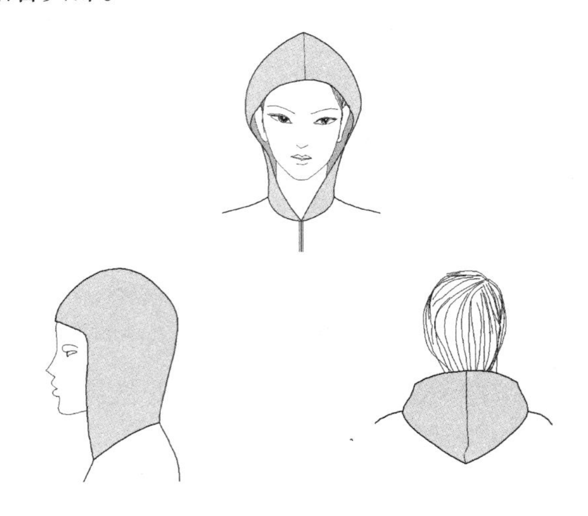

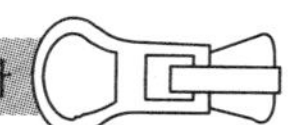

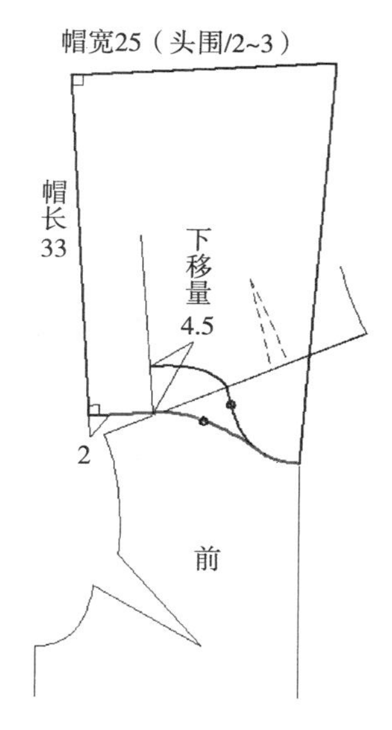

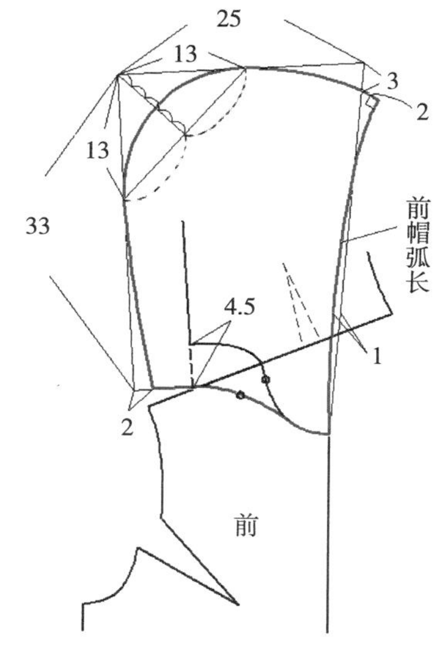

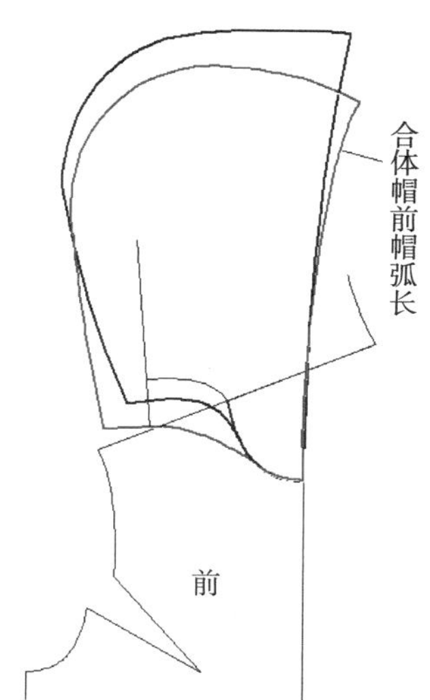

① 绘制帽下口线与帽长帽宽线

绘制方法同上，变化在于：第一，后领深点向下延伸4.5~5cm；第二，帽下口弧线（前领+后领），向外延长2cm；第三，帽宽设定为25cm（头围/2~3cm）。

② 绘制帽领后中接缝线和前帽弧线

帽顶前部下落3cm，并向外延伸2cm，前帽弧线向内凹进1cm。

③ 两种连帽领的前帽弧长比较，合体帽的弧长明显变小，因此会更加贴体。

2. 三片连帽领

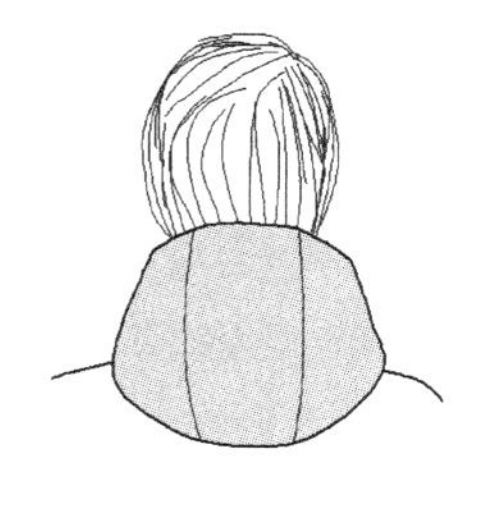

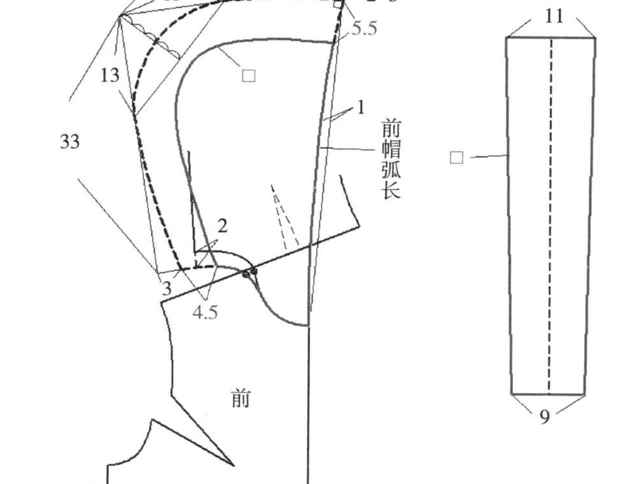

在普通两片连帽领结构图上截取造型，前帽弧线上端去掉5~5.5cm，帽下口线外侧去掉4~4.5cm，去掉的部分就是中间的拼接造型，重新绘制一个等腰梯形。

完成普通三片连帽领的绘制。

第三节　袖子结构变化与纸样设计

一、袖子结构变化

袖子与领子一样是服装的重要组成部位。人体活动最为频繁的就是上肢，上肢运动具有灵活性与多变性的特点。袖子的结构是否合理是决定服装舒适性的关键。

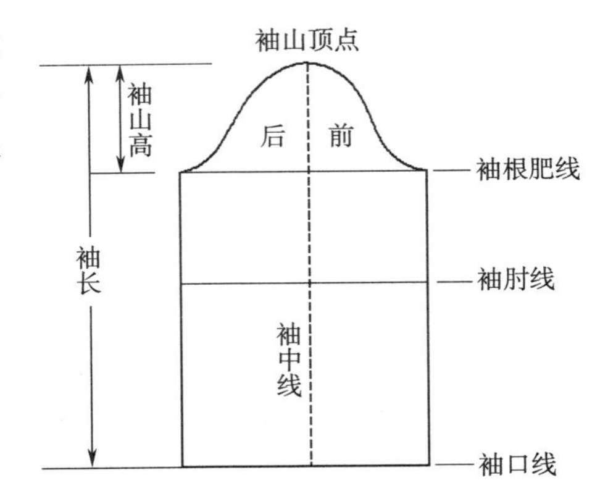

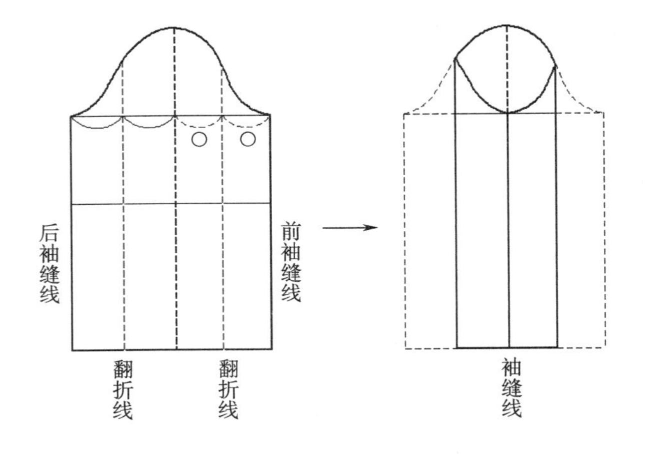

通过翻折线将前后袖缝线翻折到袖中线处，右图为袖子翻折缝合后的三维效果，袖缝线藏于手臂内侧。

（一）袖长变化

肘部是进行袖型变化的基准线，袖长变化也是以肘位线为基准。一般情况下，袖长在肘位线以上的袖子叫做短袖，袖长到腕部的袖子叫做长袖，介于两者之间的叫做中袖和中长袖。

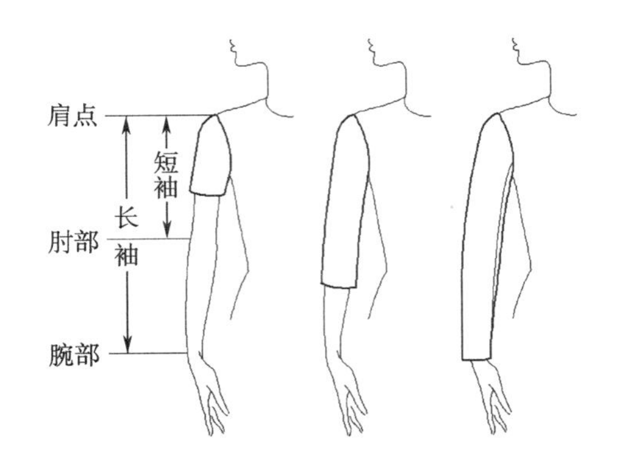

（二）袖型变化

袖子的外造型，根据合体程度，大体可以分为合体型、上丰型、丰满型、喇叭型（下丰型）四大类；根据袖子与衣身的连接方式，分为装袖、插肩袖、连袖三类。

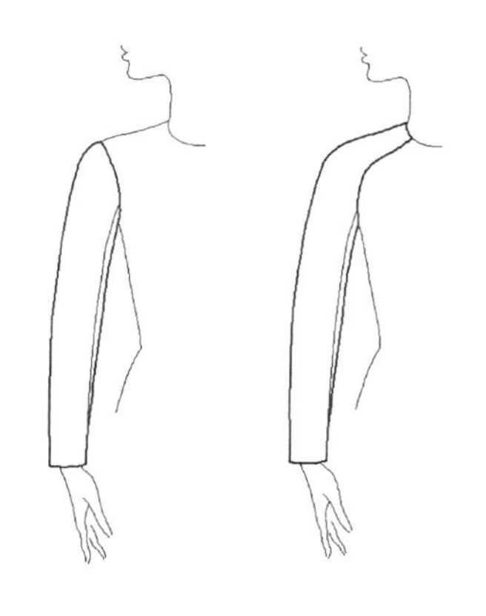

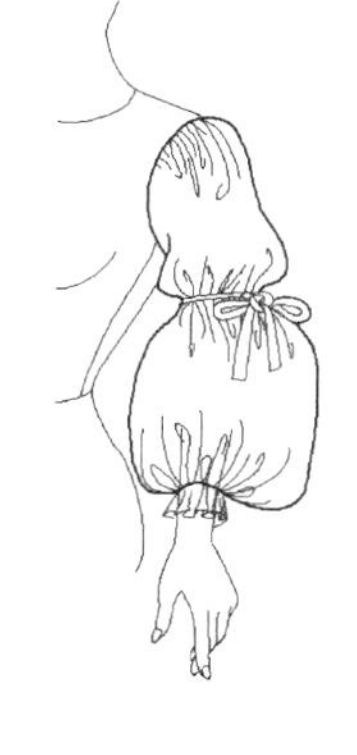
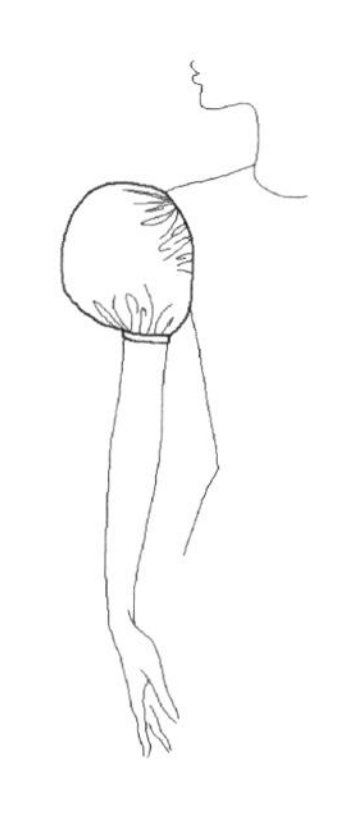

• 合体型

这类袖型比较符合手臂的自然曲度，常见的有两片式西服袖（左）、三片式插肩袖（右）等。

• 上丰型

这类袖型只在袖子的上部进行造型夸张，如图：左为羊腿袖，在袖山部位展开加缩缝褶，袖口合体；右为荡褶袖。

• 丰满型

这类袖型的袖山与袖子下部全部进行夸张，如短袖的灯笼袖（右），长袖的丰满主教袖（左）。

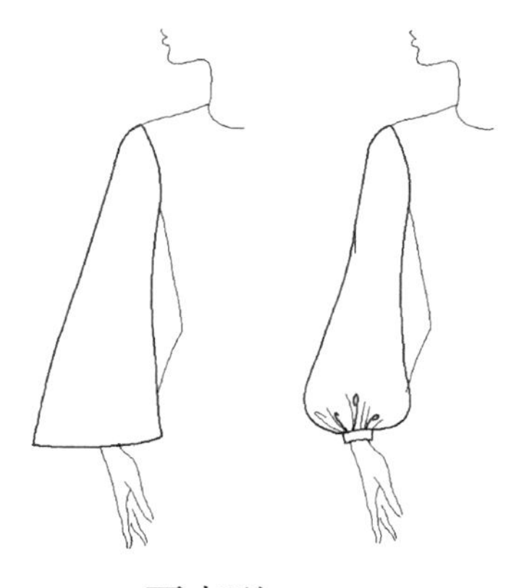
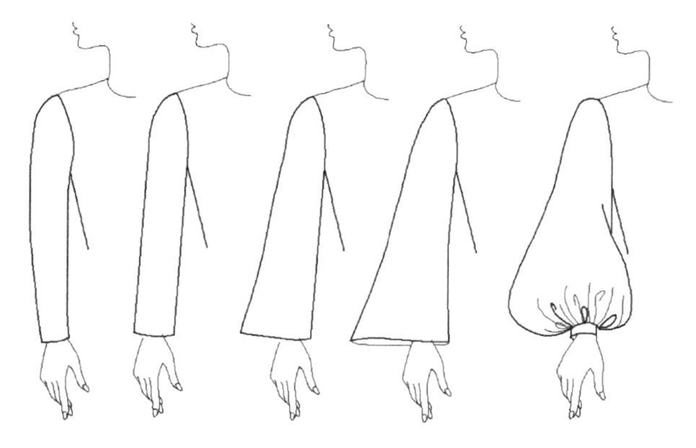

• 下丰型

这类袖型只在袖子的下部进行造型夸张，如喇叭袖（无袖口）和主教袖（有袖口）。

围度变化：如图所示，同样的袖长，袖口围度的不同就能产生千变万化的效果。

二、袖子纸样设计

（一）袖子结构分析

1.袖山与袖肥变化

同样的袖窿长度，相同的前后袖山斜线，袖山高变化了，相应的袖肥也会变化，两者的关系呈反比，即袖山高加大了，袖肥相应的会减小，反之亦然。

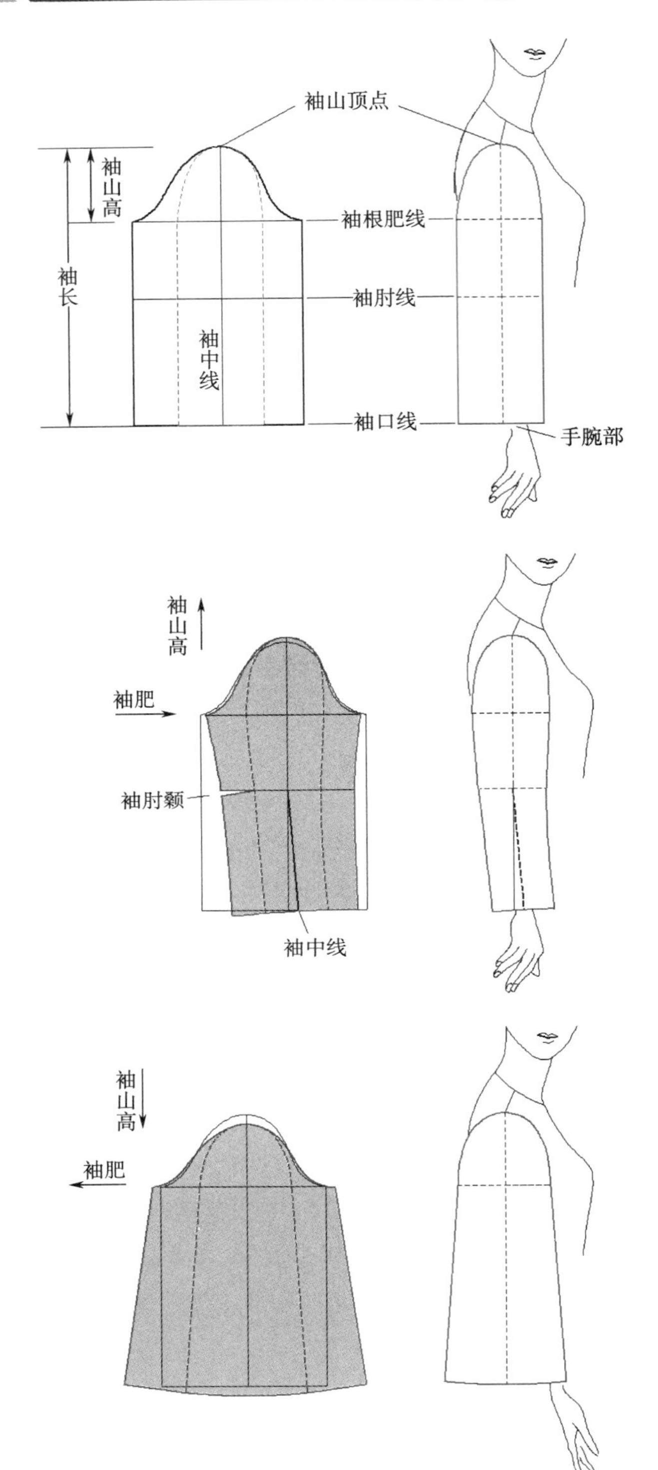

● 原型袖

原型状态的裁片，缝合后是直袖状态。直袖因为不符合手臂的自然形态，因此，袖肥（袖根肥）不能过瘦，袖山高介于合体袖与宽松袖之间。

● 一片式合体袖

在原型基础上，袖山高加大，相应的袖肥减小，袖中缝向前偏移，袖口减小。在后袖缝处增加了袖肘纐，使袖子呈自然弯曲状态，增加了手臂活动时的舒适性。

● 喇叭袖

在原型基础上，袖山高减小，相应的袖肥加大，袖口向外扩展。袖子呈外扩状态。

袖山越高，袖子抬高量就越小，手臂的活动范围也就越小。如下所示的身体正面图，前面所讲的三种袖子与身体的夹角。袖山越小，袖肥越大，袖子与身体的夹角角度

越大，袖子抬高量就越大，活动量也越大。袖子抬高到与肩部呈一条直线（袖山高度为零），就成为连身袖，袖子接着向水平线以上抬高，成为垂褶袖。

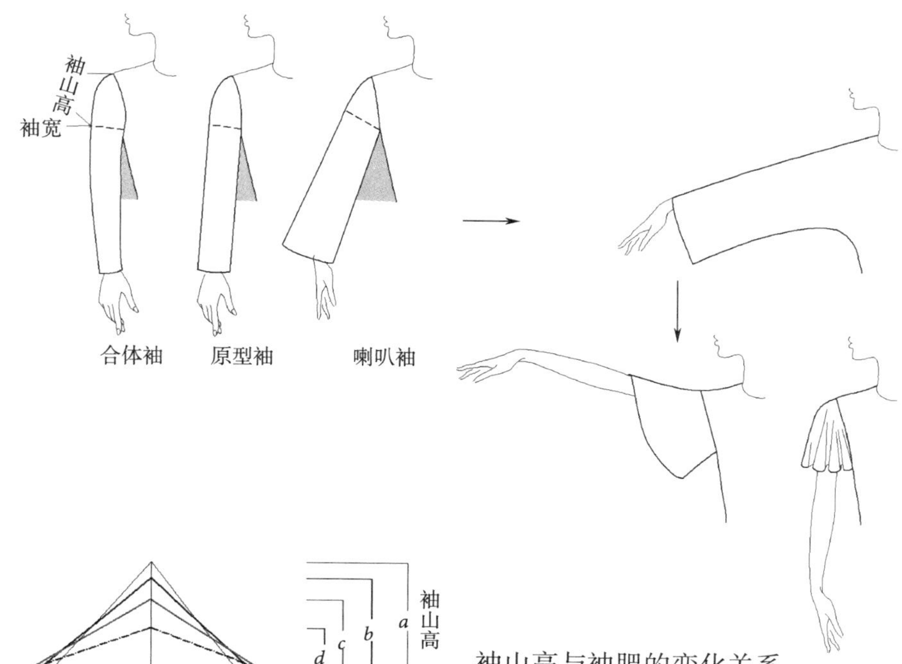

袖山高与袖肥的变化关系：

袖山越高，袖肥越小，袖子就越纤瘦而贴合身体。此时的装袖角度较小，手臂上举会受限制，适合适体或紧身型服装。

袖山越小，相应的袖肥越大，袖子呈外扩状态，此时的装袖角度越大，手臂活动越方便。不过，手臂下垂后，腋下的余量就越多，因此适合休闲、宽松型服装。

袖山高的确定：

贴体袖：袖山高≥17cm

较贴体袖：袖山高=13~16cm

较宽松袖：袖山高=9~13cm

宽松袖：袖山高=0~9cm

2. 袖山与袖窿变化

袖窿的形状与大小决定了袖山的形状与大小，如袖窿弧线的长度决定了袖山弧线的长度，袖窿的深与浅也决定了袖山的高度。

（1）袖窿形状　袖窿的基本形状有三种：圆袖窿、尖袖窿和方袖窿。

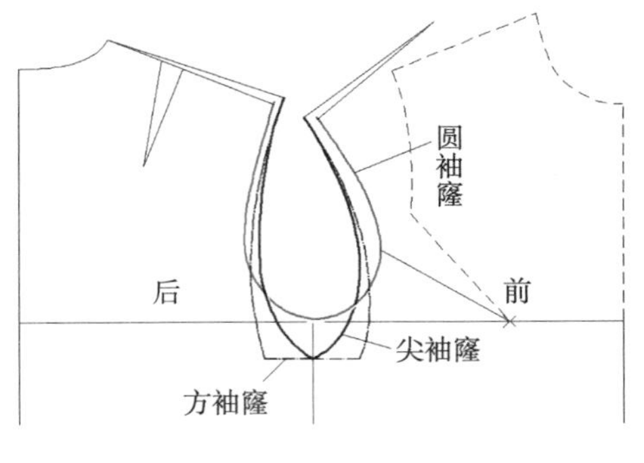

圆袖窿最符合人体形态，适用于合体袖，例如西服类服装。

尖袖窿是在圆袖窿的基础上向下挖低袖窿，底部呈尖状。尖袖窿适用于休闲、较宽松类服装。

方袖窿同样是在圆袖窿的基础上向下挖低、加宽袖窿，底部呈方状。此种袖窿穿脱更加方便、随意，适用于运动类服装。

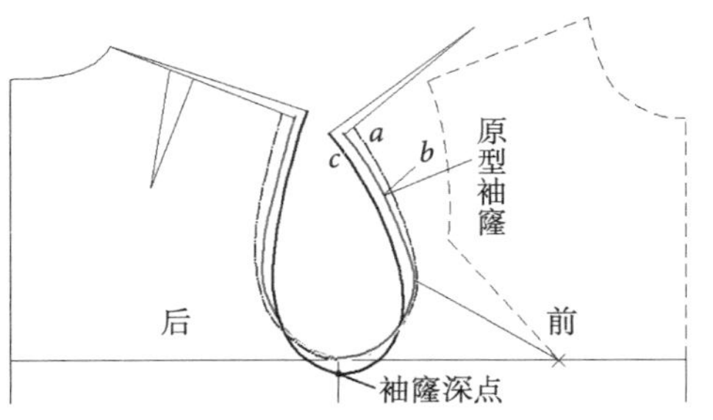

（2）袖山与袖窿变化 袖子越合体，袖窿深点在原型高度越上提，袖山越高，袖肥越小；袖子越宽松，袖窿深点越低，袖山高越低，袖肥加大。

袖山高度决定了袖子的抬高量，当袖窿长越大，袖窿深点越低，此时的袖山高如果过高，就会影响袖子的活动量。

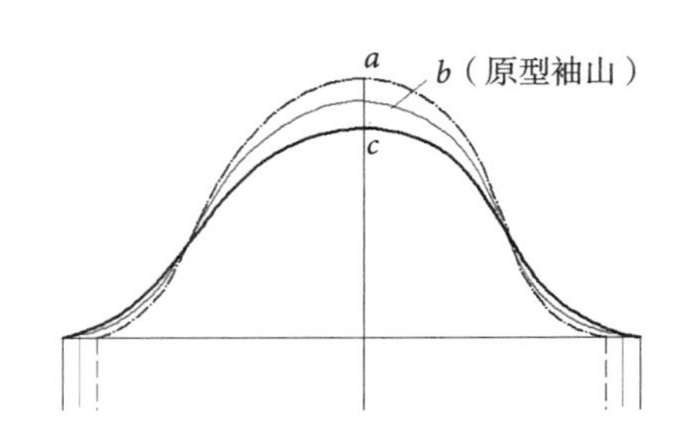

（3）袖山缩缝量 正常情况下，袖山弧线长度会大于袖窿弧线长度，这个差量要通过工艺手法进行收缩处理，使袖山满足袖窿的长度和曲度，这就是袖山缩缝量。

进行袖山缩缝是为了使袖山的造型饱满圆润，这样更符合人体手臂的结构并增加袖子的运动容量。缩缝量越大，袖山造型就越饱满，因此越合体的袖型缩缝量就越大。

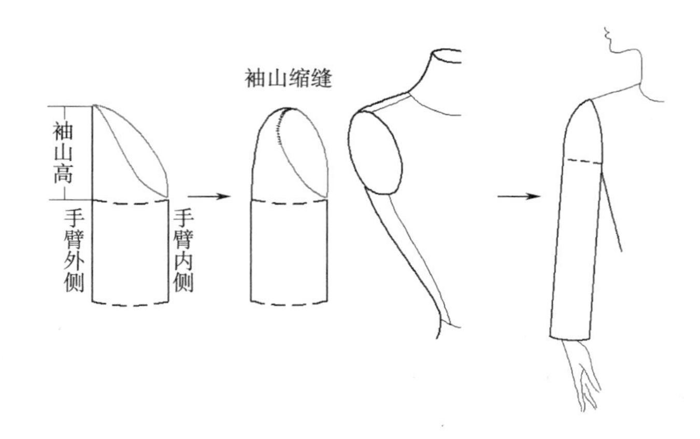

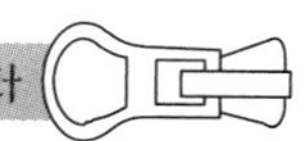

缩缝量的多少是根据服装款式与面料质地来确定的，袖山越高，缩缝量就越大。一般情况下，宽松型女装的缩缝量为0~1cm，较宽松型为1~2cm，较合体型为2~2.5cm，合体类女装的缩缝量一般2.5~3.5cm，再考虑面料的薄厚和疏密，适当调整缩缝量，面料越厚缩缝量越大。

3. 袖子对位方法

计算出缩缝量后，要在袖窿与袖山的缩缝位置标注出对位点。这一步非常重要，关系到制作完成后袖山造型是否合理。

一般情况下，袖山缩缝量有一定的分配方式：袖山中后部最多，袖山中部其次，袖山前部最少，腋下无缩缝。

一片袖与两片袖的对位方法不同，一片袖对位较简单，只标注两个对位点即可。两片袖的对位方法比较复杂，需要好几个对位点。

一片袖对位方法：

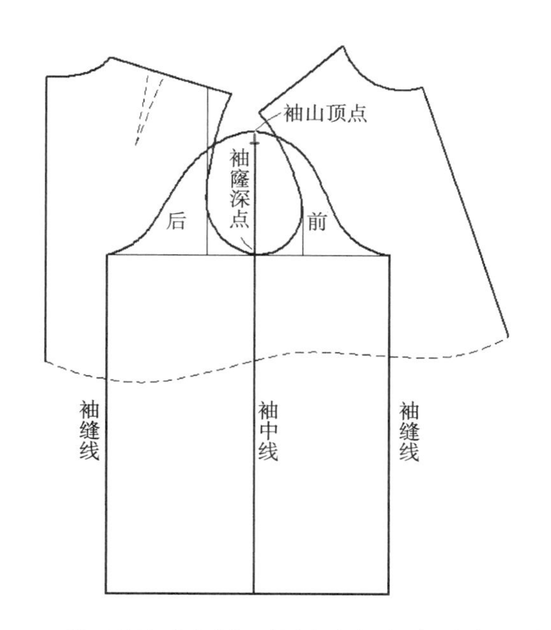

① 以原型为例，将袖片与衣身对合于袖窿深点。首先定位吃缝基准点：袖山顶点。

分别测量出前后衣身袖窿与袖山弧长度的两个差值，即前袖吃缝量和后袖吃缝量。（原型袖的总吃缝量为2.5cm左右），这个差值就是袖山吃缝量。

一般的宽松一片袖吃缝量为0~2cm，合体式一片袖为2.5~3cm，袖山越高吃缝量就越大。

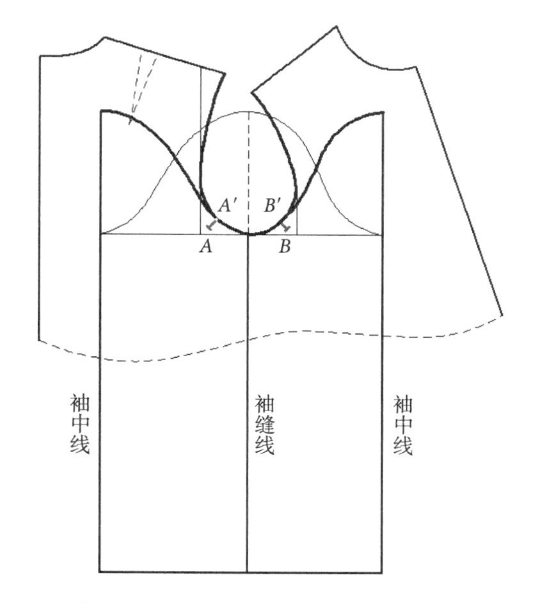

② 将前后袖分别垂直翻转，袖缝线对合于衣身的袖窿深点。

袖弧与袖窿在袖窿深点弧线上有一部分完全重合。后袖重合起始点A（袖窿重合点A'）是第一个对位点，前袖重合起始点B（袖窿重合点B'）是第二个对位点。这两个对位点之间是没有吃缝量的。

前后袖吃缝量放在袖山顶点到定位点之间，袖山顶点附近的吃缝量最大。

两片袖对位方法：

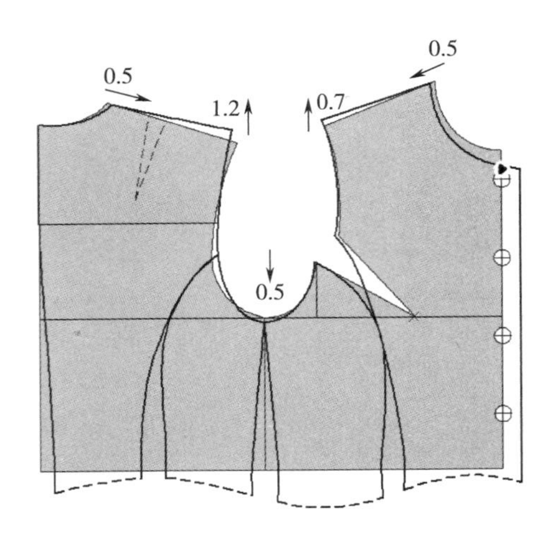

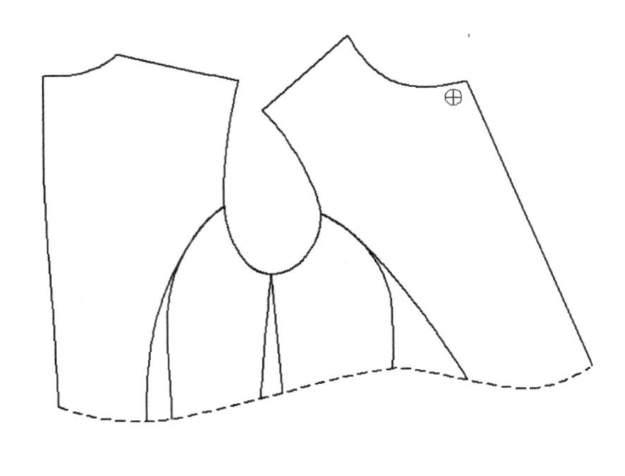

① 在原型基础上，绘制衣身结构图，闭合袖窿上的颡道。根据袖窿长度绘制两片袖。

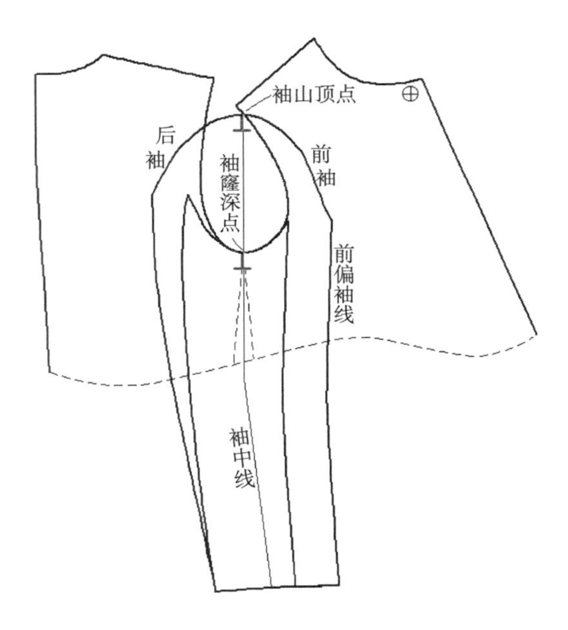

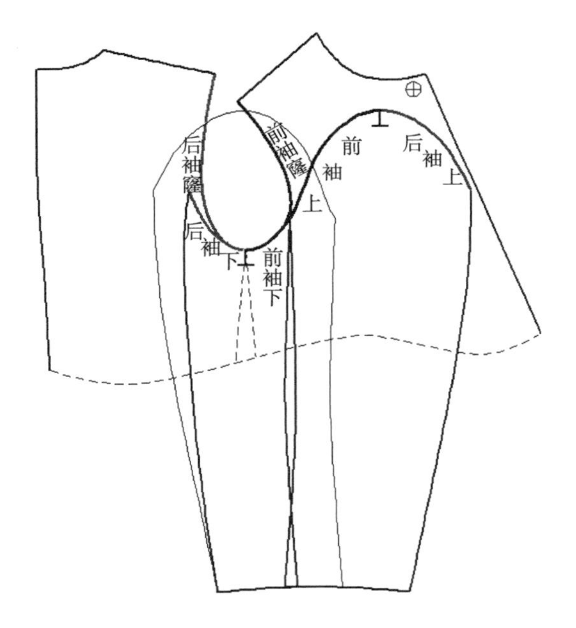

② 将两片袖与衣身对合于袖窿深点。首先定位吃缝基准两点：在小袖上标出袖窿深点定位点，在大袖上定位袖山顶点。

③ 将大袖垂直翻转，对合大小袖的上端。测量出衣身后袖窿长度与大小袖两条后袖弧长度的差值(后袖弧要比后袖窿长1~2cm)，这个差值就是后袖吃缝量。同样的方法计算出前袖吃缝量（前袖弧线要比前袖窿长1~1.7cm）。

一般合体女西服袖总吃缝量为2.5~3.5cm，后吃缝量稍大一些。

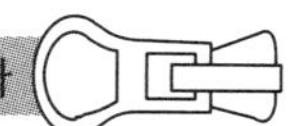

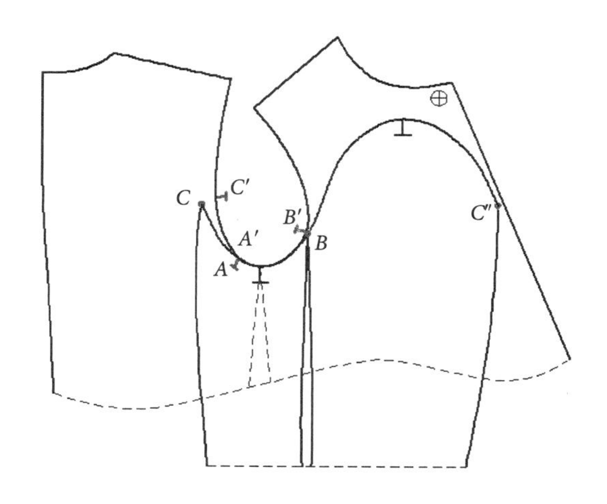

④ 小袖与袖窿在袖窿深点弧线上有一部分完全重合，这样的袖子腋下部分才会舒适合体。后袖重合起始点A（袖窿重合点A'）是第一个对位点，小袖袖弧的左右两个端点B、C（对应的袖窿对位点B'、C'）是第二、三个对位点。这三个对位点之间是没有吃缝量的，即小袖袖弧没有吃缝量。

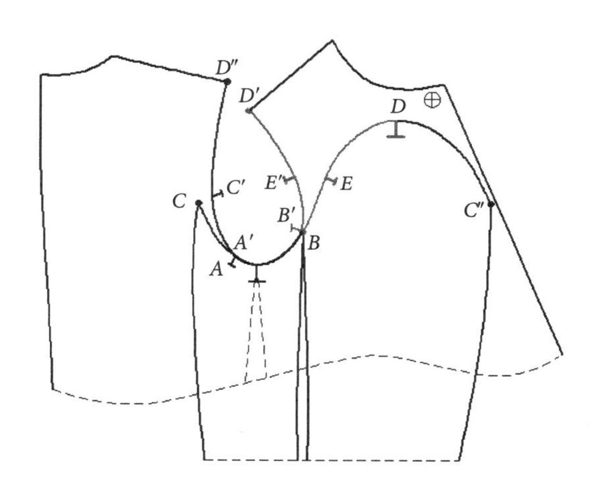

⑤ 袖山顶点是第四个对位点D（前后袖窿的肩点D'、D''是相应的对位点）。从前袖窿D'点向下10~12cm的位置定第五个对位点E'，$DE=D'E'$+前袖吃缝量×70%，另外30%的前袖吃缝量放在EB中。

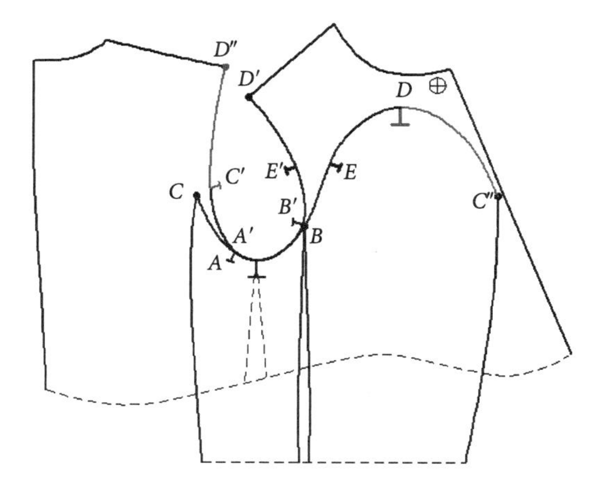

⑥ 后袖吃缝量全部放到DC''中，C''点与袖窿的C'对合。完成两片袖对位点的设置。

（二）袖型结构变化

袖子的结构变化主要体现在：袖山与袖口部位的空间造型、袖身的分割与拼接设计等。下面我们以几款短袖造型为例，讲解一下袖型的结构变化。

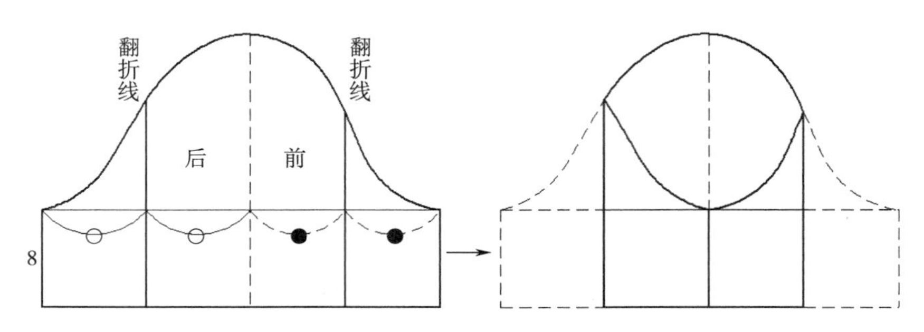

直接从原型袖截取袖肘线以上的长度，一般都可以叫作短袖。分别翻折前后袖缝线到袖中线处，得到翻折线，翻折线一般位于前后袖根肥线与袖口线的中点，原型袖的翻折线为垂直状态，袖子呈直筒型。

1. 合体式短袖

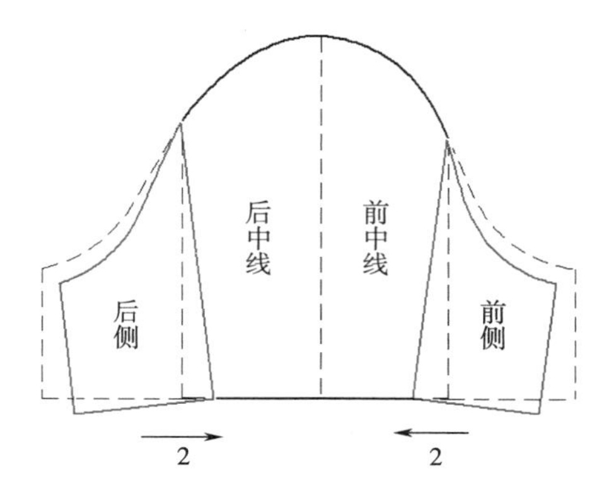

① 以原型短袖的前后翻折线为基准，转动袖子的前侧和后侧部分，分别与前中与后中交叠2cm（1.5~2cm）。

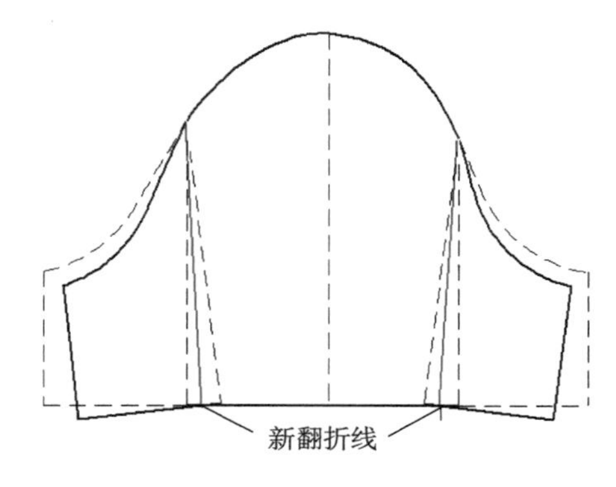

② 在原有翻折线与转移后的翻折线之间的中点处绘制新翻折线。圆顺袖口弧线。

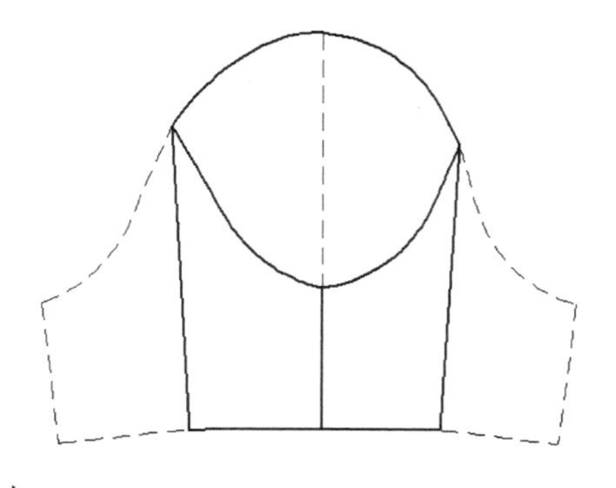

③ 翻折之后的效果，袖子呈倒梯形，袖口合体。

2. 花瓣袖

花瓣袖是一款袖口合体的短袖，前后片相互重叠。

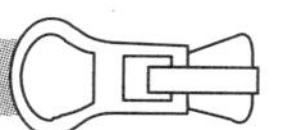

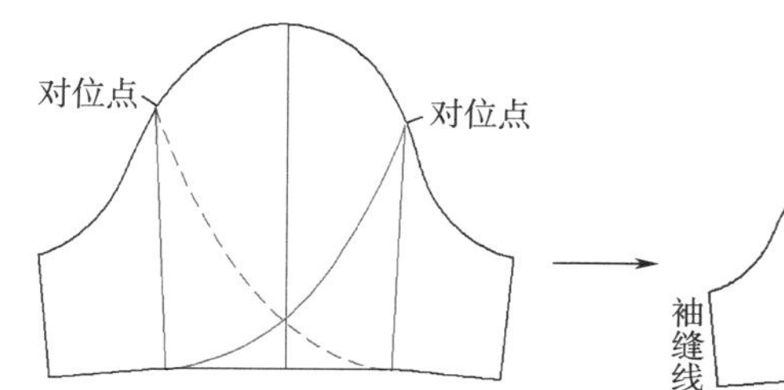

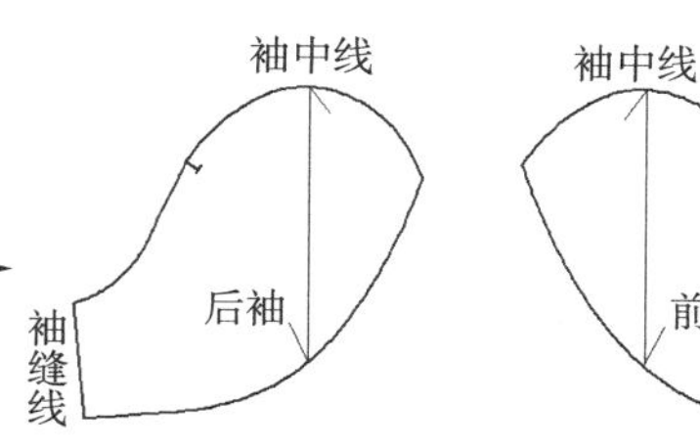

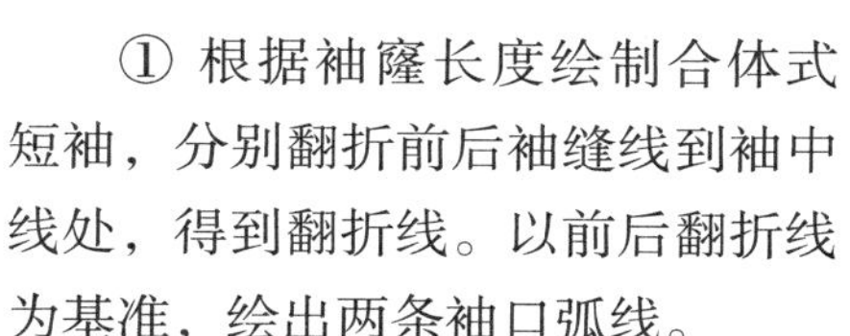

① 根据袖窿长度绘制合体式短袖，分别翻折前后袖缝线到袖中线处，得到翻折线。以前后翻折线为基准，绘出两条袖口弧线。

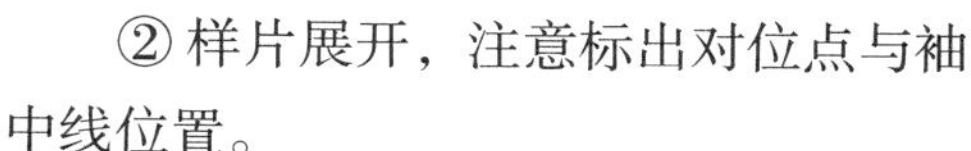

② 样片展开，注意标出对位点与袖中线位置。

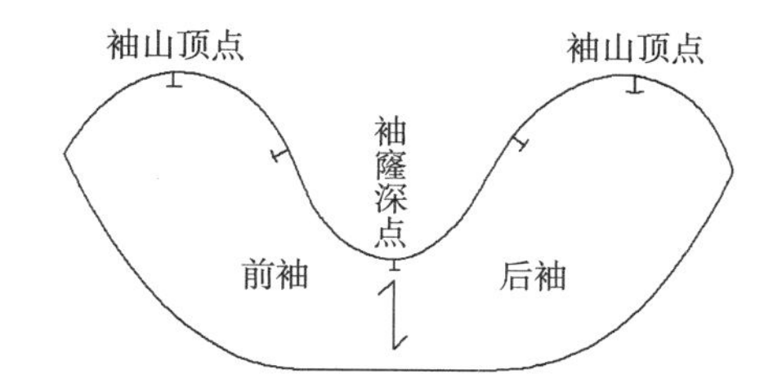

③ 也可以绘制前后片相连的花瓣袖，即前后片的袖缝线相连。

3. 泡泡袖

泡泡袖就是对袖子的展开放量部位进行收褶，使袖子呈现起泡蓬松的造型效果。

将原型短袖进行展开放量，可以得到以下几种形态的泡泡袖：①丰满型泡泡袖：袖山与袖口部都进行展开放量、收褶；②上丰型泡泡袖：只在袖山部进行展开放量并收褶；③下丰型泡泡袖：只在袖口部进行展开放量并收褶；④ 喇叭袖：与下丰型泡泡袖的展开原理相同，只是袖口部是放松状态。

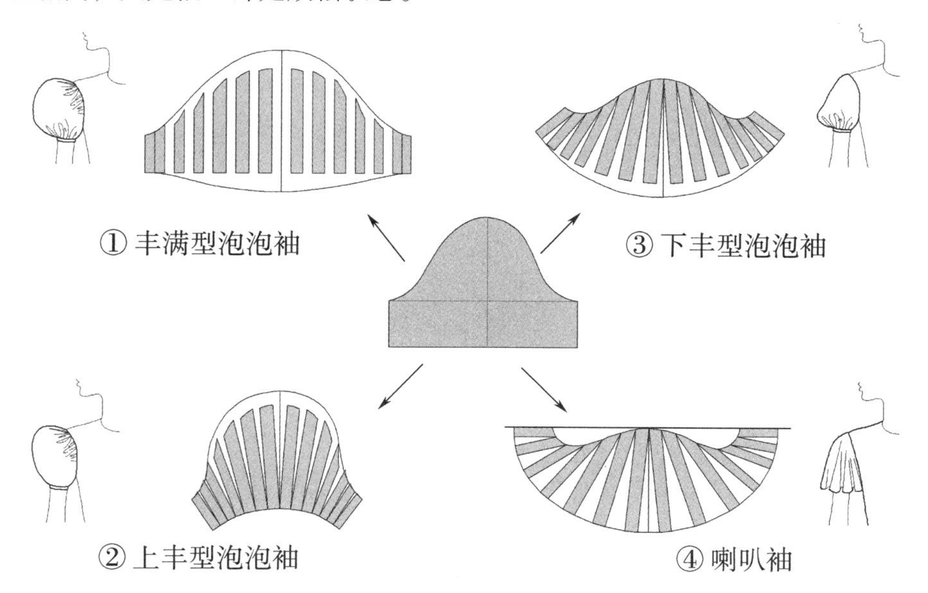

① 丰满型泡泡袖　③ 下丰型泡泡袖

② 上丰型泡泡袖　④ 喇叭袖

款式一：丰满型泡泡袖

丰满型泡泡袖，袖山与袖口部都要进行展开放量；同时，还要加长丰满型泡泡袖的袖长，在原有袖长基础上，分别在袖山与袖口部再加上一定长度的蓬松量，这样才能形成起泡蓬松的造型。

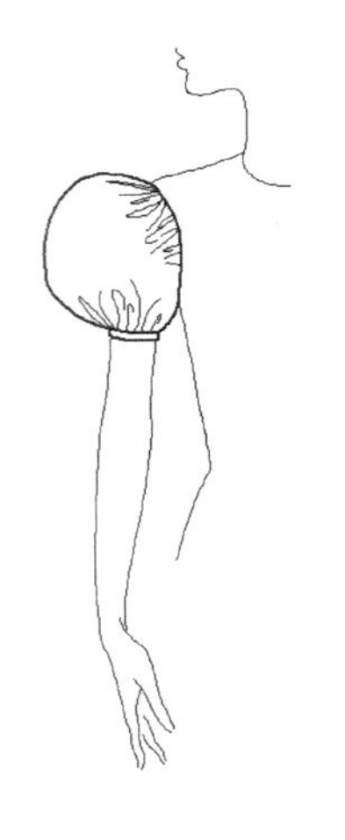

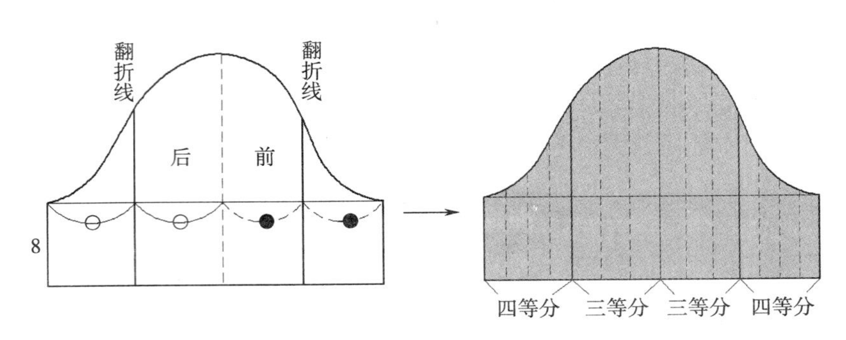

① 在原型短袖上绘制等分线，袖中线到前后翻折线之间分别分成三等分，前后翻折线到前后袖缝线之间分别分成四等分。

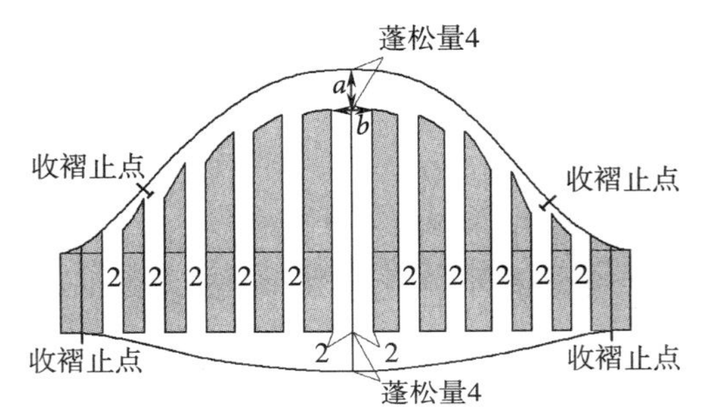

② 除了前后袖缝线内侧的两条分割线不展开（袖子的腋下部位不需要加褶），其余11条分割线上下均匀地展开2cm褶量，11cm × 2+2cm（袖中线双倍展开），共计展开24cm的褶量。分别在袖中线的袖山与袖口位置加蓬松量，蓬松量a与袖山顶点的横向放褶量b相同。

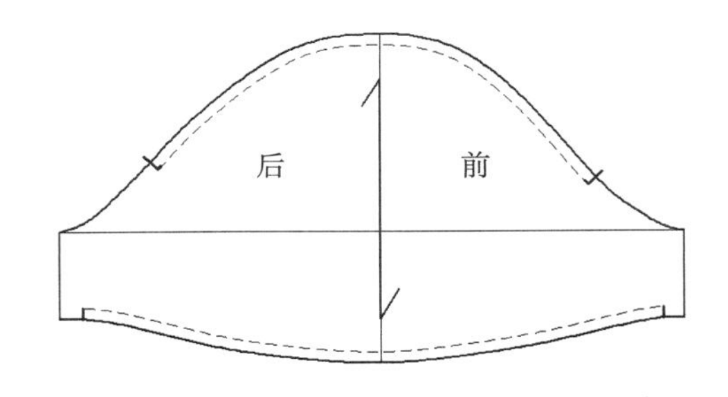

③ 圆顺袖山与袖口弧线，标出前后袖山弧线和袖口弧线上的收褶止点，完成丰满型泡泡袖的结构设计。

款式二：上丰型泡泡袖

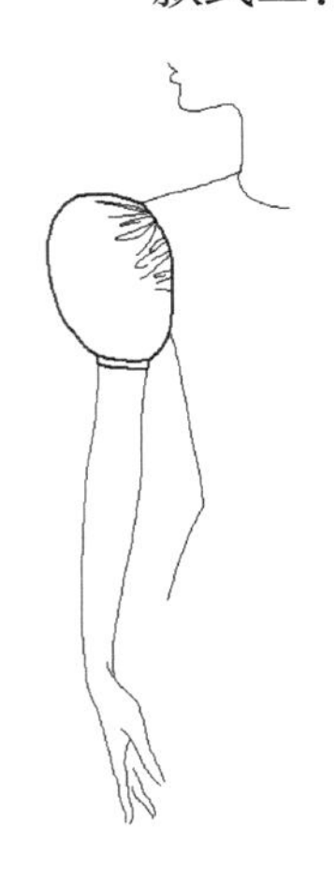

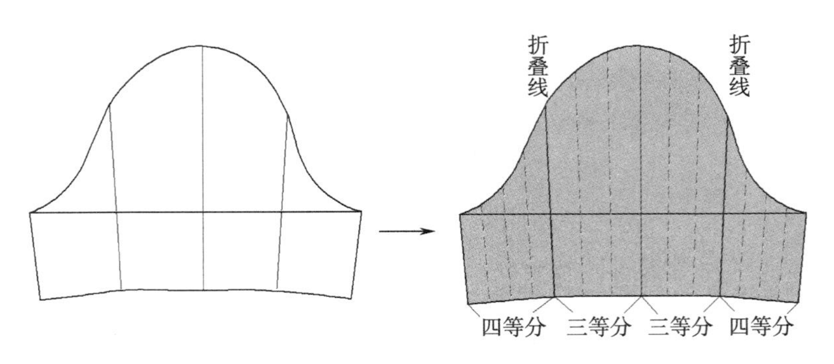

① 在合体短袖上绘制等分线，袖中线到前后翻折线之间分别分成三等分，前后翻折线到前后袖缝线之间分别分成四等分。

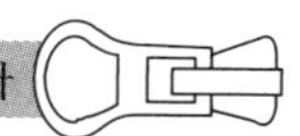

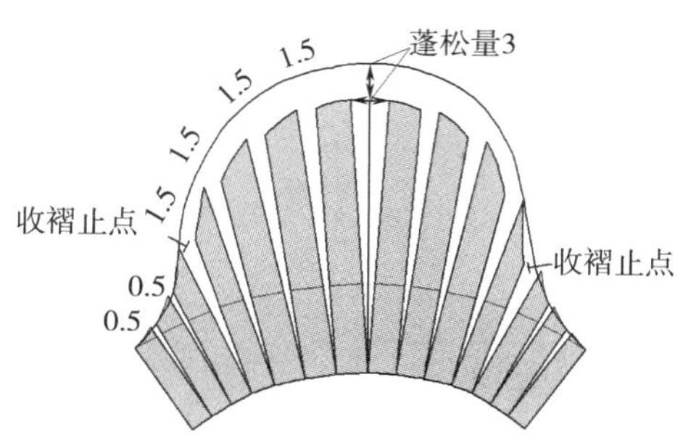

② 前后袖缝线内侧的4条分割线各展开0.5cm，其余9条分割线只在袖山部各展开1.5cm褶量，0.5cm × 4+1.5cm × 9+1.5cm（袖中线双倍展开），共计展开17cm的褶量。在袖中线的袖山位置加蓬松量，蓬松量与袖山顶点的横向放褶量相同。

③ 圆顺袖山与袖口弧线，标出前后袖山弧线上的收褶止点，完成上丰型泡泡袖的结构设计。

款式三：下丰型泡泡袖与喇叭袖

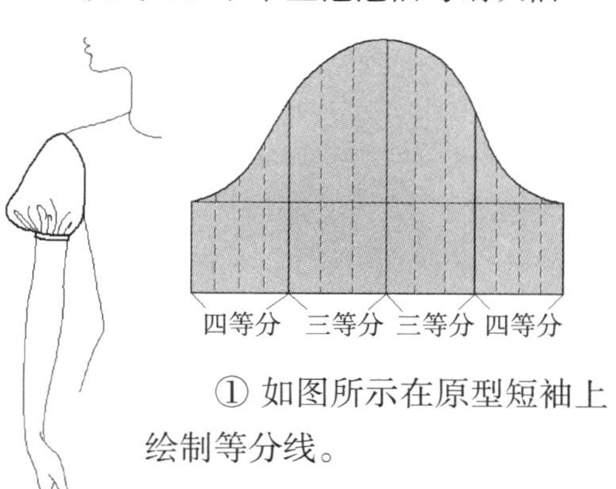

① 如图所示在原型短袖上绘制等分线。

② 只在袖口部展开褶量，前后袖缝线内侧的6条分割线各展开1.5cm，其余6条分割线各展开2.5cm，袖中线展开3cm，6 × 1.5cm+6 × 2.5cm+3cm=27cm，共计展开27cm的褶量。在袖中线的袖口位置加蓬松量3cm。

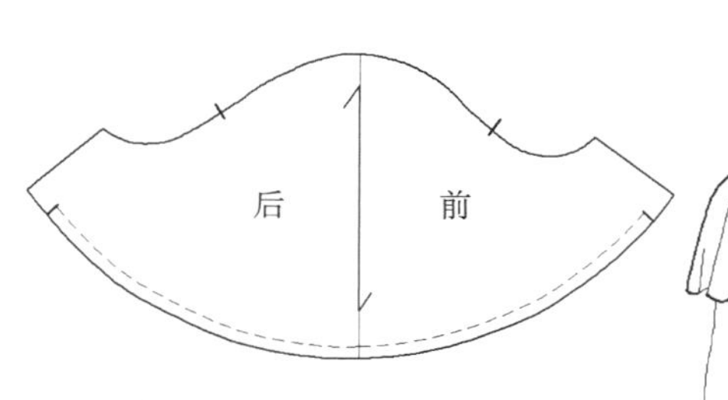

③ 圆顺袖山与袖口弧线，标出前后袖口弧线上的收褶止点，完成下丰型泡泡袖的结构设计。

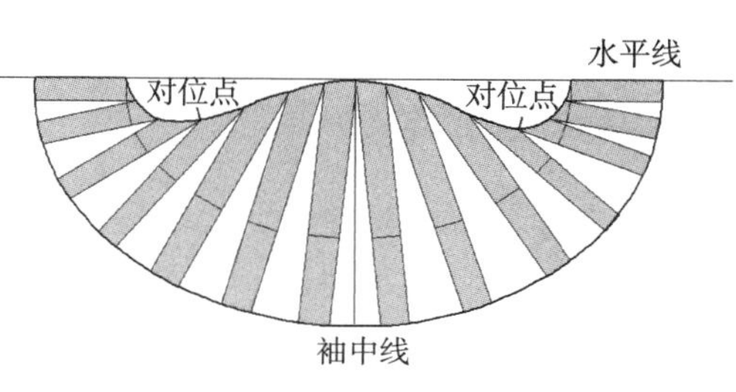

下丰型泡泡袖不收口就成为喇叭袖，袖口可以放得更大。画一条水平线，将前后袖缝线重合于水平线，其余分割部位均衡地展开，形成半圆形。

4. 灯笼袖

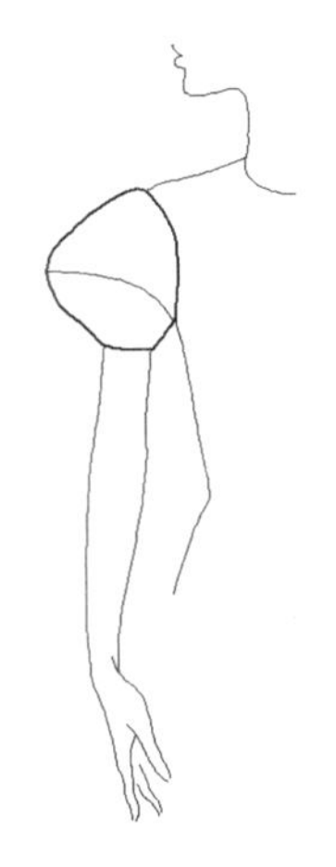

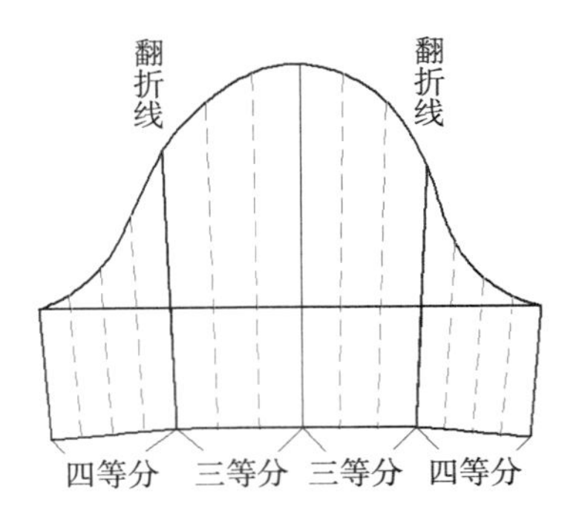

① 如图所示在合体短袖上绘制等分线。

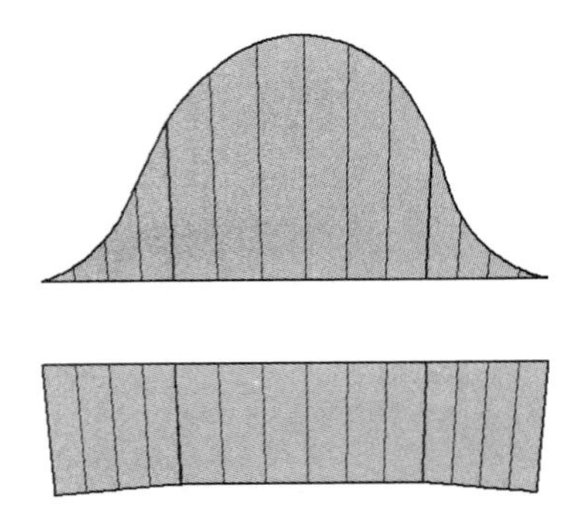

② 以袖根肥线为分割线，将短袖分为上下两部分。

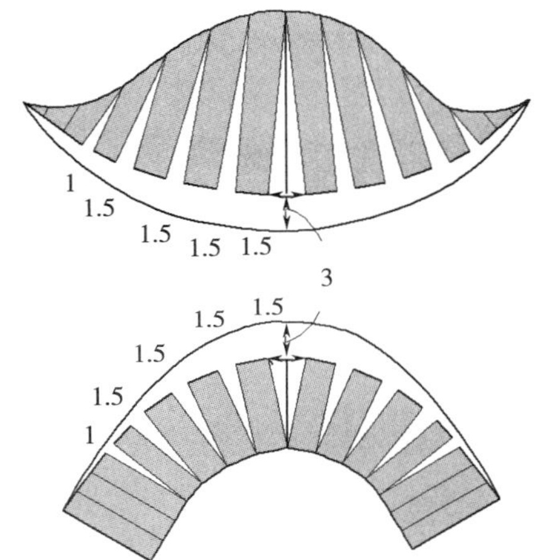

③ 分别在上下袖片的袖根肥线展开相同的褶量：除了前后袖缝线内侧的四条分割线不展开，其他各展开1~1.5cm，其中袖中线展开3cm，2×1cm+6×1.5cm+3cm=14cm，共计展开14cm的褶量。上下袖片各加蓬松量3cm。圆顺两条袖根肥弧线。

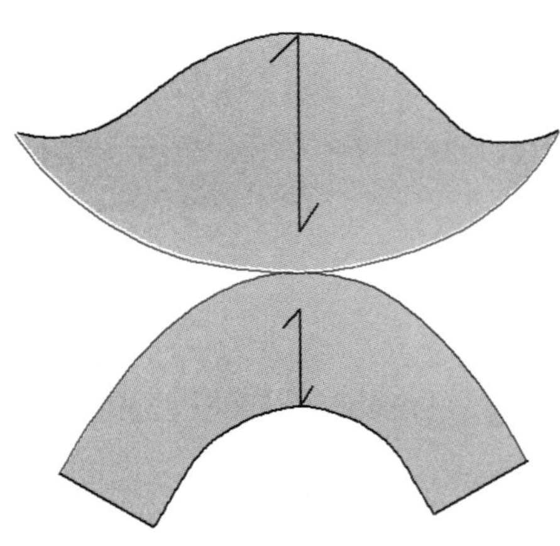

④ 两条需要拼接缝合的半圆形袖根肥线长度相同。完成灯笼袖的结构设计。

（三）装袖结构设计

装袖是应用最广泛的一种袖子形式。装袖的主要特点：袖子的袖山部分呈圆弧形，在手臂臂根的相应位置，通过袖山与衣身袖窿的缝合，将袖子装接于衣身之上。手臂自然下垂状态时，装袖的腋下部分比较平伏，没有多余的褶皱，但在手臂上举时，会受到一定的束缚。

1. 一片式合体袖

为了贴合略向前倾的手臂，合体袖会呈自然弯曲状态。通过对直筒状的原型袖进行

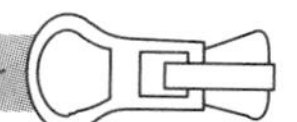

袖中缝前倾、收颡等结构设计的手法，来绘制一片式合体袖。

款式一：无颡一片合体袖

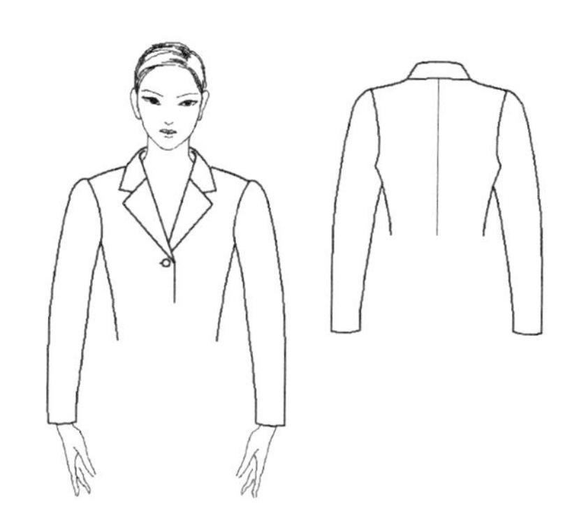

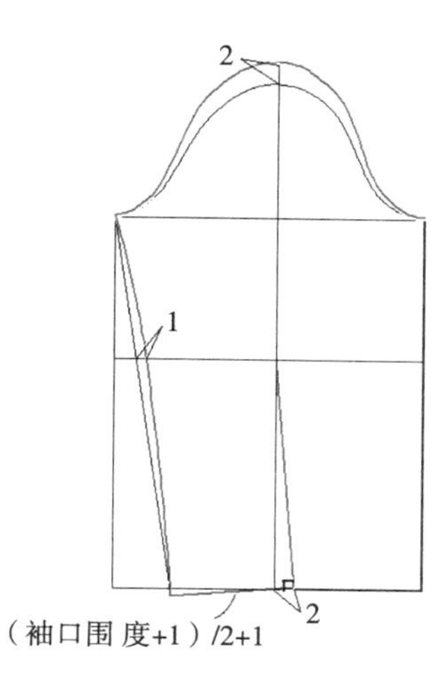

① 将原型袖的袖山高上抬2cm，重新绘制袖山弧线。袖中线向前袖偏移2cm（2~3cm）。绘制新袖中线的垂线——后袖口线，后袖口=（袖口围度+1cm）/2+1cm。后袖缝弧线在肘位凹进1cm。

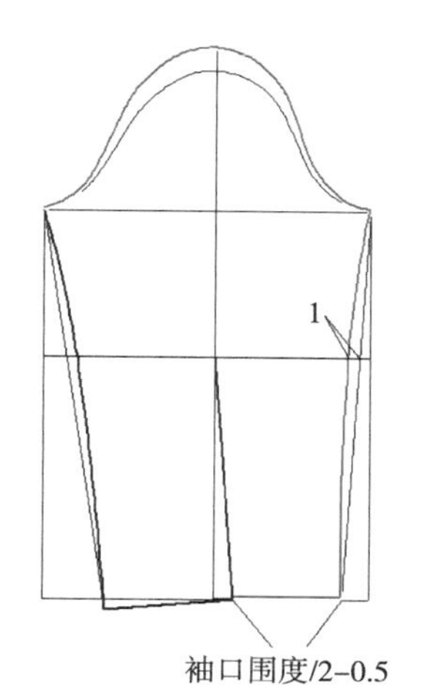

② 绘制前袖口和前袖缝线。前袖口=袖口围度/2−0.5cm。前袖缝弧线在肘位凹进1cm。

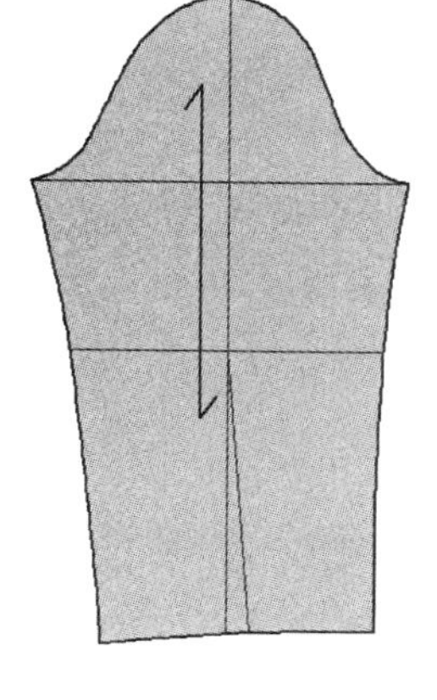

③ 完成无颡一片合体袖。

款式二：肘位颡一片合体袖

后肘部收颡同样使袖子因满足了手臂的自然曲度而更加合体。

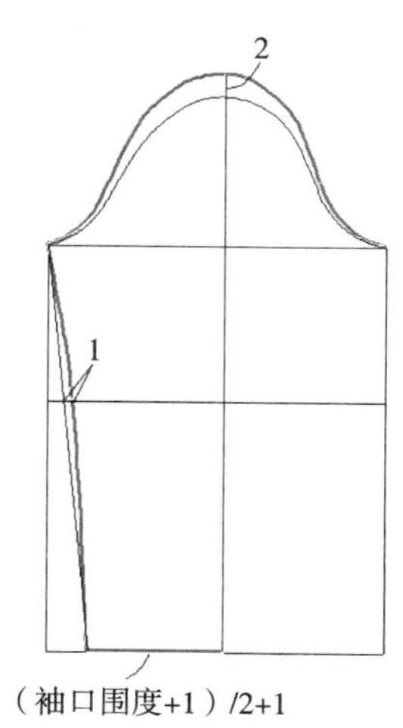

① 将原型袖的袖山高上抬2cm，重新绘制袖山弧线。在原型袖口线上绘制后袖口，确定后袖缝线。

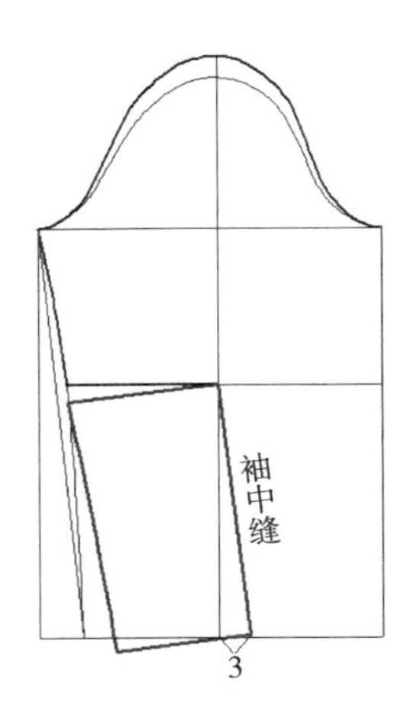

② 把后袖的肘位线剪开，将后下袖片向前袖方向偏移，偏移量为2~3cm。此时后袖肘处形成一个褶道。

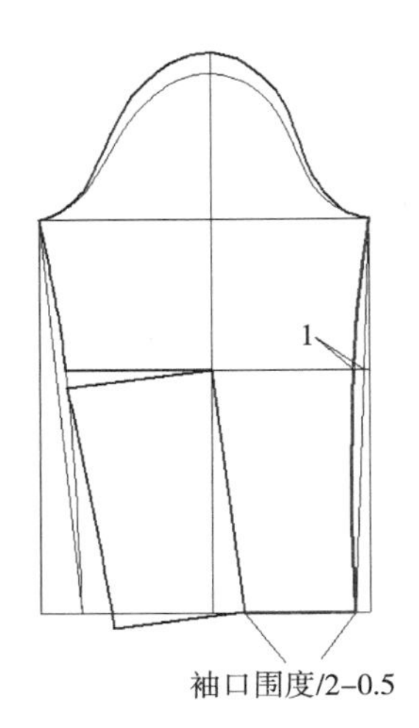

③ 绘制前袖口和前袖缝线，前袖口=袖口围度/2-0.5cm，前袖缝弧线在肘位凹进1cm。

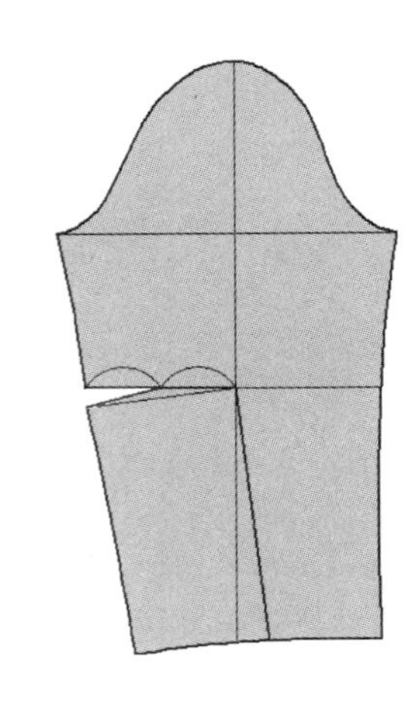

④ 修正肘位褶的褶尖到后肘位线的中点。完成袖片。

款式三：袖口褶一片合体袖

在后袖口收褶使袖子更符合手臂的自然曲度。

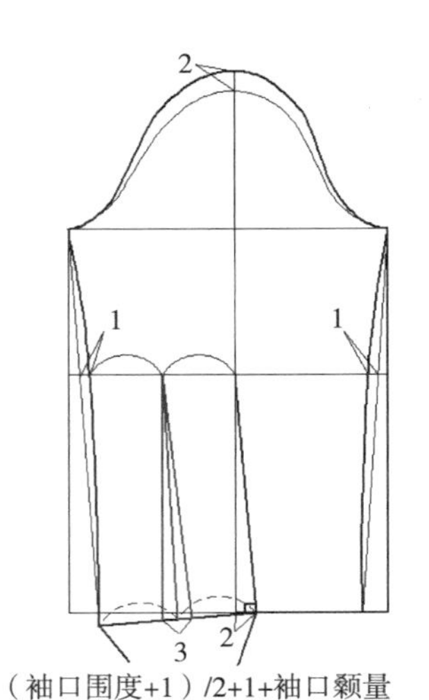

① 绘制方法与上面的无褶一片合体袖相同，只是此后袖口要加上褶量，袖口褶量一般为3~4cm。分别过后袖肘位线和袖口线的中点，绘制袖口褶。

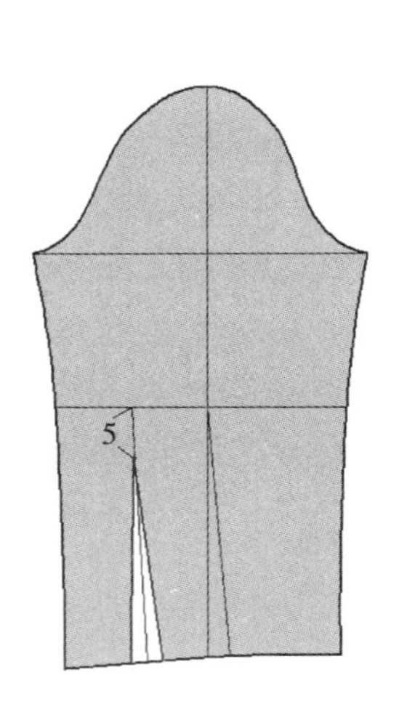

② 修正袖口褶的褶尖到离肘位线5cm左右的距离。完成袖口褶一片合体袖。

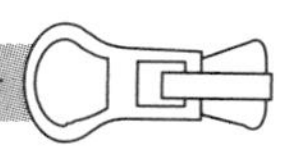

款式四：袖缝偏移一片合体袖

袖缝可以根据款式进行偏移，本款式同样是袖口颡一片合体袖，同上一袖型的不同之处在于腋下的袖缝线向前袖偏移了。

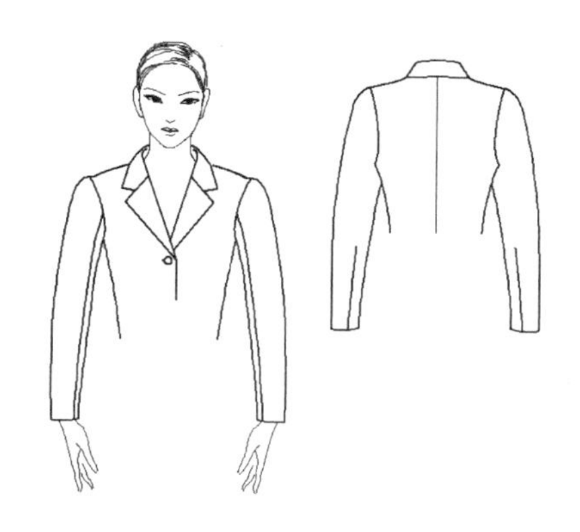

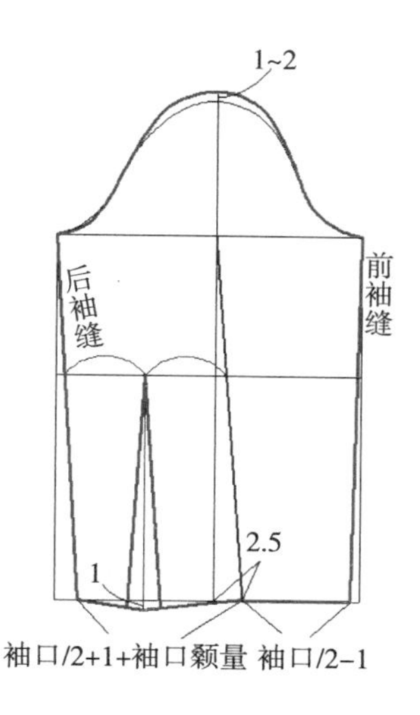

① 将原型袖的袖山高上抬1~2cm，重新绘制袖山弧线。袖中线向前袖偏移2.5cm(2~3cm)。在原型袖口线上绘制前、后袖口，绘出前、后袖缝直线。后袖口要加上颡量，袖口颡量一般为3~4cm。从后袖肘位线的中点做垂直颡中心线，比原型袖口线下落1cm。

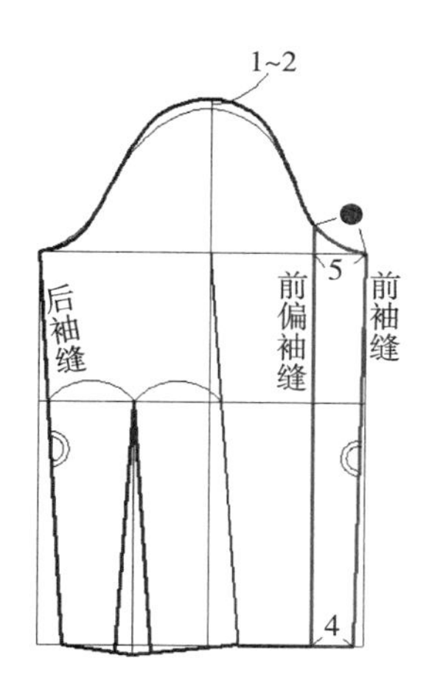

② 绘制前偏袖缝：前袖偏量一般为2.5~5cm，上端袖偏量为5cm，袖口处的袖偏量为4cm（前偏袖缝也可以平行于前袖缝）。红线区域是要进行偏移的区域。

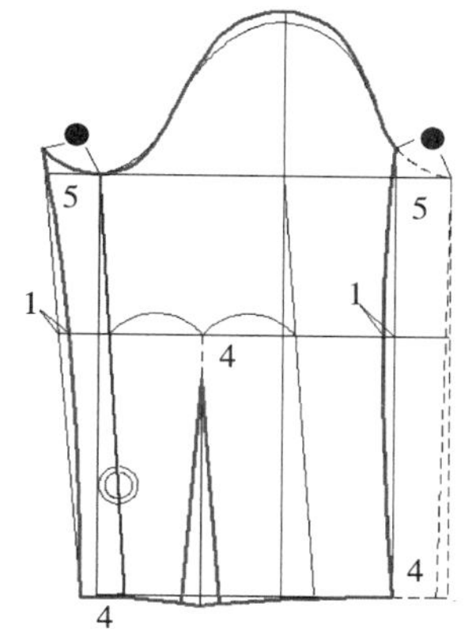

③ 剪开前偏袖缝，将剪下的裁片与后袖拼接，即对合前、后袖缝。两条偏袖缝在肘位都内弧1cm，圆顺袖口线。

2. 两片式合体袖

将一片式合体袖进行纵向分割断缝处理，形成两片袖，要比一片合体袖更符合手臂的形状，其造型也更加饱满美观。把包裹手臂外侧的裁片称为大袖，包裹手臂内侧的裁片称为小袖。这种袖型常用于西服类服装当中。

款式一：基础式两片合体袖

这款袖型在绘制时，需要给出一个袖缝偏量，这样袖子缝合后能更好地隐蔽袖缝线。

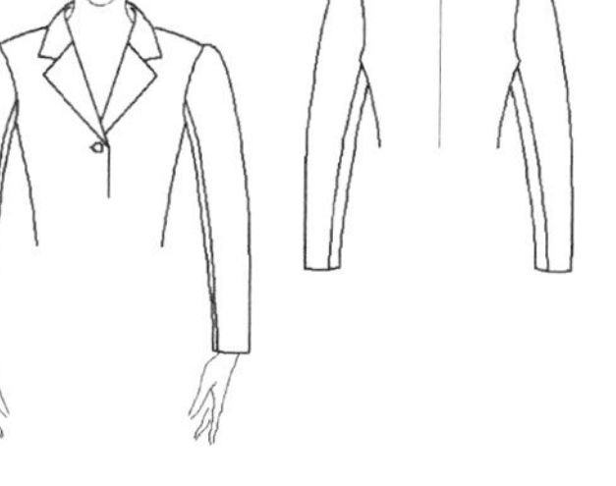

袖缝偏量：为了将袖缝藏在腋下，将小袖的一部分借给大袖，一般女西服袖的袖偏量≤5cm，其中前袖偏量在2.5~3.5cm之间，后袖偏量越大，后袖缝线的隐蔽性就越好。

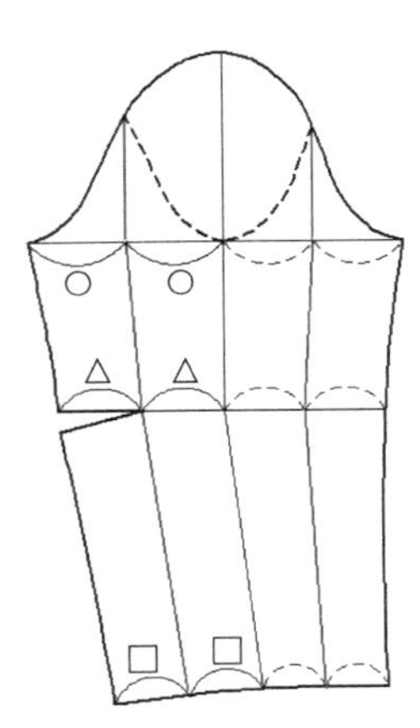

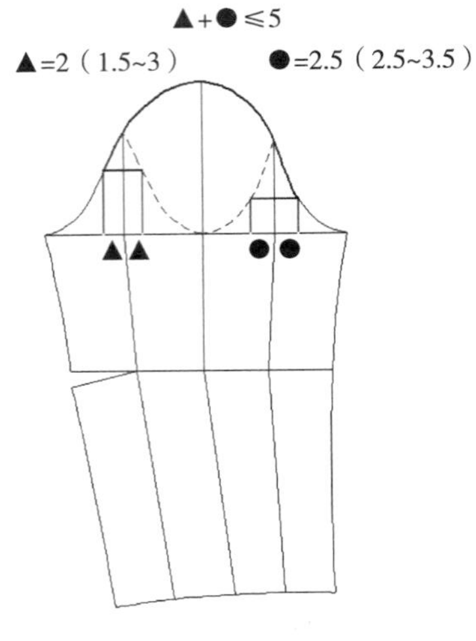

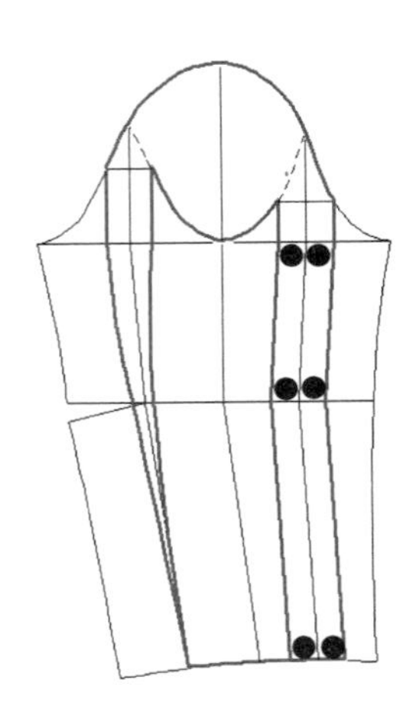

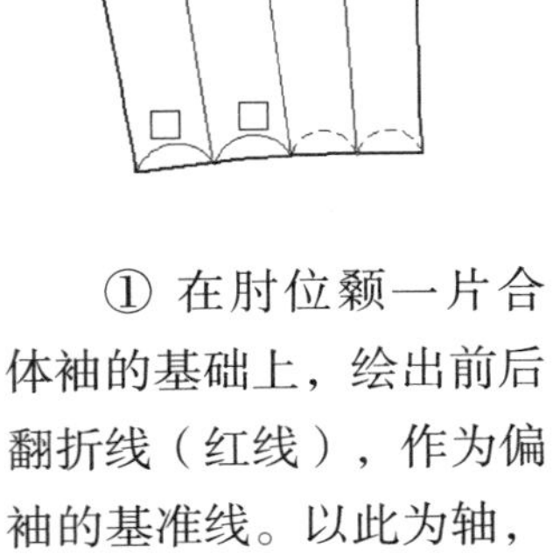

① 在肘位颡一片合体袖的基础上，绘出前后翻折线（红线），作为偏袖的基准线。以此为轴，做前后袖底弧线的对称线（袖山部分的虚线）。

② 以袖山的翻折线为基准线，在两侧根据前后袖偏量绘出大小袖的起始线（红线）。此处的后袖偏量为2cm（1.5~3cm），前袖偏量为2.5cm（2.5~3.5cm）。

③ 根据前袖偏量（圆圈标注），在前袖翻折线两侧绘出大小袖的前袖缝线。以后翻折线为基准线绘制大小袖的后袖缝线：上端袖偏量为2cm，袖口部分的袖偏量为0。

款式二：后袖缝偏移式两片合体袖

这种袖型只有前袖偏量，没有后袖偏量，袖子缝合后的后袖缝线会趋向手臂外侧，更加外露。

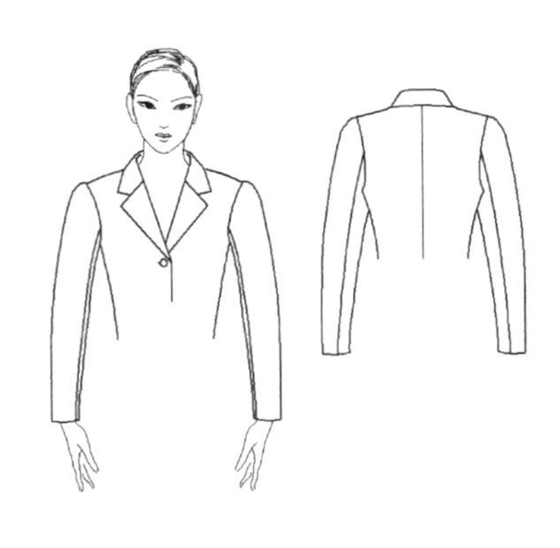

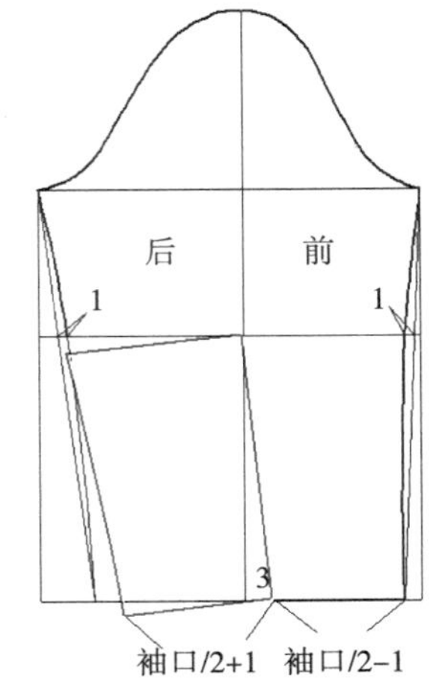

① 绘制肘位颡一片合体袖

将原型袖变化为肘位颡一片合体袖：

首先，在原型袖口线上绘制后袖口（袖口/2+1cm），绘出后袖缝线。

然后，剪开后袖的肘位线，将后下袖片向前袖方向偏移2~3cm。此时后袖肘处形成一个颡道。绘制前袖口和前袖缝线。

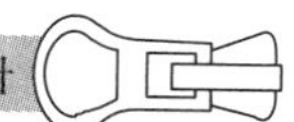

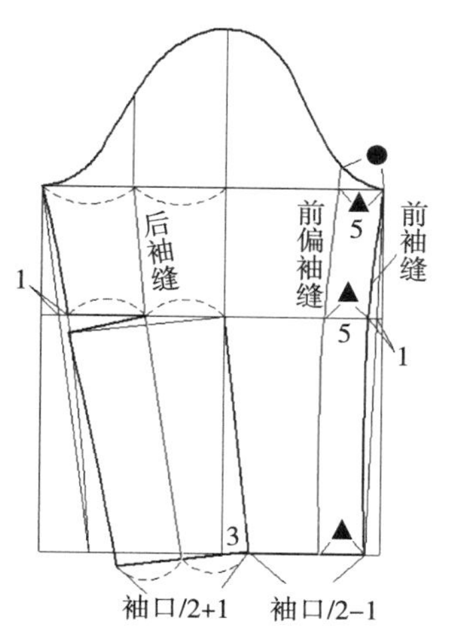

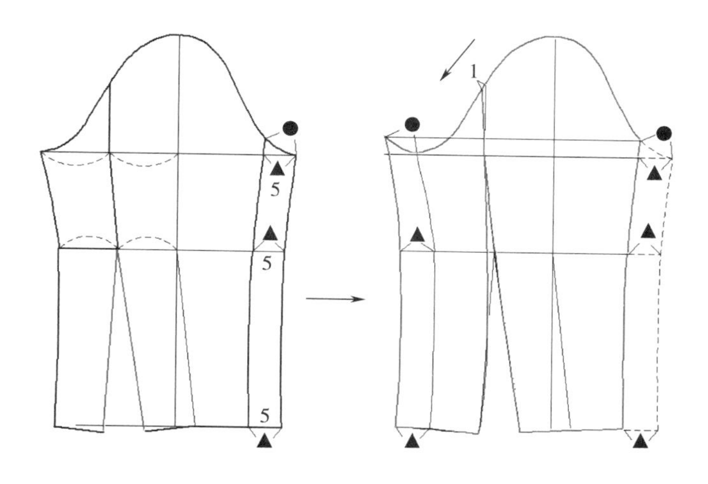

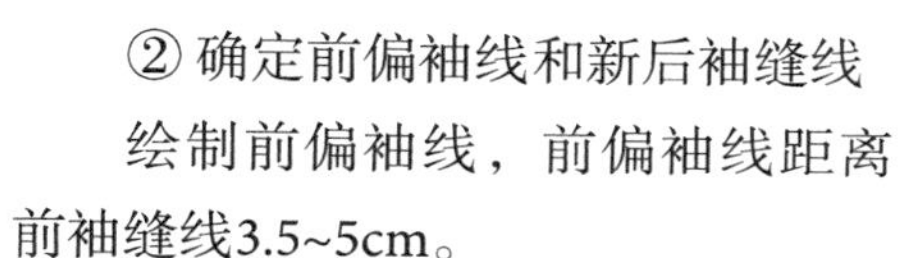

② 确定前偏袖线和新后袖缝线

绘制前偏袖线，前偏袖线距离前袖缝线3.5~5cm。

新后袖缝线在后袖宽的中点。

③ 合体两片袖

将肘位颡转移到后袖口。

剪开前偏袖缝，将剪下的裁片与后袖拼接，即对合原来的前后袖缝线。圆顺大小袖的新后袖缝线与袖口线。

3. 羊腿袖

羊腿袖的款式特点：肘部到腕部贴体或合体，肘部到袖山逐渐蓬松，袖山部呈较大的膨起状。

款式一：基本羊腿袖

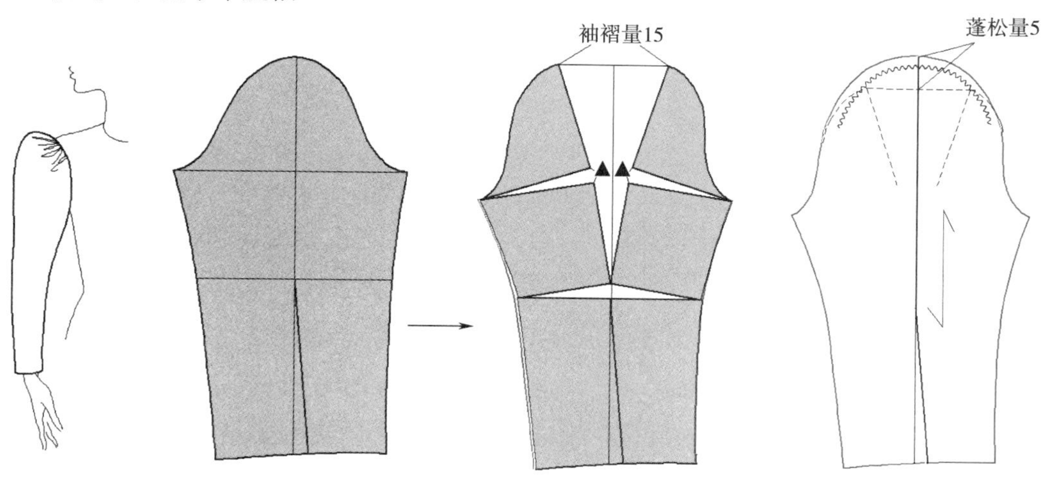

① 在无颡一片合体袖的基础上，剪开袖山顶点至肘位的袖中线、袖肥线、肘位线，将剪开的四部分袖片分别向外侧上方推移，直到在袖山顶点展开所需要的褶量。圆顺前后袖缝线。

② 袖山顶点处增加一定尺寸的蓬松量，袖山展开量越大，蓬松量就越大。绘出新的袖山弧线，标注出袖山部位的抽褶位置，完成纸样。

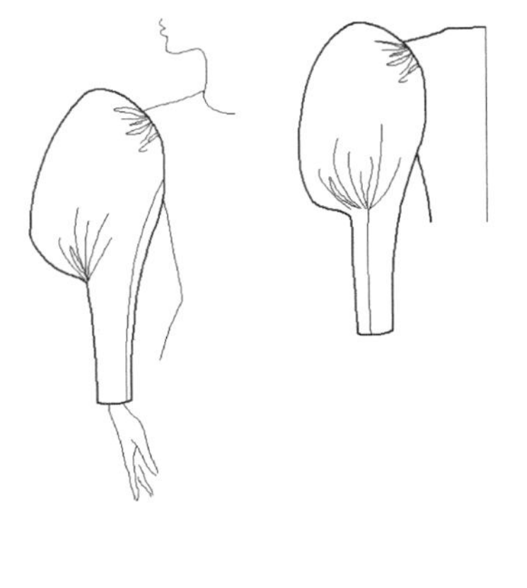

款式二：变化羊腿袖

运用夸张展开量、颡道和分割的结构设计手法，能够变化出多种多样的羊腿袖。此款变化羊腿袖为一片袖，在袖山与袖肘处都加了褶，肘部到腕部处有分割线。

袖肘加褶方法：袖缝偏移一片合体袖的后袖口颡道是分割拼缝状态，即从袖口线断开至肘位处，这样，断开止点处（肘位）可以展开褶量。

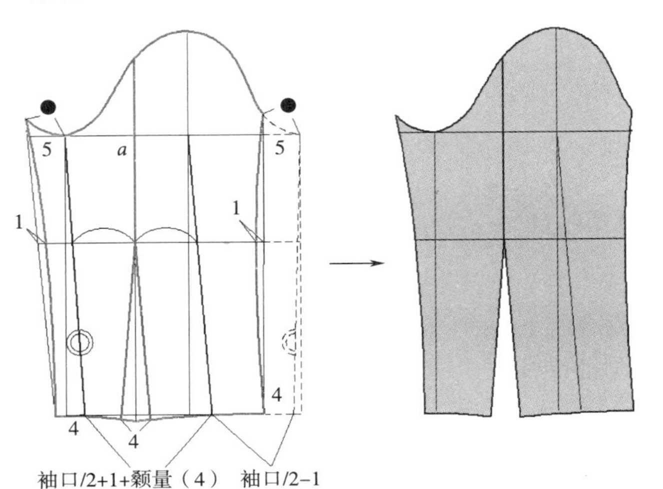

① 首先绘出袖缝偏移一片合体袖，与前面的袖缝偏移一片合体袖绘图方法基本相同，只是加了一道垂直分割线——a线。

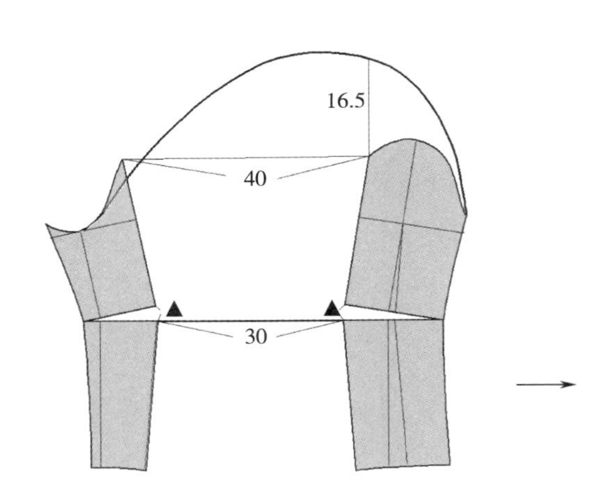

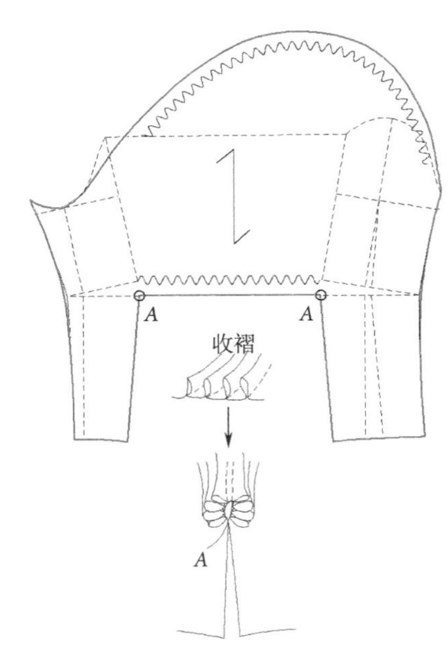

② 剪开分割线a和肘位线，根据款式，肘位处平行展开≥30cm的褶量。肘位线上的两片向外侧上方推移，直到袖山顶点处展开所需的褶量，注意袖山展开量要大于肘位展开量。重新绘出新的袖山弧线，增加的高度就是蓬松造型量，袖山展开量越大，蓬松量就越大。

③ 圆顺两条袖缝线，标注出袖山部位的抽褶位置。肘位处为细密的顺褶，收褶效果如图所示。

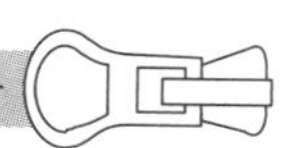

4. 袖口

款式一：单扣袖口

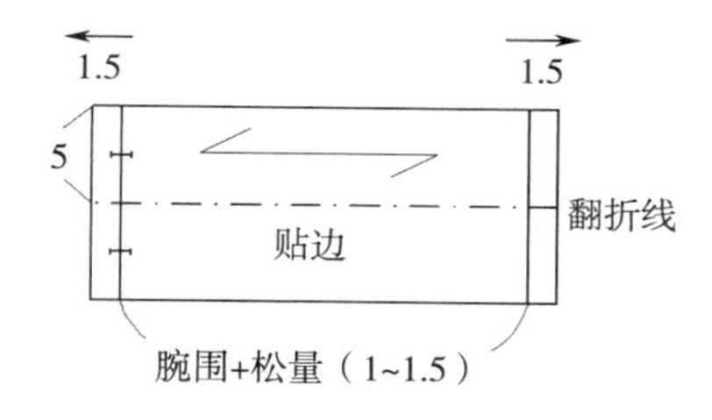

单钮扣袖口是一种最常用的基本袖口，通常将下口边缘线做成翻折线，做成双折袖口，单粒钮扣。

① 首先绘出宽度和高度：袖口宽度一般为2~5cm，长度=腕部围度+松量，松量一般为1~1.5cm。

② 两端各延长1.5cm。

③ 标出扣眼位置和纱向。

④ 样片翻折展开效果如图所示。

款式二：双扣袖口

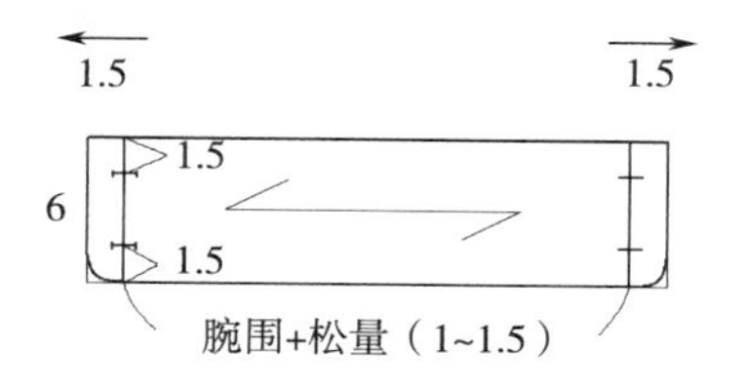

双钮扣袖口也是常用的袖口形式，

通常为圆角造型，袖口样片与贴片相同，两粒钮扣。

① 首先绘出宽度和高度：袖口宽度一般为6cm左右，长度=腕部围度+松量，松量一般为1~1.5cm。

② 两端各延长1.5cm，将下口线两端做成圆角。

③ 标出扣眼位置和纱向，通常扣眼中点距离上、下口线1.5cm，在对应位置装钮扣。

款式三：宽袖口

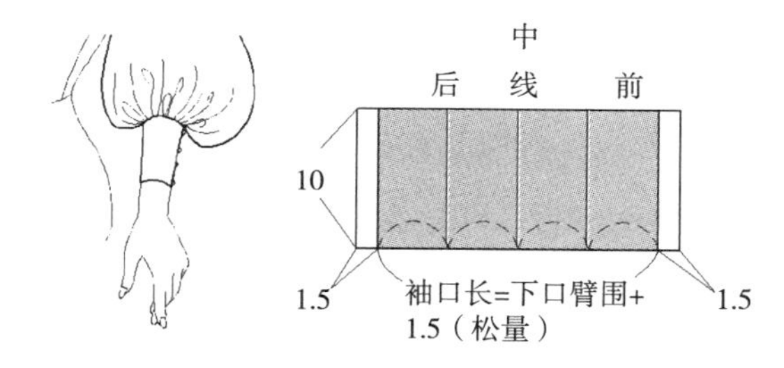

袖口宽度大于7cm时，上口线必须加长到手臂围度合适的长度。

① 首先绘出一个基本袖口：袖口宽度一般≥7cm，长度=腕部（或下口手臂）围度+松量（1.5cm），两端各延长1.5cm。

② 剪开分割线，展开上口长度到合适的尺寸（上口臂围+1.5cm）。

③ 标出多扣眼位置和纱向。

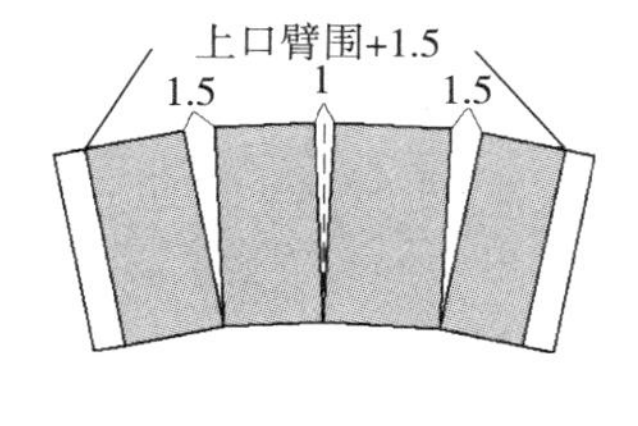

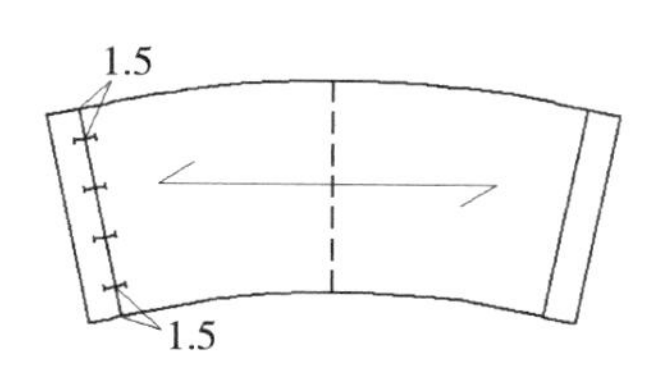

5. 基础主教袖

利用原型袖的打板方法可以直接绘制直衬衫袖，只是袖长要减去袖口的宽度。当衬衫袖的袖肥展宽，袖身不再是直筒状，而是呈外扩状，袖山高也相应地减小了，此时的袖型比衬衫袖更加随意，应用也非常广泛，一般把加袖口的丰满袖叫作主教袖。

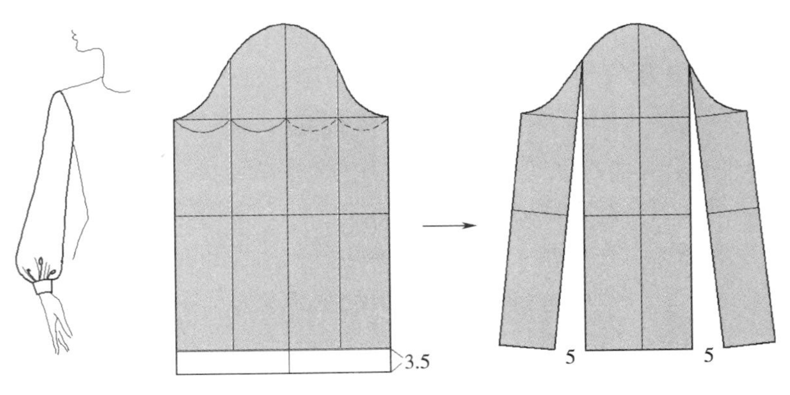

①在原型袖上绘出前后翻折线，作为展开线。袖长缩短量=袖口宽度−1.5cm，1.5cm就是蓬松造型量，袖长缩短量=5cm−1.5cm=3.5cm。剪开展开线，向外侧各展开5cm。

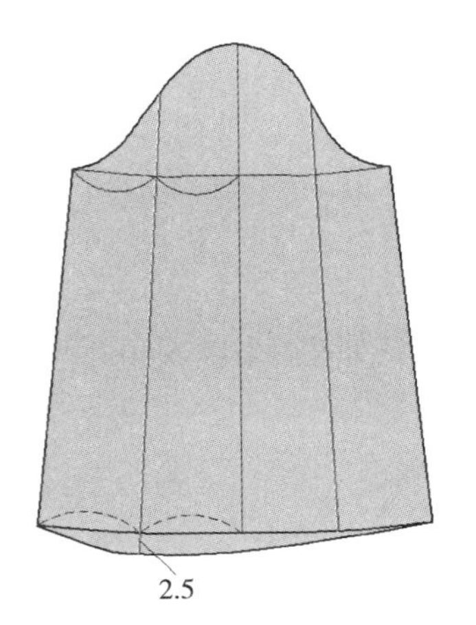

② 重新绘出新袖片的前后翻折线，后翻折线下端延长2.5cm，绘出新的袖口弧线。

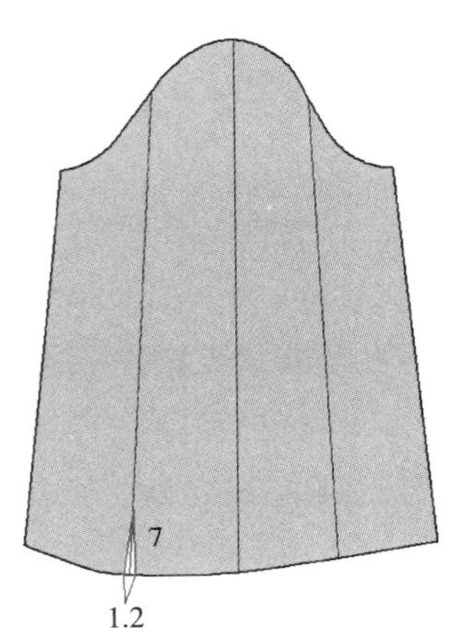

③ 后翻折线下端绘制袖开口，长7~8cm，开口两端各留出0.6cm的缝头，此处运用滚边工艺处理。

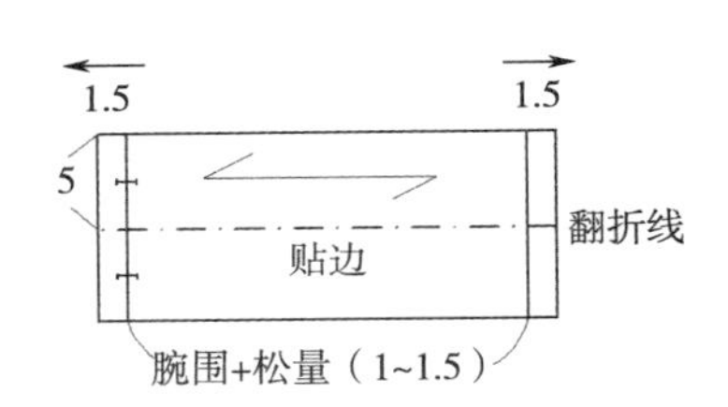

④ 绘制袖口样片，方法参照上页。

6. 丰满主教袖与喇叭袖

丰满主教袖不收袖口就成为喇叭袖。

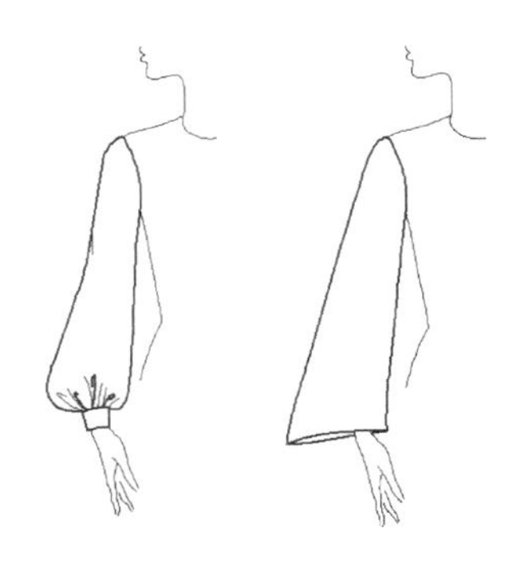

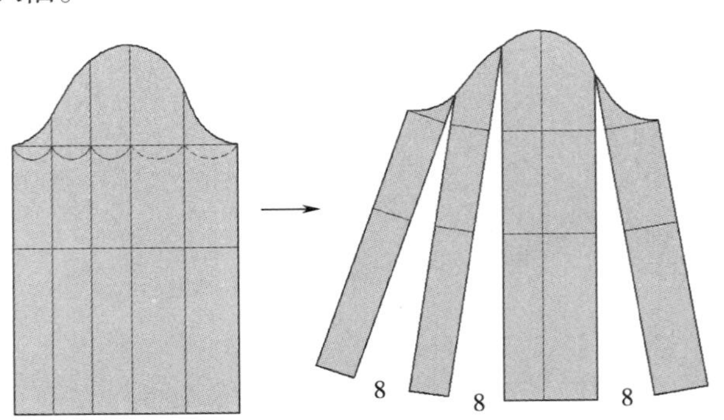

① 根据衣身袖窿长度绘制原型袖，在原型袖上绘制分割展开线，后袖展开量要大于前袖。

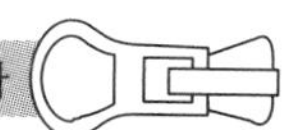

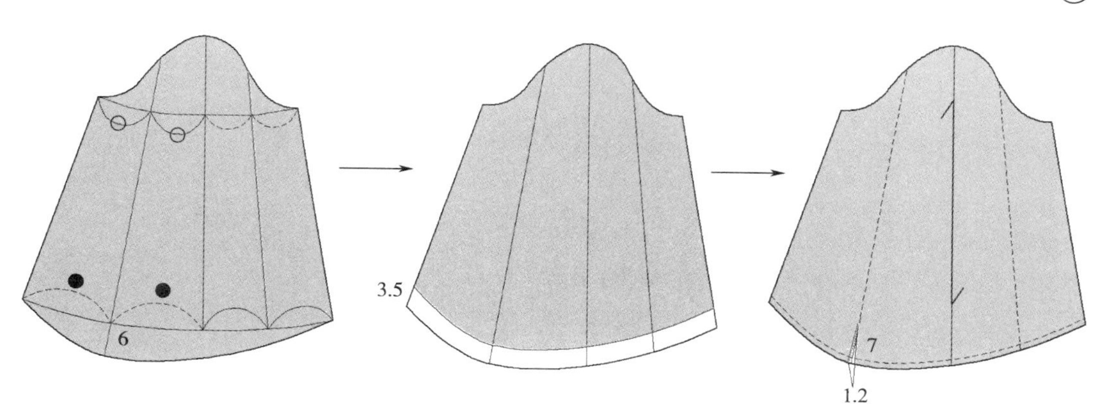

② 确定前后翻折线，后翻折线下端延长6cm，绘出袖口弧线。

③ 袖长缩短量=袖口样片宽度-1.5cm。

④ 后翻折线处绘制袖开口，长7cm，留出1.2cm的缝边宽度。完成丰满主教袖的袖身片。袖口略。

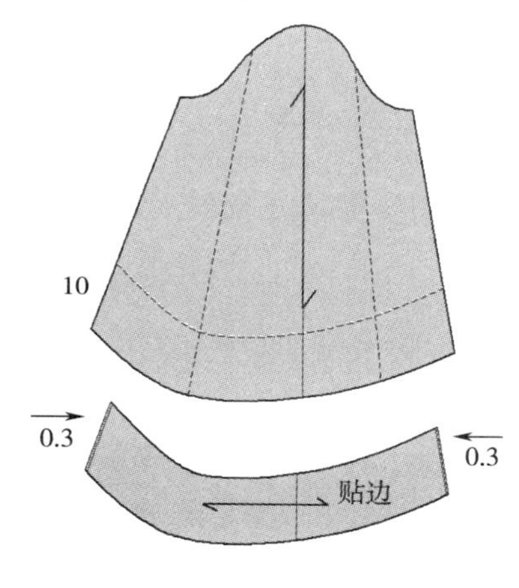

⑤ 丰满主教袖不收袖口，可以变为喇叭袖。袖口处沿着袖缝线向上绘制10cm长的贴边，贴边两侧袖缝线处各缩小0.3cm。完成喇叭袖。

7. 袖山收褶丰满主教袖

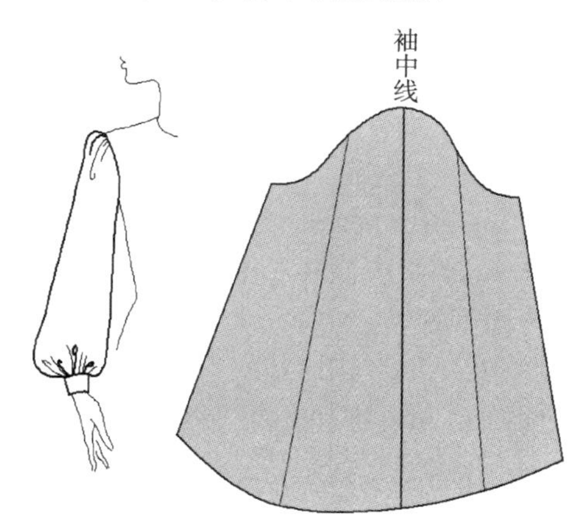

① 可以在丰满主教袖基础上进行袖山的变化，或者运用原型袖，同时进行袖山和袖口的展开变化。

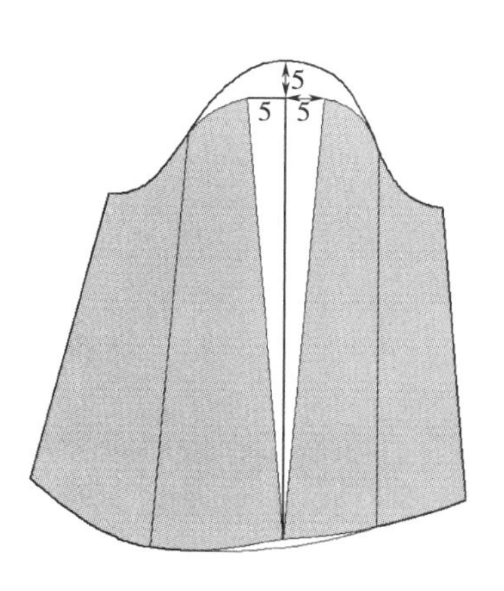

② 展开袖中线：根据设计，袖山顶点平行左右展开10cm（前后各5cm），袖山高增加5cm，即展开量的一半。绘出新的袖山弧线。

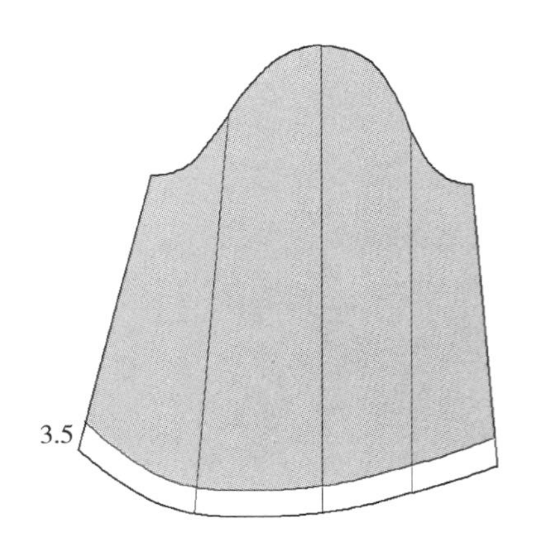

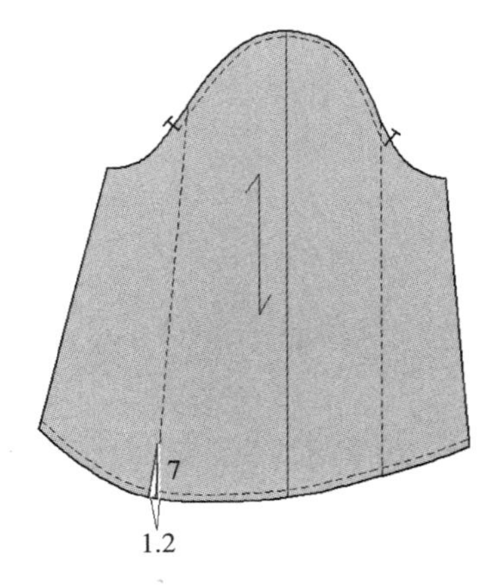

③ 袖长缩短量=袖口样片宽度−1.5cm。

④ 后翻折线处绘制袖开口，长7cm，左右各留出0.6cm（0.6cm × 2=1.2cm）的袖开衩处的缝边宽度。标出袖山和袖口的收褶止口位置。完成袖片。

8. 中长丰满主教袖与翼型袖

中长丰满主教袖具有非常大的宽松量，因为有袖口，还是需要加袖开衩的。如果不收袖口，就可以变化为宽大飘逸的翼状袖。

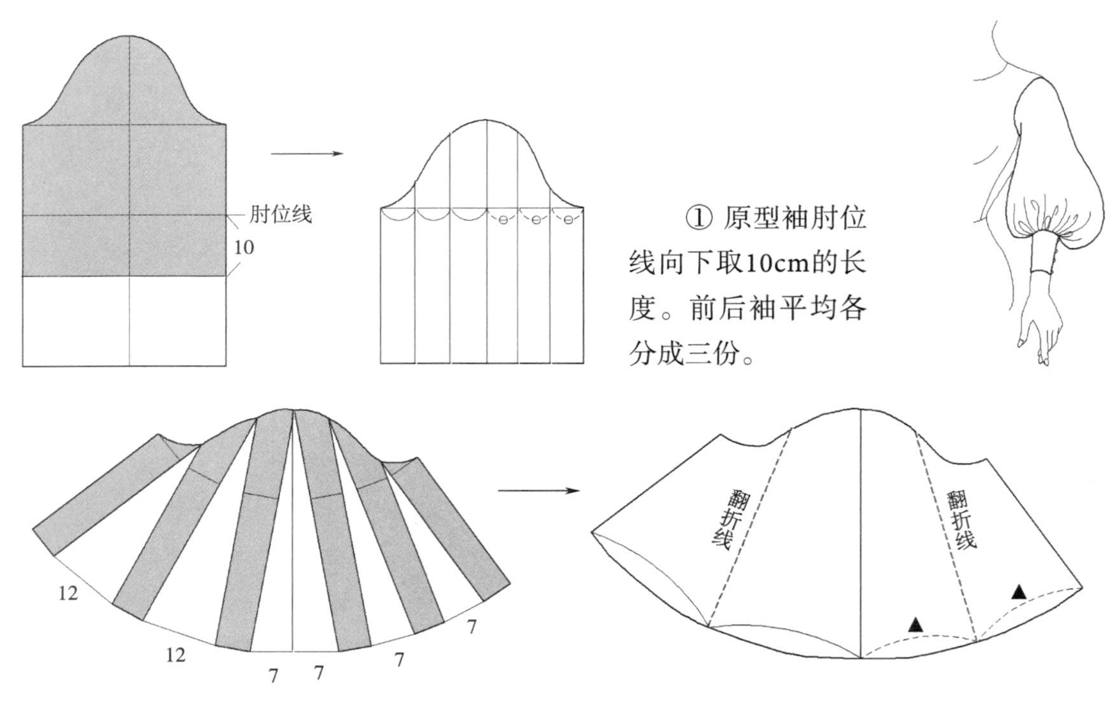

① 原型袖肘位线向下取10cm的长度。前后袖平均各分成三份。

② 展开袖口：根据设计，后袖口展开量12cm × 2+7cm=31cm，前袖口展开量7cm × 3=21cm。

③ 圆顺袖山和袖口弧线。分别折叠前后袖，确定翻折线。

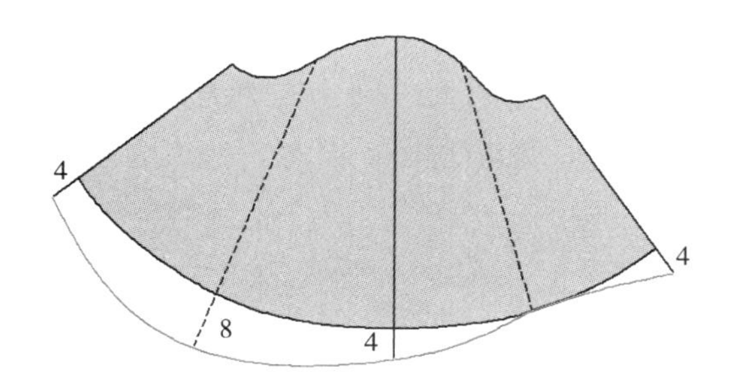

④ 后翻折线处下延8cm作为宽松造型量，后、前袖缝线和袖中线各下延4cm，绘出新的袖口弧线。

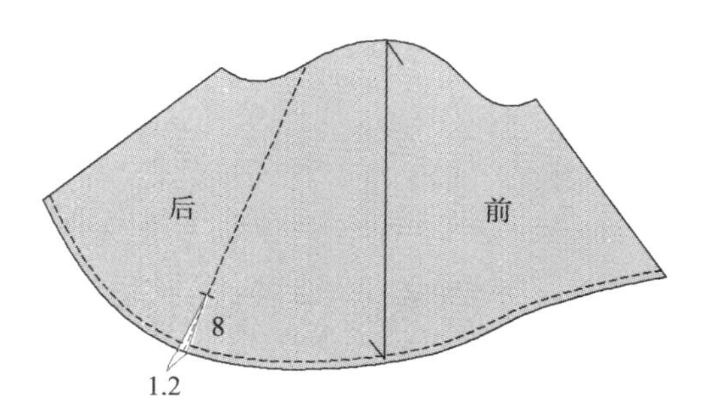

⑤ 后翻折线处绘制袖口开衩额道，长8cm，左右各留出0.6cm（0.6cm × 2=1.2cm）的袖开衩处的缝边宽度。标出袖口收褶。完成中长丰满主教袖的袖片。 袖口样片参照宽袖口纸样设计。

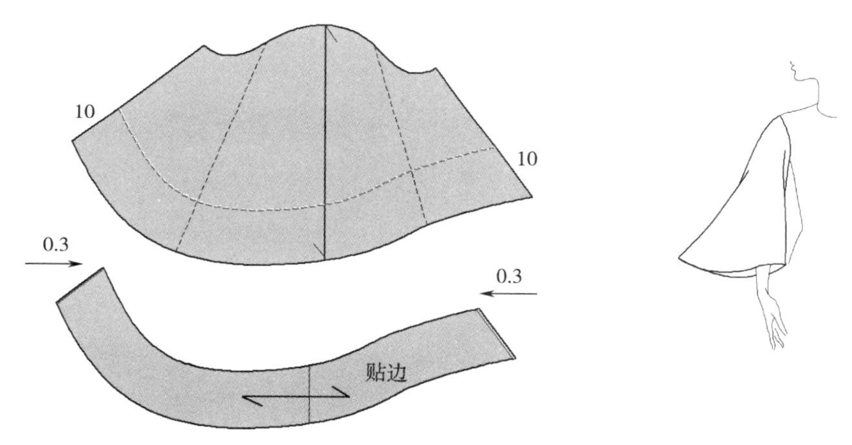

⑥ 丰满主教袖不收袖口，可以变为宽大的翼状袖。袖口线处沿着袖缝线向上绘制10cm长的贴边，贴边两侧袖缝线处各缩小0.3cm。完成翼状袖。

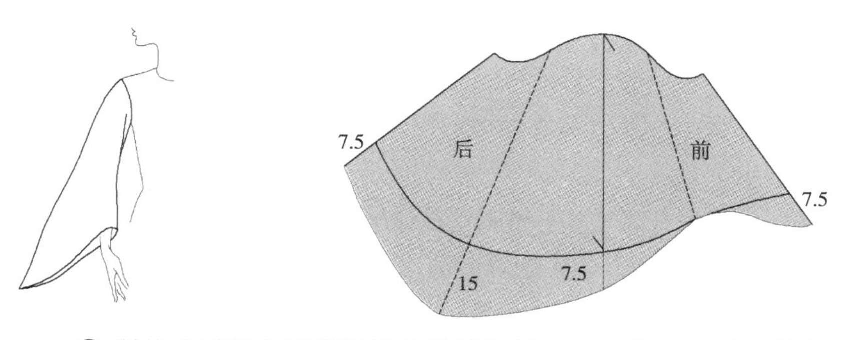

⑦ 翼状袖可以在后翻折线处继续加量15cm，前、后袖缝线与袖中线加量一半，即7.5cm。绘出新袖口线。此时的后袖翼状造型更加宽大。

9. 中长灯笼袖

这款袖型不通过褶裥来撑起造型，其环形拼接缝线使袖子的上下分割袖片展开了较大的造型量，形成了灯笼的隆起造型。灯笼长袖的制作原理与此相同。

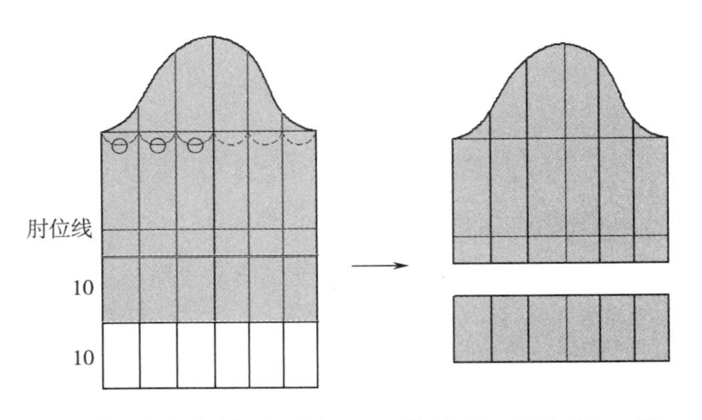

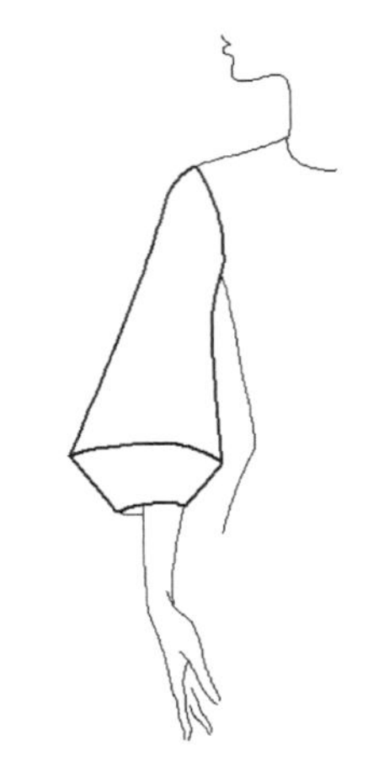

① 首先去掉原型袖10cm的长度；从新袖口线向上10cm的位置分割袖片。前后袖肥各平均分成三份。

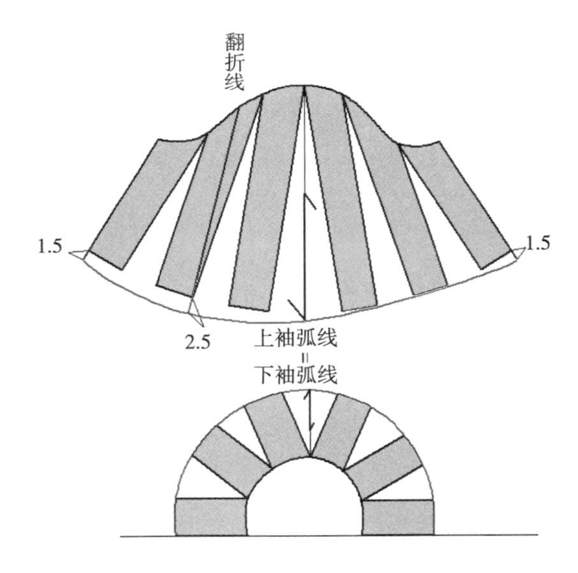

② 将下袖片呈半圆形展开，测量出展开后的外弧线。均匀展开上袖片，使展开弧线与下袖片的展开弧线长度相等。上袖片的后翻折线处下延2.5cm作为宽松造型量，后袖缝线与前袖缝线分别下延1.5cm，绘出新的弧线。

（四）插肩袖

插肩袖，指衣身的肩部与袖子相连，衣身与袖子之间有分割线。绘制插肩袖一定要结合衣身进行。插肩袖穿着舒适，手臂活动比装袖更自由。手臂在自然下垂时，插肩袖的腋下部分不太平伏，会出现多余的褶皱。

1. 插肩袖结构分析

（1）分割线的变化　按照分割线的位置，可以将插肩袖分为：插肩式、半插肩式、肩章式、披肩式、刀背缝式等。

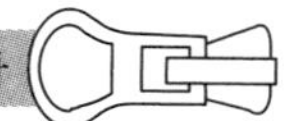

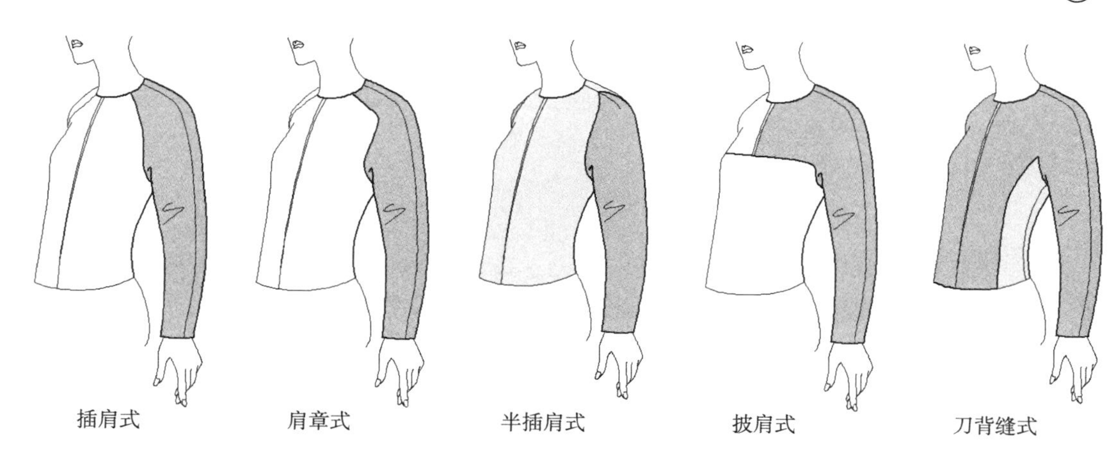

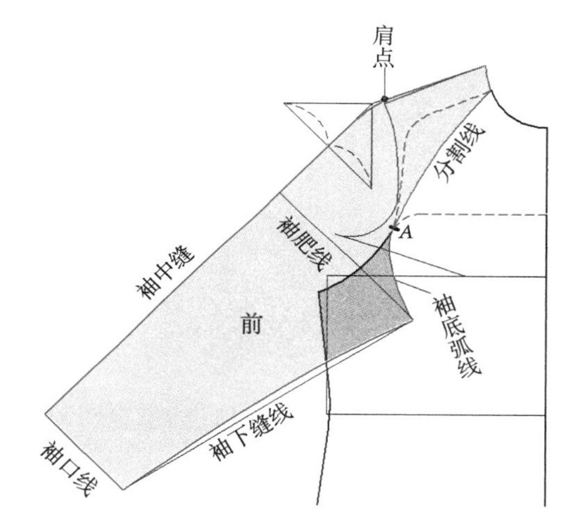

点A是袖子与衣身的交叉点。交叉点上端为衣身与袖子的分割线，分割线只起到装饰的作用，因此可以进行多种变化。交叉点下端分别为袖子与衣身的袖底弧线，深色暗影处是衣身与袖子的重叠部分。

（2）袖中缝的倾斜角度　袖中缝的倾斜角度是影响插肩袖合体性的主要因素之一，它决定了手臂在插肩袖状态下的上抬角度。一般有角度法、等腰直角三角形法等绘制方法，等腰直角三角形法可以很快速地绘制出45°的袖中缝倾斜角度，这是绘制合体插肩袖时最常用的方法。

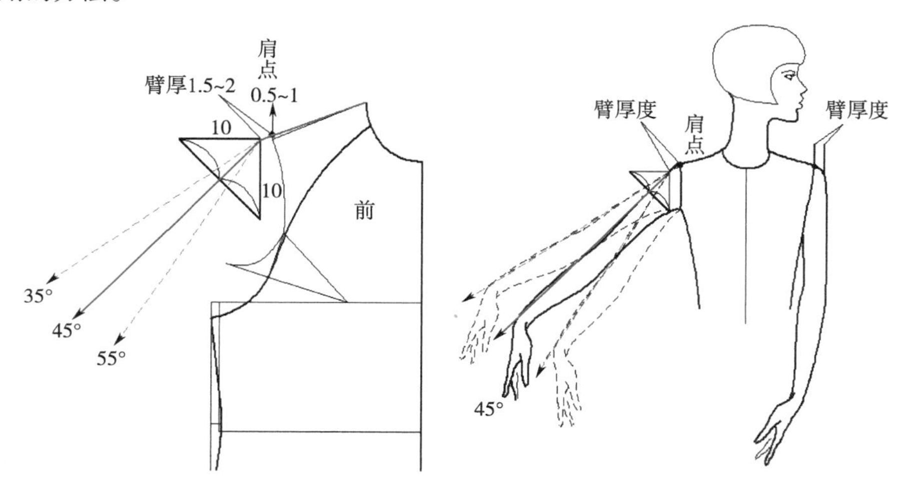

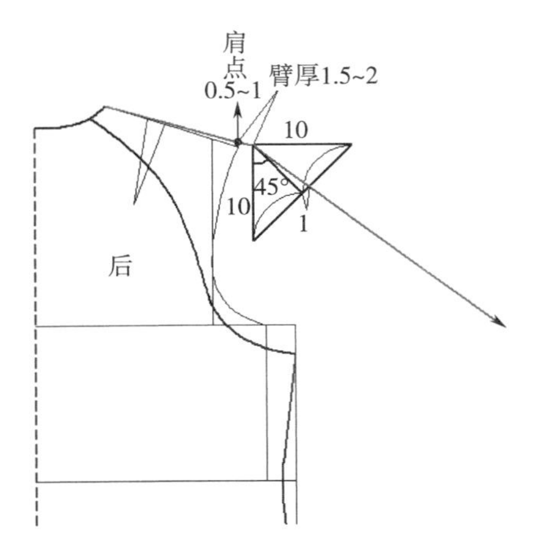

插肩袖袖中缝的倾斜角度：

绘制插肩袖要在肩点处加臂厚度（1.5~2cm）。

袖中缝的倾斜度（水平线与袖中缝之间的夹角）越大，袖子就越合体，袖肥越小，腋下的多余量也越少，相应的手臂活动量也相应减小。不过倾斜度太大，手臂会被束缚住，无法满足活动量，理论上最大不超过55°。

合体型插肩袖设计要点：

① 以袖中缝倾斜量45°为最佳，袖子既比较合体，又能满足手臂有较大的活动量。

② 袖中缝前倾，即前袖中缝倾斜度要大于后袖中缝倾斜度，这样袖中缝缝合之后，整个袖子会前倾，更加贴合手臂。

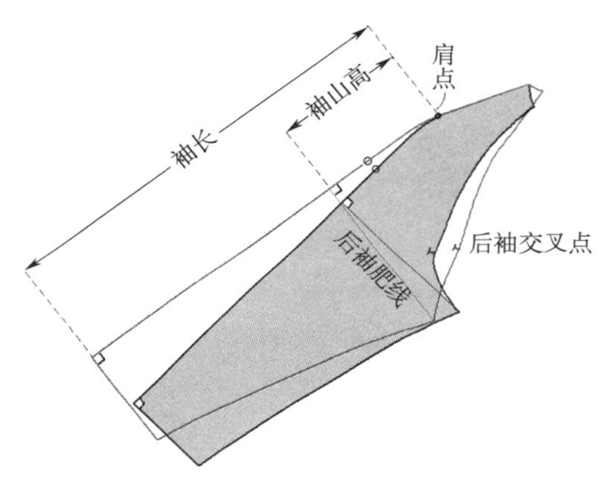

插肩袖袖中缝前倾：

图中显示的是插肩袖前后片肩部对合后的倾斜状态，红线标示的是后袖，暗影部为前袖。

前中缝比后中缝更加前倾，这样在成衣后，袖中缝不会向后撇，而是向前倾斜，比较贴合手臂。

前、后的袖山高、袖长、袖下缝线都相等，后袖肥≥前袖肥。

（3）袖子与衣身的交叉点

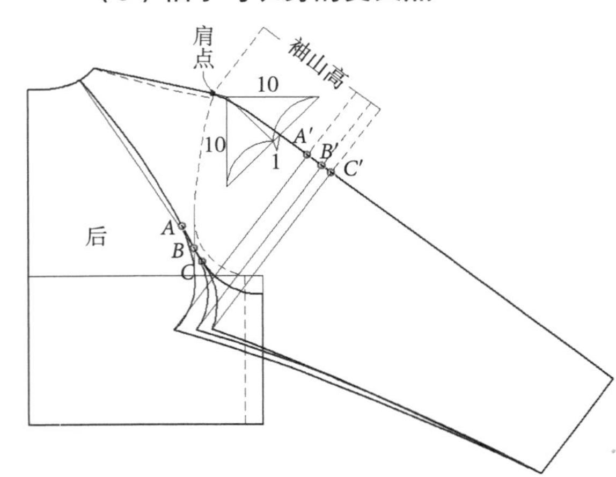

点A、B、C是袖子与衣身的交叉点，从肩点到点A′、B′、C′是相应的袖山高。

从图中可以看出：交叉点位置越高，袖肥越大，袖山越低，插肩袖越宽松，活动量越大。反之亦然。

交叉点位置不宜过高，因为会造成袖子与衣身的重叠量太大，这样会使袖子在手臂上抬的同时牵动衣身，不利于活动。舒适的插肩袖，后交叉点最高不超过后袖窿深的1/2处，前交叉点最高不超过前袖窿深的1/3处；前、后交叉点不应低于胸围线。

合体插肩袖的前交叉点要略低于后交叉点，手臂前倾时会比较舒适。

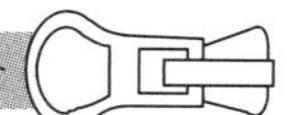

2. 两片插肩袖

这种插肩袖的前、后袖之间有缝合线。

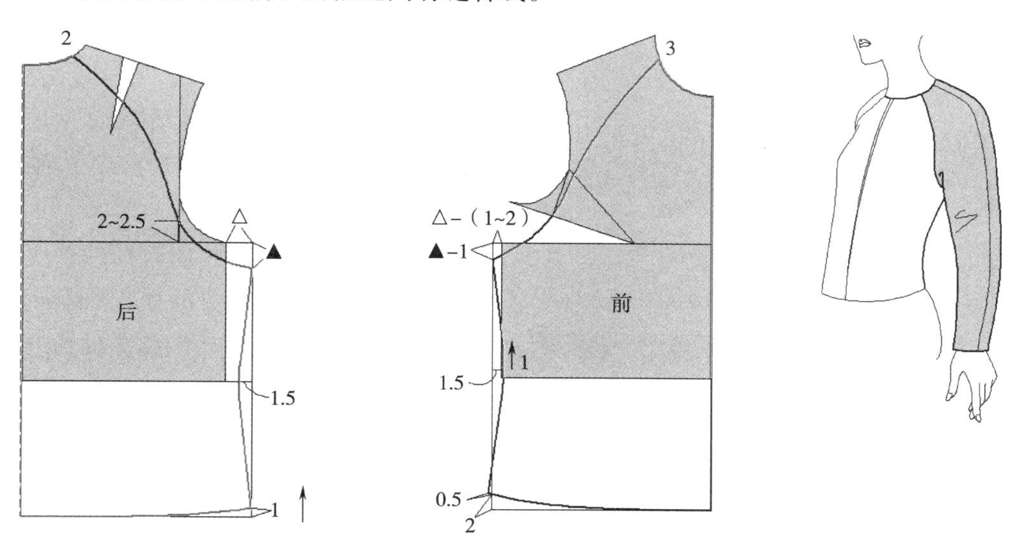

① 绘出插肩的衣身部分

首先，拼合前袖窿，将前片的袖窿颡转移到侧缝上的胸围线中。分别绘出衣身上的前后插肩分割线。

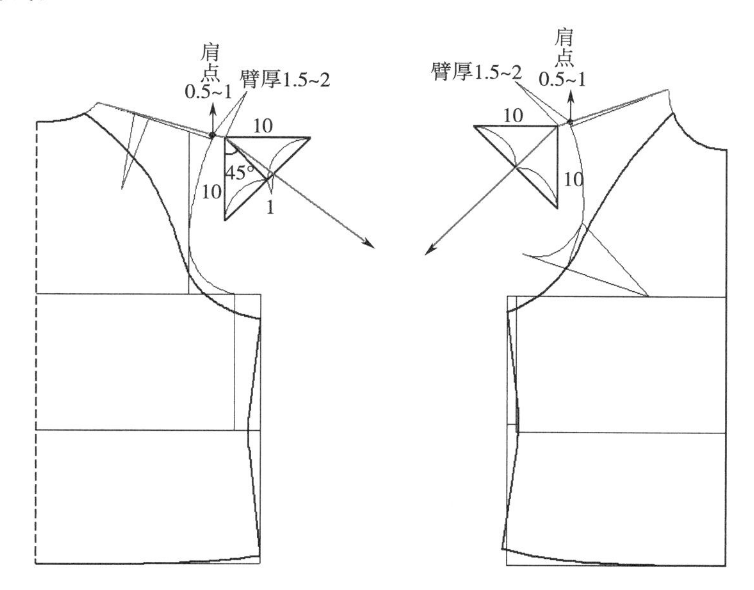

② 确定前后袖的倾斜角度

此款的前后肩点抬高量为0.5cm（0.5~1cm），加臂厚1.5cm（1.5~2cm），完成新的前后肩线。

在新的肩线端点做辅助的水平线和垂直线，长10cm。根据等腰三角形，确定前袖的倾斜角度为45°，后袖上抬1cm。

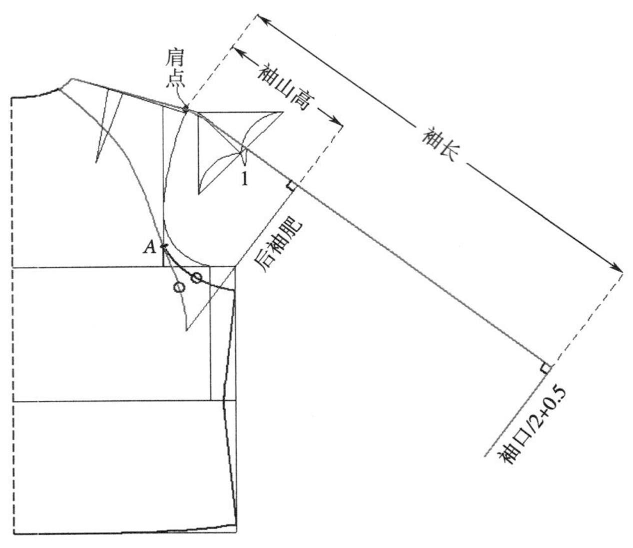

③ 确定后衣身与后插肩袖的交叉点A

插肩分割线与后宽线的交点定为交叉点A；

绘出袖长线与后袖口线（袖口/2+0.5cm），注意肩点部位要修圆顺；

从点A处绘制后插肩袖的袖底弧线，长度等于衣身的袖底弧线；

从后袖弧线的下端点做袖长的垂直线，即后袖肥线，测量出袖山高的长度。

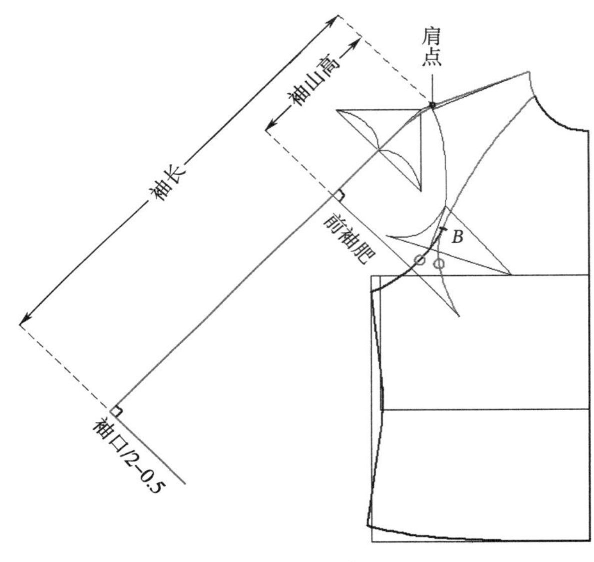

④ 确定前衣身与前插肩袖的交叉点B

绘出袖长线与前袖口线（袖口/2−0.5cm），圆顺肩点部位；

根据后袖的袖山高，确定前袖山高，前后的袖山高相等；

从袖山高点做前袖肥线，前袖肥=后袖肥−1cm；

确定交叉点B的位置；

从点B处绘制前插肩袖的袖底弧线，长度等于衣身的袖底弧线。

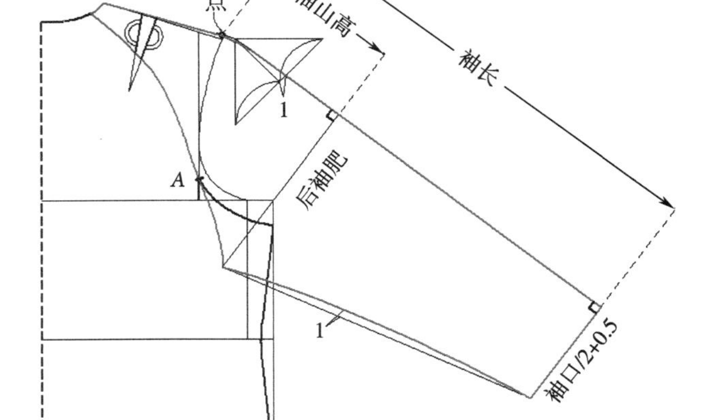

⑤ 闭合后肩颡

绘出前、后袖下缝线，曲线向内凹进1cm（前图略）；

插肩袖的后肩颡需要闭合，衣身部分的颡尖可以作吃势松量。

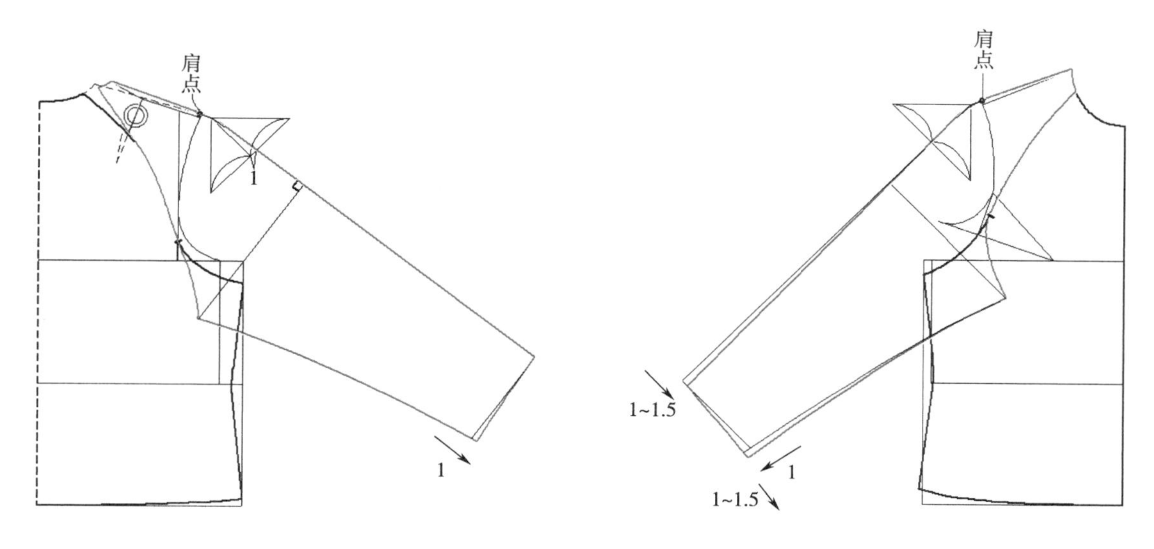

⑥ 修正袖中缝线的前偏量

前、后袖下缝线分别延长1cm，绘出袖口弧线；

将前袖中缝向前移动1~1.5cm，移动量在前袖下缝处补齐。这样的袖中线在缝合之后，整个袖子会向前偏，更加符合手臂的自然前倾曲度。

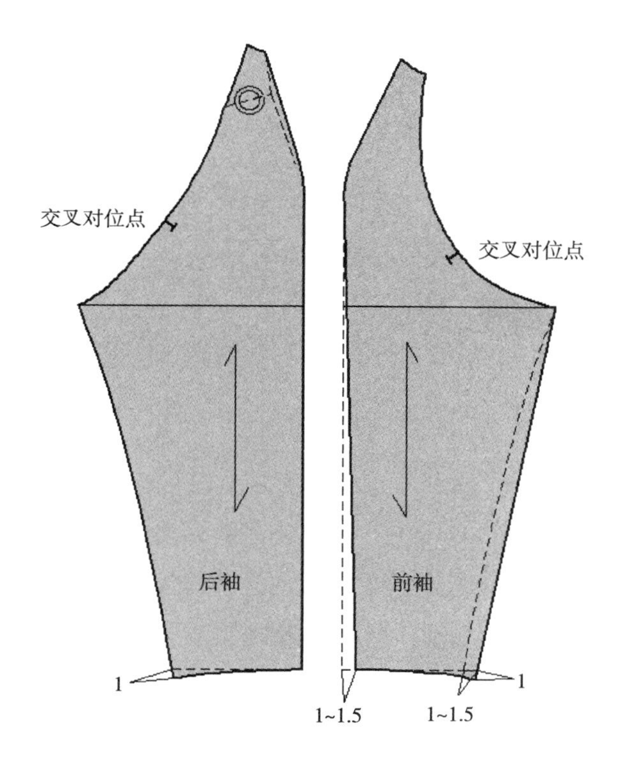

⑦ 标出交叉对位点和纱向，完成两片插肩袖。

3. 一片肩颡式插肩袖

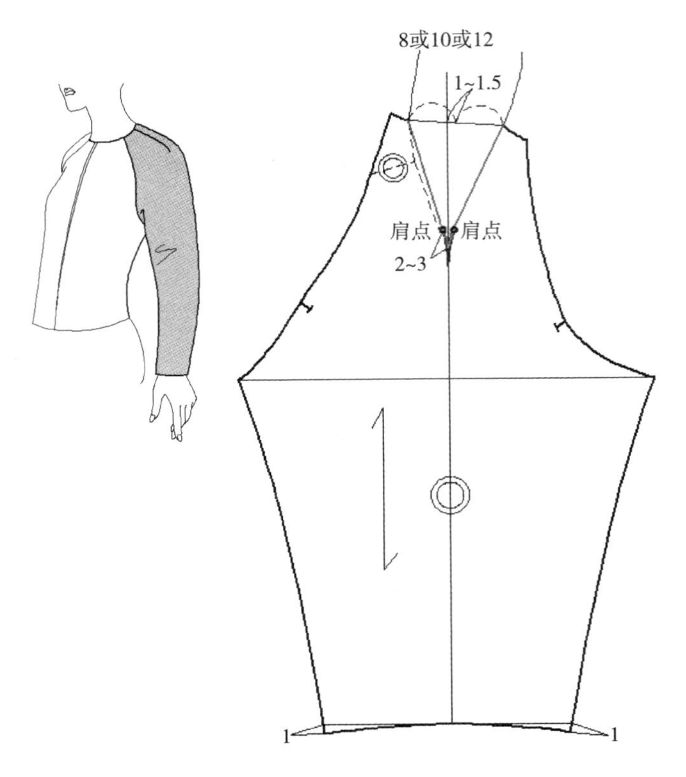

合并两片插肩袖的袖中缝线（前袖中缝线无前偏量）；

修正肩颡颡尖：从前后肩点向下方2~3cm的位置定为肩颡颡尖；

前后袖缝线分别向下延长1cm，绘出新的袖口弧线；

绘出交叉对位点和纱向，完成一片肩颡式插肩袖。

4. 肩章式插肩袖

肩章式插肩袖的绘图方法同两片式插肩袖相同，只是插肩分割线有区别。肩章式插肩袖也分一片式（有肩颡）和两片式。

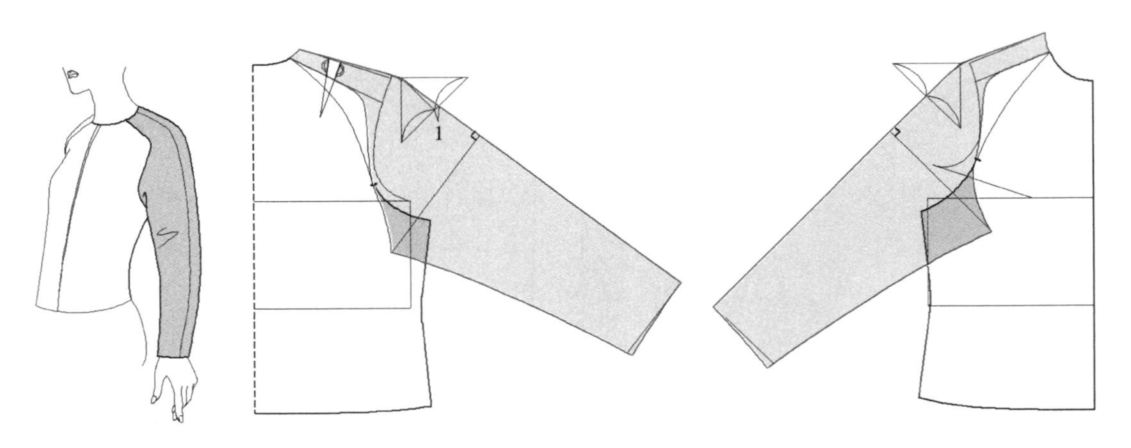

在两片插肩袖的结构图上，重新绘制肩章式分割线，注意交叉点的位置不变，即袖底弧线不变；

后肩颡合并，完成肩章式插肩袖。

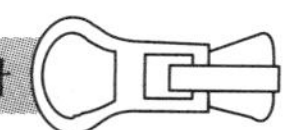

5. 披肩式插肩袖

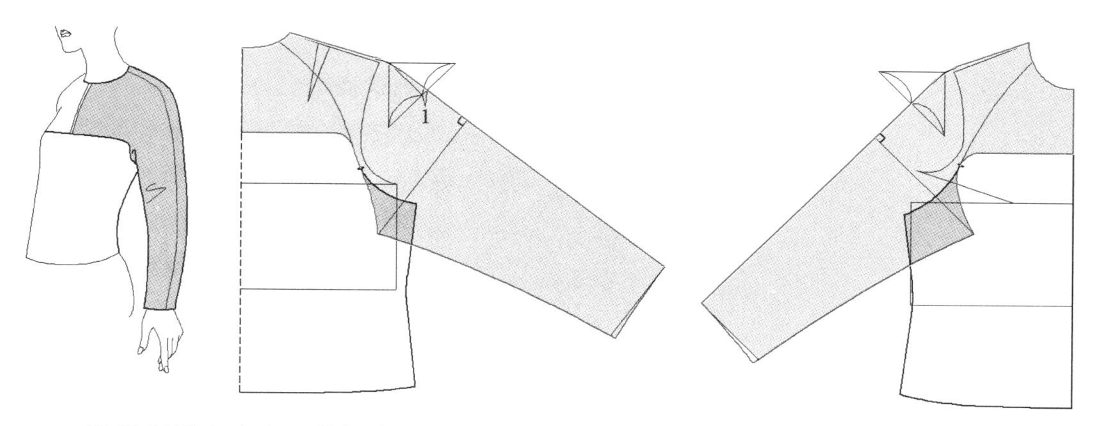

① 绘制披肩式交叉分割线

在两片插肩袖的结构图上重新绘制披肩式分割线，交叉点的位置不变。

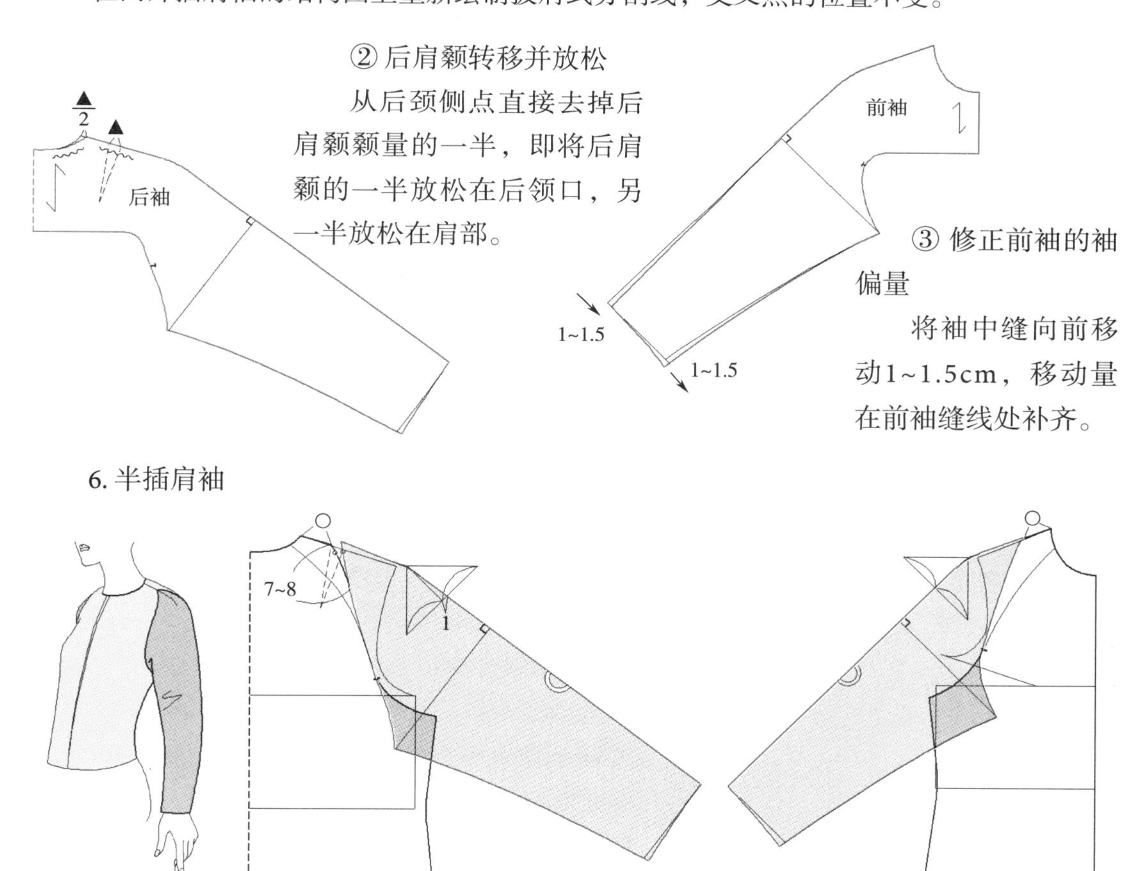

② 后肩颡转移并放松

从后颈侧点直接去掉后肩颡颡量的一半，即将后肩颡的一半放松在后领口，另一半放松在肩部。

③ 修正前袖的袖偏量

将袖中缝向前移动1~1.5cm，移动量在前袖缝线处补齐。

6. 半插肩袖

① 绘制半插肩袖的交叉分割线

在两片插肩袖的肩线上，重新绘制分割线，将后肩颡的颡量放于分割线中，颡长7~8cm，两条颡道长度相同。

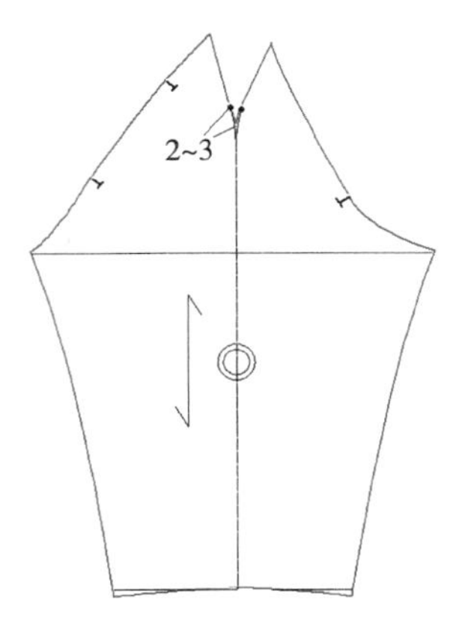

② 合并袖片并修正肩籁

合并前后插肩袖的袖中缝线。

修正肩籁籁尖：籁尖在前后肩点向下2~3cm的位置。

绘出三个交叉对位点（后袖有籁尖与交叉点两个对位点）和纱向，完成半插肩袖。

7. 刀背缝式插肩袖

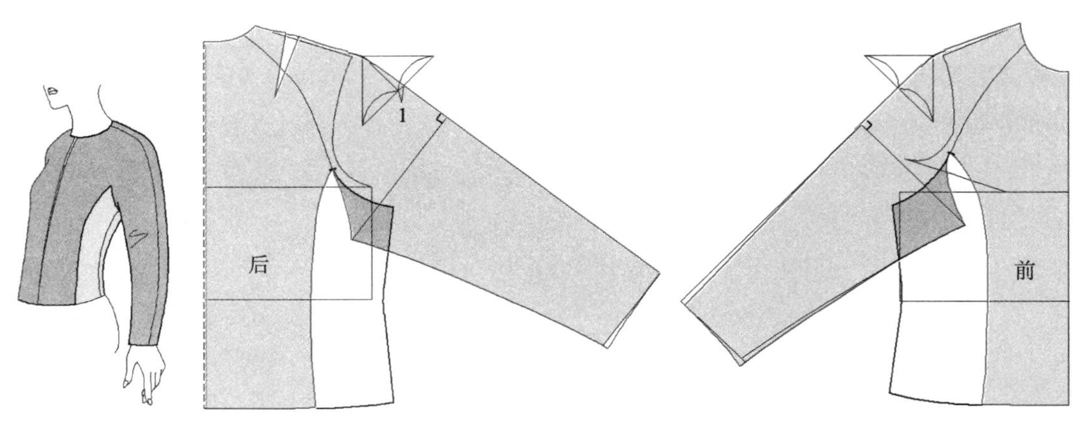

① 绘制刀背缝分割线

在两片插肩袖的交叉点处，重新绘制刀背缝作分割线，（注意分割线与袖底弧线之间要有一定的距离，最少要大于两个缝边宽度）。

修正后肩籁处的两条肩线，使肩籁合并后，后肩线呈圆顺状态。

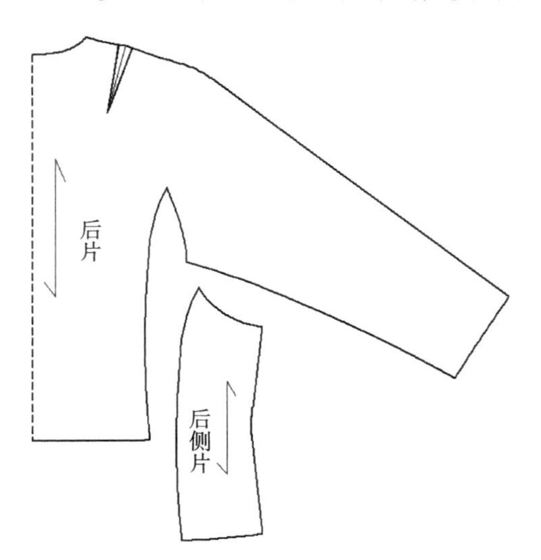

② 如图所示，完成后的后片与后侧片，前片与前侧片方法相同。

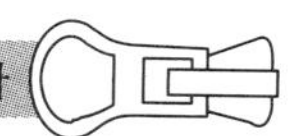

（五）连身袖

连身袖：袖片与衣身相连为一体，没有袖窿结构。包括宽松的中式袖、较合体的腋下插角袖等造型。

1. 中式袖

中式袖：袖中缝水平，且前后相接成一体。中式袖剪裁方便，穿着宽松舒适，腋下余量较多。中式袖也可以做成两片袖，即前后两片连袖的袖中线缝合，袖中线还是呈直线状态，其倾斜角度介于水平线与肩斜线之间。

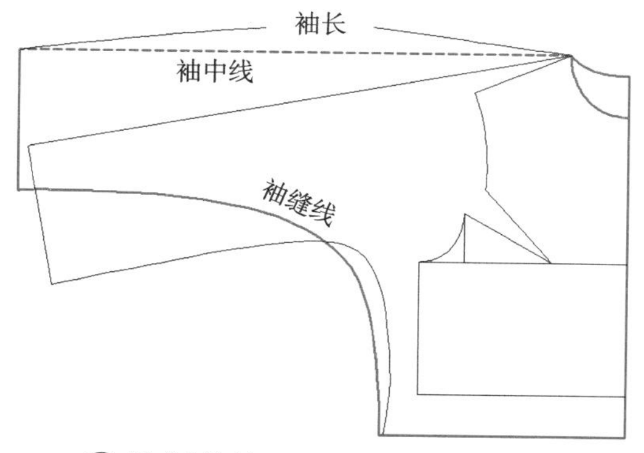

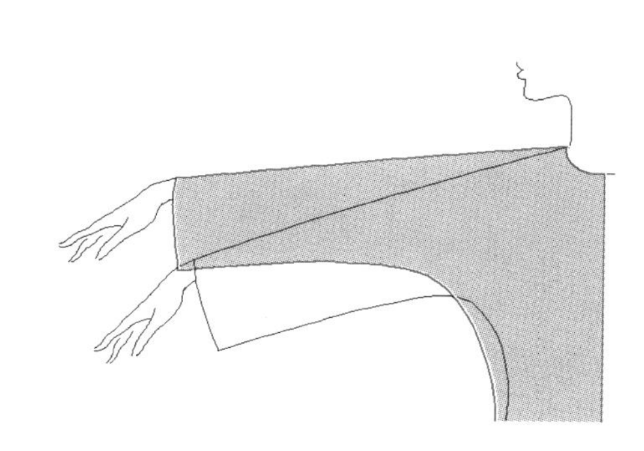

①绘制前片

画水平的袖中线，定出袖长（中式袖的袖长从颈侧点算起）；

定垂直袖口线；

从袖口线下端点到底摆线上的侧缝下端点之间，绘出长弧度线，即袖缝线（弧度形状根据款式设计任意调整）；

前后连袖基本相同，只在领部有区别，后领要高于前领。

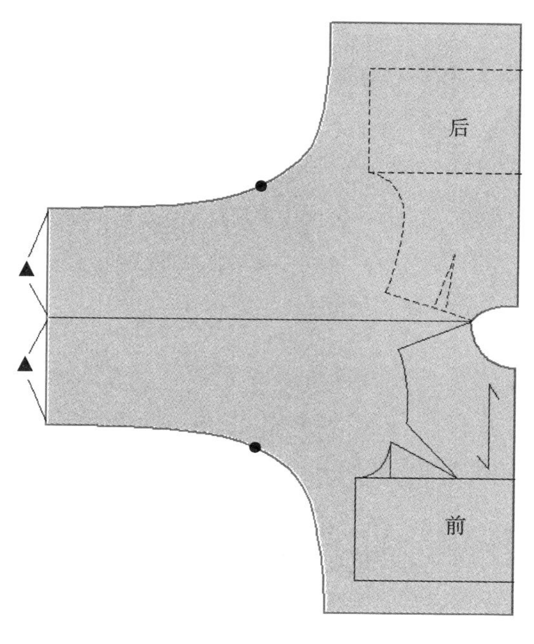

②以袖中线为翻转基准要素，平行翻转之后的效果如图所示。

2. 适体中式袖

适体中式袖是一种袖身较窄的连体袖，可以说是腋下余量最小的一种中式袖。

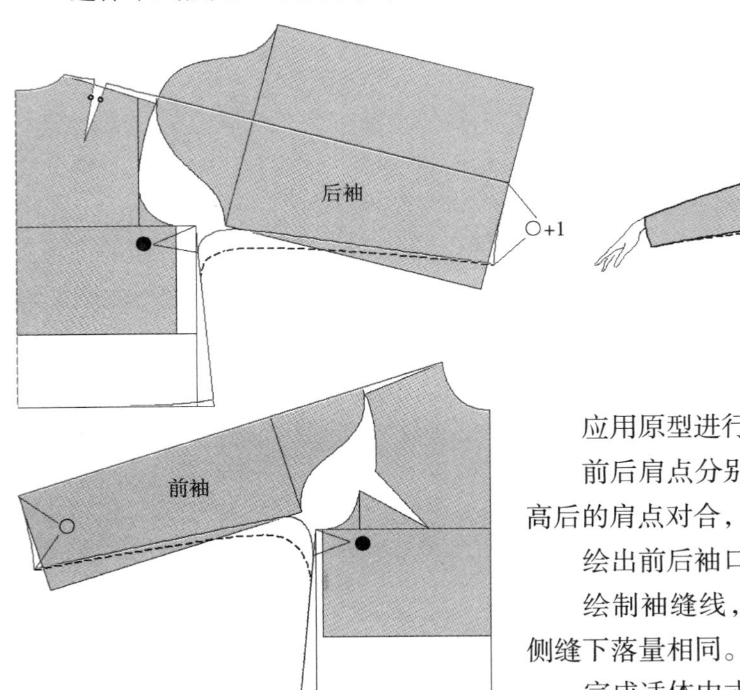

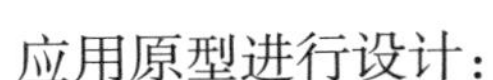

应用原型进行设计：

前后肩点分别抬高0.5~1cm，将原型袖与抬高后的肩点对合，袖中线与肩线延长线重合；

绘出前后袖口线，后袖口=前袖口+1cm；

绘制袖缝线，只在腋下部分画曲线，前后侧缝下落量相同。

完成适体中式袖。

3. 蝙蝠袖

蝙蝠袖是一种腋下余量非常大的连身袖，袖身形似蝙蝠。

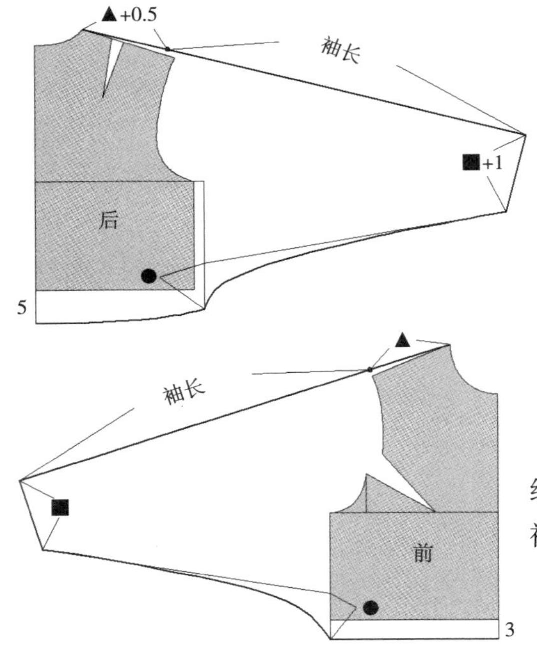

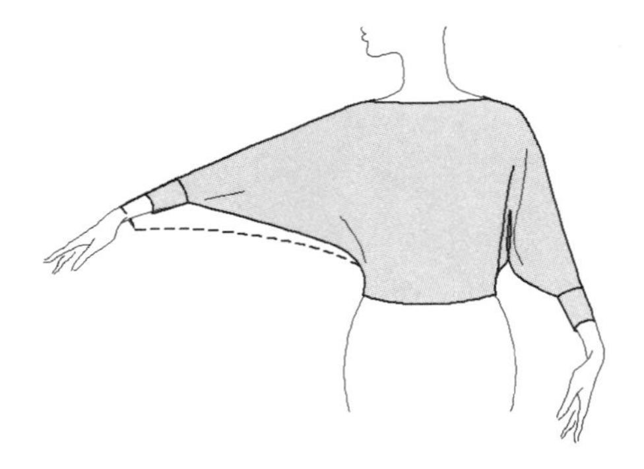

① 绘制基础蝙蝠袖袖身

前后肩点分别抬高0.5~1cm，定新的后肩线，后肩线=前肩线+0.5cm，在袖中线上量出袖长；

袖口线垂直于袖中线，后袖口=前袖口+1cm；

绘出袖缝线，蝙蝠袖的袖缝线曲度不宜大。

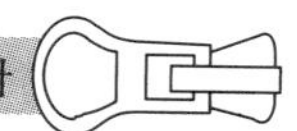

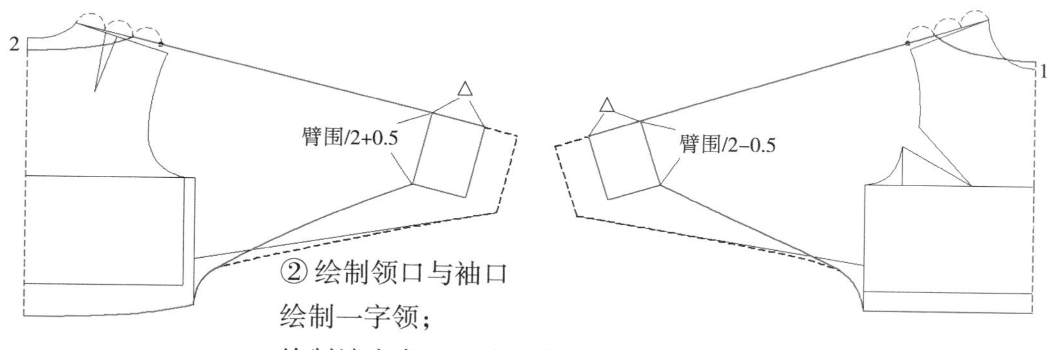

② 绘制领口与袖口

绘制一字领；

绘制袖克夫，后袖口宽=臂围/2+0.5cm，前袖口宽=臂围/2−0.5cm。前后袖克夫长度相同。

4. 腋下插角式连身袖

连身袖在腋下添加插角结构（袖衩），加长了袖缝线的长度，使袖子在上抬后增加了舒适性。当手臂自然垂落时，腋下插角并不外露。它实际上结合了连身袖和插肩袖的结构原理，在袖型很合体的情况下，既能满足手臂的活动量，插角部位又不影响外造型，因此这种袖型被广泛应用于成衣设计中。

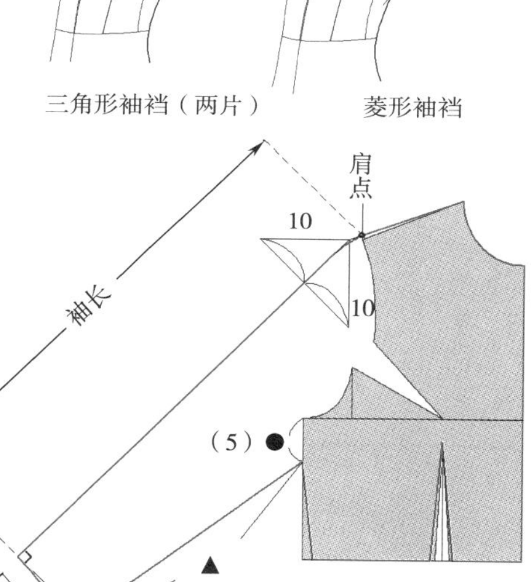

三角形袖裆（两片）　　菱形袖裆

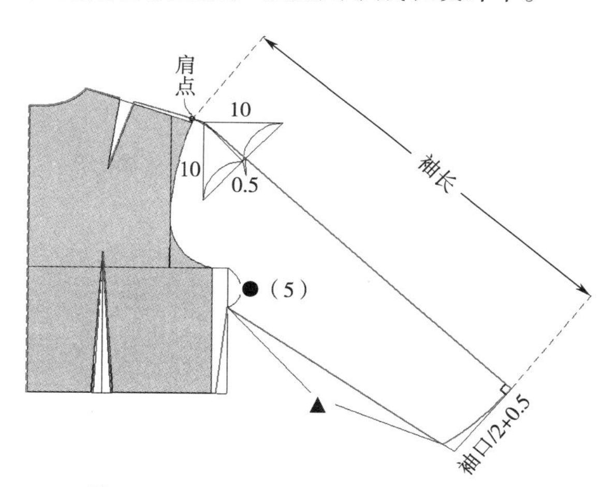

① 运用插肩袖的方法确定前后袖的倾斜角度

前后肩点抬高量为0.5cm（0.5~1cm），加臂厚1.5cm（1.5~2cm），完成新的前后肩线；

在新的肩线端点做辅助的水平线和垂直线，长10cm。根据等腰三角形，确定前袖的倾斜角度为45°，后袖45°线上抬0.5cm。

② 绘制袖口和袖缝线

后袖口=袖口/2+0.5cm，前袖口=袖口/2−0.5cm。做袖中线的垂线——袖口线，前后袖窿深点下落量相同（此款下落量为5cm），绘出前后袖缝线；

测量前后袖缝线的差值，运用前袖缝线延长，后袖缝线收进的方式，使后、前袖缝线长度相等。

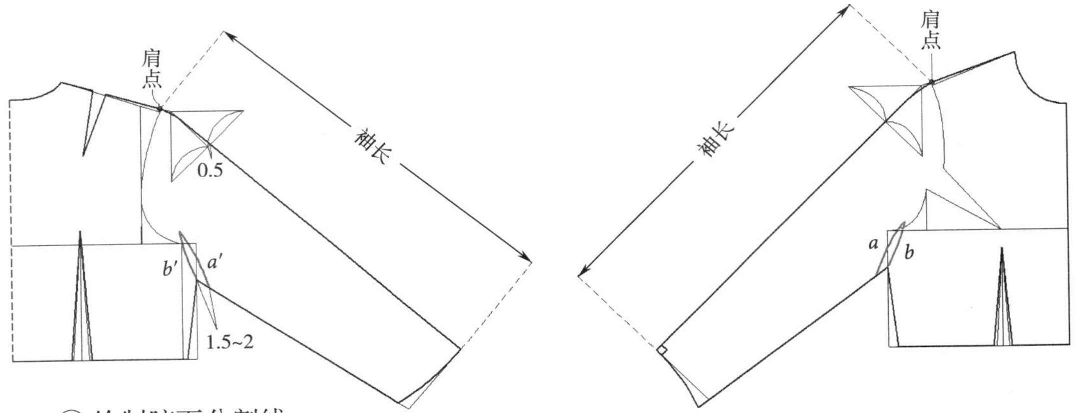

③ 绘制腋下分割线

分别绘制前片腋下分割线a、b，后片腋下分割线a′、b′，腋下分割线如果太长，容易外露，分割线太短则不能满足袖缝线的长度。合体的插角长度一般5~9cm最为合适（特殊款式除外），较宽松的插角要更长一些。

前、后腋下分割线的顶部靠近或指向袖窿，如果前后分割线的差值相近，便于制作。

a与b，a′与b′之间的距离为1.5~2cm，要留出两条分割线的缝边宽度，可以将分割线稍做弧度，增加缝量。

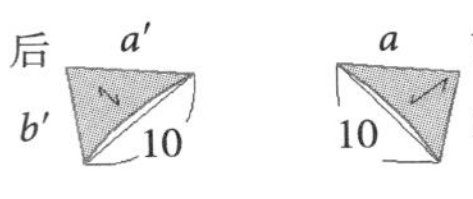

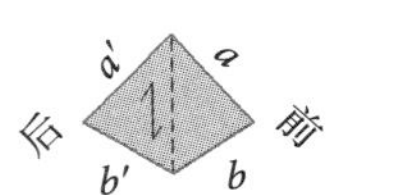

④ 绘制插角

前片腋下分割线a、b，后片腋下分割线a′、b′，分割线做成直线，做三角形袖裆，袖裆宽度10cm，前后的袖裆宽度要一致，两个三角形袖裆宽线稍向内弧。完成两片三角插角。

前后三角形的袖裆宽线对合，就成为一片式菱形袖裆。

5. 袖底插角式连身袖

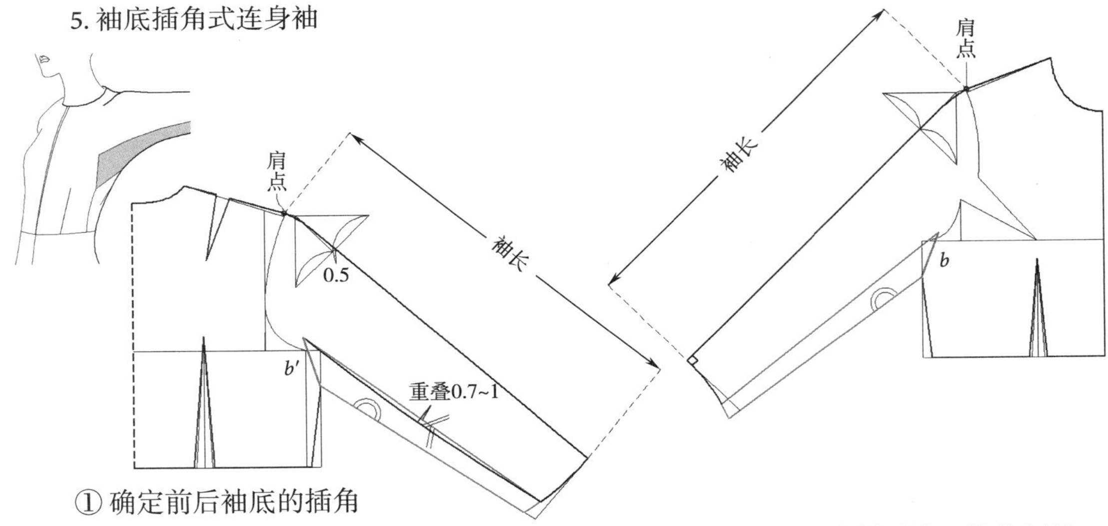

① 确定前后袖底的插角

在腋下插角连身袖的基础之上，从前后片腋下分割线b和b′处绘制到袖口的分割线，注意后身与袖底插角的重叠量为0.7cm（0.7~1cm）。

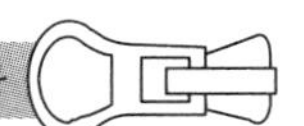

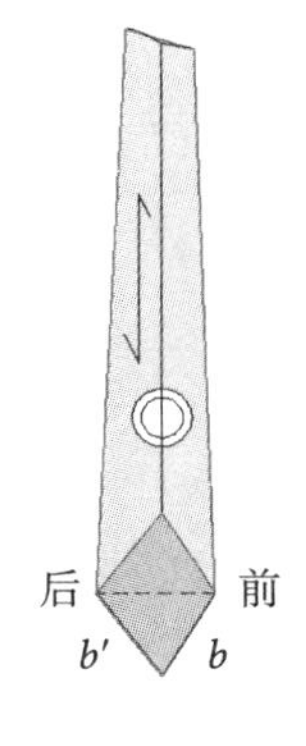

② 绘制袖底插角

前后袖缝线对合，此时的腋下是不能满足手臂活动量的，必须要在腋下加入一个菱形袖裆。菱形袖裆的宽度要与分割线b、b'相同，如图所示，较深阴影部位为添加的菱形袖裆。

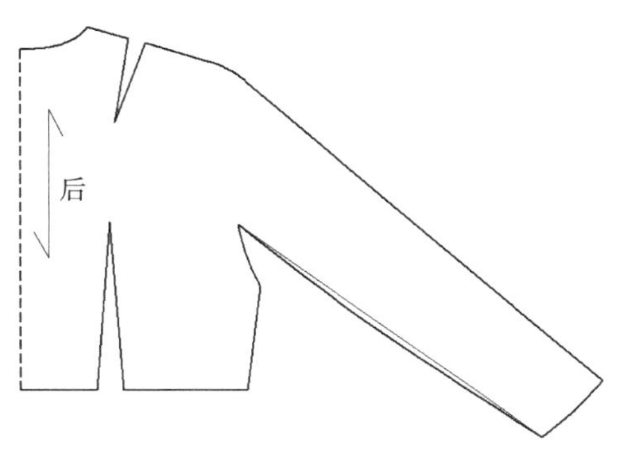

③ 完成的后身片如图所示，前片略。

6. 侧片插角式连身袖

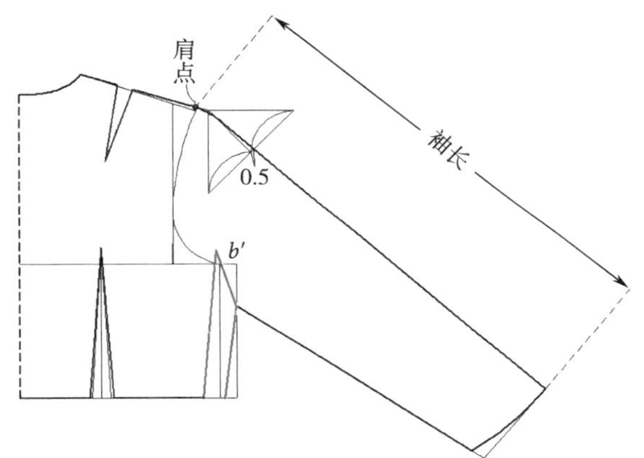

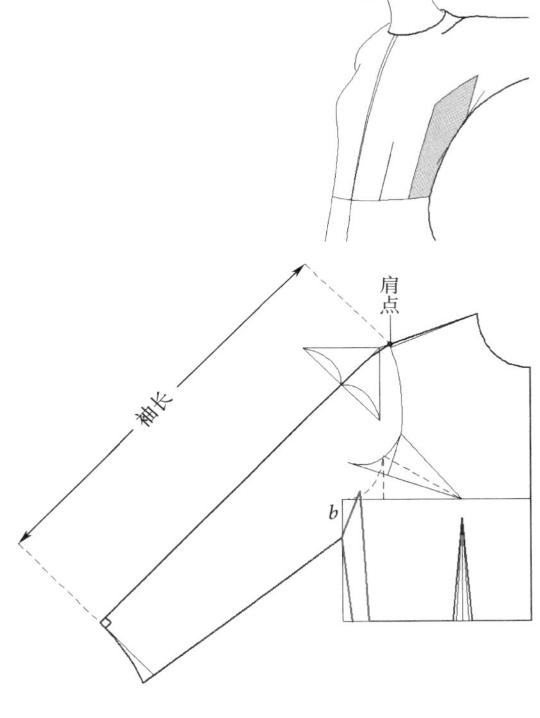

① 确定前后衣身的侧片插角

在腋下插角连身袖的基础之上，从前后片腋下分割线b和b'处绘制到底摆的分割线。

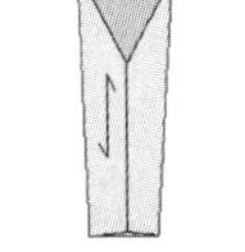

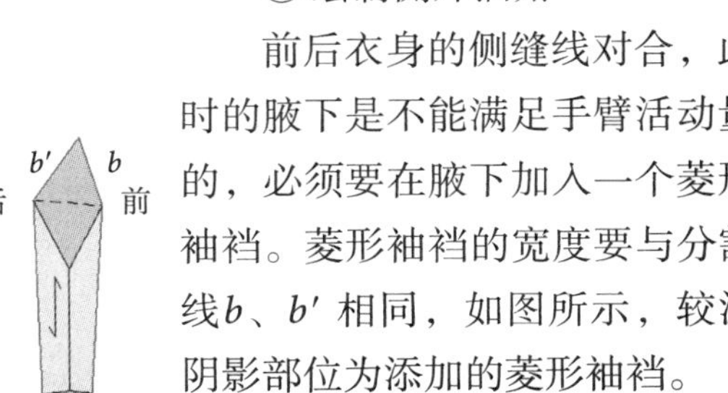

② 绘制侧片插角

前后衣身的侧缝线对合，此时的腋下是不能满足手臂活动量的，必须要在腋下加入一个菱形袖裆。菱形袖裆的宽度要与分割线b、b'相同，如图所示，较深阴影部位为添加的菱形袖裆。

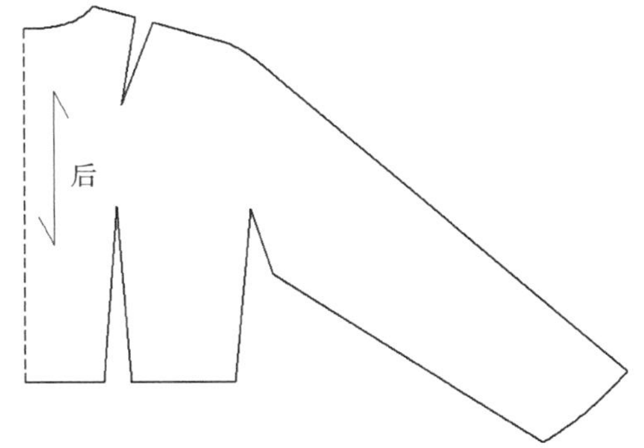

③ 完成的后身片如图所示，前片略。

第四节　上衣整体结构变化与纸样设计

一、上衣结构变化

（一）上衣放松量

按照放松量的多少，可以把上衣分为紧身型、合体型、较宽松型和宽松型几种类型。

1. 紧身型

胸围放松量：胸（指胸围净尺寸）+（0~2）cm；腰围放松量：腰（指腰围净尺寸）+（0~2）cm；臀围放松量：臀（指臀围净尺寸）+2cm。

2. 合体型

合体型上衣又分无袖和装袖上衣，无袖上衣的胸围放松量最好不要超过8cm，过大的胸围放松量会使袖窿处不服帖。受手臂运动机能性的影响，合体装袖上衣的胸腰围加放量要大于无袖上衣。

（1）无袖合体型上衣　胸围放松量：胸+（4~8）cm；腰围放松量：腰+（2~4）cm；臀围放松量：臀+（4~6）cm。

（2）短袖合体型上衣　胸围放松量：胸+（6~8）cm；腰围放松量：腰+（4~6）cm；臀围放松量：臀+（4~6）cm。

（3）长袖合体型上衣　胸围放松量：胸+（8~10）cm；腰围放松量：腰+（6~8）cm；臀围放松量：臀+（6~8）cm。

3. 较宽松型

胸围放松量：胸+（14~20）cm；腰围放松量：腰+（8~10）cm；臀围放松量：臀+12cm。

4. 宽松型

胸+（20~30）cm。

注意：在胸围放松量相同的情况下，腰、臀围的放松量可以根据款式来调整；不同季节的上衣，放松量也有变化，如冬季的合体大衣，胸围放松量会应用较宽松型上衣的尺寸。

（二）撇胸

撇胸，指前中线上端向后的一个撇量，实际上是将袖窿籁的一部分转移到前中线，胸部越丰满撇胸量也越大。

撇胸作用：增加前中线长度，以符合人体胸部的曲面造型，使前领口服帖，并增加胸部的丰满感。

撇胸量：0.5~1.5cm。

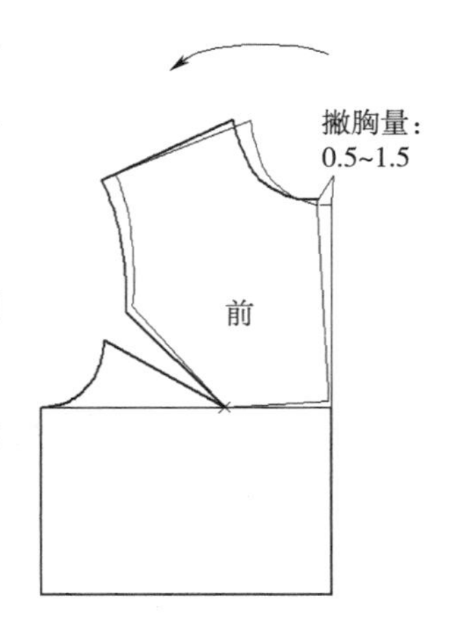

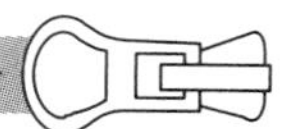

做撇胸的前提条件：前中开襟的合体型上衣，胸围丰满者。毛呢类翻驳领西服应用最多，立领也可以应用，但撇胸量要小一些。当肩部与领部有覅道时，不进行撇胸。特体体型，如挺胸体的撇胸量还要加大，驼背体要减小撇胸量。

（三）上衣袖窿深变化

在原型袖窿深基础之上，无袖和露肩款型上衣的袖窿深需要上抬，这样，袖窿处会更加贴体，且可以防止腋下裸露过多，上抬量为1.5~2cm。装袖上衣的袖窿深需要下落，以增加装袖后手臂的舒适度和活动量，通常下落量为0~5cm（合体型：0~2cm，宽松型：3~5cm），袖窿深一般和胸围放松量成正比，即胸围放松量越大，袖窿深下落量也越大。

（四）胸围放松量分配方法

在绘图之前，首先要在原型胸围基础上进行收放量计算。原型胸围–成衣胸围=收放量。超过原型胸围（胸围+12cm）的成衣胸围要进行胸部尺寸的放（加）量，如宽松型。成衣胸围小于原型胸围，就要对胸围进行收（减）量，如紧身型。

1. 胸围收量计算

胸围收量计算应用于紧身型与合体型上衣，收缩量都是在前、后胸侧缝处进行，收量原则：前收量≥后收量。

例：合体型无袖上衣，96cm（原型胸围）–90cm（成衣胸围）=6cm，即在原型基础上胸围要收进（减）6cm，一半的收量为6cm ÷ 2=3cm，前侧缝收去（减去）2cm，后侧缝收1cm。

如图所示，点*A*是原型袖窿深点，从此处上抬1.5cm，前胸–2cm，后胸–1cm。

当收量较小时，前后收量可以相同，如收量（一半）为1cm，前后侧缝各收0.5cm，或者直接在后侧缝全部收掉。

2. 胸围放量计算

胸围放量计算应用于较宽松型与宽松型上衣。

有两种放量方法：

①只在前后侧缝放量。

适用于放量不太大的上衣，放量原则：后放量>前放量。

例：较宽松型上衣，102cm（成衣胸围）–96cm（原型胸围）=6cm，即在原型基础上胸围要放（加）6cm的量，6cm ÷ 2=3cm，前胸侧缝放（加）1cm，后胸侧缝放（加）2cm。袖窿深点下落2cm。

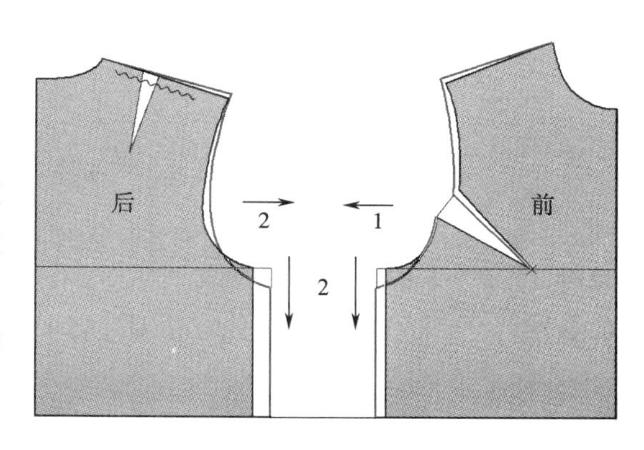

② 分别在前后中、前后侧缝放量。

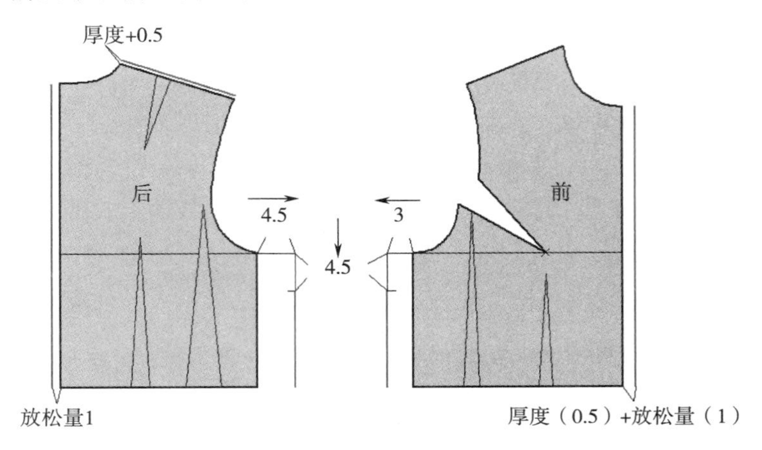

例：宽松型大衣的上衣部分，115cm（成衣胸围）−96cm（原型胸围）=19cm，即在原型基础上胸围要放（加）19cm的量，19cm ÷ 2=9.5cm，很大的放量可以按照一定比例，分别放在前后中线、前后侧缝处。

放量原则：后侧＞前侧＞后中≥前中，后侧∶前侧∶后中∶前中=4∶2∶1∶1，当然，这些数据不是绝对的，可以根据设计进行调整。按照此原则，本款追加的放量分别为：后侧+4.5cm，前侧+3cm，后中+1cm，前中+1cm。

（五）腰颡计算和分配方法

颡道是女性上身造型的关键所在，在紧身型与合体型上衣中体现得最为明显。

成衣胸围−成衣腰围=腰部颡量，将颡量的1/2按照一定比例分配到前后片中。分配原则：后腰颡≥前腰颡＞侧缝颡，通常情况下，前腰颡≤3cm，后腰颡≤3.5cm，侧缝颡≤2cm，紧身型礼服和特殊体型（如胸腰围差值过大）除外。

例：合体型无袖上衣，90cm（成衣胸围）−72cm（成衣腰围）=18cm，18cm ÷ 2=9cm。

相同的规格尺寸，因为形体的不同可以有几种腰颡分配方式。

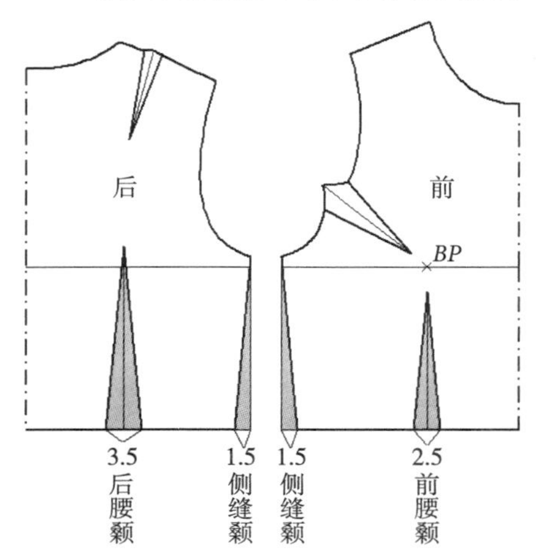

① 腰部颡量分配方式一：前腰颡2.5cm，后腰颡3.5cm，前后侧缝颡均为1.5cm。将颡量的绝大部分放在了起主要造型作用的前、后腰颡中，使前胸与后背的立体造型量更好一些，适合侧面曲度较大的女性体型。

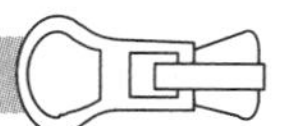

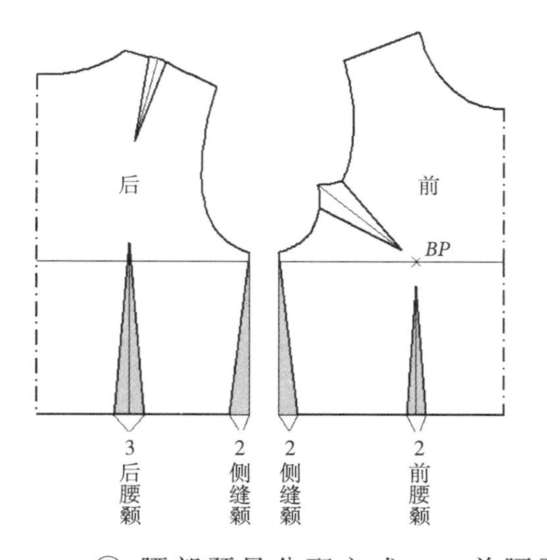

② 腰部颡量分配方式二：前腰颡2cm，后腰颡3cm，前后侧缝颡均为2cm。

这种分配方式更适合大众化的普通体型，在成衣结构设计中应用较广泛。

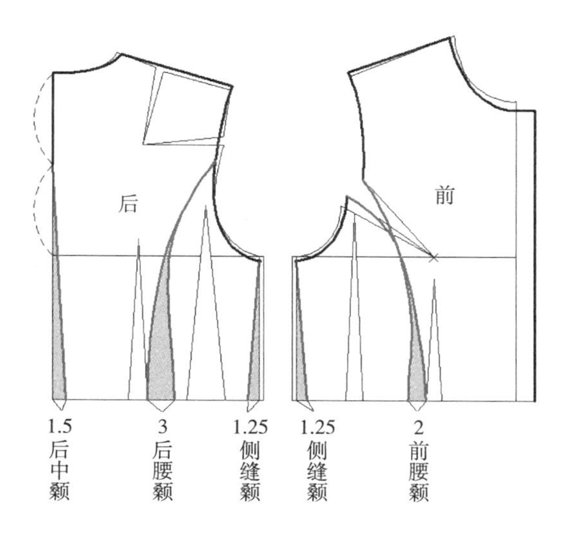

③ 腰部颡量分配方式三：此款为合体刀背缝式大衣的上衣部分，增加了一个后中颡，后背造型更加贴体。

二、上衣整体纸样设计

1. 合体型无袖上衣

成衣胸围：84cm+6cm（放松量）=90cm

成衣腰围：68cm+4cm（放松量）=72cm

① 确定胸围放缩量并绘制领口与袖窿

此款合体型无袖上衣的胸围放松量定为6cm（原型胸围放松量为12cm），（12cm−6cm）÷2=3cm，前后片各缩进1.5cm（或者，前−2cm，后−1cm）。袖窿深点上提1cm。根据设计，前后横开领都扩大2cm，前、后领深分别下落1.5cm和1cm；前后肩点向肩线方向缩进2cm。袖窿颡颡尖缩短2cm。

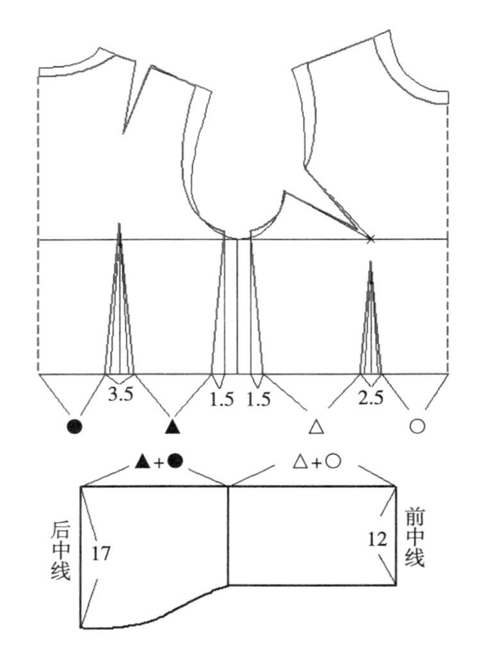

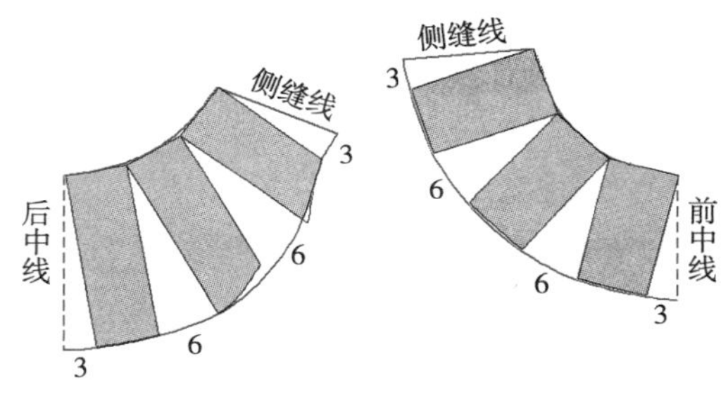

② 绘制腰部颡和下分割片

绘制腰部颡：90cm（成衣胸宽）−72cm（成衣腰宽）=18cm（腰部颡量），18cm ÷ 2=9cm，这是一半的颡量。

腰部颡量的分配方式：前胸颡量2.5cm（一般不超过3cm）；后腰颡量为3.5cm；前后侧缝颡量一般各1.5cm。

绘制下分割片：绘出去掉颡量的前后腰线，确定侧缝线，后中线下延17cm，前中线下延12cm，绘制下摆线。前后腰线分别三等分做展开线。

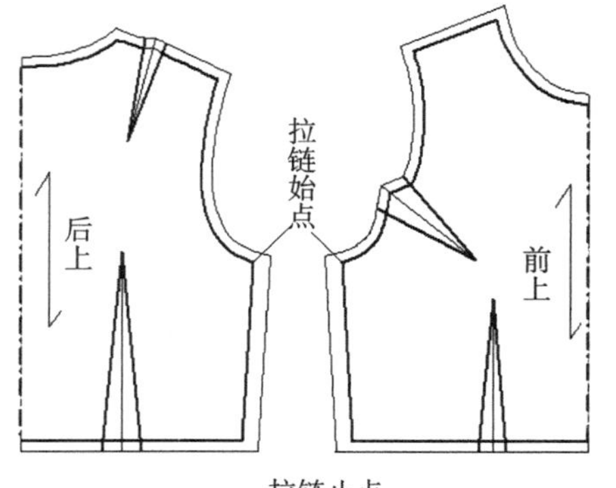

③ 展开下分割片的底摆线

以前后中线为基准线，向侧缝方向展开底摆量，前后片各展开18cm，总展开量为18cm × 4=72cm。重新绘制下摆线和腰围线。

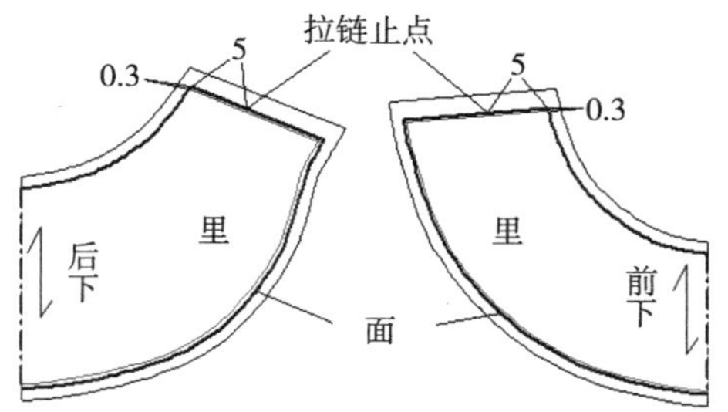

④ 完成样片

纸样加缝边，其中侧缝缝边宽度为1.5cm（加拉链）。

下分割片可做双层，里层要比外层稍小。

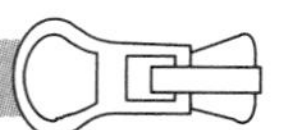

2. 合体型装袖上衣

款式分析：刀背缝，两片合体袖，前贴袋。

成衣胸围：84cm+10cm（放松量）=94cm

成衣腰围：68cm+8cm（放松量）=76cm

衣长：50cm

袖长：54.5cm

袖口：23.5cm

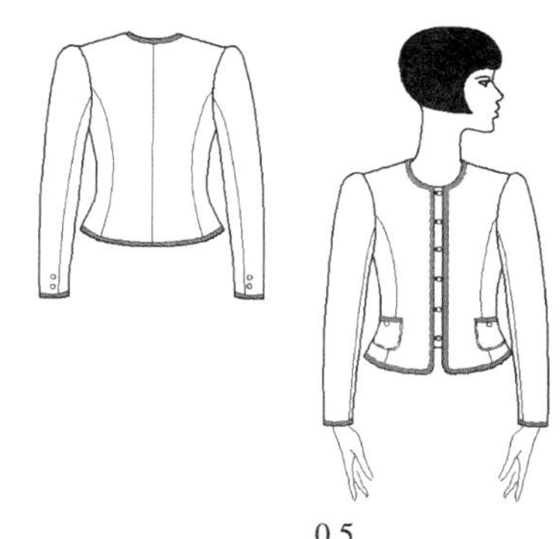

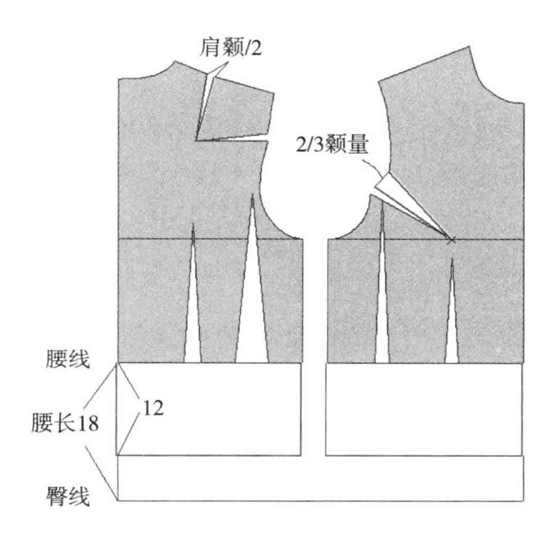

① 确定衣长

衣长−原型背长=增加的衣长量，后中线下延12cm，绘出新的底摆线。

后片肩颡转移一半颡量到袖窿，两个颡都作为吃势颡量放松。

前片袖窿颡留2/3的量，剩下的1/3作为前袖窿的吃势松量。

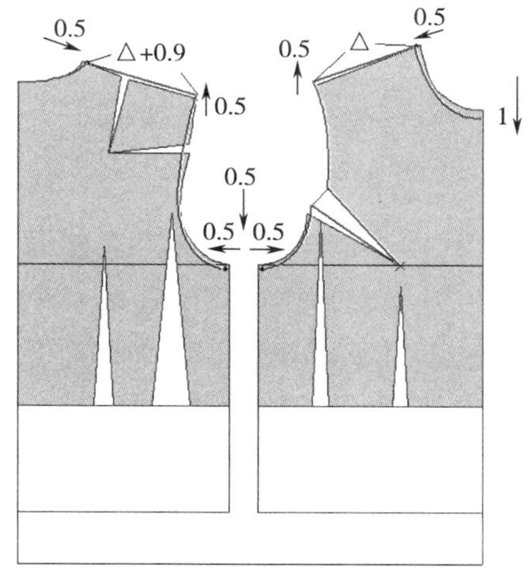

② 绘制新的上轮廓线

原型胸围松量与实际胸围松量的差值就是侧缝的加放量，即，（12cm−10cm）÷2=1cm，前后片各缩进0.5cm。袖窿深点下落0.5cm。肩点抬高0.5cm，前后横开领都扩大0.5cm，前领深下落1cm。

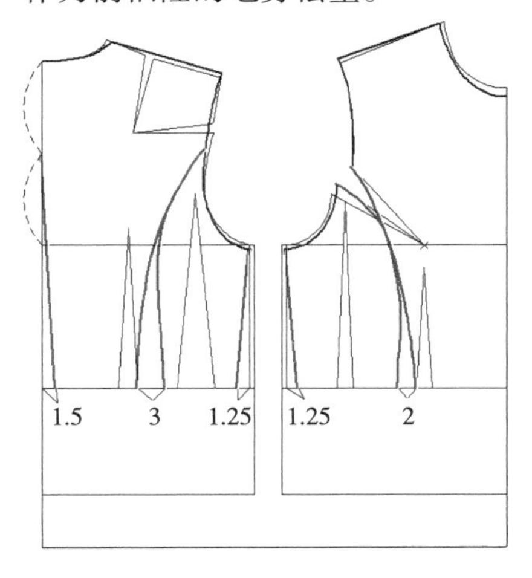

③ 绘制腰上刀背缝

成衣胸宽−成衣腰宽=腰部颡量。（94cm−76cm）÷2=9cm，这一半腰部颡量的分配方式：前胸颡量2cm；后腰颡量3cm；后中线颡量1.5cm；前后侧缝颡量各1.25cm。

绘制腰上刀背缝。

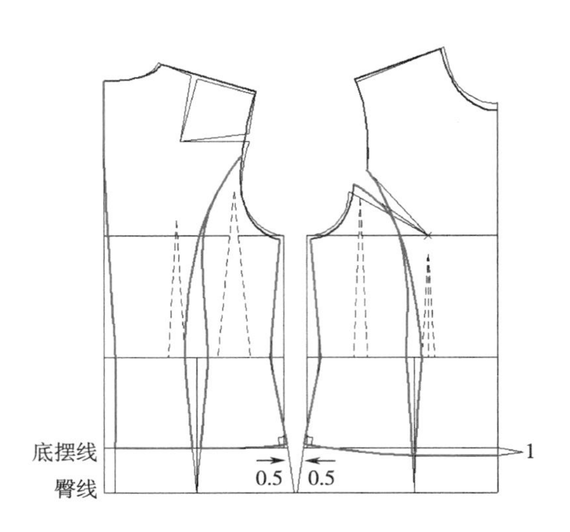

④ 绘制腰下籨和底摆线

将后中籨顺延垂直于臀围线，前胸籨和后腰籨籨尖落到臀围线上，前中线下落1cm，底摆侧缝处扩大0.5cm，做直角，绘制出新底摆线。圆顺侧缝腰线处。

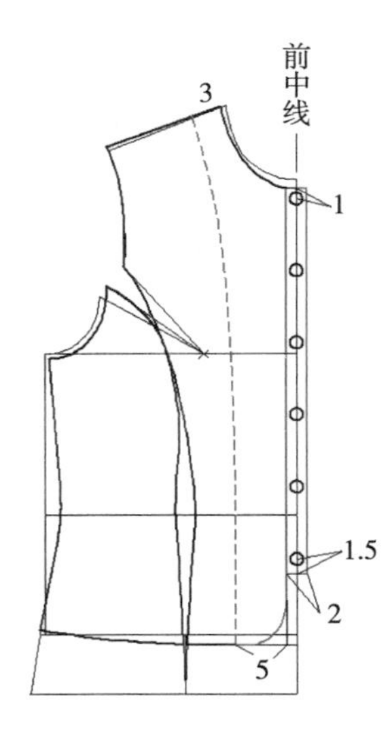

⑤ 绘制门襟和挂面

根据设计，设定门襟宽度2cm（前中线左右各1cm），确定扣位。

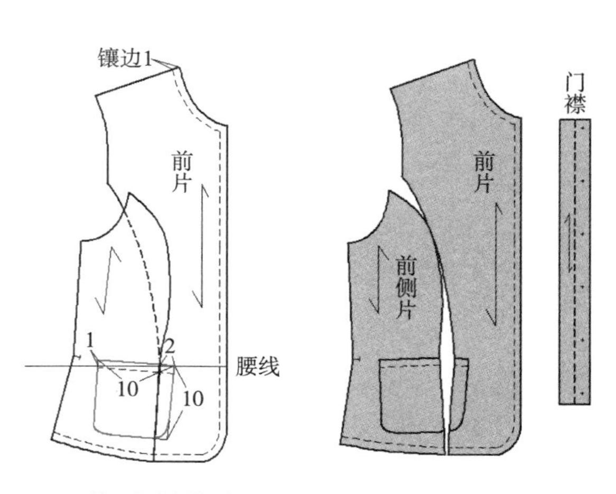

⑥ 绘制前贴袋

此款前贴袋为10cm × 10cm的圆角正方形，结构很简单。注意：如果想准确标注出前片和前侧片的贴袋位置，就必须先拼合刀背缝下部再绘制贴袋位置。

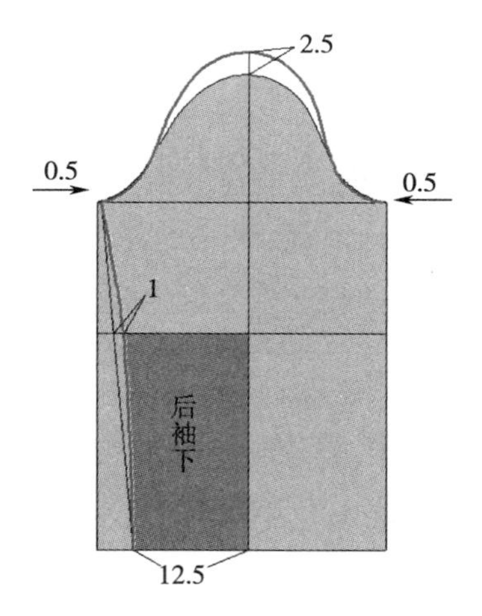

⑦ 在原型袖基础上绘制合体一片袖1

根据衣身袖窿尺寸，原型袖山高加2.5cm，前后袖肥分别减去0.5cm。

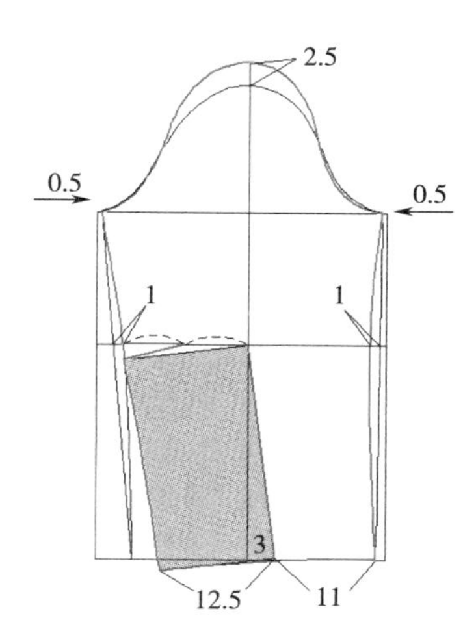

⑧ 在原型袖基础上绘制合体一片袖2

袖中缝偏量为3cm，绘制有袖肘颡的一片合体袖。

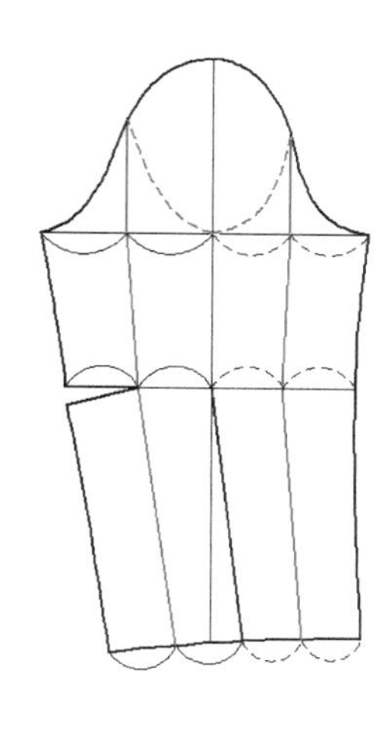

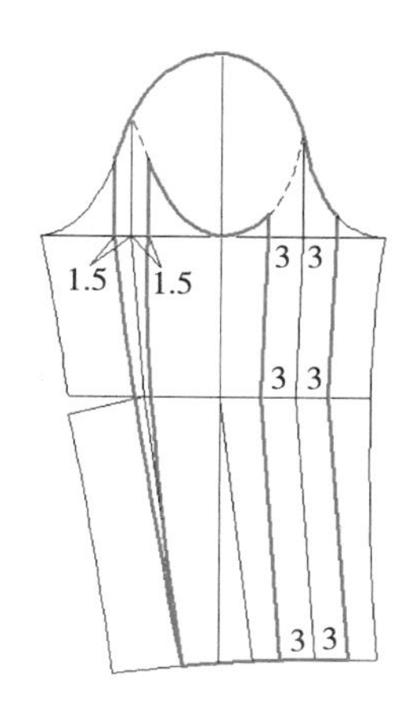

⑨ 绘制合体两片袖

在一片合体袖基础上绘制合体两片袖。前袖偏量3cm，后袖偏量1.5cm。

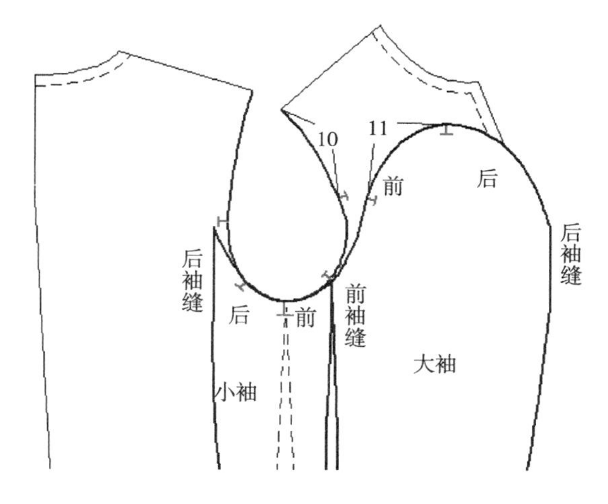

⑩ 标出对位点

分别标出袖窿与袖山的对位点。标注方法参照前面讲到的两片袖对位。（详见本书94页）

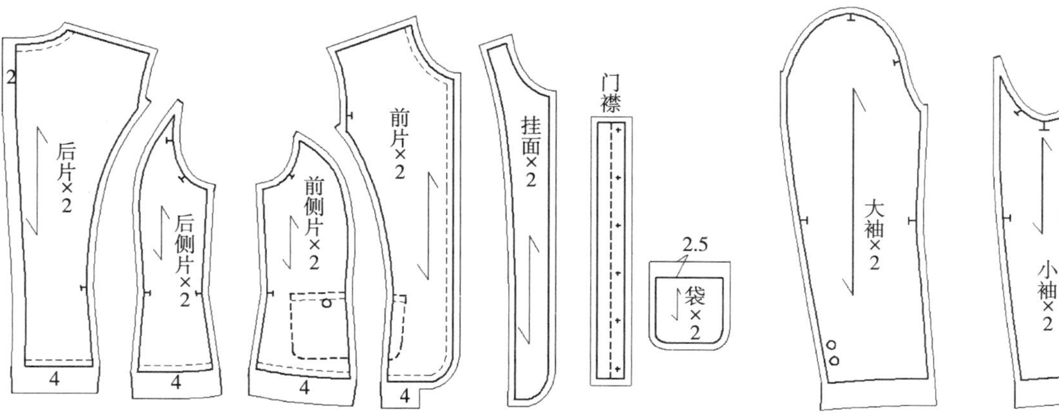

纸样加缝边后的效果如图所示。

3. 较宽松型上衣

款式分析：箱型廓形，落肩袖，领口部活褶。

成衣胸围：84cm+20cm（放松量）=104cm

衣长：43cm

袖长：43cm

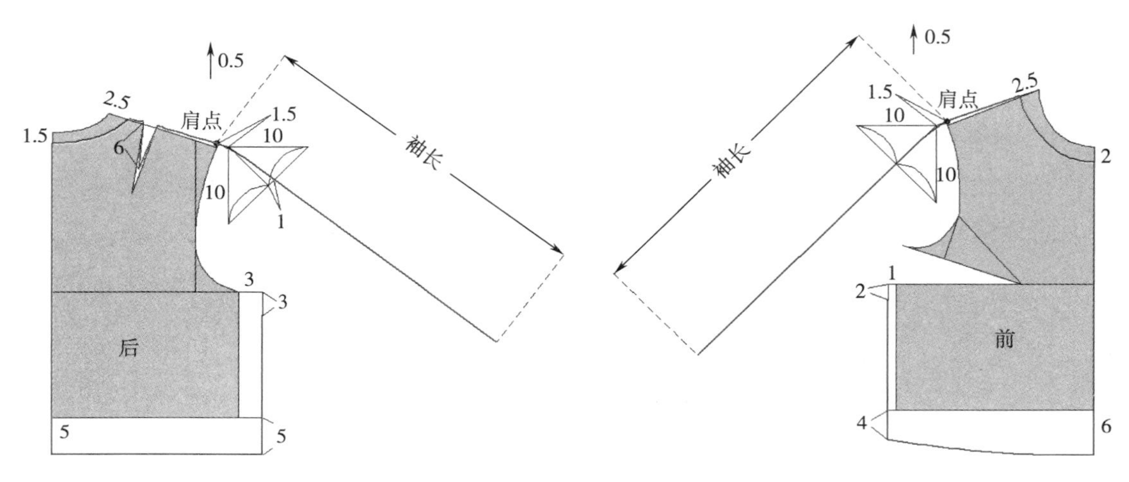

① 绘出插肩的衣身部分和袖中缝的倾斜角度

20cm（实际胸围松量）-12cm（原型胸围放松量）=8cm（加放量），（20cm-12cm）÷2=4cm，将这一半的加放量本着后多前少的原则分配，即后片胸围加量3cm，前片胸围加量1cm。此款的前后肩点抬高量为0.5cm（0.5~1cm），加臂厚1.5cm（1.5~2cm），完成新的前后肩线。

在新的肩线端点做辅助的水平线和垂直线，长10cm。根据等腰三角形，确定前袖的倾斜角度为45°，后袖上抬1cm。

插肩袖绘图方式参照两片插肩袖。

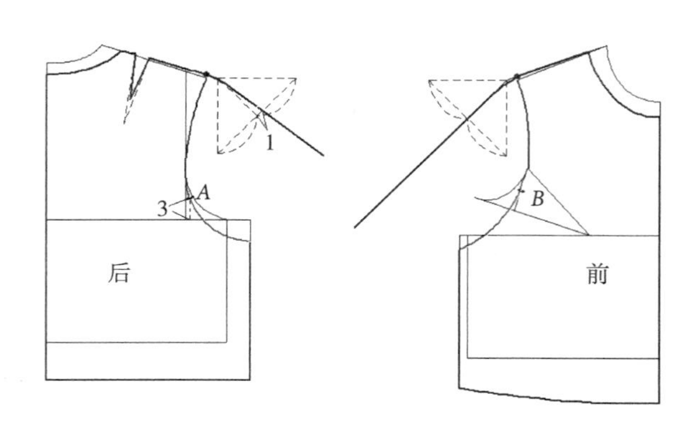

② 确定前后交叉点B、A

在新的袖窿下弧线上确定衣身与袖子的交叉点。

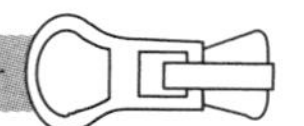

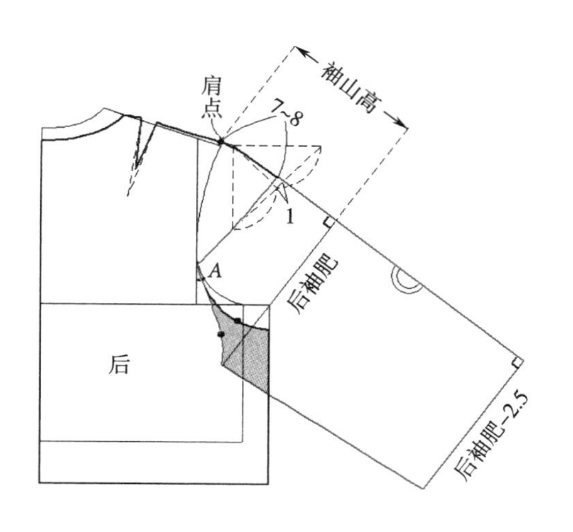

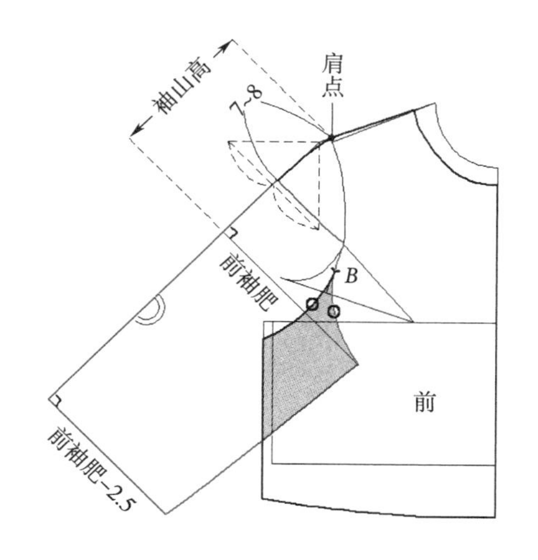

③ 确定插肩分割线

从交叉点A处绘制后插肩袖的袖底弧线，长度等于衣身交叉点处的袖底弧线。根据后袖山高、后袖肥绘出前袖山高和前袖肥，前袖山高=后袖山高，前袖肥=后袖肥−（0.5~1cm）。在袖中缝上距离肩点7~8cm处绘制插肩分割线。

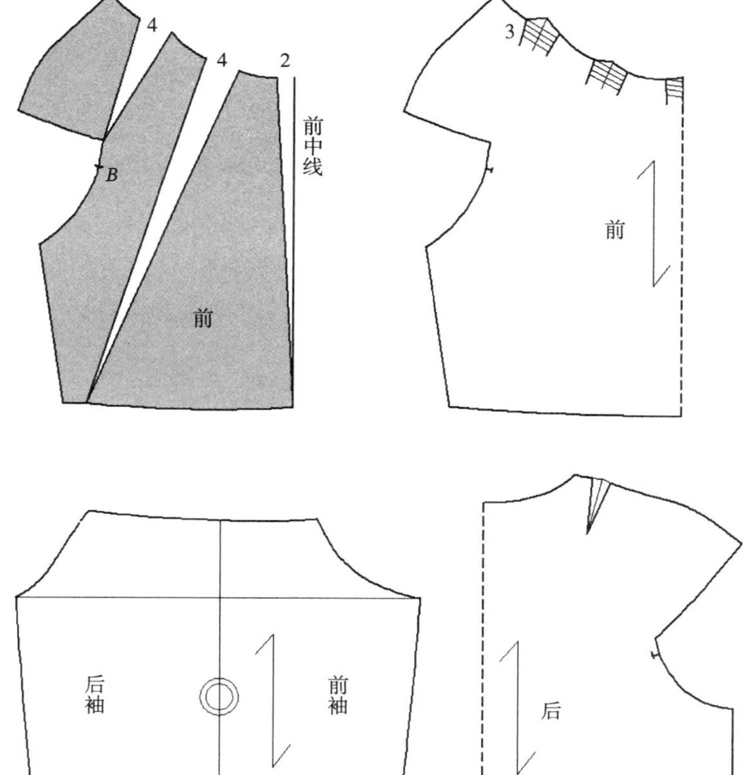

④ 前片领口展开做褶

领口处三等分，前中线左右两边各展开两个半褶量。

完成前片。

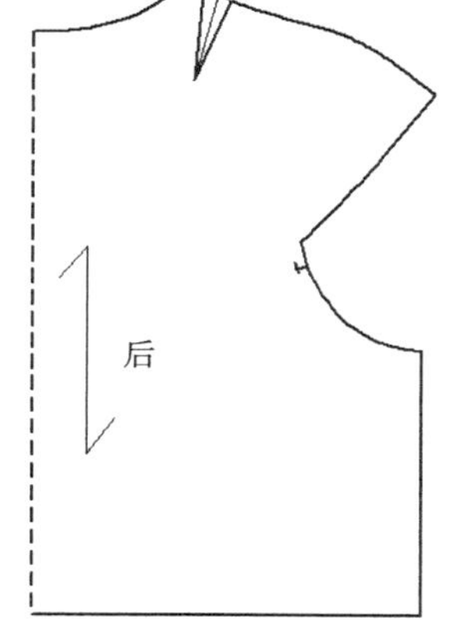

⑤ 完成袖片和后片

合并袖中缝线，前后袖缝线各下延1cm，圆顺袖口线。

完成袖片和后片。

4. 宽松型上衣

款式分析：宽松梯形，前短后长，落肩袖，针织高领。

成衣胸围：84cm+26cm（放松量）=110cm

衣长：78cm（后），64cm（前）

袖长：54cm

袖口：18cm

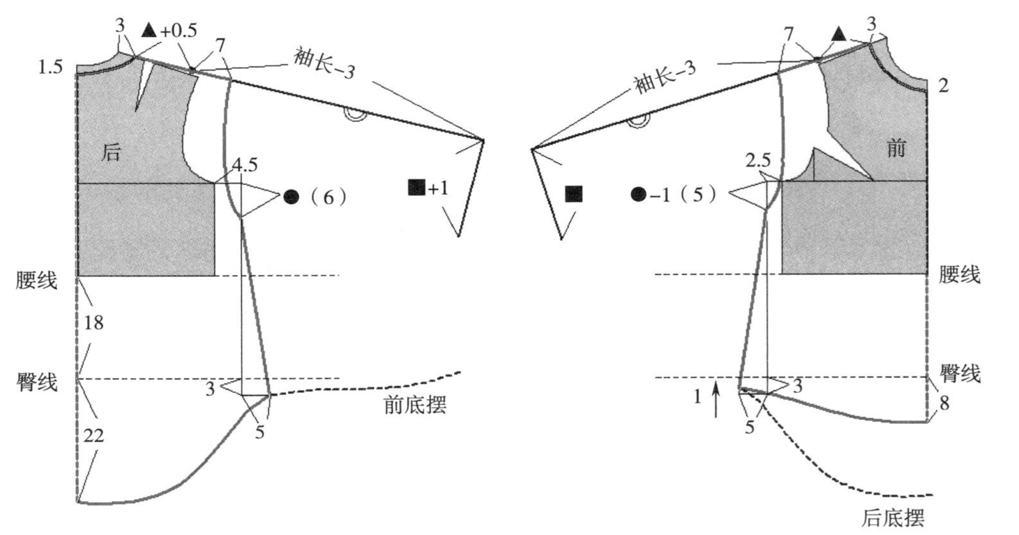

① 绘出衣身部分和插肩的袖中缝

26cm（实际胸围松量）-12cm（原型胸围放松量）=14cm（加放量），（26cm-12cm）÷2=7cm，将这一半的加放量本着后多前少的原则分析，即后片胸围加量4.5cm，前片胸围加量2.5cm。

后袖窿深下落6cm，前袖窿深下落5cm。

向下顺延新的前后胸围宽，确定侧缝底摆为臀线以下3m处，分别向外扩展5cm，绘出侧缝线。

前中长：臀线向下8cm，后中长：臀线下落22cm。

绘出前后底摆弧线。

根据设计，前后横开领都扩大3cm，前、后领深分别下落2cm和1.5cm，绘出新领口线。

前肩点抬高量为0.5cm，顺延新前肩线，绘出袖中缝：袖长（54cm）-袖口宽（3cm）=51cm，确定落肩量为7cm（肩点向下7cm）。后袖中缝相同。

前袖口（图中黑色方形）=袖口/2+袖口褶量=18cm÷2+7.5cm=16.5cm，后袖口=前袖口+1cm，即17.5cm。

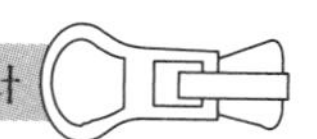

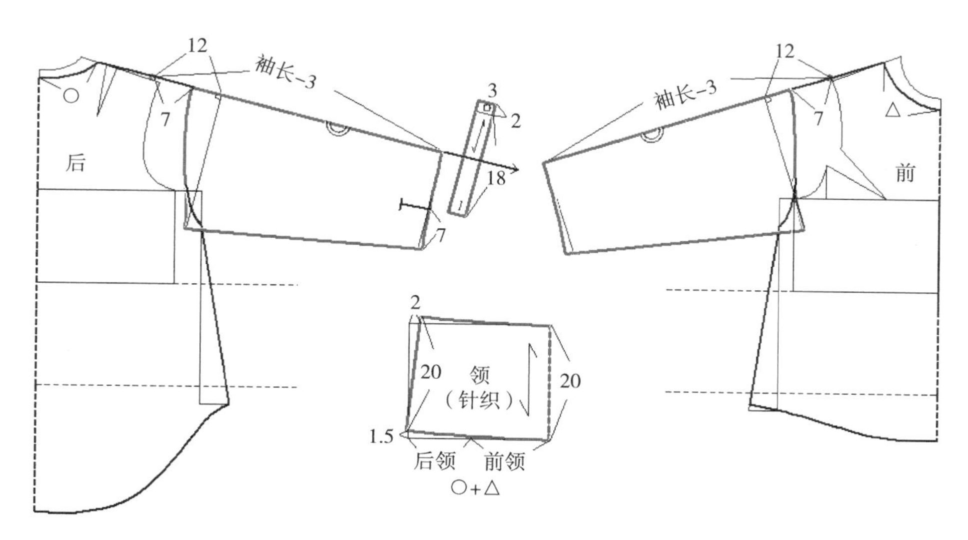

② 确定插肩分割线

在新的袖窿下弧线上确定衣身与袖子的交叉点，从交叉点处绘制后插肩袖的袖底弧线，长度等于衣身交叉点处的袖底弧线。

根据后袖山高12cm（注意从肩点算起）和后袖肥绘出前袖山高和前袖肥，前袖山高=后袖山高，前袖肥=后袖肥。在袖中缝距离肩点7cm处绘制插肩分割线。

③ 绘制袖口条

后袖口处从袖缝线向上7cm的位置绘出袖开叉，从此处开始绘制袖口条，平行于袖口线，袖口条长度=18cm（袖口）+2cm=20cm，宽度=3cm。

④ 绘制高领

首先测量出衣身前后领口弧线的长度和，即领围的1/2，以此为长，宽为领高20cm，做矩形。也可以绘成梯形，且后领起翘1.5cm。

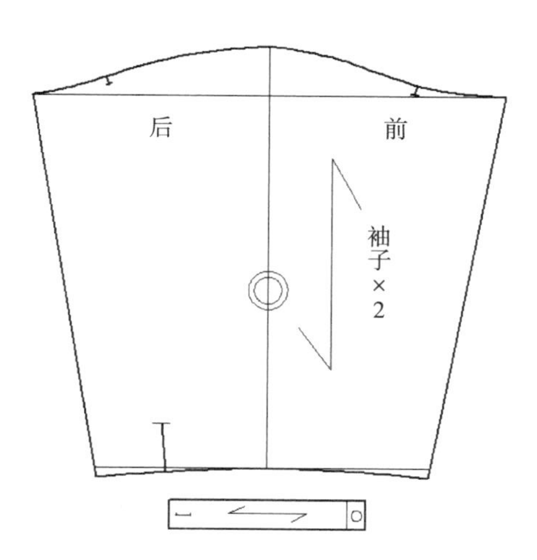

⑤ 前后袖子样片合并完成袖片。

第四章 下装结构变化与纸样设计

第一节　裙子结构变化与纸样设计

一、裙子结构变化

（一）裙子分类

根据裙子的长度可分为：超短裙、短裙、及膝裙、中长裙、长裙、拖地裙等。

根据裙腰的高低可分为：无腰裙、低腰裙、中腰裙、高腰裙等。

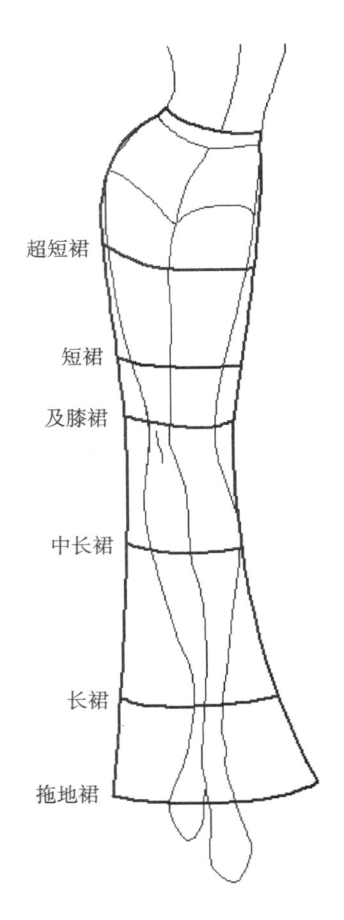

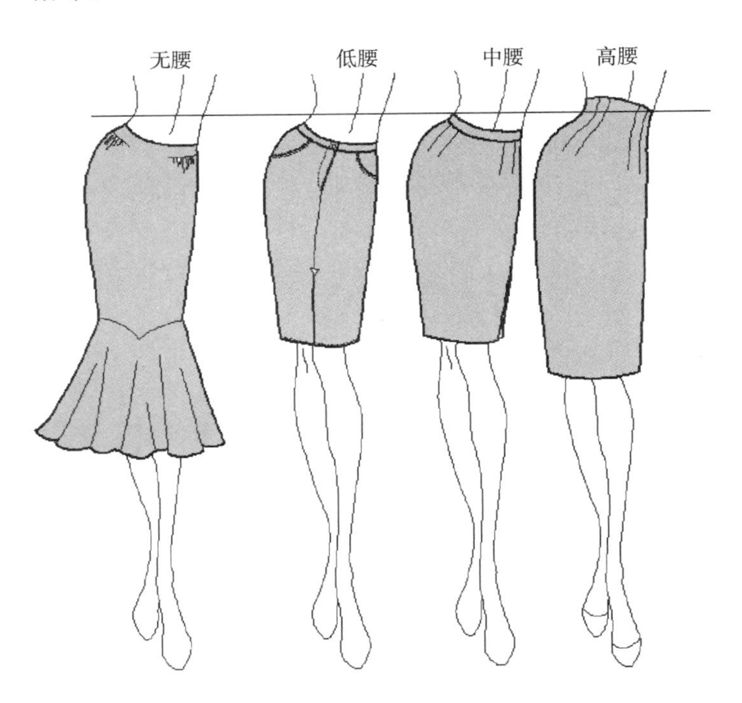

根据裙子的外形可分为：紧身裙、筒裙（H型）、喇叭裙（上窄下宽型）、花苞裙（上宽下窄型）、泡泡裙（上下均丰满型）、鱼尾裙等。

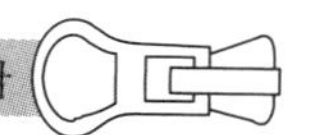

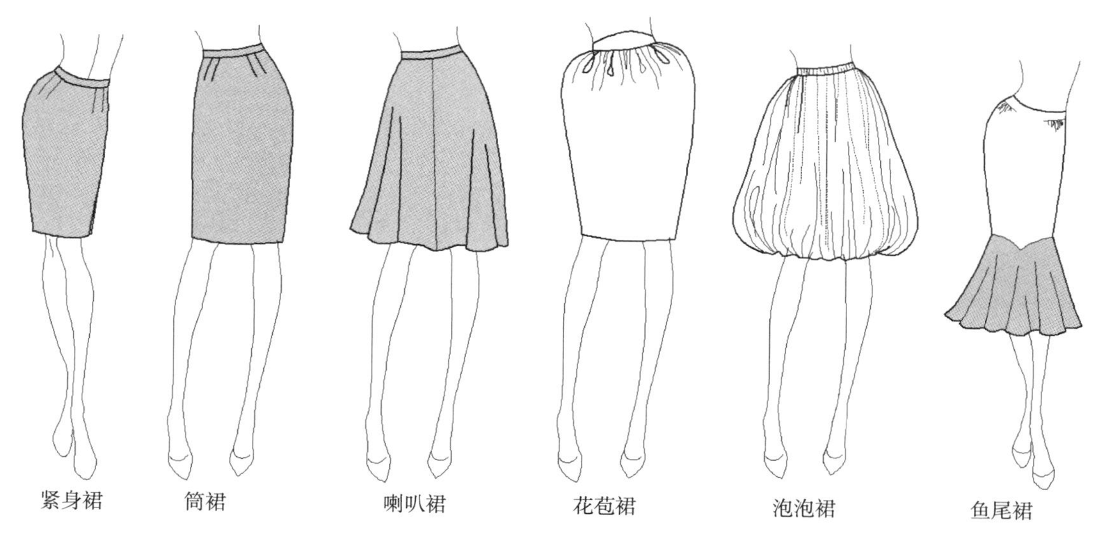

（二）裙子结构分析

裙子放松量：腰部是裙子主要的支撑部位，因此腰围的放松量不能过大，以0~2cm为宜，合体裙子的臀围放松量为4~6cm。

合体筒裙和丰满褶裙的原理图解：

布料围裹在腰部以下，形成圆柱形，此时臀部贴体，将腰围处的多余面料进行收颡，这就是腰颡。装上腰头后，完成合体筒裙（原型裙），利用原型裙可以进行多种多样的裙型变化。用宽大的面料围裹，将腰围处的多余面料进行褶裥处理，就形成了丰满宽松的褶裙。

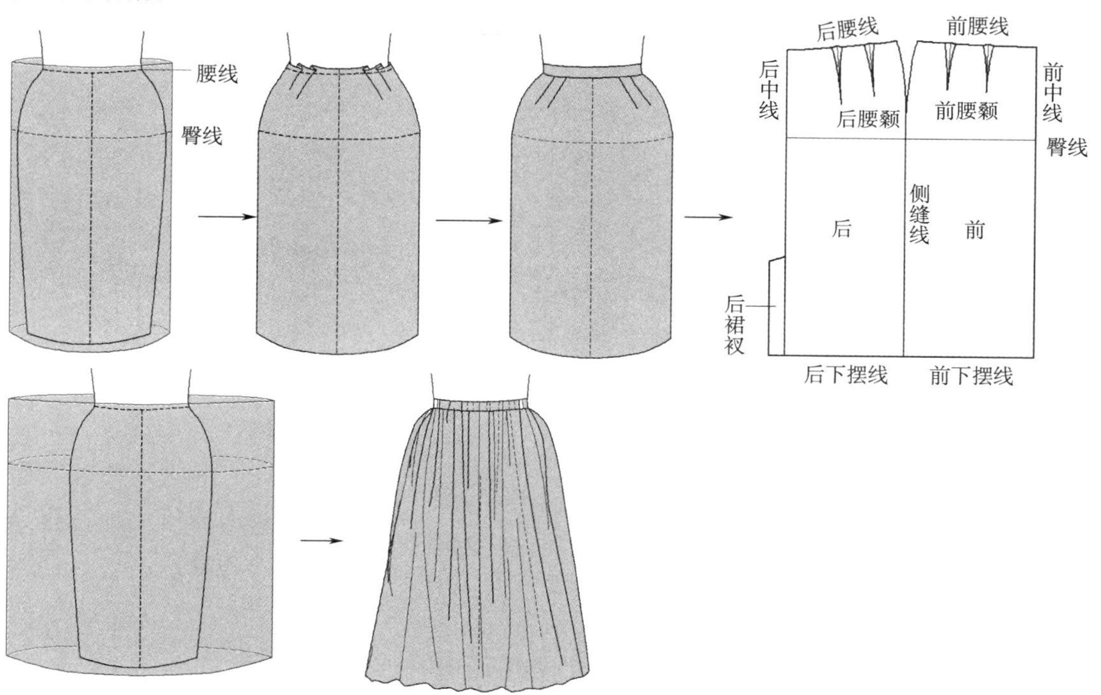

（三）裙原型

裙长：63cm

腰头：3cm

成衣腰围：68cm+2cm=70cm

成衣臀围：92cm+4cm=96cm

腰长：18cm

① 绘制裙原型的轮廓线

绘制矩形，长=裙长−3cm（腰头宽），宽=臀围/2+2cm（放松量）。绘出臀围线，腰线向下18cm（17~19cm），即腰长。绘制前后侧缝线，臀线的中心向左（后片）偏移1cm，即前后臀差为2cm，前臀>后臀。

前腰长=腰/4+0.5cm（松量）+1cm（前后差量），后腰长=腰/4+0.5cm−1cm，腰线处减去前后腰长后，将侧缝处的腰臀差量前后分别三等分。

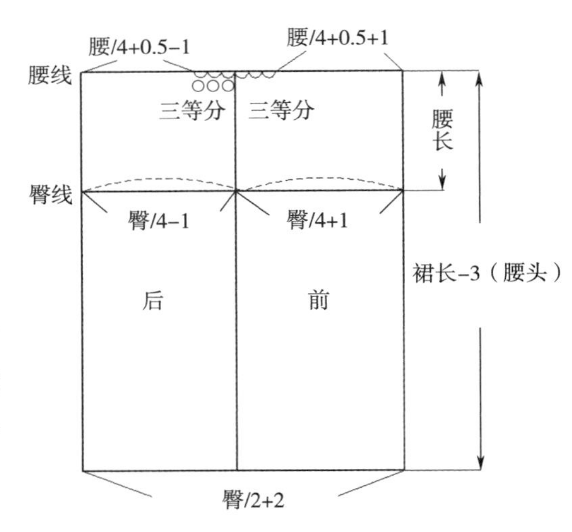

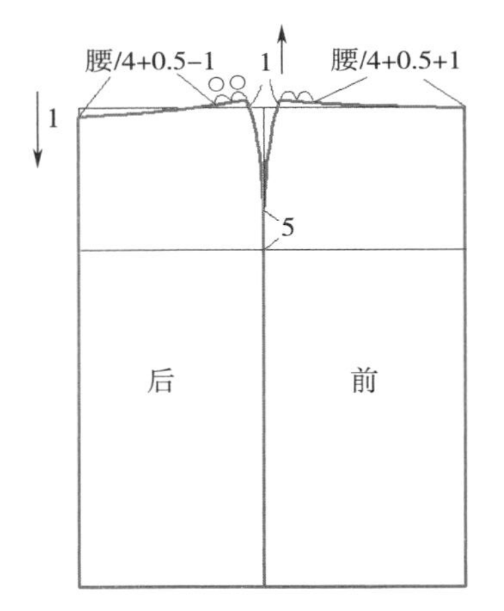

② 绘制裙腰线

绘制前腰线：腰/4+0.5cm+1cm+前腰臀差×2/3（三等分中的两份，即两个额量）。同样的方法完成后腰线。前后侧缝分别上翘1cm（0.7~1cm），后中线的腰部下落1cm。

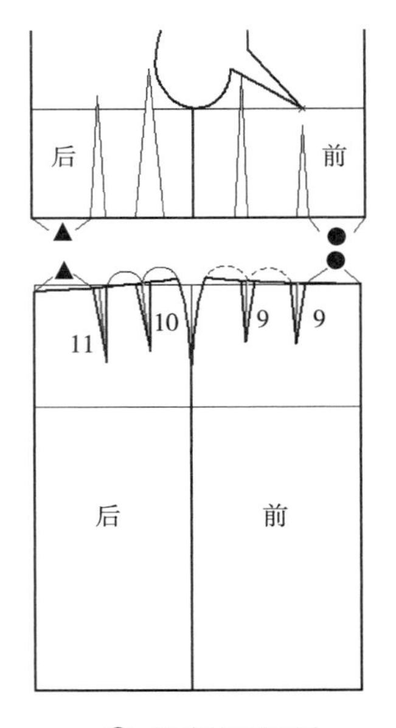

③ 绘制裙腰褶

将裙褶的位置调整与上衣褶道位置一致，这样可以满足一些高腰和连身裙款式的需要。

④ 绘制内弧形裙腰褶

将裙褶的褶线做成内弧形更加符合人体造型。

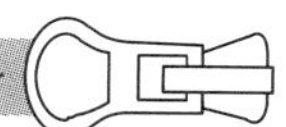

二、裙子纸样设计

（一）直筒裙

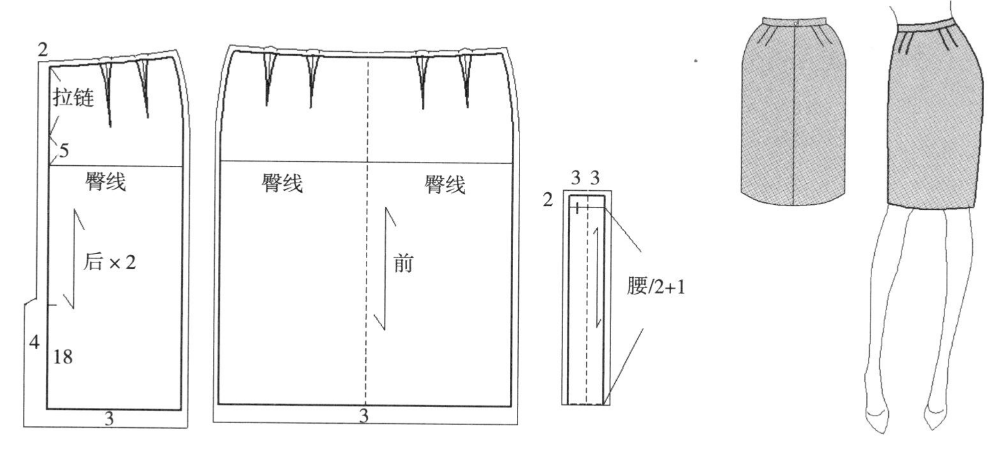

原型裙加缝边（注意各部分的缝边宽度），做后开衩（满足行走），后中拉链（满足穿脱），标注出拉链位置，拉链起点：腰线，拉链止点：臀线以上5cm。绘制矩形做腰头，后中的腰头开合处为纽扣，腰头多出2cm的交叠量，标出扣眼位置，一般腰头里外两片缝合处理，也可以折叠处理。

（二）紧身裙

款式分析：裙长到膝位，下摆内收，右侧拉链，两侧开衩。

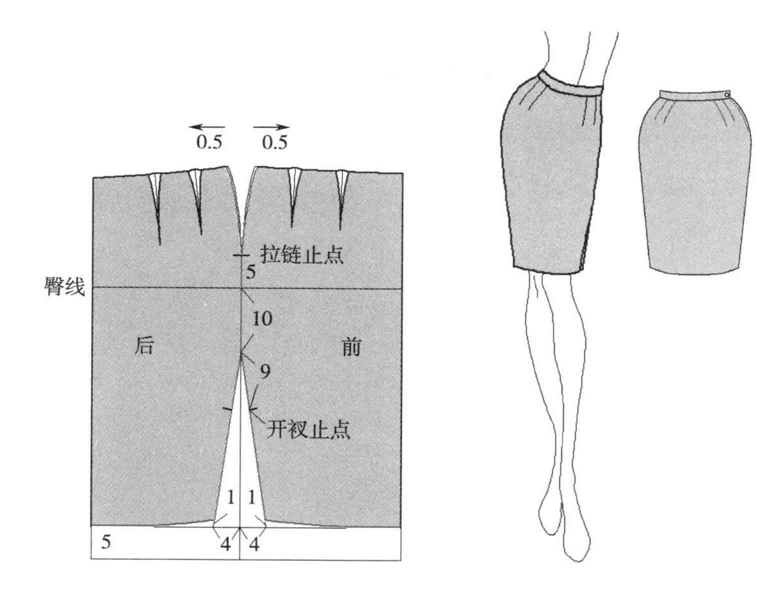

此款紧身裙为下窄型，两侧开衩，腰部放松量为0。在原型裙基础上绘制，前后片侧缝腰线部各去掉0.5cm。

拉链要装在身体右侧，方便运用右手。

（三）A型裙

A型裙，腰臀合体，底摆稍宽型，侧拉链。下面以单、双颡道的A型裙结构为例，来讲解在原型裙基础上的两种下摆展开方法。

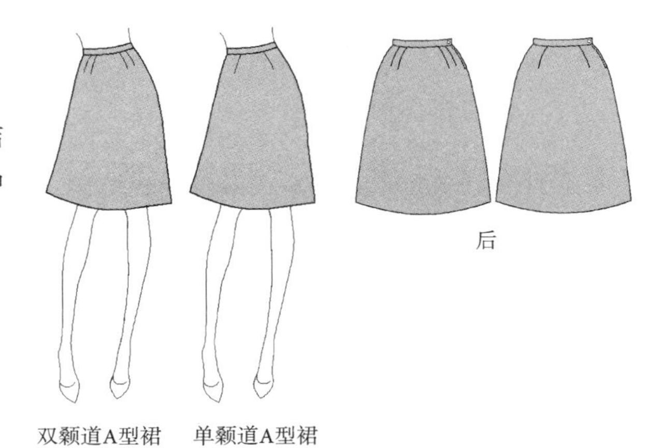

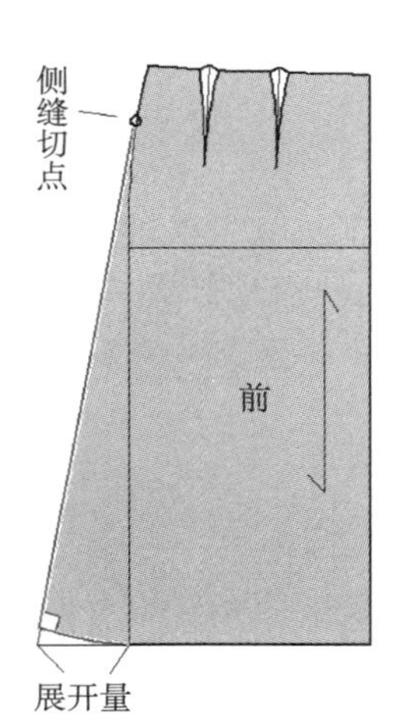

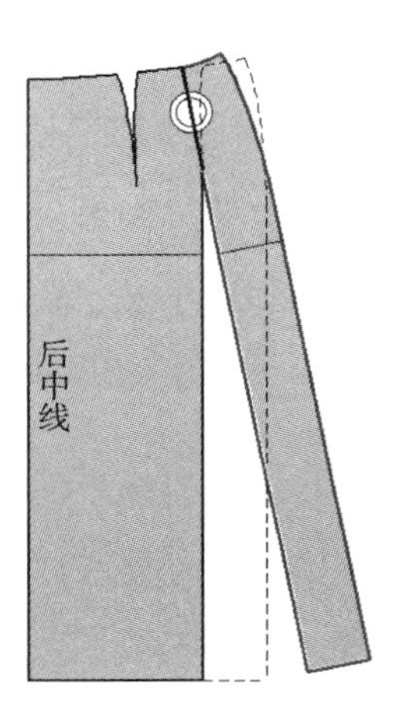

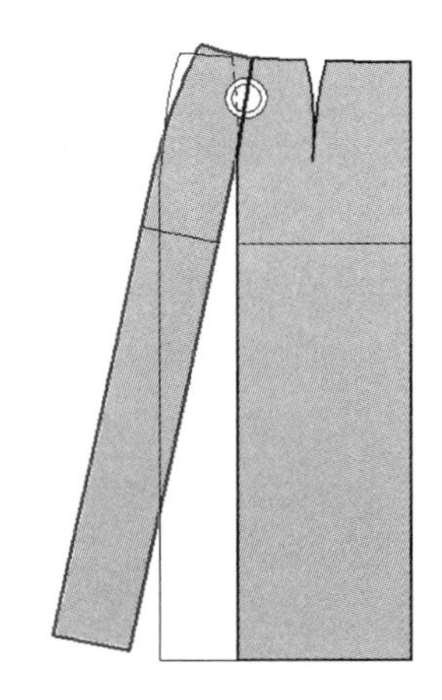

● 双颡道A型裙

此款直接在侧缝处展开。

● 单颡道A型裙1

将接近侧缝的颡线取直，从颡尖做垂直于底摆的分割线。剪开分割线，合并颡道，下摆自然展开。

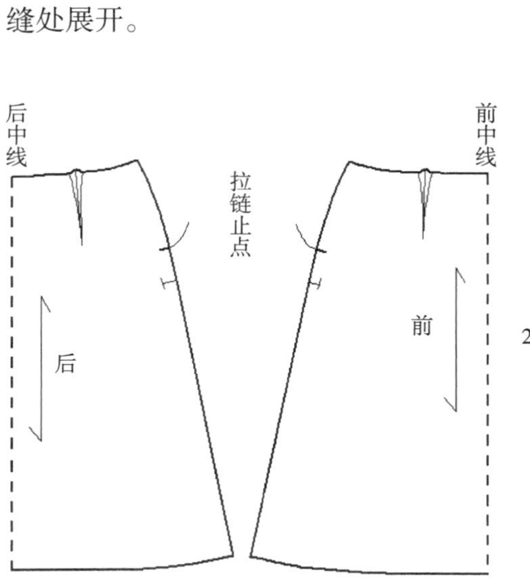

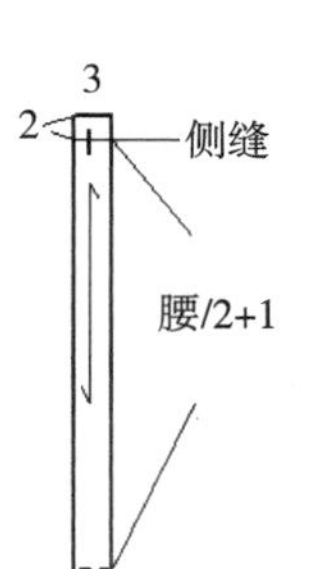

● 单颡道A型裙2

标出侧缝线处臀围和拉链止点的对位点，画出腰头，完成。

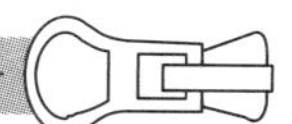

（四）喇叭裙

喇叭裙，呈上窄下宽型，下摆比A型裙更加宽大，形成自然垂褶。

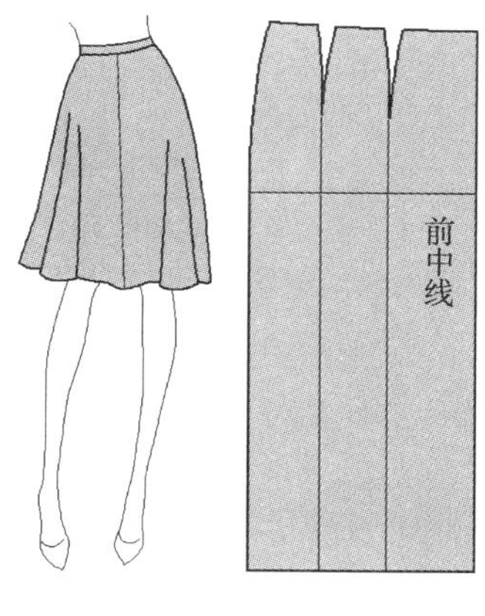

① 绘制分割线

在原型裙上，从两个颡尖做垂直于底摆的分割线。

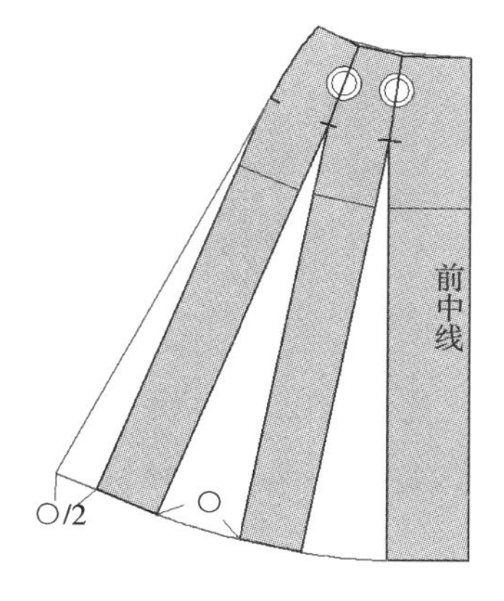

② 小喇叭裙

将颡线取直，合并颡道，下摆展开。

侧缝处展开量参考颡道合并转移后的展开量。

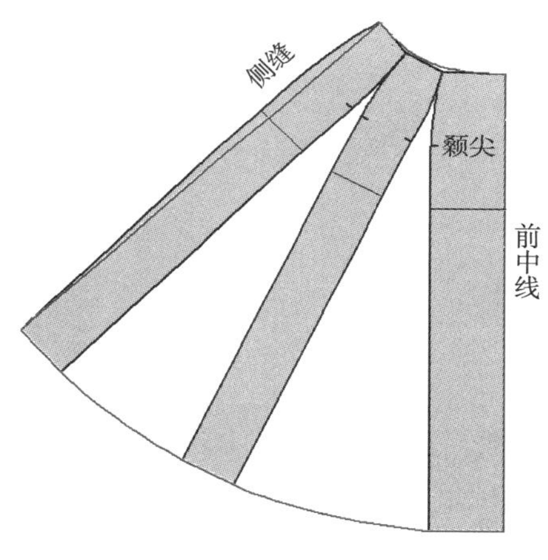

③ 大喇叭裙

合并内弧形颡道，只闭合颡道的上半部，颡尖处是展开的状态，下摆展开更加宽大。

此时的臀围不是合体状态，侧缝线直接取直。修正腰线，完成。

各种纱向效果：

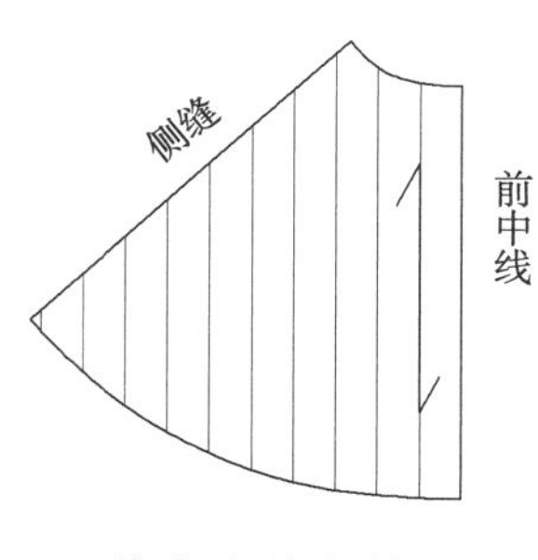

• 前中直纱向效果

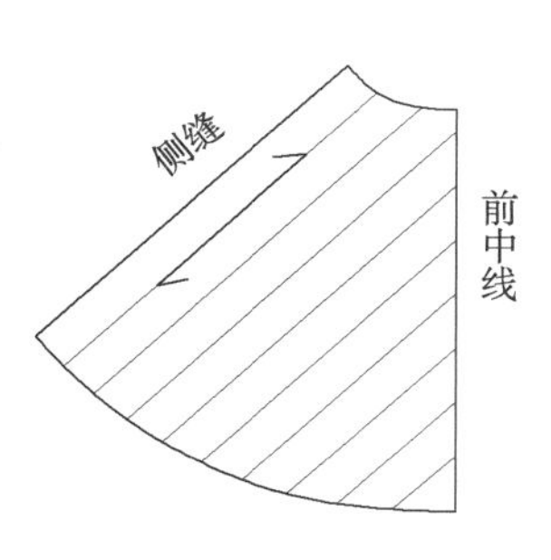

• 侧缝直纱向效果

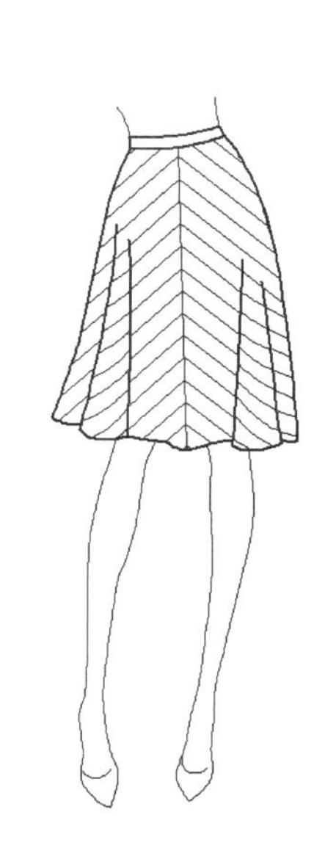

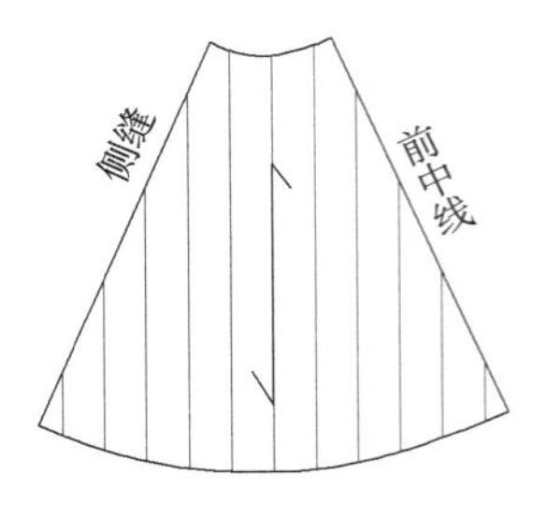

● 前侧直纱向效果

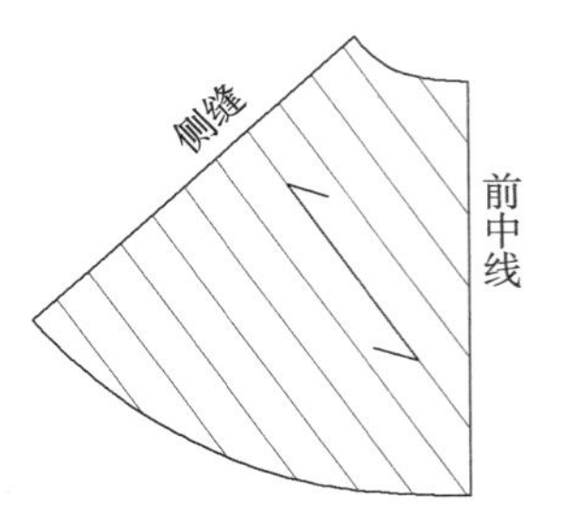

● 前中斜纱向效果

（五）圆台裙

圆台裙也属于喇叭裙，下摆宽大飘逸。根据裙子外形的大小，分为半圆台裙和圆台裙。

1. 半圆台裙

半圆台裙，展开整个裙子呈半圆形。

裙长−腰头
腰/π
前后侧缝
后腰
1
前、后中线
前后侧缝
2~3

① 半圆台裙的1/2外造型

难点是要绘出半圆的圆弧长=腰围。圆的周长=2×半径×圆周率π，半圆的圆弧长=半径×圆周率π，已知腰围=半圆的圆弧长=68cm，那么，半径=腰围/圆周率π=68÷3.14≈21.7cm。计算出圆半径就可以画出圆周/4，在圆周/4上画出腰围的1/2。

前后裙片基本一致，唯一的区别在于腰线，后腰要比前腰下落1cm。

前后中线为斜纱向，斜丝面料在垂落时会增加长度，为了使裙子的底摆弧线圆顺，要将前后中的底摆处缩短2~3cm。

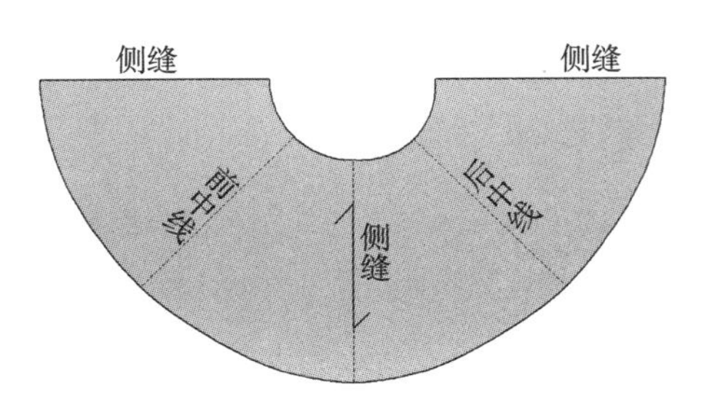

② 半圆台裙展开效果

拉链需要装在身体右侧侧缝，因此需要拼合的侧缝一定要放在右侧。

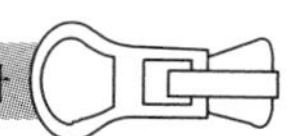

2. 圆台裙

圆台裙，展开整个裙子呈圆形。

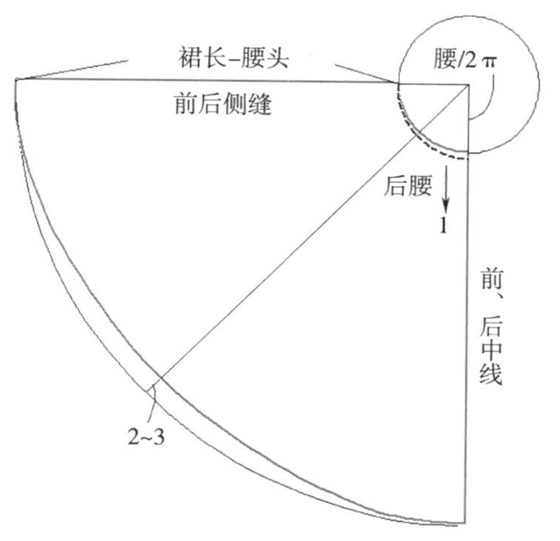

① 圆台裙的1/4外造型

腰围长度=圆周长，圆半径=腰围÷2π，圆半径=68cm÷2π≈11cm，计算出圆半径就可以画出圆周。

前后裙片基本一致，唯一的区别在于腰线，后腰要比前腰下落1cm。

前后中线为直纱向，斜丝面料处缩短2~3cm的长度。

② 圆台裙展开效果

两侧侧缝线缝合，身体右侧侧缝装拉链。

3. 手帕裙

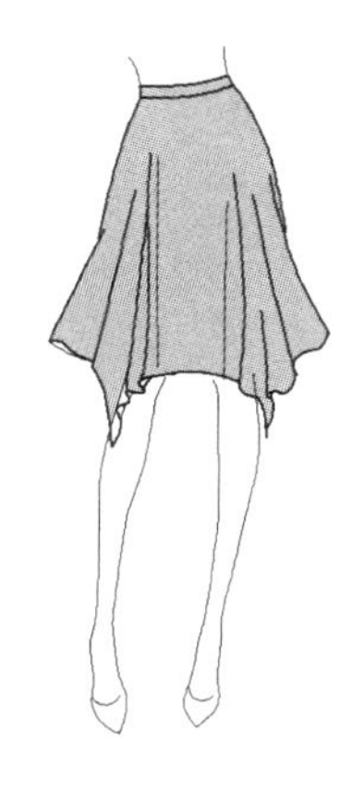

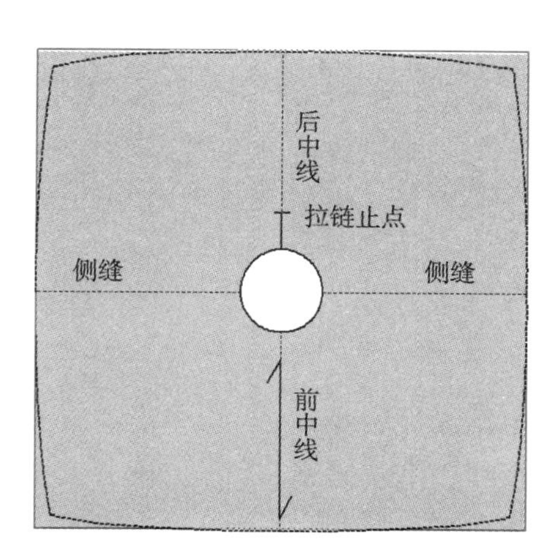

手帕裙展开效果：

手帕裙展开是没有拼缝线的方形或近似方形，结构制图与圆台裙相同。四个边角的造型变化会产生不同的效果。

（六）多层裙

款式分析：多片喇叭状裙片，采用上层盖压下层的方式，形成层叠的效果，裙片逐渐增大，使其整体呈喇叭形。

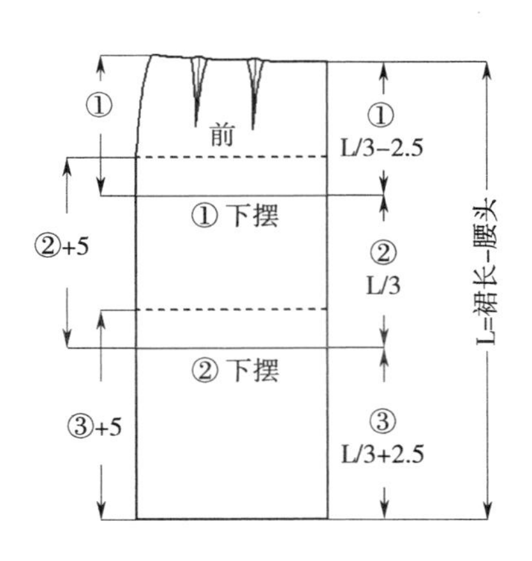

① 确定多层裙的下摆线与拼接线

首先，在原型裙上绘出三层裙的下摆线（红实线和原型底摆线），根据款式设计下层比上层多2.5cm。

分别确定第二、三层裙与上层裙的拼接线（虚线），要高于上层下摆线5cm。

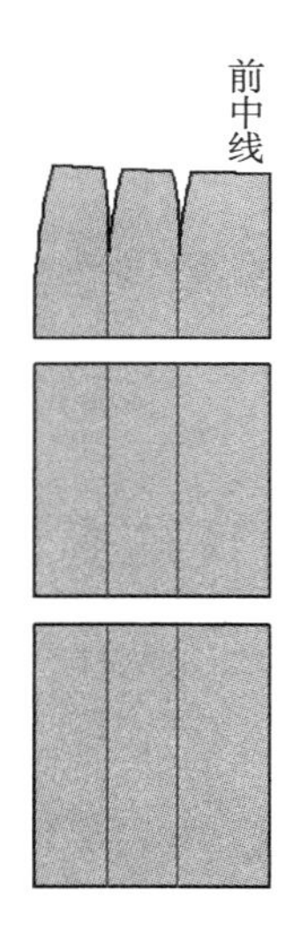

② 分割层裙

首先，从额尖绘制垂直展开线。确认每个层裙的拼接线与下摆线后，分割层裙。注意，第二、三层裙的拼接线是上分割线，下摆线是下分割线。

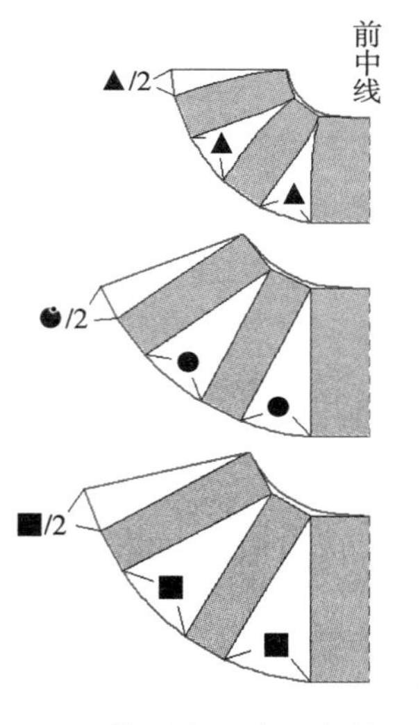

③ 展开每层的下摆线

根据设计展开各层下摆线，下层裙展开量要大于上层裙。

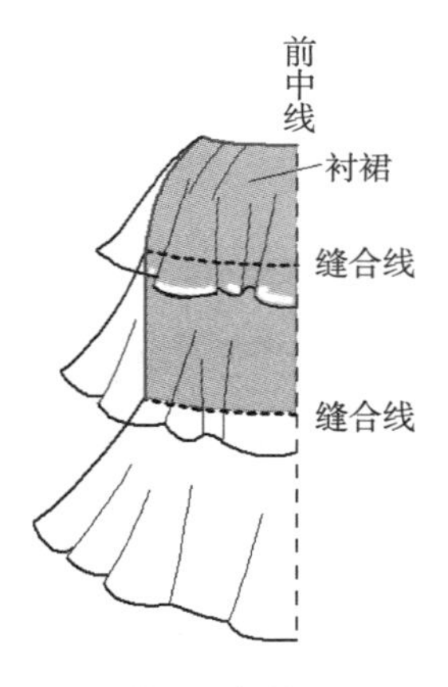

④ 缝合效果

衬裙可以采用没有展开前的原型裙，其底摆线为第三层的拼接线。

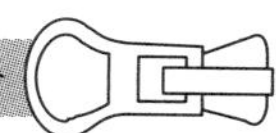

（七）拼条裙

1. 六片拼条裙

款式一：六片喇叭裙

此款式为六个分割片的喇叭裙，腰臀部合体，底摆呈喇叭形。底摆展开起点定在臀线上，如果臀部宽松，展开起点可以定在腰线上。

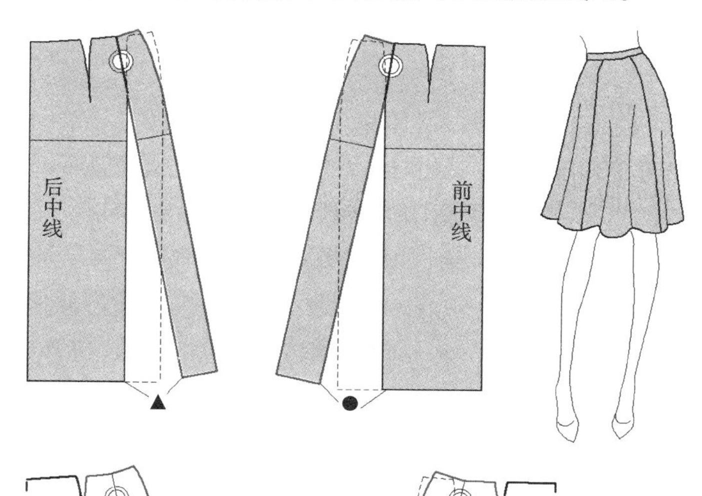

① 合并一个腰褶变为A型裙

将接近侧缝的褶线取直，从褶尖做垂直于底摆的分割线。剪开分割线，合并褶道，下摆形成一定的展开量。

② 加大底摆量形成喇叭状

从另一个褶尖做垂直展开基准线。根据款式，从臀线开始，基准线两侧展开相同的量（与合并腰褶形成的下摆展开量相等），展开线与底摆的延伸线相交成直角，这是两个裙片的交叉重叠量（暗影部）。

侧缝处展开一半的量。

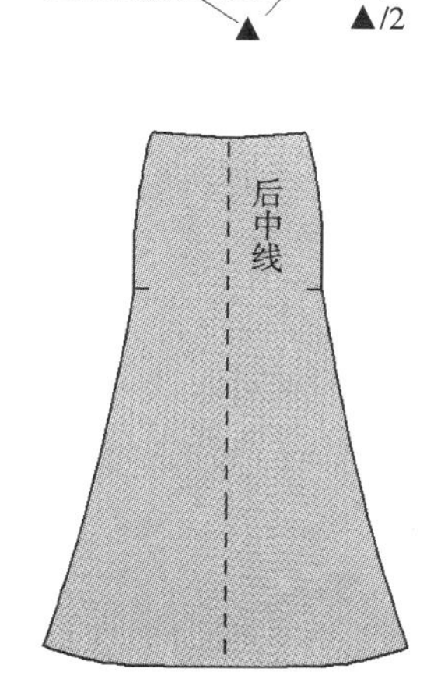

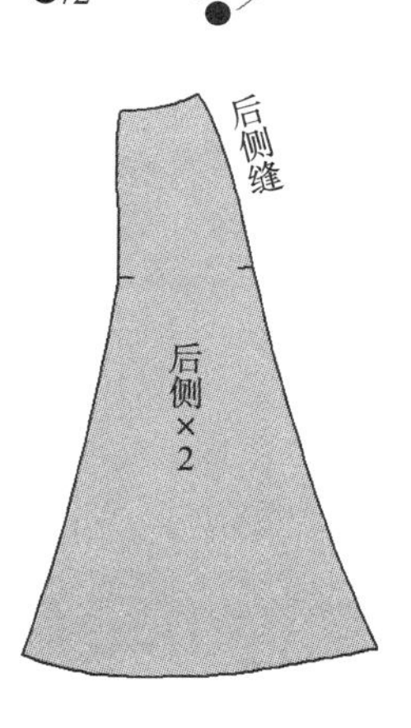

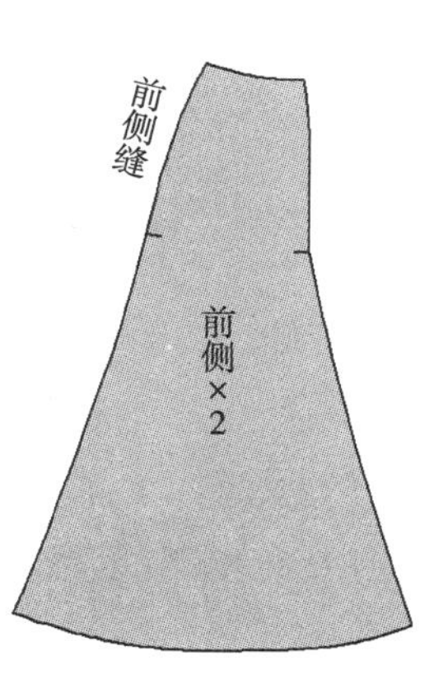

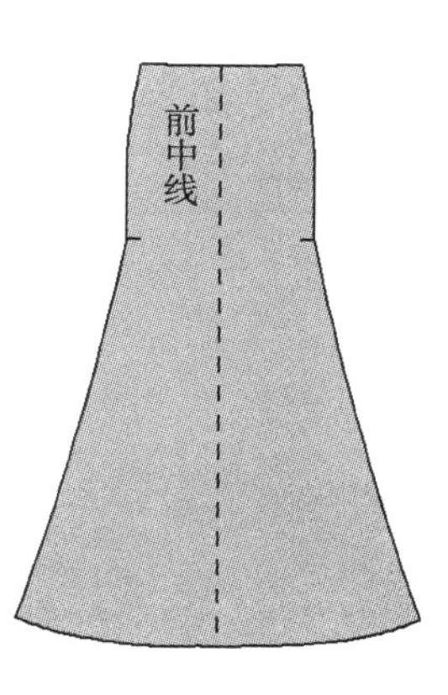

③ 完成纸样效果

前、后中裙片各一片，前、后侧裙片各两片，共六个裙片。

款式二：六片鱼尾裙

鱼尾裙，裙子上半部呈紧身型，体现人体曲线，下半部呈喇叭形，整个造型形似鱼尾。六个分割片形成六片鱼尾裙。

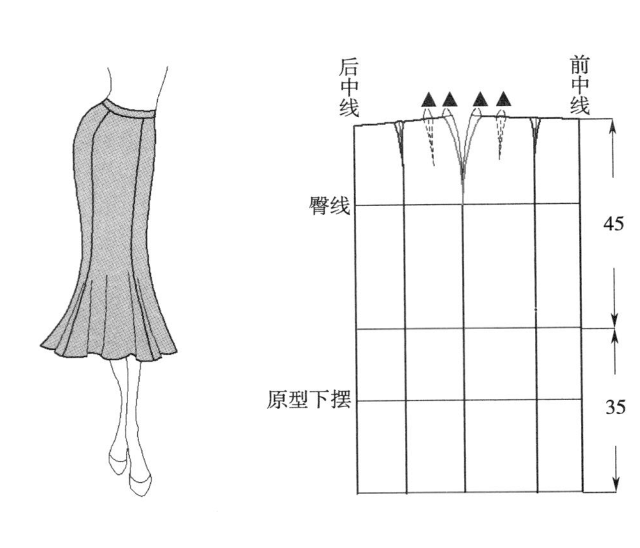

① 确定喇叭形的开始位置线和底摆线

将接近侧缝的一个褶量从侧缝处去掉。从另一个褶尖做垂直于底摆的展开基准线。前后片相同。

确定喇叭形的开始位置线：腰线以下45cm（根据体型调整，最少要在膝位线以上5cm，否则影响活动）。

确定喇叭部的裙长。

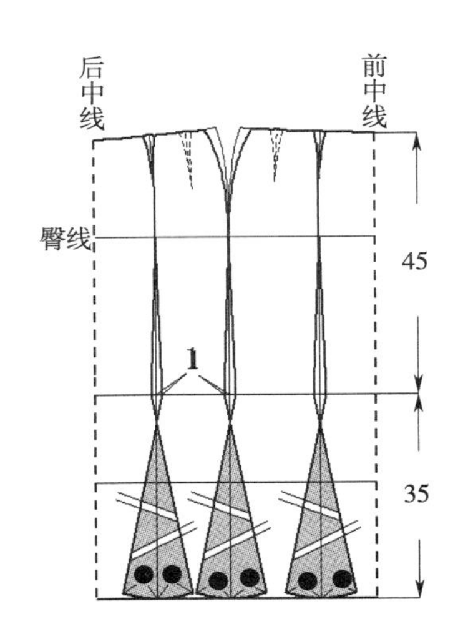

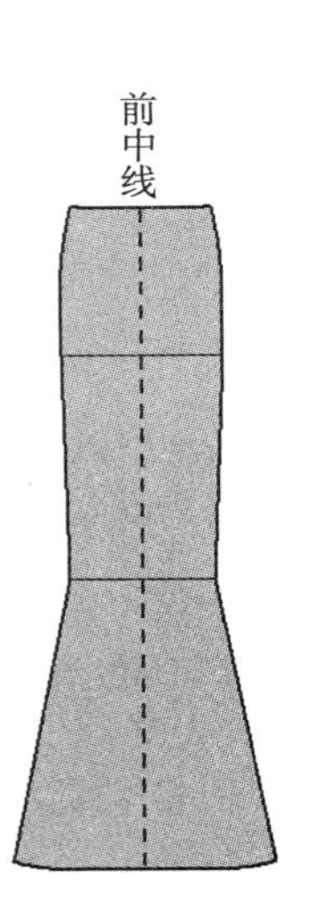

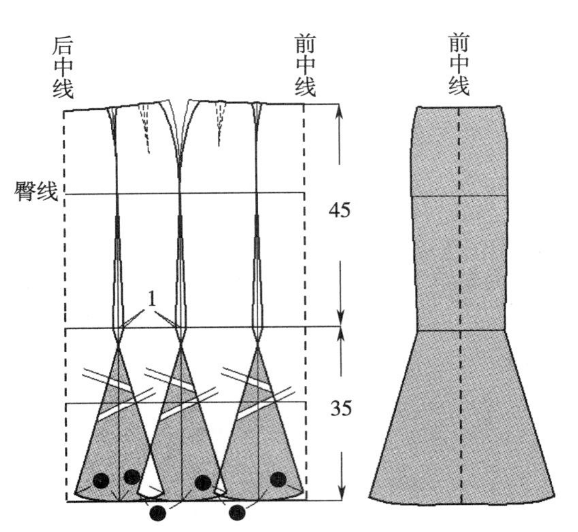

② 收紧裙中部并加大底摆量

根据款式，从臀线到喇叭形开始位置线，前后展开基准线与侧缝线两侧各收进1cm的量，到底摆部，两侧展开相同的量，展开线与底摆的延伸线相交成直角，暗影部为两个裙片的交叉重叠量。

纸样完成效果以前中片为例。

③ 底摆加大量可以根据款式调整

根据款式，底摆量还可以加大。以前中片纸样为例，可以看到喇叭形增大了。

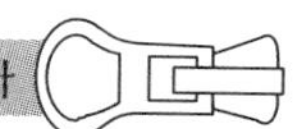

2. 八片拼条裙

款式一：八片喇叭裙

此款式为八个分割片的喇叭裙。

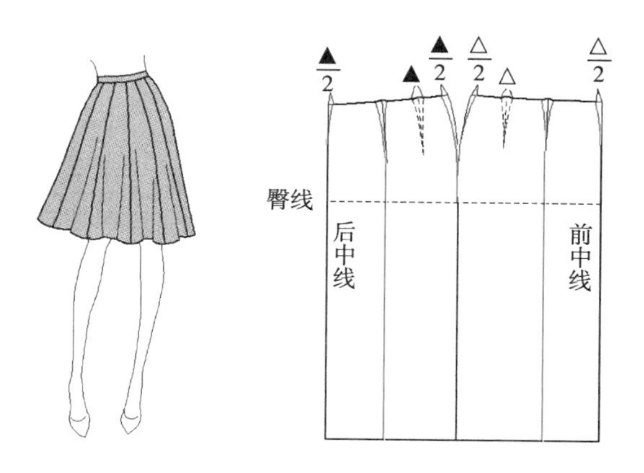

① 确定几条展开基准线

以前片为例，将一个额量的一半从侧缝处去掉，另一半从前中处去掉。从另一个额尖做垂直于底摆的展开基准线。同样方法完成后片。

几条展开基准线包括：前中线、前侧垂直线、侧缝线、后侧垂直线、后中线。

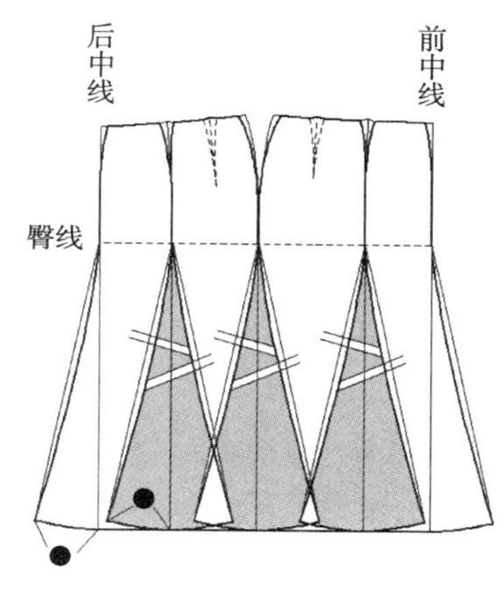

② 加大底摆呈喇叭状

根据款式，从臀线开始，基准线两侧展开相同的量，展开线与底摆的延伸线相交成直角，暗影部是两个裙片的交叉重叠量。注意：前、后中线处展开相同的量。

款式二：八片鱼尾裙

此款式为八个分割片的鱼尾裙。

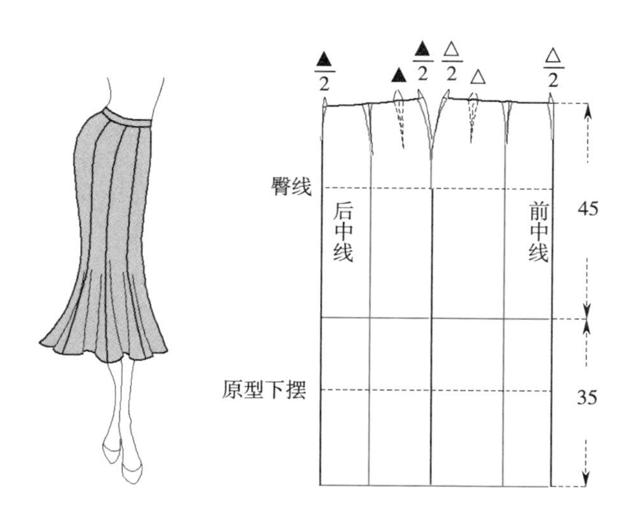

① 确定喇叭形的开始位置线和底摆线

以前片为例，将一个额量的一半从侧缝处去掉，另一半从前中处去掉。从另一个额尖做垂直于底摆的展开基准线。同样方法完成后片。

确定喇叭形的开始位置线（距离腰线45cm）和长度（35cm）。

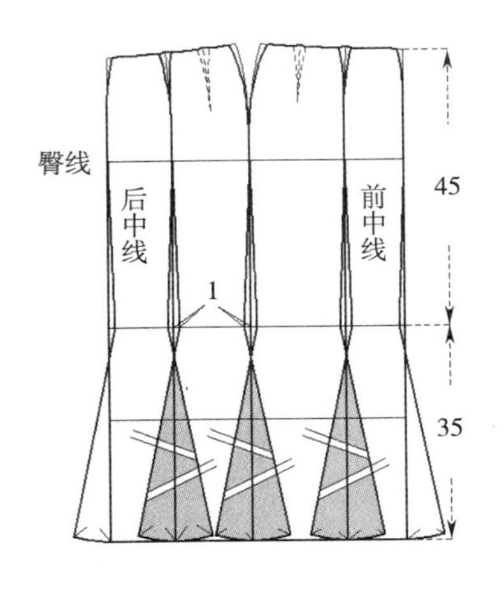

② 收紧裙中部并加大底摆量

根据款式，从臀线到喇叭形开始位置线之间的几条展开基准线（前中线、前侧垂直线、侧缝线、后侧垂直线、后中线）两侧或单侧各收进1cm的量。到底摆部，两侧或单侧展开相同的量，展开线与底摆的延伸线相交成直角，暗影部为两个裙片的交叉重叠量。

（八）育克裙

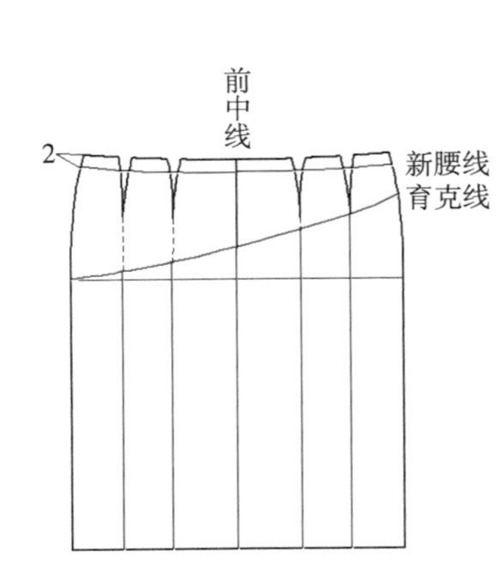

① 绘制新腰线和育克线

将裙前片对称展开，原型腰线下落2cm，绘出新腰线。根据款式，自左侧缝与臀线交点，过最右褶尖点，绘出育克弧线。育克线以下做垂直于底摆的分割线。

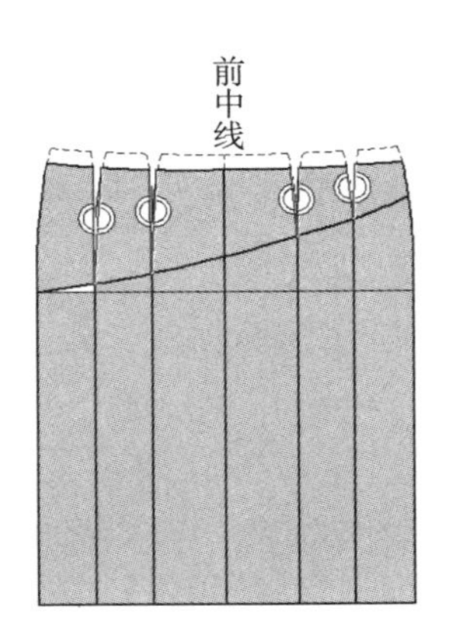

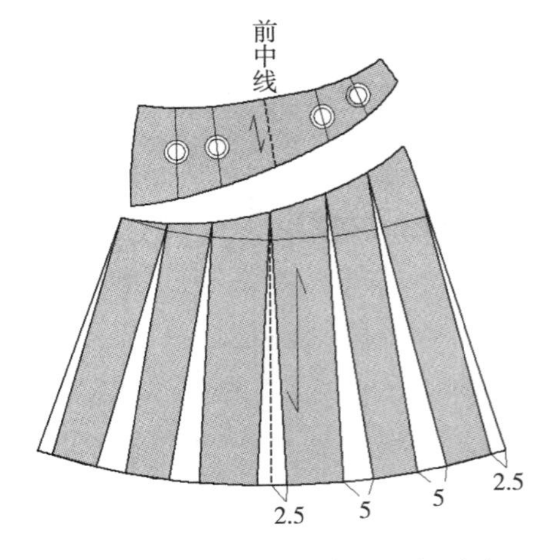

② 合并腰褶

合并育克线之上的褶道，可以先将褶尖点都延伸到育克线上再进行褶道合并。

③ 分割育克片并展开裙底摆

将育克片分割移动后，分别展开底摆的分割线，完成育克裙 。

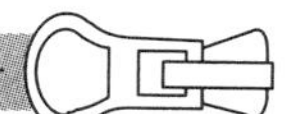

（九）褶裙

1. 抽褶裙

款式一：花苞裙

款式分析：属于上宽下窄型，上部宽松抽褶，底摆部合体，后中拉链、开衩。

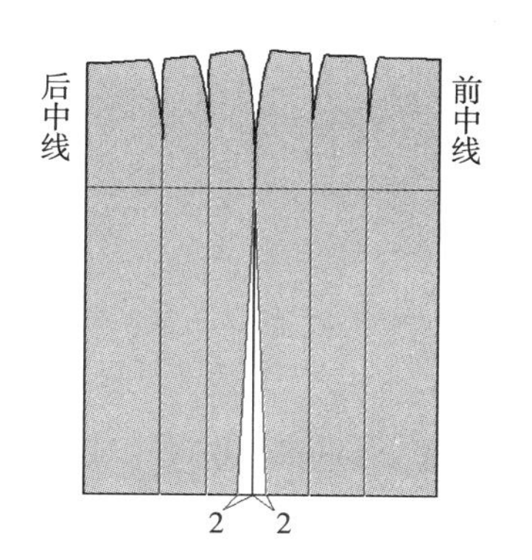

① 绘制侧缝线与分割线

前后侧缝底摆处各收进2cm。从几个褶尖做垂直于底摆的分割线。

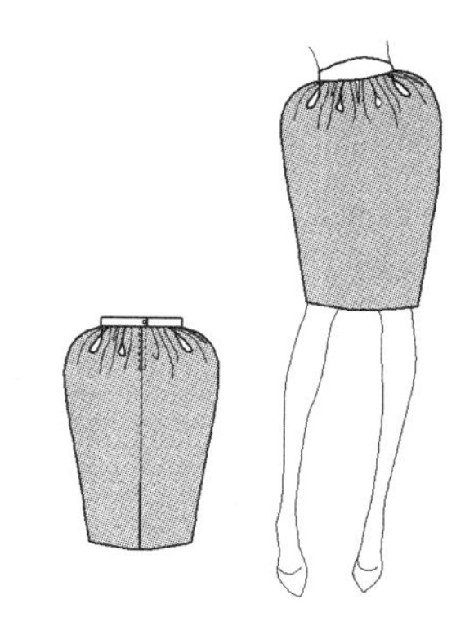

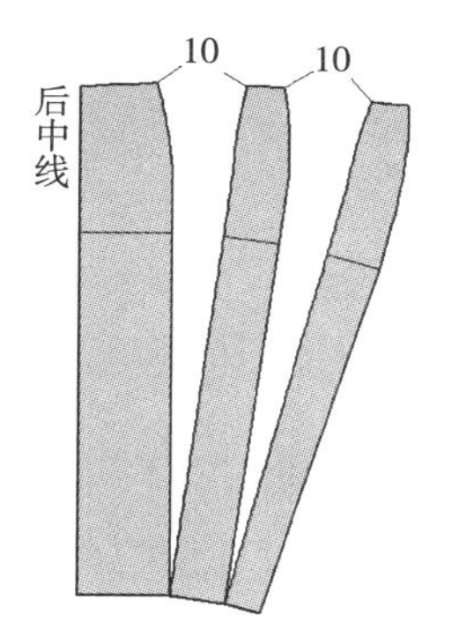

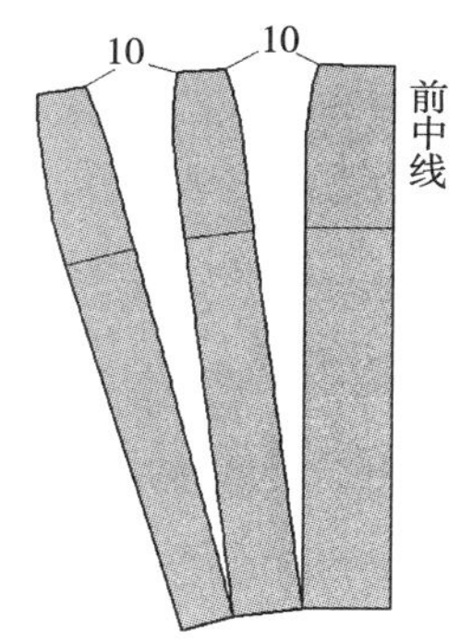

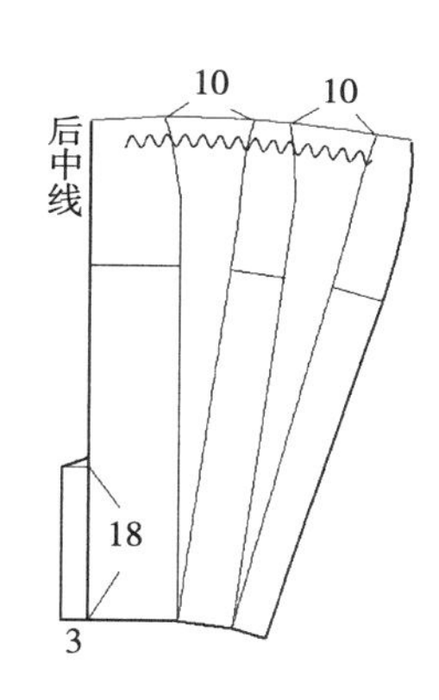

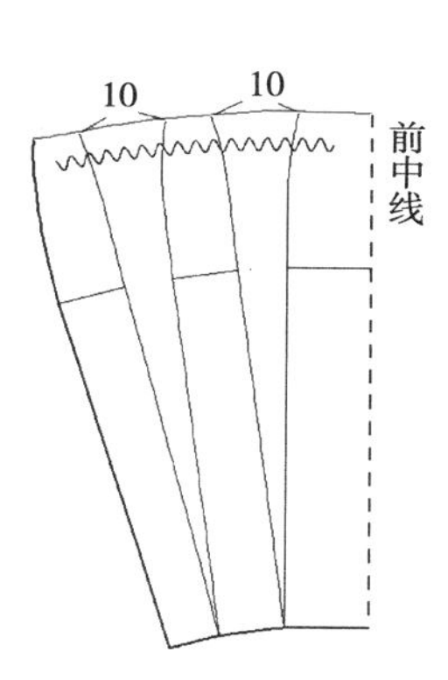

② 展开上部

剪开分割线，向侧缝方向只展开腰线，根据款式，整个裙腰展开量为10cm × 8=80cm，这就是抽褶量。

③ 完成效果

绘制出新腰线和后开衩，完成。

款式二：抽褶塔式裙

款式分析：多片条状裙片，采用抽褶拼缝的方式，形成塔式的效果，裙片逐渐增大，整体造型为喇叭形。

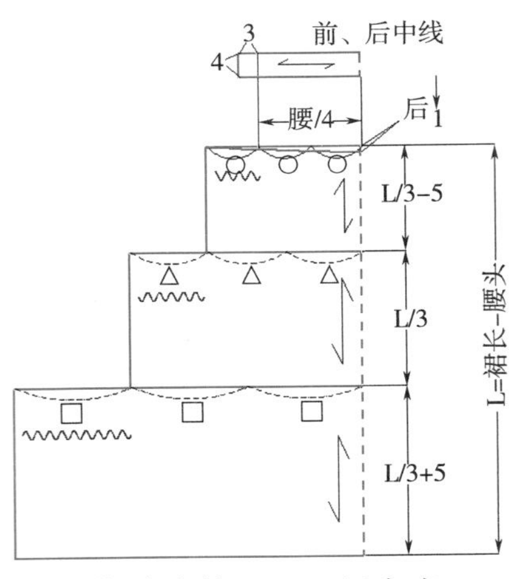

① 确定各层的高度

绘制前（后）中垂直线，在垂直线上确定裙长L（不包括腰头）。

根据款式，每下层比上层多5cm，确定出各层的高度。

② 确定第一层宽度

第一层宽度=腰围/4+（腰围/4）÷2，加的是抽褶量。

后腰比前腰下落1cm。

绘出合体式腰头。

③ 确定第二、三层宽度

第二层宽度=第一层的下摆长度+第一层下摆长度的1/2（抽褶量），同样方式完成第三层宽度。

④ 两种腰头结构

腰头为合体式，侧缝处要加拉链；

腰头为松紧带抽褶式，可以按照第一层裙片的宽度做腰头长度，不用加拉链。

款式三：泡泡裙

款式分析：裙围宽大，运用抽褶工艺，内部衬裙短于外裙，在衬裙与外裙底摆缝合后，使裙子下摆呈向内收缩状。

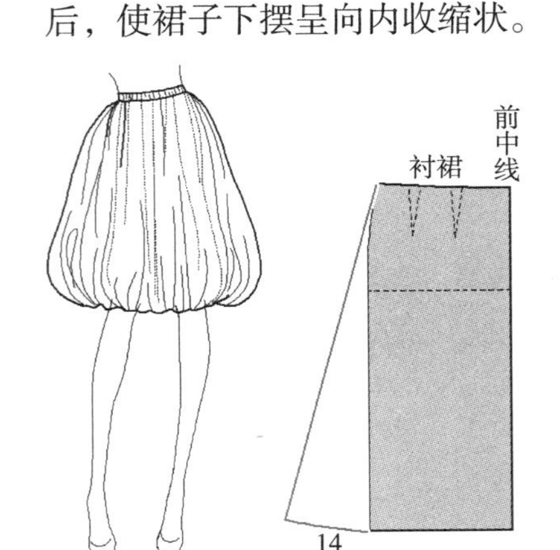

① 绘制A型衬裙

直接在原型裙的侧缝处展开，侧缝呈直线。省道成为褶裥。

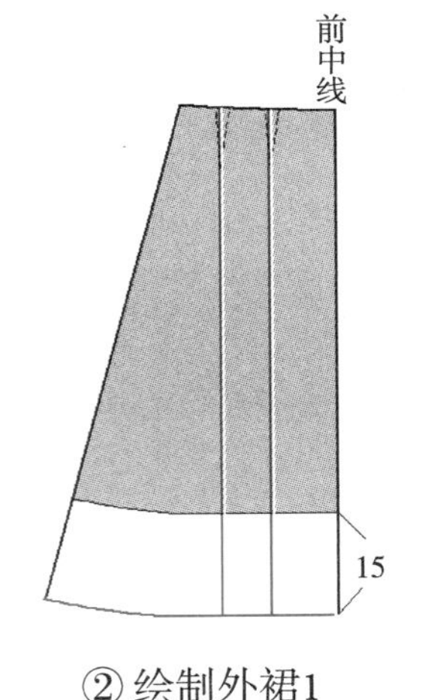

② 绘制外裙1

在衬裙的基础上，底摆处下延一定的蓬松量，蓬松量越大下延量也就越大。绘出两条垂直展开线。

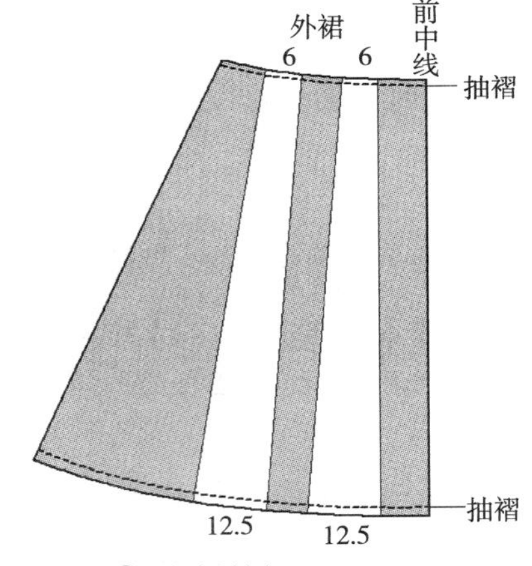

③ 绘制外裙2

根据款式，腰部与底摆分别展开一定的量，底摆展开量要比腰部展开量大得多，这样下摆才能更蓬松。此款中每个分割线在腰部展开6cm，在底摆展开12.5cm。

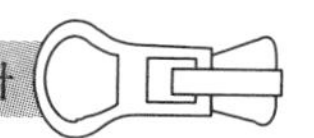

2. 对褶裙

款式一：拼条对褶裙

款式分析：展开的对褶部位拼接了一个拼条，适用于较厚面料、褶量较大的对褶裙子，因为过大过厚的褶裥会影响裙腰的服帖性。

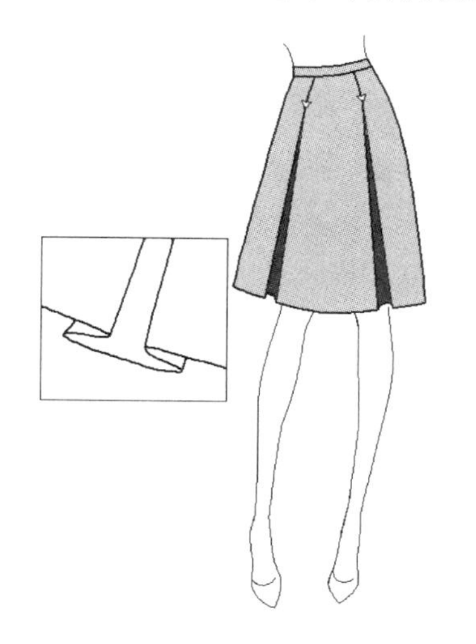

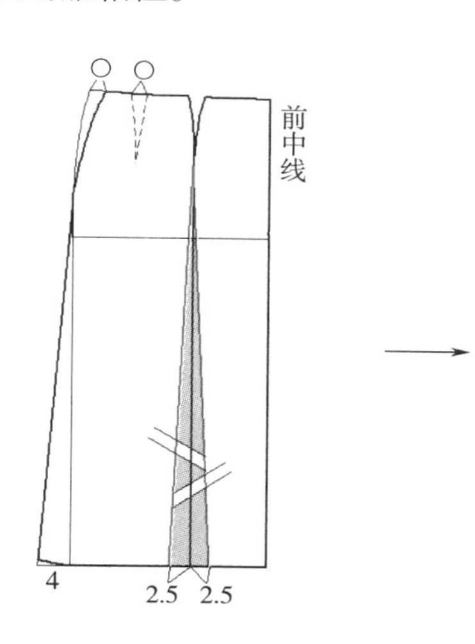

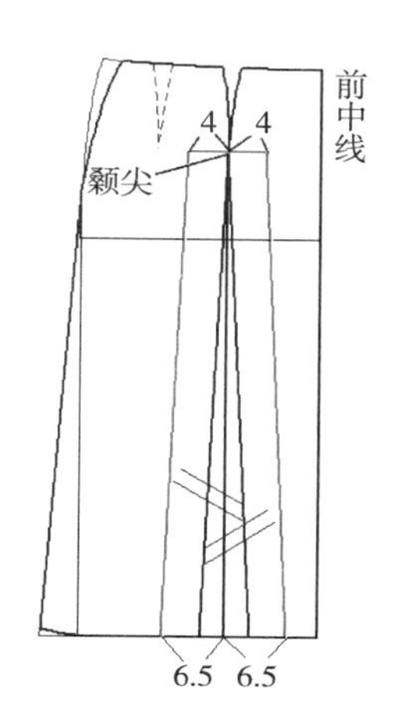

① 绘制A型裙

从侧缝去掉一个颡量，另一个颡尖到底摆的垂直基准线两侧各增加2.5cm的底摆量，两条红线是新的边缘线，这是褶裥折叠线。

② 绘制拼条

以垂直基准线为中心绘制褶裥拼条，拼条形状为长梯形。

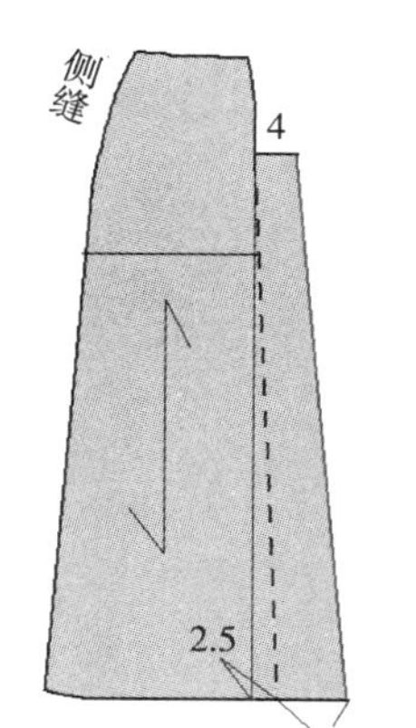

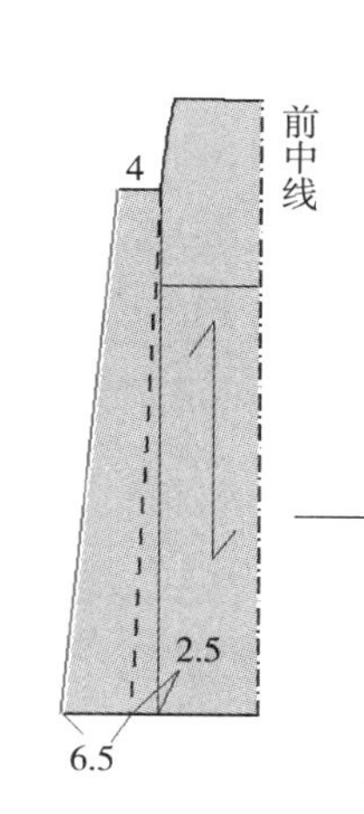

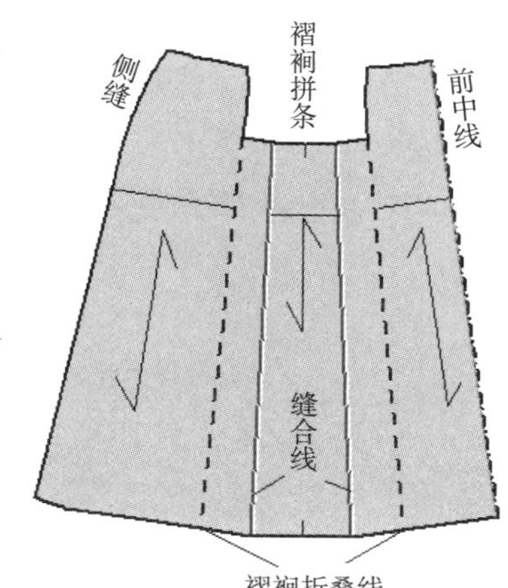

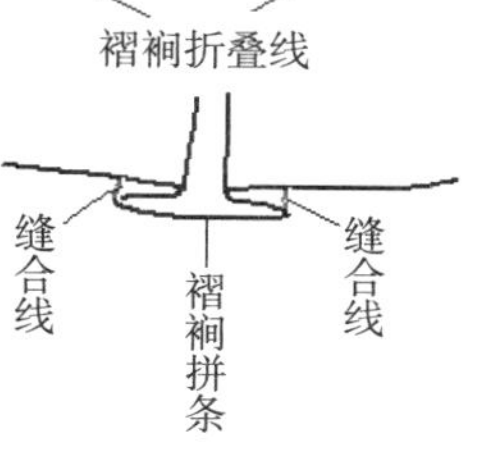

③ 纸样完成效果

如图所示，褶裥拼条单独裁出。根据对褶原理，前中与前侧裙片的新边缘线（褶裥折叠线）外要分别增加半个拼条。后片相同，装侧拉链。右图为拼合效果。

款式二：育克对褶裙

款式分析：有育克线与对褶的设计。制图时，先做出育克部分，再进行对褶展开。

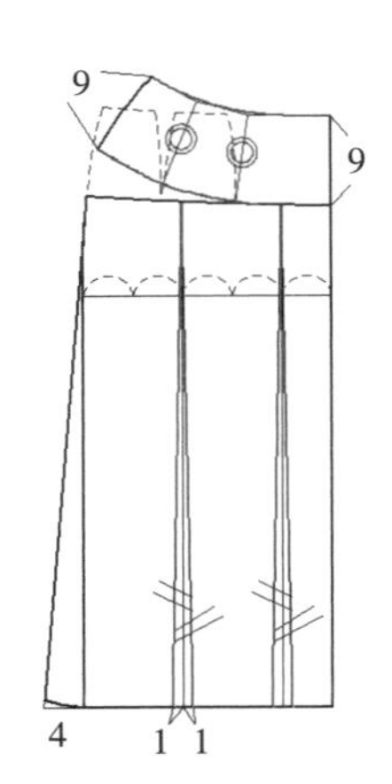

① 绘制育克

从前中线9cm的位置绘制育克线，闭合两个额道，形成前育克。

绘制育克线到底摆的垂直基准线，两侧各增加1cm的底摆量，红线是新的边缘线，这是褶裥折叠线。

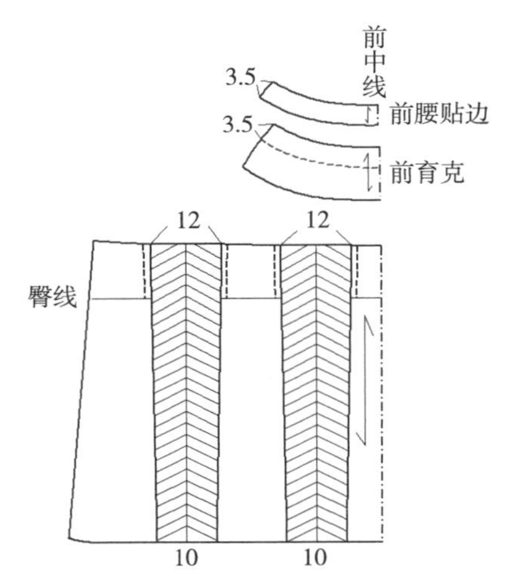

② 展开对褶

因为褶裥折叠线是向外倾斜的状态，为了使其在对褶后能够对合，就需要上大下小的展开对褶。根据褶裥折叠线的倾斜量（1cm），上边展开12cm对褶量，底摆展开10cm的对褶量。

在前育克上绘出前腰的贴边。

后片相同，侧拉链。

3. 垂褶裙

款式分析：侧面没有侧缝分割线，前后中拼缝，通过侧中部进行放量，形成垂褶。

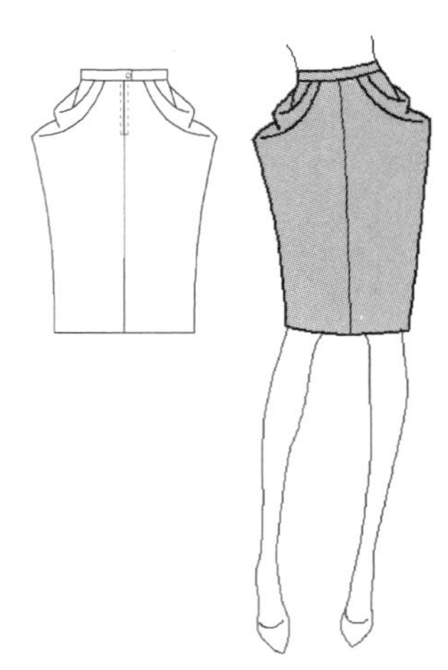

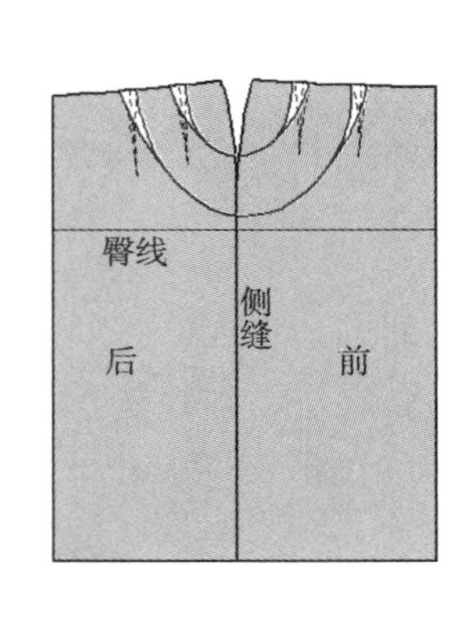

① 绘制垂褶线

前后原型裙侧缝拼合，如图所示，绘制弧形垂褶线，要将额量加进去。

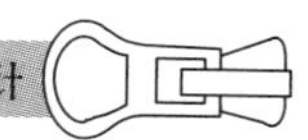

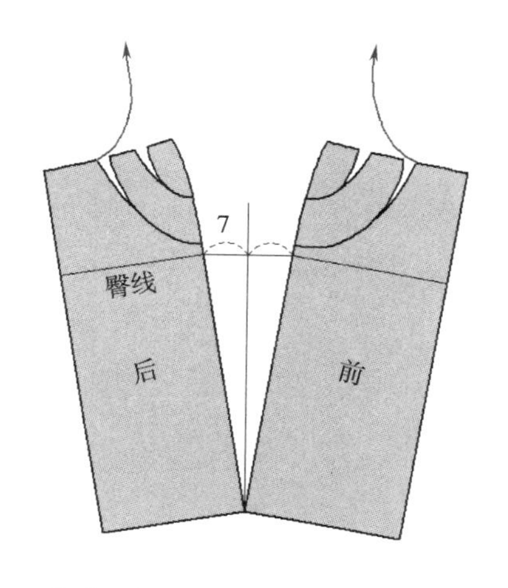

② 侧缝上部展开

前后裙片侧缝臀围处，左右各展开7cm。

如图所示，绘出垂褶展开后的腰线方向。

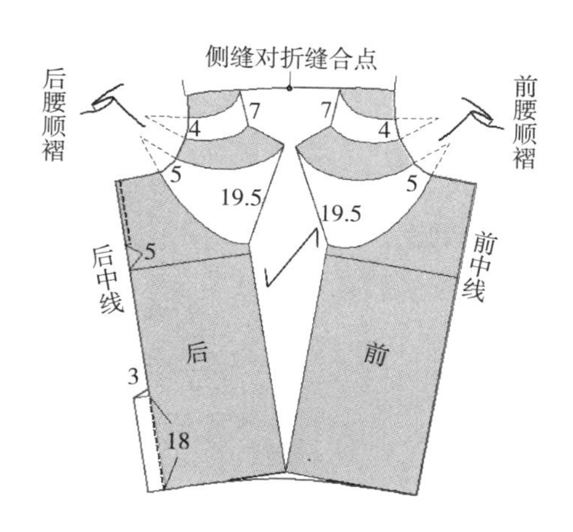

③ 展开垂褶褶量

前后腰线处分别有两个顺褶，下褶量（5~7cm）要大于上褶量（4~6cm）。前后侧缝之间的展开量是需要对折的部分，根据褶量的大小设置展开尺寸。

圆顺新腰线、前侧缝与后侧缝的对折线，标出侧缝对折缝合点（中点位置）。

绘出后中线的上拉链、下开衩，标出斜纱向。

4. 荷叶边裙

款式分析：上窄下宽型，与鱼尾裙相似。

此款实际有两条育克线：前腰部抽褶育克，裙下部加荷叶边的育克线。

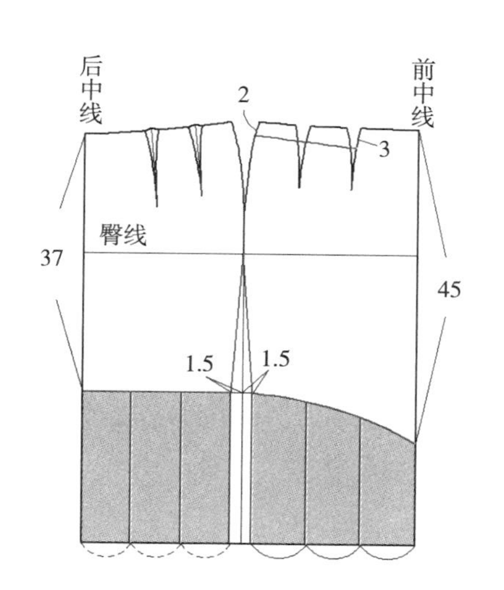

① 绘制育克线

根据款式，绘制腰部与裙下部的两条育克线。

裙下部育克线与侧缝相交处，前后侧缝分别收进1.5cm。

在需要做成荷叶边的下摆部（暗影部）绘出几条垂直展开基准线。

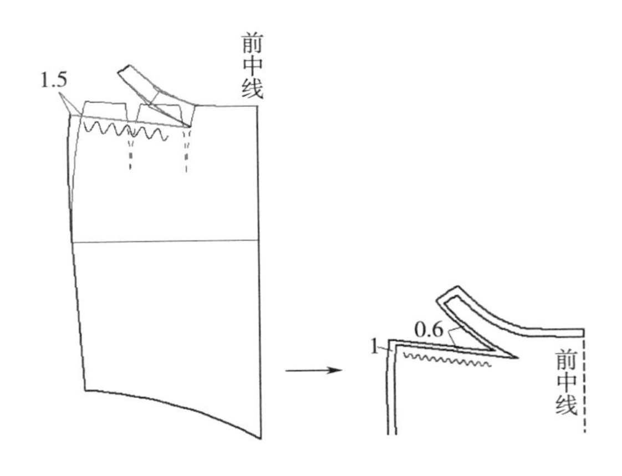

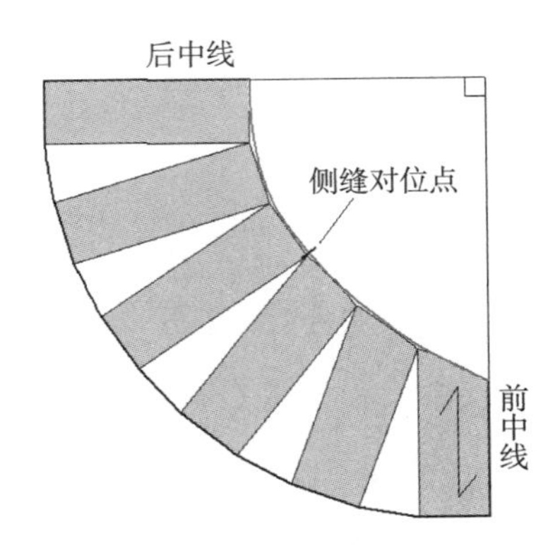

② 绘制腰部育克抽褶

闭合育克部分的额道，育克线以下的额量成为抽褶量，侧缝再增加一定的褶量（此处为1.5cm）。

加缝边效果如右图所示。

③ 展开荷叶边

前中线做垂直延长线，将荷叶边部位的前后侧缝拼合，均匀展开底摆，使后中线垂直于前中线。标出侧缝对位点和纱向。

（十）前叠襟式裙

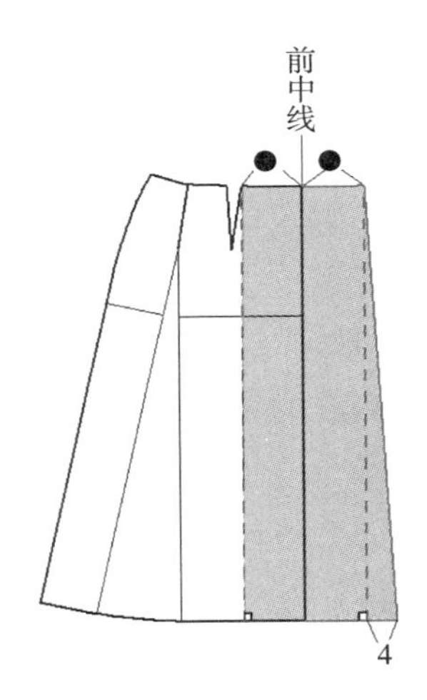

① 绘制A型裙和叠襟

根据款式，合并一个额道，形成A型裙。

做叠襟部分：以前中线为对称轴展开前中部分（两条红虚线范围内），A型裙下摆延伸部分的延伸量要大于腰部的延伸量（如果是直筒型裙，两者延伸量相同），图中下摆延伸量比腰部延伸量大4cm。图中暗影部就是叠襟。

② 绘制前开缝处贴边

上图叠襟（暗影部）就是贴边，单独裁出。

如图所示，前裙片和贴边完成。

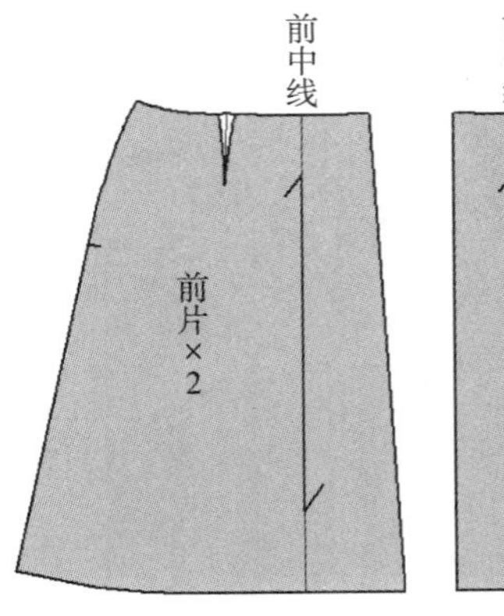

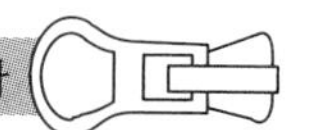

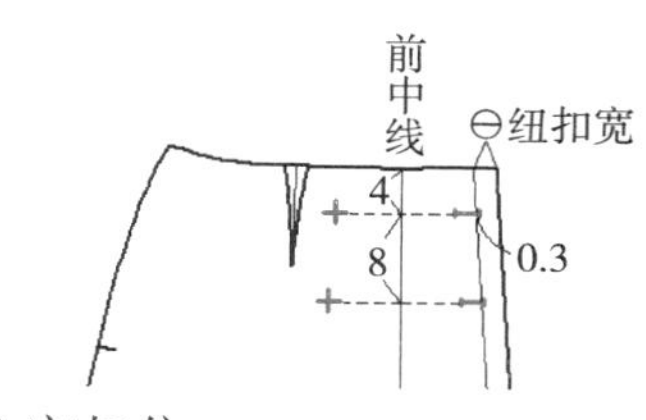

③ 定扣位

首先，确定叠襟延伸部分的扣位基准线，距前开缝边缘线一个纽扣直径的距离，绘出右侧扣位后，以前中线为对称轴做双扣位。注意左右片是不同的，交叠的上片做扣眼，下片为纽扣。

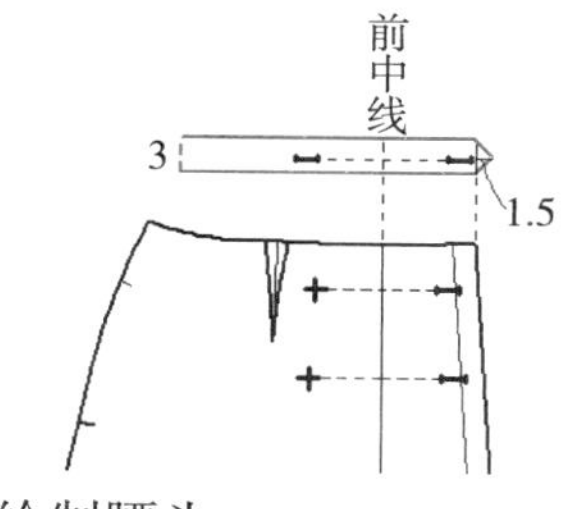

④ 绘制腰头

根据腰围尺寸绘制腰头，注意腰头的开合部位要与前裙片相符，定出左右对称的双排扣，腰头交叠处上为扣眼，下为纽扣。

（十一）高腰裙

款式分析：腰线提高，裙腰颡也相应地向上顺延，如果延伸量大于5cm，就要结合胸围的尺寸来计算胸腰颡。

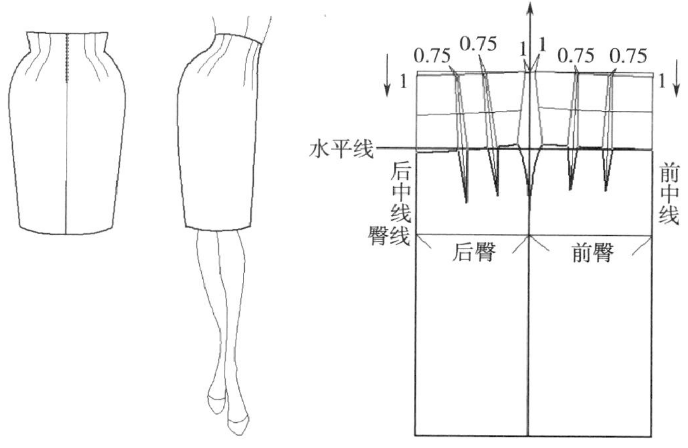

① 绘制腰围线到胸围线之间的上身部分

从前中上端点做水平线，再从此点做垂直线向上延伸到胸围的位置（根据原型的胸线到腰线的长度）。

前颡量=前臀−（胸/4+1cm）；

后颡量=后臀−（胸/4−1cm）；

前臀、后臀的尺寸参照裙原型，胸围用净尺寸。这是胸围处应当收的颡量。

此款前颡量、后颡量均为2.5cm，首先在前后侧缝处分别去掉1cm的颡量，顺延前后裙腰颡中心线到胸围线，将剩下的颡量平均分配到其中。

胸围线的前中、后中的上端点分别下落1cm。

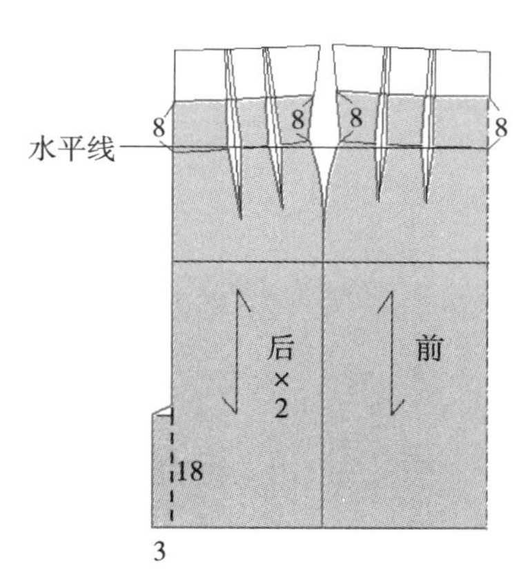

② 绘制高腰

裙腰向上8cm，绘制高腰线，要平行于腰部弧线。

后拉链，后开衩。

（十二）宽腰裙

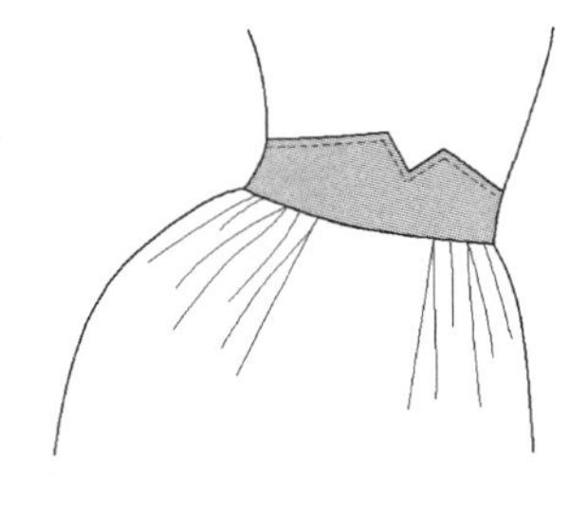

当腰带的宽度大于5cm时，就要加上侧缝了，这样才能贴合人体的曲度，宽腰带的开口一般都设在后中线的位置。

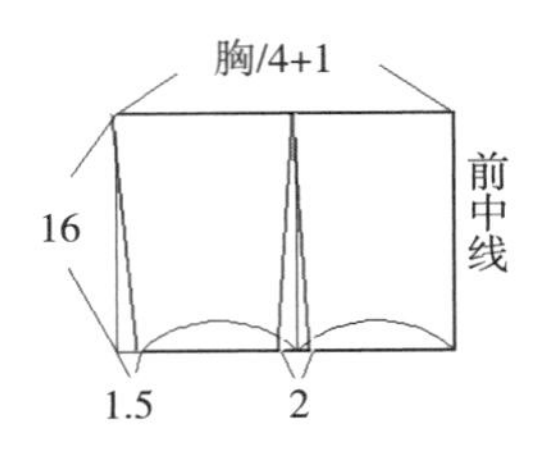

① 绘制前宽腰带1

从腰线向上做矩形，垂直线=16cm，水平线 =胸/4+1cm。

前额量=（胸/4+1cm）–（腰/4+0.5cm+1cm），这是前腰围/2应当收的额量。此款，前额量=（84cm/4+1cm）–（68cm/4+0.5cm+1cm）=3.5cm，1.5cm放于侧缝，2cm放于腰额。

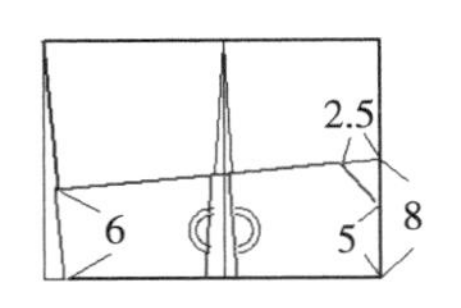

② 绘制前宽腰带2

绘出前宽腰的外形，合并腰额，注意保持前中线的垂直状态。

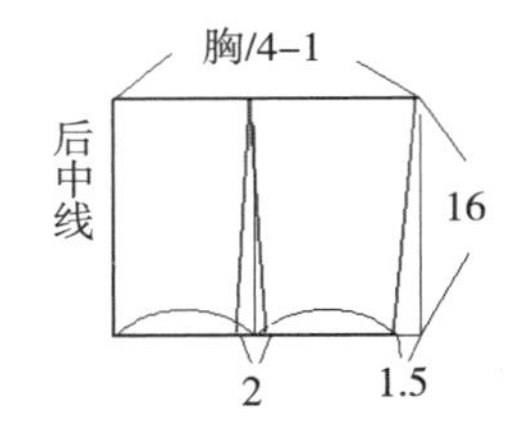

③ 绘制后宽腰带1

从腰线向上做矩形，垂直线=16cm，水平线 =胸/4–1cm。

后额量=（胸/4–1cm）–（腰/4+0.5cm–1cm），这是后腰围/2应当收的额量。此款，后额量=3.5cm，1.5cm放于侧缝，2cm放于腰额。

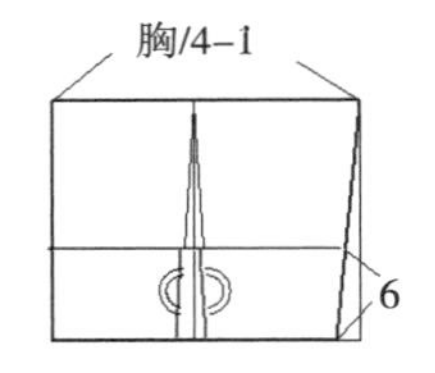

④ 绘制后宽腰带2

绘出后宽腰的外形，合并腰额，注意保持后中线的垂直状态。

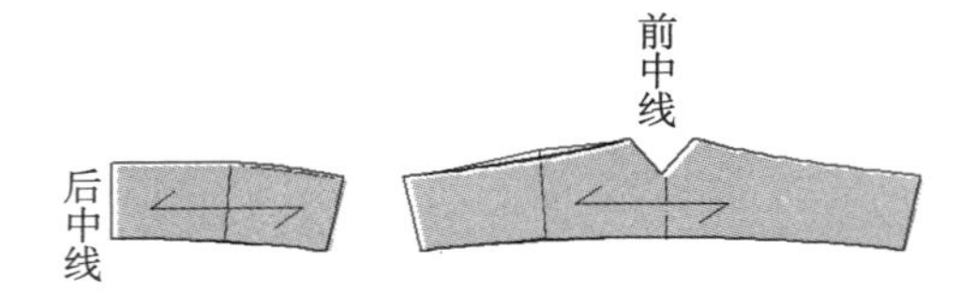

⑤ 完成效果

修正合并后的弧线，完成前后宽腰带。

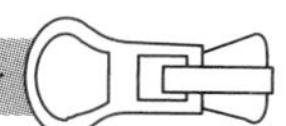

第二节　裤子结构变化与纸样设计

一、裤子结构变化

（一）裤子的分类

根据裤子的外造型，裤子可分为直筒裤、喇叭裤、紧身裤、褶裤、灯笼裤、裙裤等。

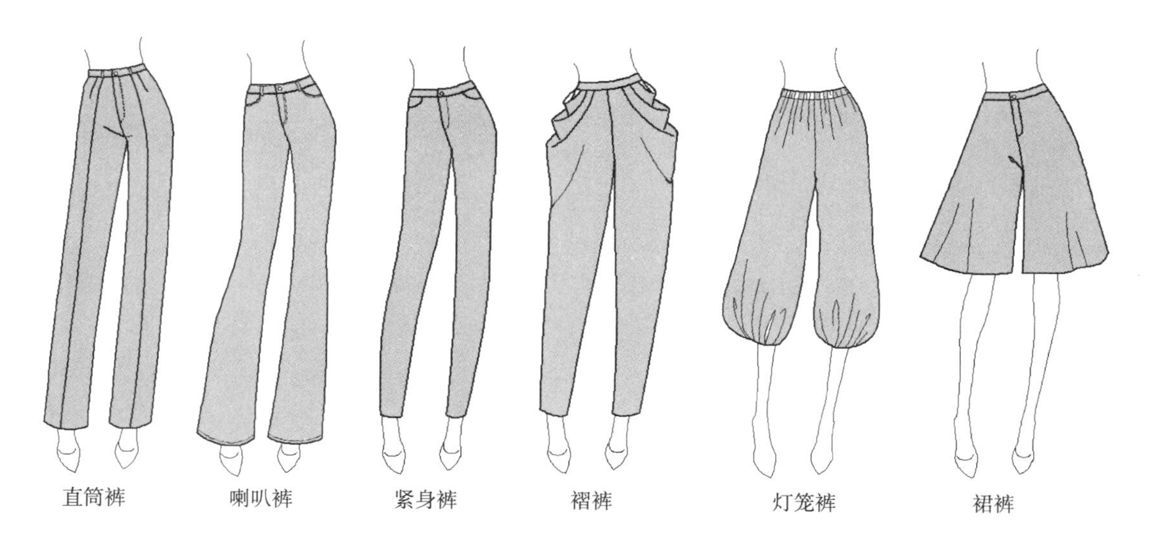

根据裤长，还可以分为长裤（包括九分裤）、中长裤（七分裤）、中裤（五分裤）、短裤、热裤（超短裤）。

根据用途或起源，还产生了一些特殊名称的裤子，如马裤和哈伦裤。

马裤，指骑马时所穿的裤子，现在广泛应用于时尚生活中。典型的马裤一般是上宽下紧型，臀部、大腿部较宽松，膝盖处向下逐渐收紧。

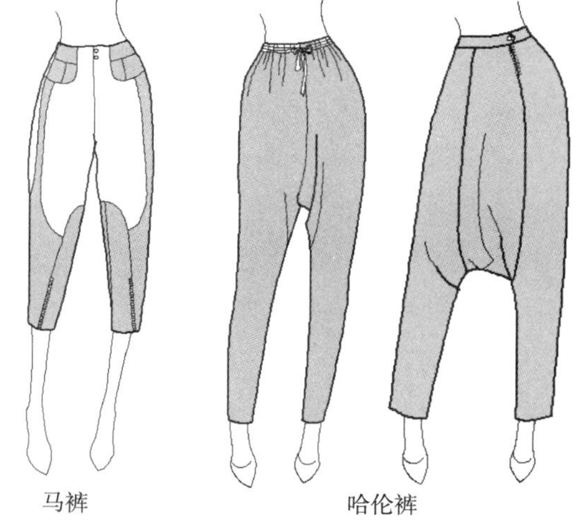

哈伦一词来源于伊斯兰语，穆斯林妇女日常穿着的哈伦裤是一种大裆、上下均肥的裤型，现代的哈伦裤变化更加丰富，如现在流行的小裤脚大裆哈伦裤。哈伦裤宽松、随意、洒脱的风格越来越受到现代女性的青睐。

（二）裤子的结构名称

以原型西裤为例，对照人体，首先认识一下裤子各部位的结构和名称。

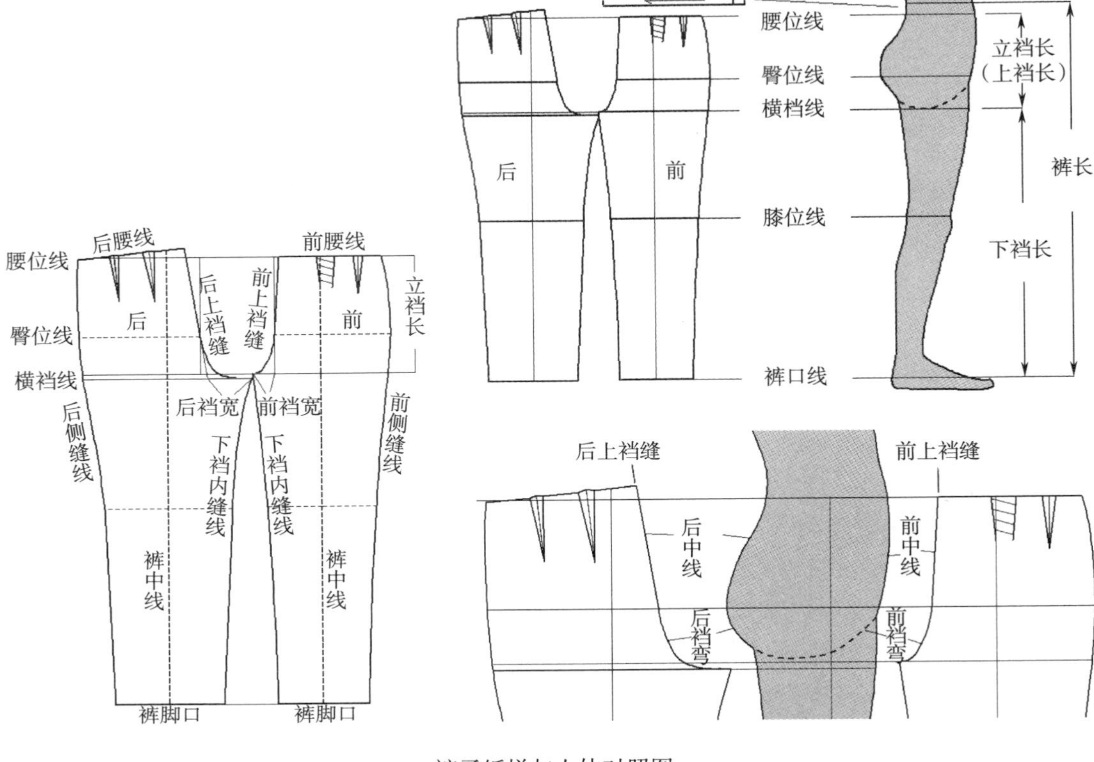

裤子纸样与人体对照图

（三）裤子结构设计要素

1. 腰臀差处理

裤子腰围放松量一般为0~2cm。裤子臀围放松量：紧身裤加0~4cm，合体裤加4~6cm，较合身裤加8~10cm，较宽松裤加12cm以上。

普通裤子样板一般采用前褶后颡的结构，即前片设1~2个褶裥（也有多褶的特殊裤型），后片设1~2个颡道。每个腰颡颡量设定为1.5~2.5cm，每个褶量设定为2~4cm。

腰臀差在25cm以上的体型，适合前片双褶裥后片双颡道的裤型结构；腰臀差在20~25cm的体型，适合前片单褶裥后片单颡道的裤型结构；腰臀差偏小的体型，适合无褶的裤型结构。

2. 立裆长和裆宽

立裆长指横裆线至腰线之间的距离，裆宽就是前裆宽与后裆宽之和。立裆长与裆宽是裤子结构制版的关键数据，直接影响了裤子的舒适性与功能性。

立裆长=（裤长−腰头宽）/10+臀/10+6cm，臀指臀围净尺寸，这个计算方法是基础原型裤的立裆长，其他裤型的立裆长可以在此基础上进行增减。

裤子的裆宽是由人体的腹臀宽决定的，两者成正比。基础西裤前裆宽=臀/20，后裆宽=臀/10，臀指臀围净尺寸，紧身裤与宽松裤在此基础之上减小或增加裆宽。

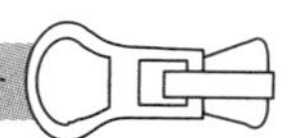

3. 后上裆缝倾斜度与起翘量

因为裤子有了裆部结构，使人体运动受到后中缝（后上裆缝）的限制，后上裆缝倾斜既给了臀部足够的运动空间又使臀部更合体。

起翘量是为了两个后上裆缝缝合后，上裆缝处的腰线不会出现凹角状态，如右图所示。倾斜度越大起翘量也越大。

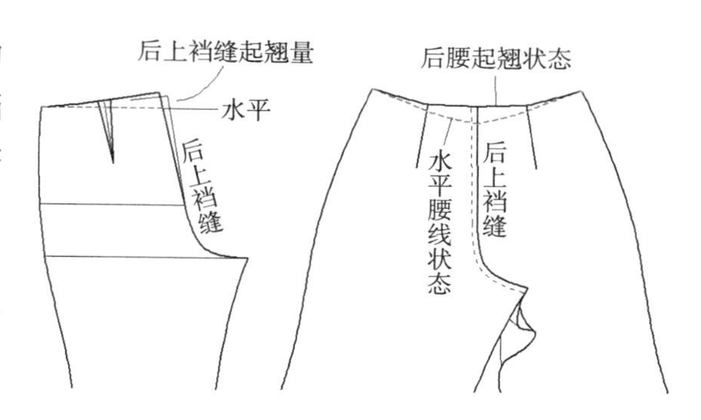

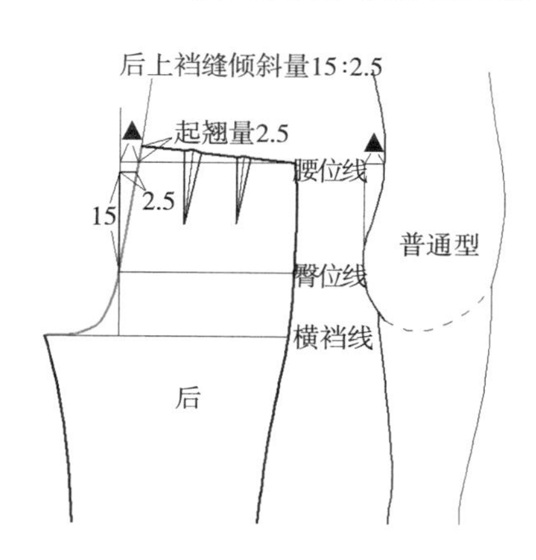

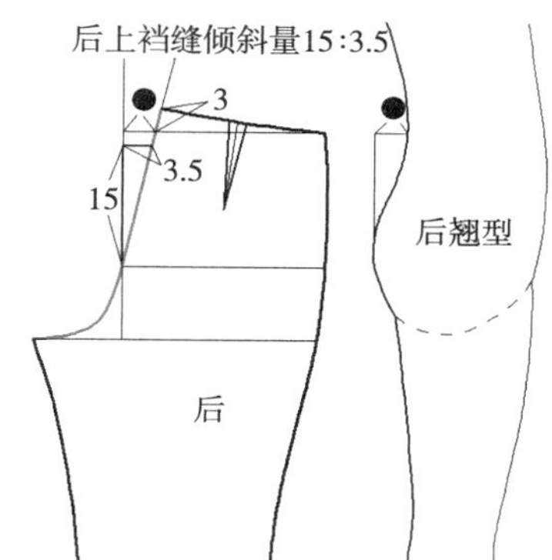

腰臀差越大，后上裆缝倾斜度就越大，起翘量也越大。

臀部越高，后上裆缝倾斜度就越大，臀部越小，后上裆倾斜度就相应减小。

4. 落裆量

在长裤的结构图中，后片的立裆线（横裆线）要比前片立裆线下落0.7~1cm，这就是落裆量。前、后裆宽的差值、前后下裆内缝线的倾斜度不同和裤长变化等因素都会产生落裆量。落裆量是为了使前后下裆内缝线长度能够相等或相近。

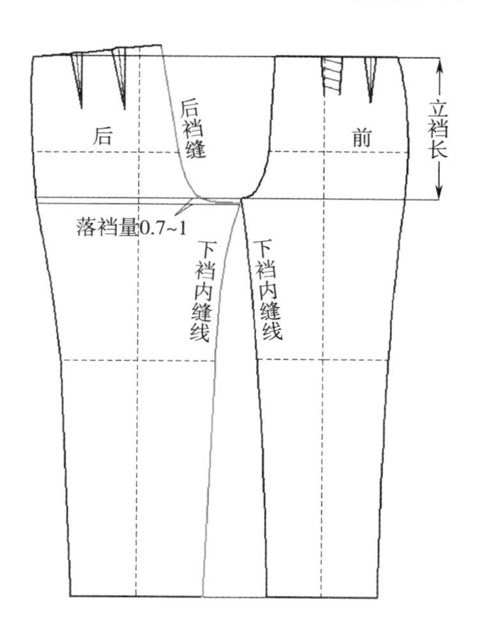

短裤落裆量：

裤口线在膝位线（中裆线）以上，前下裆缝的倾斜度较小，前裤口与前下裆缝的夹角接近90°直角，后下裆缝越接近横裆线，倾斜度越大，裤子越短，裤口线与后下裆缝的夹角就越大。

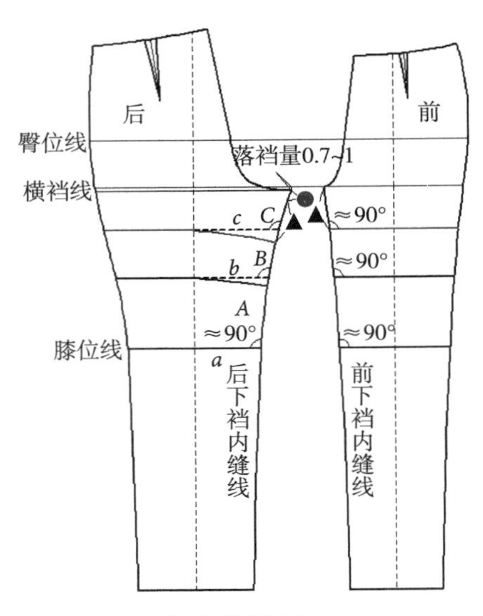

如图所示，水平的后裤口线（虚线）a、b、c与后下裆缝相对应的夹角为A、B、C，膝位线上的夹角A接近90°，$C>B>A$。以c线为例，此时的前后下裆缝线缝合之后，下裆缝处的裤口会出现凹进现象。为了使缝合后的裤口线圆顺，后裤口线与后下裆缝线的夹角要成90°，因此后裤口线就会下弧，从后裤口线开始截取裤长（=前裤长），图中红圈处是后裤长比前裤长多出的长度，这个长度加上长裤的0.7~1cm落裆量，就是短裤的落裆量。

落裆量与裤长、裤口有关：裤子越短，裤口越小，落裆量越大。热裤的落裆量一般为2~3cm。

二、裤子纸样设计

1. 基础西裤

基础西裤，也可作为原型裤进行变化应用。臀部有一定的松度，裤腿接近于直筒型。

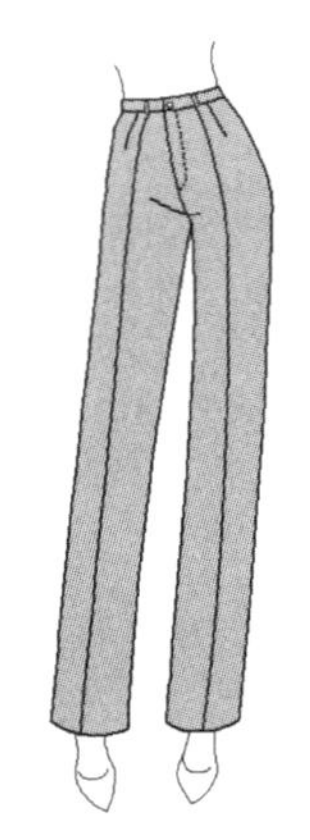

腰围：68cm+2cm=70cm

臀围：92cm+8cm=100cm

腰头：3cm

裤长：100cm

裤脚宽：21cm

立裆长（不含腰头）：

（裤长–腰头宽）/10+臀/10+6cm=

97cm ÷ 10+92cm ÷ 10+6cm =24.9cm

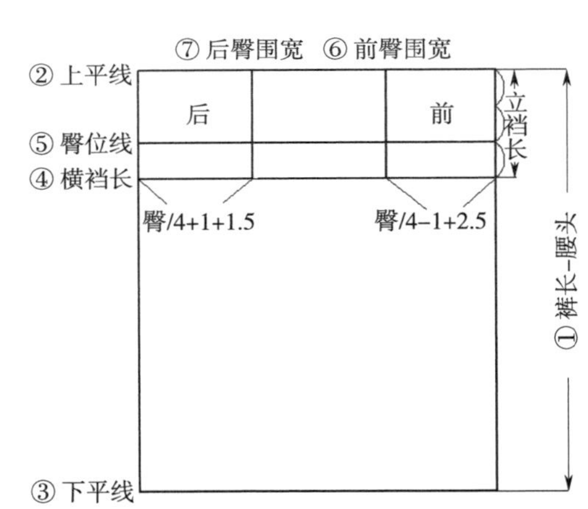

① 制基准线

按照顺序绘出基准线。第一步首先绘制垂直线：裤子长度=裤长–腰头宽=97cm；第二、三步垂直线两端绘制水平基准线——上平线与下平线；第四步计算出立裆长，从裤长线的上平线向下绘制横档线；第五步立裆长的2/3处绘制臀位线（或者设定17cm的臀高）；第六、七步绘制前后臀围宽，后臀围宽=臀/4+1cm（前后调节量）+1.5cm（松量），前臀围宽=臀/4–1cm（前后调节量）+2.5cm（松量）。

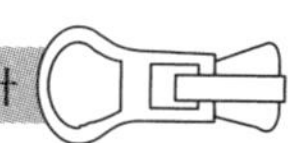

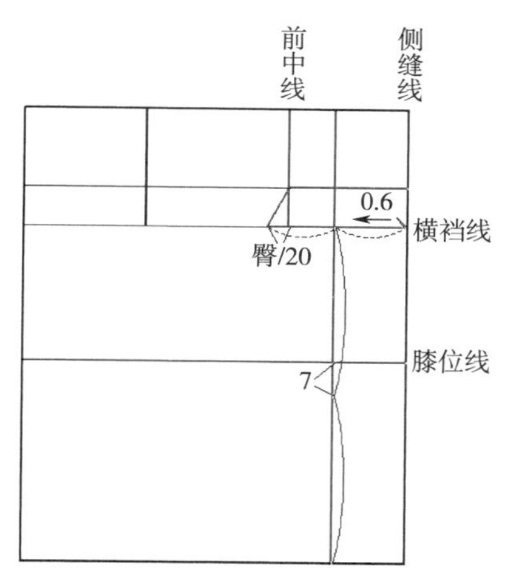

② 绘制前裤片基准线

在横裆线的前中处绘制前裆宽，前裆宽=臀/20=92cm ÷ 20=4.6cm，绘出裆弯辅助斜线；

侧缝处的横裆线缩进0.6cm，绘制裤中线；

绘制膝位线：横裆线与下平线的1/2处向上7cm的位置。

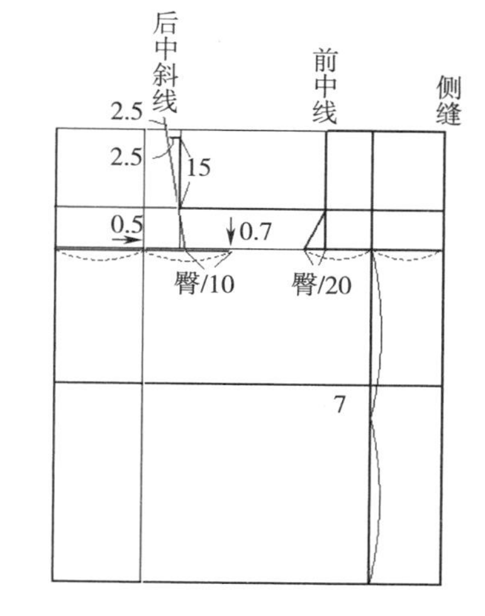

③ 绘出后中斜线与后裆宽

后裆倾斜量：15∶2.5，起翘量：2.5cm，落裆量：0.7cm，绘出后中斜线。

绘出后裆宽：后裆宽=臀/10=92cm ÷ 10=9.2cm。

裤中线向后裆弯方向偏移0.5cm。

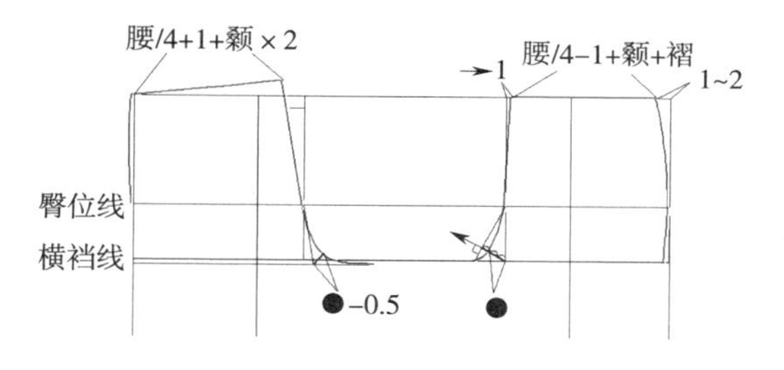

④ 绘出前后上裆缝与腰线

如图所示，绘制前裆弯。

绘制前腰线：前中缩进1cm，侧缝缩进1~2cm（根据腰臀差调整），完成前上裆缝。

前腰=腰/4−1cm（前后调节量）+褶（2cm）+褶（3.5cm）。

根据前裆弯辅助线尺寸绘制后裆弯，完成后上裆缝。

绘出后腰线：后腰=腰/4+1cm（前后调节量）+褶×2。

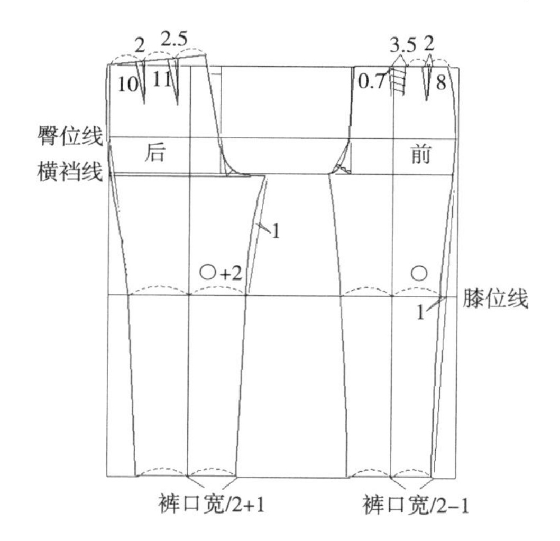

⑤ 绘出前后腰褶与下裆部分

如图所示，绘制前后腰褶与前腰褶。

前裤口/2=裤口宽/2−1cm。绘制侧缝线，注意侧缝膝位线处缩进1cm。

后裤口/2=裤口宽/2+1cm。

前膝位宽度/2+2cm=后膝位宽度/2。绘出后下裆内缝线和侧缝线，注意：侧缝的臀位线到横裆线处要绘制圆顺；后下裆内缝线向内缩进1cm。

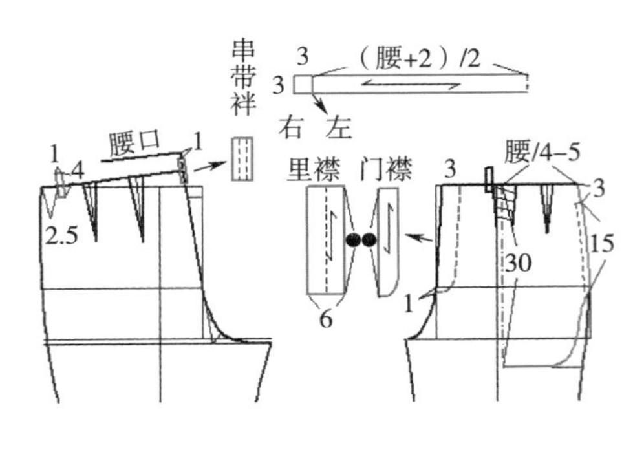

⑥ 绘制零部件

绘制门襟，宽：3cm，长度在臀位线以下1cm的位置。

绘制内插袋，宽：腰/4−5cm，长：30cm。

绘制腰头，宽：3cm，长：（腰+2cm）/2+3cm（右）。

绘制串带袢，宽：1cm × 3=3cm，长：4cm+缝头 × 2=7cm。

2. 合体细裤

这类裤型应用比较广泛，臀部合体，向下逐渐变细，裤腿呈锥子型。制作时要先测量出最小脚口，一般没有弹力的裤脚口围度不要少于30~32cm。

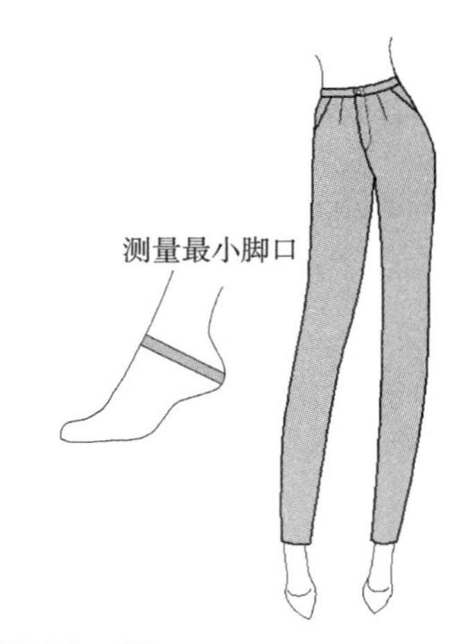

腰围：68cm+0cm=68cm

臀围：92cm+4cm=96cm

裤长：97cm（含腰头：3.5cm）

裤脚宽：15.5cm（裤口围度31cm）

立裆长：92cm ÷ 10+93.5cm ÷ 10+6cm≈24.5cm（不含腰头）

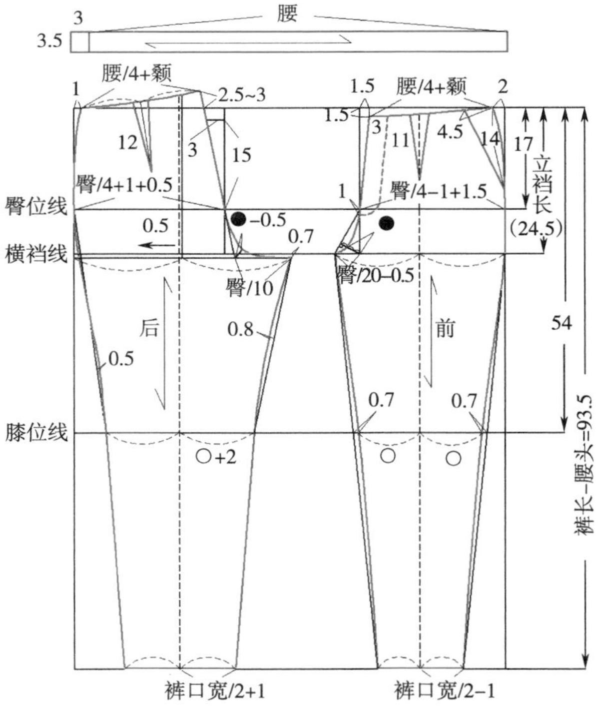

① 后臀围宽=臀/4+1cm+0.5cm，前臀围宽=臀/4−1cm+1.5cm；前裆宽=臀/20−0.5cm=4.1cm，后裆宽=臀/10=9.2cm；臀高=17cm，立裆长=臀/10+（裤长−腰头）/10+6cm≈24.5cm。

②后裆倾斜量：15∶3，起翘量：2.5~3cm，落裆量：0.7cm。

③前中缩进1.5cm，下落1.5cm，侧缝缩进2cm；后片侧缝缩进1cm；前后腰=腰/4+𫄧。

④ 膝长：54cm，前裤口宽/2=裤口宽/2−1cm=15.5cm ÷ 2−1cm=6.75cm，后裤口宽/2=裤口宽/2+1cm=15.5cm ÷ 2+1cm=8.75cm，所以，后裤口围度比前裤口围度大4cm。

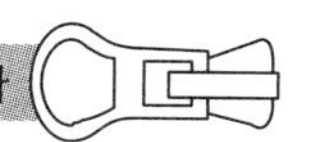

3. 低腰紧身喇叭裤

低腰紧身喇叭裤，腰臀到大腿部紧身贴体，裤腿的膝盖以下到裤脚口逐渐展开呈喇叭型，裤长一般盖住脚面，前后没有腰裥，前面插兜，后面明贴兜加育克分割。

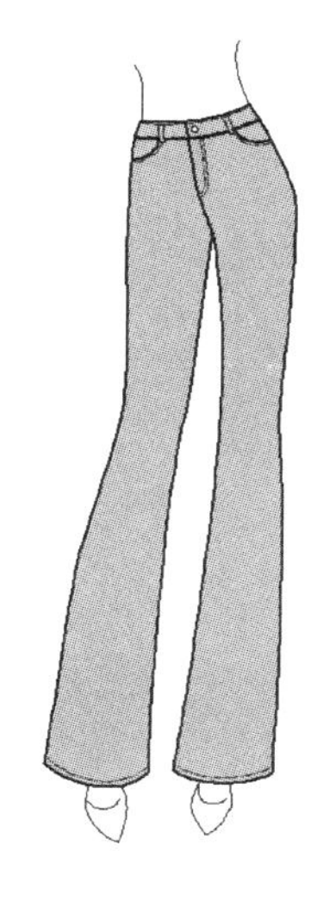

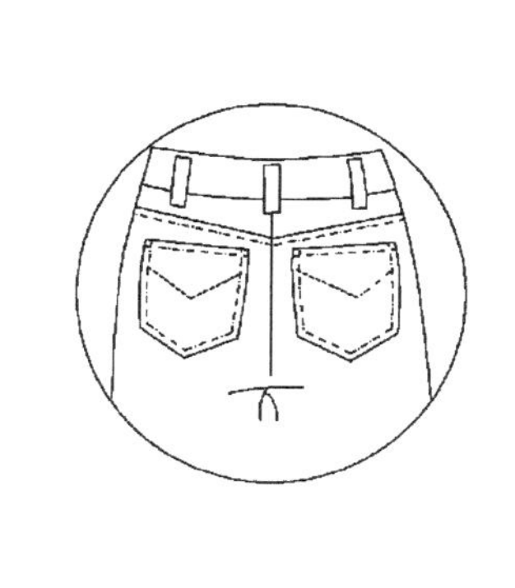

腰围：68cm+0cm=68cm

臀围：92cm+（0~2cm）=92cm

腰头：4cm

裤长：99cm

裤脚宽：24cm（裤口围度48cm）

立裆长：24.5cm−2cm=22.5cm（不含腰头）

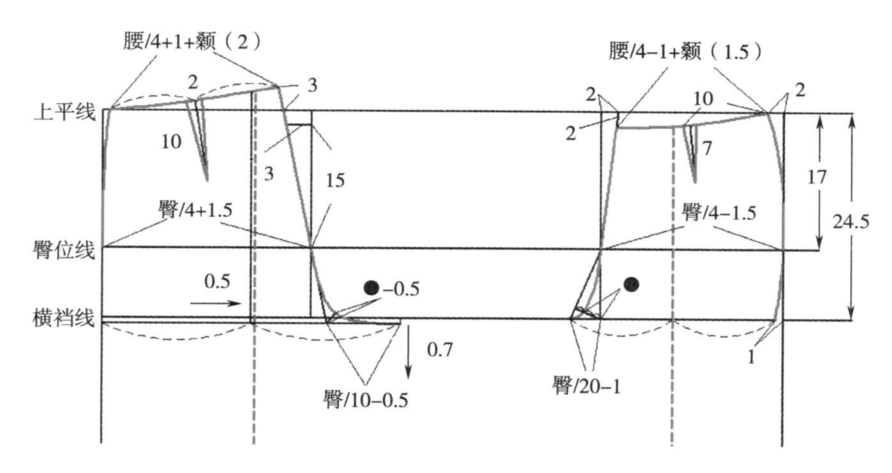

① 此款紧身裤的臀围没有松量，后臀要大于前臀：后臀围宽=臀/4+1.5cm，前臀围宽=臀/4−1.5cm。

② 前后裆比照上页的合体细裤的裆长各减去0.5cm：前裆宽=臀/20−1cm=3.6cm，后裆宽=臀/10−0.5cm=8.7cm。

③ 按照基础裤的臀高和立裆长来设定尺寸：臀高=17cm，立裆长=臀/10+（裤长−腰头）/10+6cm≈24.5cm（低腰裤的立裆长要在原型裤的立裆长尺寸上再减去2~3cm，即最后的腰线平行下移2~3cm，实际低腰立裆长为21.5~22.5cm）。

④ 后裆倾斜量：15:3，起翘量：3cm，落裆量：0.7cm。

⑤ 前中缩进2cm，下落2cm，侧缝缩进2cm；前腰=腰/4−1cm+裥，后腰=腰/4+1cm+裥（因臀围没有放松量，所以裥量很小，前裥根据腰臀差设定，后裥设定为2cm）。

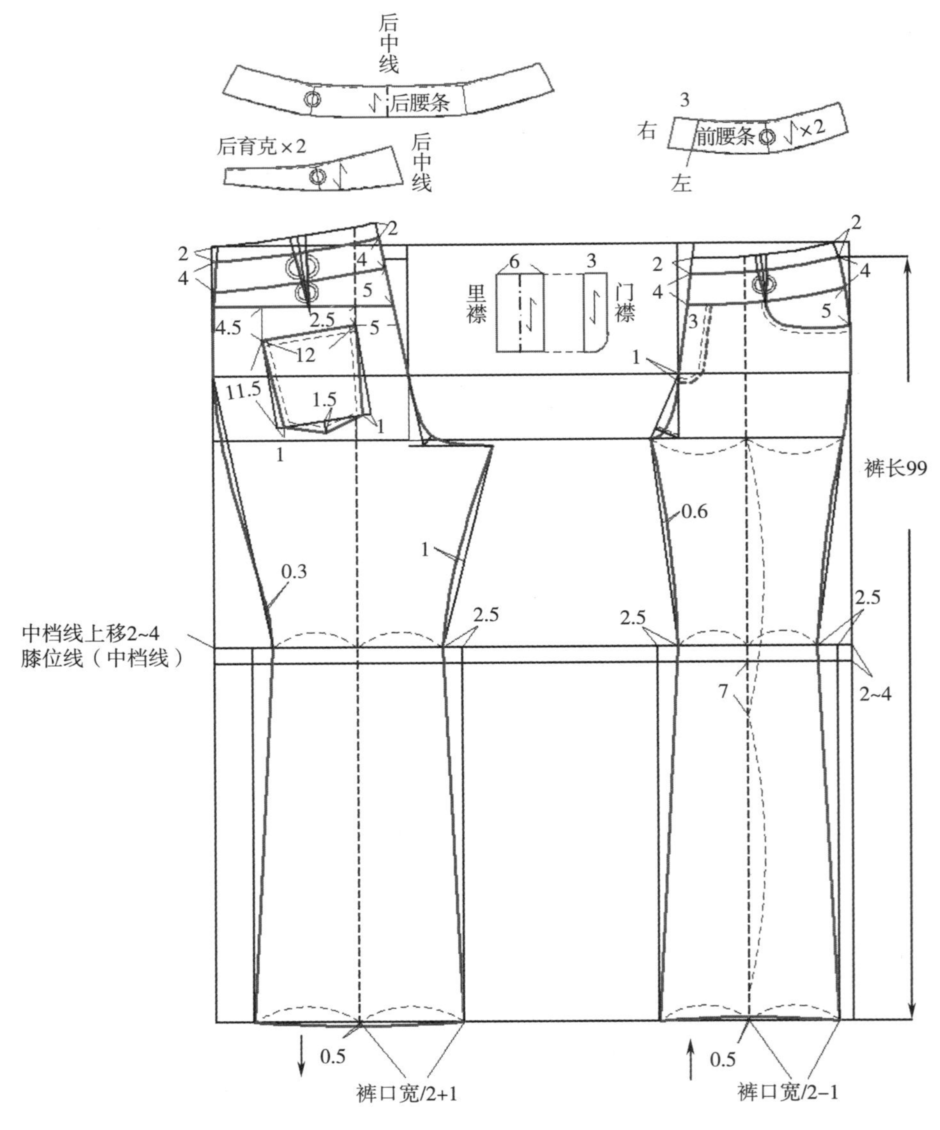

⑥ 绘出裤腿部分

喇叭裤的膝位线（中裆线）要比基础裤膝位线上移2~4cm，这样的喇叭形状会更明显。

前裤口/2=裤口宽/2−1cm，前裤口两端做中裆线的垂直线，中裆线处分别缩进2.5cm，绘制侧缝线，注意大腿侧缝与内缝线弧线各缩进0.6cm，裤口内弧0.5cm；后裤口/2=裤口宽/2+1cm，后裤口两端做中裆线的垂直线，中裆线处分别缩进2.5cm，绘制侧缝线，注意大腿内缝线弧线缩进1cm，侧缝线画圆顺，裤口外弧0.5cm。

⑦ 绘制前后腰头、后育克与口袋

前后腰线平行下移2~3cm，腰条宽：4cm；缩短前后腰颡的颡长，使颡尖正好到分割线上（如果腰臀差大，使颡量过大，可以在分割线之下的裤片侧缝处去掉分割线处合并的颡量），合并前后腰条与后育克的颡量；绘出口袋与门襟。

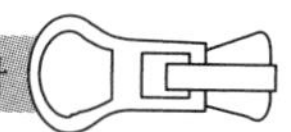

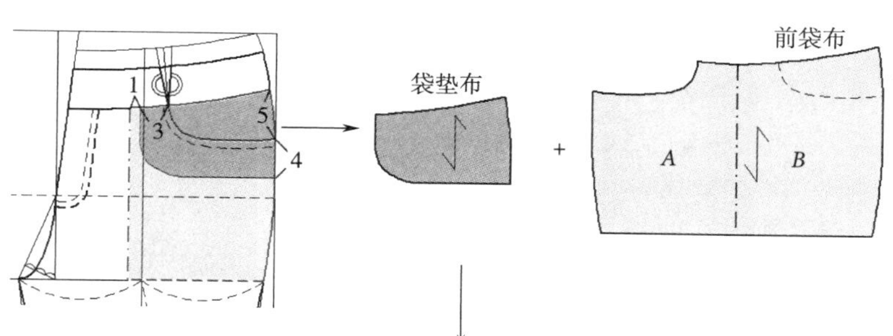

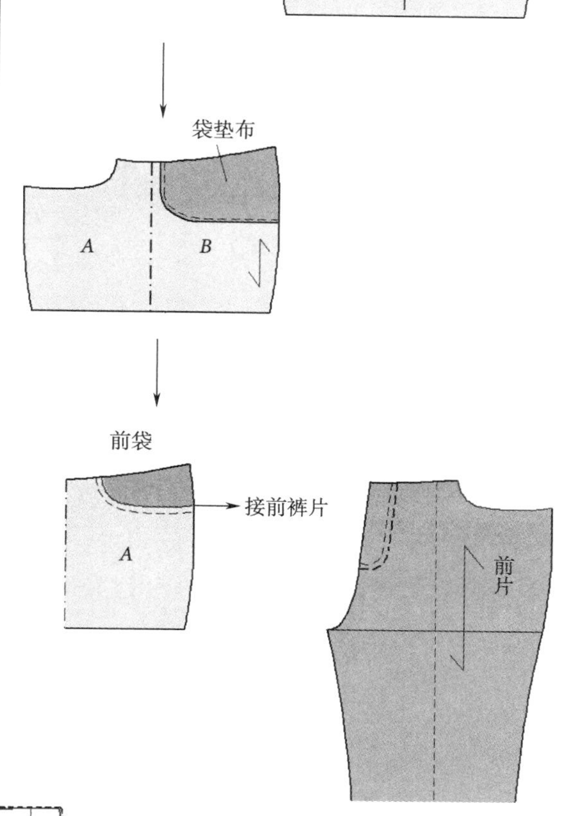

⑧ 前插袋结构

前插袋为弧形袋口。

图中的深灰色袋垫布使用裤子的主料，浅灰色的前袋布使用辅料。

袋垫布缝在前袋布的*B*面（贴体面），*A*面压*B*面。

前袋布的*A*面与前裤片在弧形袋口处缝合。

⑨ 后裤样片的改良

为了使紧身裤的后臀底更加平服，就要去掉一定的余量，因此要进行样片改良。

绘制下颡线，起点在横裆线与后裆弯的交点，终点在侧缝横裆线以下13cm处；绘制上颡线，颡量为0.3~0.7cm，合并两条颡线。

完成样片改良。

4. 褶裤

垂褶裤，侧面没有侧缝分割线，通过侧缝部进行放量，形成垂褶。后中隐形拉链，无口袋。

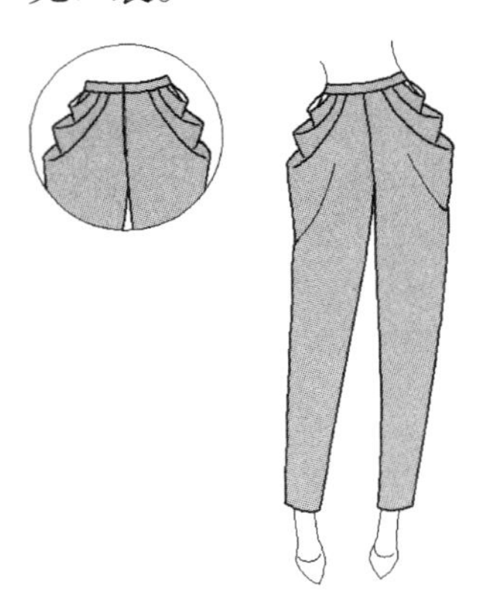

腰围：68cm+2cm=70cm

臀围：92cm+18cm=110cm

腰头：3cm

裤长：96cm

裤脚宽：18cm（裤口围度36cm）

立裆长：24.5cm+1.5cm=26cm（不含腰头）

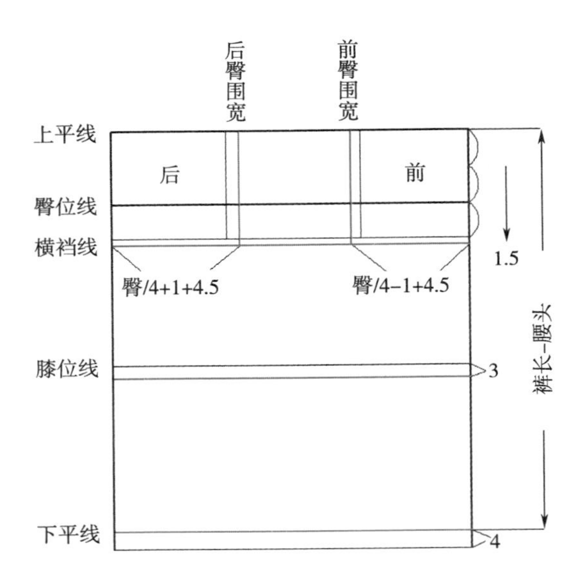

①绘制基准线（对照基础西裤）

红色线为褶裤基准线，黑色线为基础西裤的基准线。

基础西裤的立裆长=臀/10+（裤长−腰头）/10+6cm≈24.5cm，褶裤立裆长增加了1.5cm，即横裆线下落1.5cm。

前后臀围宽都增加了：后臀围宽=臀/4+1cm（前后调节量）+4.5cm（松量），前臀围宽=臀/4−1cm（前后调节量）+4.5cm（松量）。

裤长减少4cm，97cm−4cm=93cm(不含腰头)，膝位线下落3cm，即膝长为54cm+3cm=57cm。

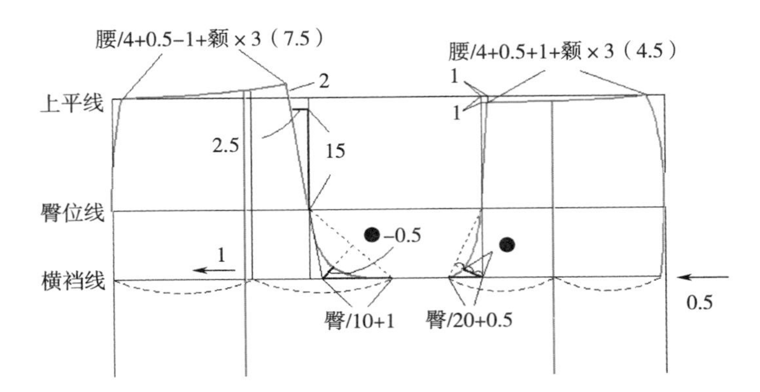

② 增加了前后裆宽：前裆宽=臀/20+0.5cm，后裆宽=臀/10+1cm。

③ 后裆倾斜量：15∶2.5，起翘量：2cm，没有落裆量。

④ 前中缩进1cm，下落1cm，前腰=腰/4+0.5cm+1cm+㶩×3（三个褶量为4.5cm），后腰=腰/4+0.5cm−1cm+㶩×3（三个褶量为7.5cm）。

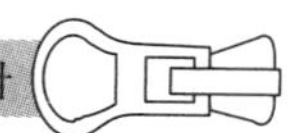

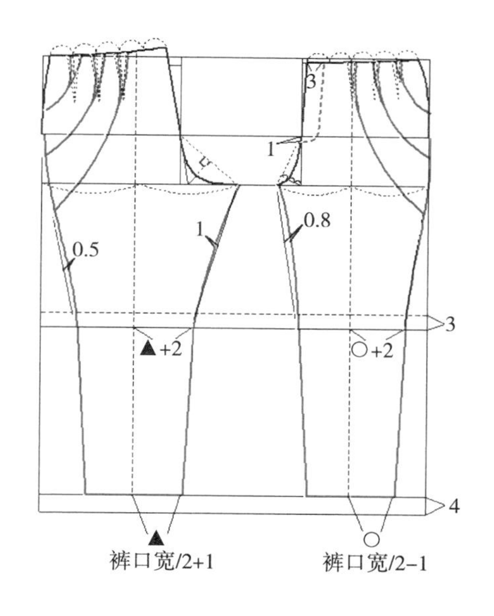

⑤ 绘制裤腿和垂褶分割线

根据裤中线绘出裤口，后裤口围度比前裤口围度大4cm，前裤口/2=裤口宽/2−1cm，后裤口/2=裤口宽/2+1cm。

绘出下裆——裤腿。

如图所示，根据款式，将前后腰线五等分，侧缝线方向的三个等分定为三个腰颡颡中心线的位置。

绘制弧形垂褶分割线，要将腰颡颡量加进去。注意前后裤的垂褶线在侧缝处的尺寸相同。

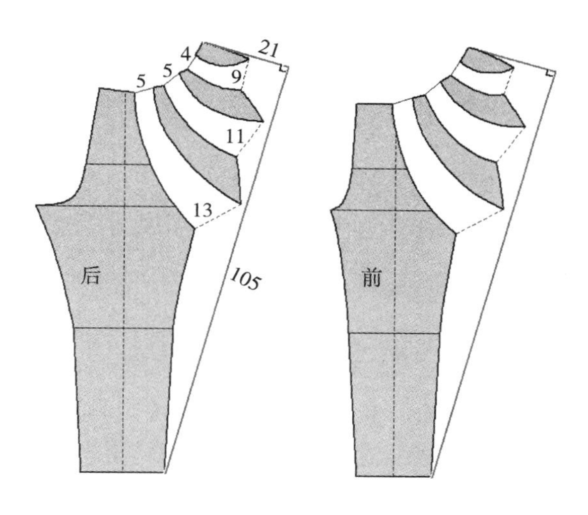

⑥ 展开垂褶褶量

后裤片：

首先绘出新的直线侧缝，长105cm，顶端做21cm长的垂线（也是侧缝线）。在这个范围内进行分割纸样的展开。

根据款式，分割并展开纸样：

纸样上端的后腰线处展开三个顺褶，上小下大，上褶量：4cm（4~6cm），下、中褶量：5cm（5~7cm）。纸样下端的侧缝处，展开量同样是上小下大，如图所示，不要超过红线所示的区域。

前裤片展开尺寸相同。

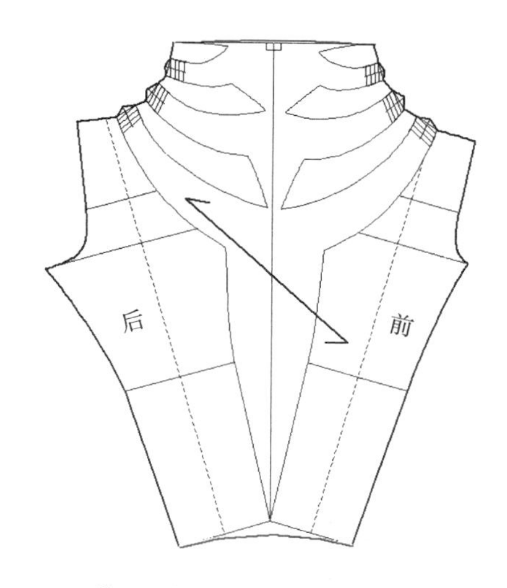

⑦ 对合前后裤片的侧缝线

将前后裤片的新侧缝直线对合，修正水平方向的侧缝与裤口弧线。

标出斜纱向，完成纸样。腰头略。

注：后中隐形拉链。

5. 哈伦裤

款式一：装腰有侧缝

这是一款小裤脚大裆哈伦裤，前后各两个顺褶，前中门襟拉链，有侧缝，前插袋。

腰围：68cm+2cm=70cm

腰头：3cm

裤长：96cm

裤口围度：32cm

立裆长：＞36cm（不含腰头）

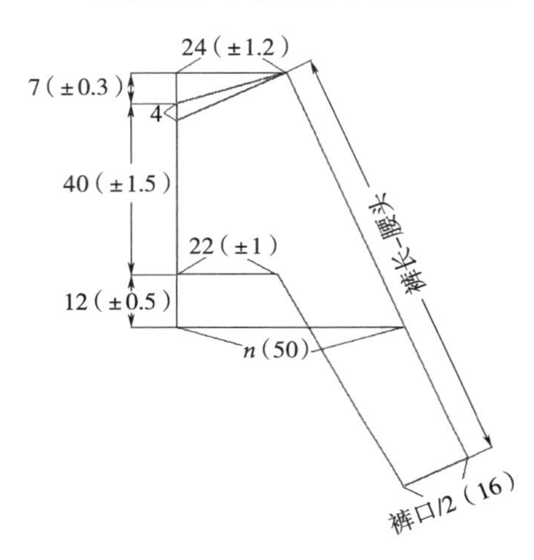

① 绘出基准线

首先绘出一条垂直线（前后中线）与三条水平线（腰位与裆宽线），*n*线越长裤裆部越宽松，根据款式，*n*=50cm。

绘制前后腰线和裤长等基准线。

图示数字后面括号中的±数值，指大小号型的数据变化。

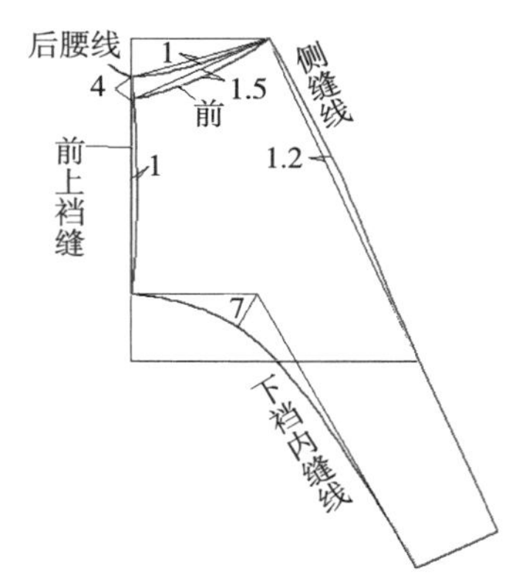

② 绘制外形线

前腰弧线凹进1.5cm，后腰弧线凹进1cm。

后上裆缝比前上裆缝凹进1cm。

侧缝弧线在臀部位置凸出1.2cm。

绘出下裆内缝线。

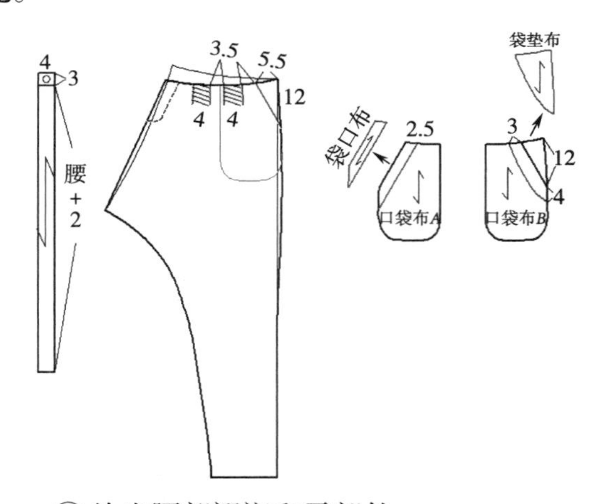

③ 绘出腰部褶裥和零部件

测量出纸样的腰围，此款纸样腰围=103cm，（103cm–70cm）÷2=16.5cm额量，因此，前腰褶量=8cm，后腰褶量=8.5cm（图示为前裤片，后裤片参考前裤片）。

绘出门襟、插袋、腰头等。

款式二：无侧缝腰部抽褶

同上图一样小裤脚大裆哈伦裤，腰部抽碎褶，无侧缝，无插袋。

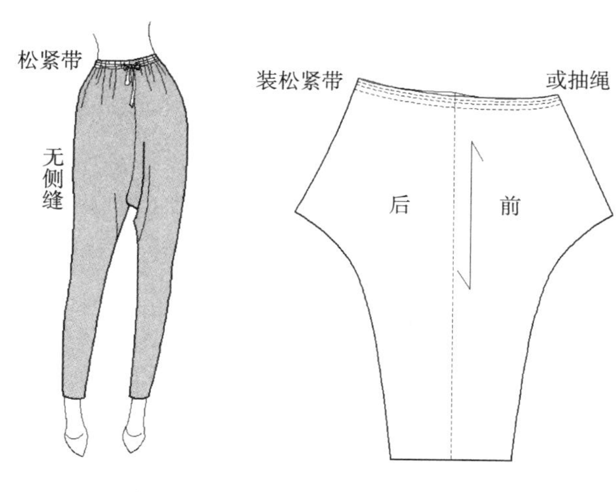

将前后裤片的侧缝线取直，合并侧缝直线，修正腰线，标出腰部抽褶线。

没有侧缝，就没有侧插袋。

款式三：无门襟侧拉链

此款式没有前后上裆缝，有侧缝，侧拉链，前后各三个活褶。

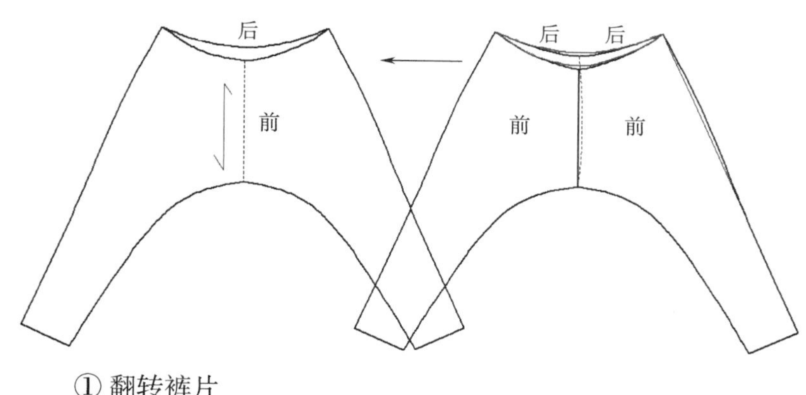

① 翻转裤片

将前后裤片的上裆缝取直，以此为基准线，分别翻转复制前后裤片，修正前后腰线。

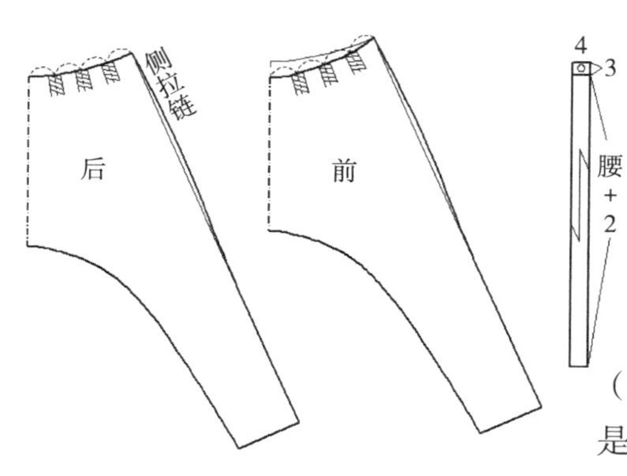

② 绘出腰部褶裥

测量出纸样的腰围，此款纸样腰围=103cm，（103cm−70cm）÷4≈8.4cm，8.4cm÷3=2.8cm，这是每个褶裥的褶量。

款式四：三片哈伦裤

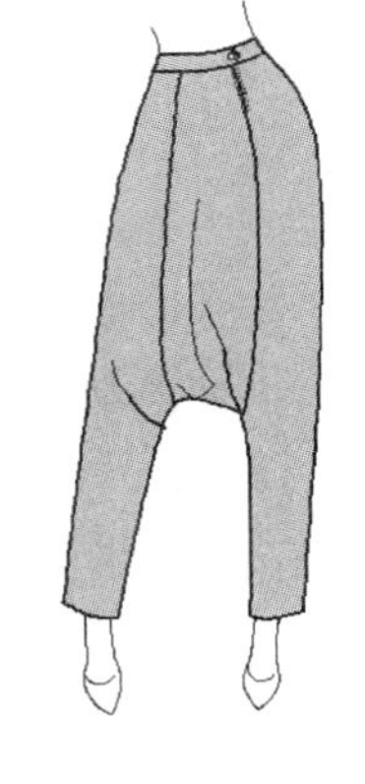

此款哈伦裤分三片：右裤、裤中裆布和左裤。无侧缝；腰臀部合体，裆部更加宽松；小裤口；前侧拉链。使用弹性面料会更加舒适。

腰围：68cm+0cm=68cm

腰头：4.5cm

裤长：99.5cm

裤脚宽：17cm（裤口围度34m）

立裆长：56 cm（不含腰头）

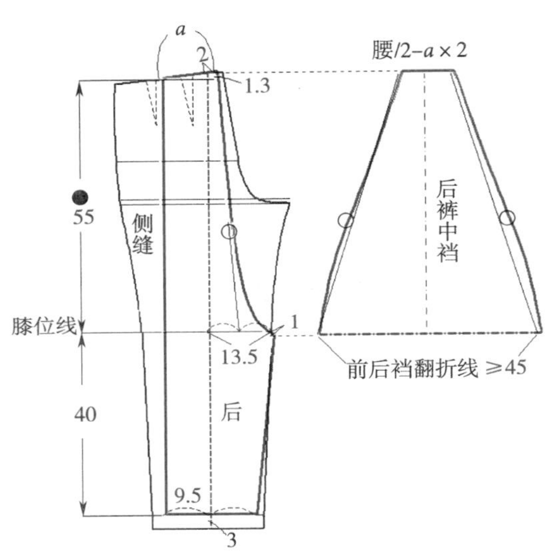

① 绘制后裤片与后裤中裆布

在基础西裤上绘制：裤长缩短3cm，后裤口缩短至19cm（裤中线两侧分别9.5cm），侧缝为垂直线。

膝位线向下1cm处确定立裆长，根据图中所示，绘出后上裆线。

测量出此时的腰线长度为a，后裤中裆布腰线长=腰/2−$a\times2$；裤中裆布拼缝长度=后上裆长（图中标注圆圈处）；前后裆翻折线（裆底宽度）≥45cm，此宽度过小会影响活动量。

在不使用原型裤时，可根据图中红色尺寸标注来制图。

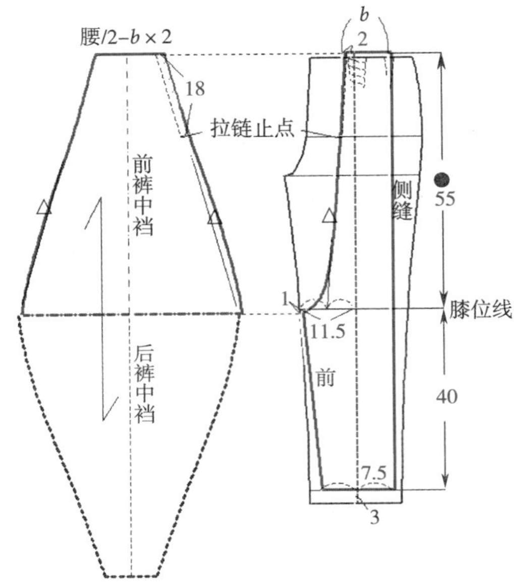

② 绘制前裤片与前裤中裆布

裤长缩短3cm，前裤口缩短至15cm（裤中线两侧分别7.5cm），侧缝为垂直线，注意：前侧缝长=后侧缝长。

测量出此时的腰线长度为b，前裤中裆布腰线长=腰/2−$b\times2$；裤中裆布拼缝长度=前上裆长（图中标注三角形处）。

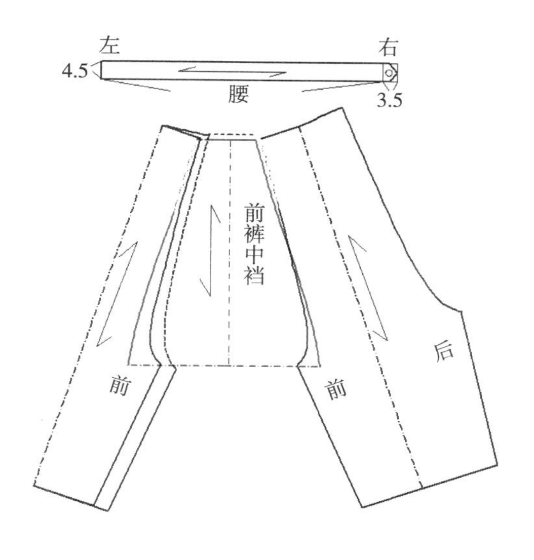

③ 裤片拼接

绘出腰头。前后侧缝纸样合并。

三片拼接效果如图所示。

6. 裙裤

款式一：基本裙裤

裙裤，就是像裙子的裤型，在原型裙或者A型裙的基础上，增加了前后裆弯。裙裤的裆部比一般的裤型更加宽松，穿着舒适，便于活动。

基本裙裤的裤长到膝盖处，裤型呈小A型，前后各一个腰额，前门襟拉链，前插袋。

腰围：68cm+2cm=70cm

臀围：92cm+8cm=100cm

腰头：3cm

裤长：63cm

立裆长：27cm（不含腰头）

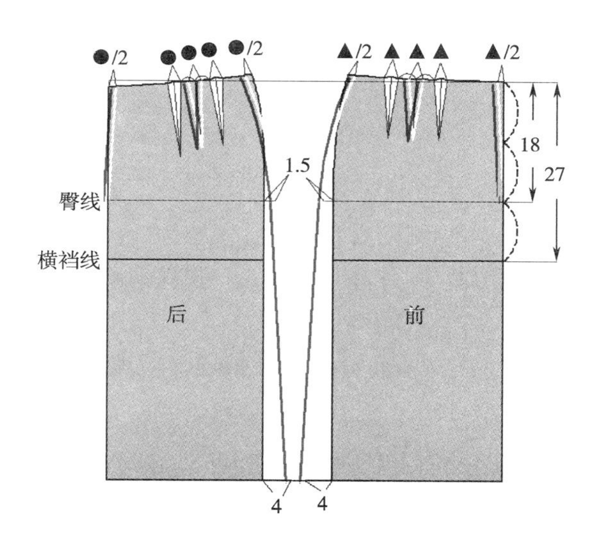

① 在原型裙基础上绘制单额A型裙

如图中所示，将双额道变为单额道，另一个额道的额量分别在腰线的前后中和侧缝位置去掉。

原型裙臀高=18cm，绘制横裆线，即，立裆长=臀高+臀高/2。

臀线处前后各展开1.5cm，侧缝底摆展开4cm，成为A型裙。

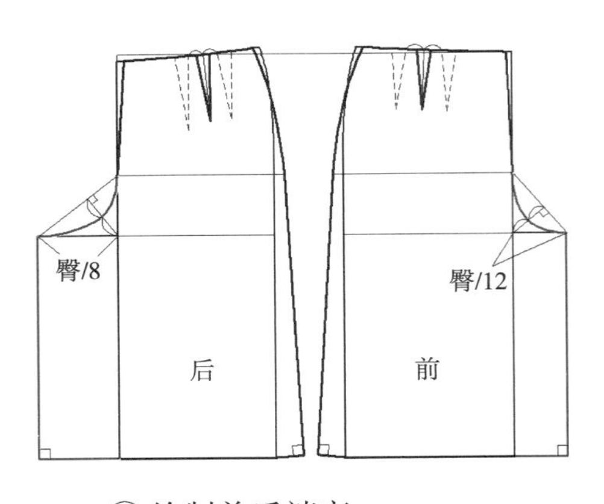

② 绘制前后裆弯

前裆宽=臀/12，后裆宽=臀/8。绘出前后裆弯。

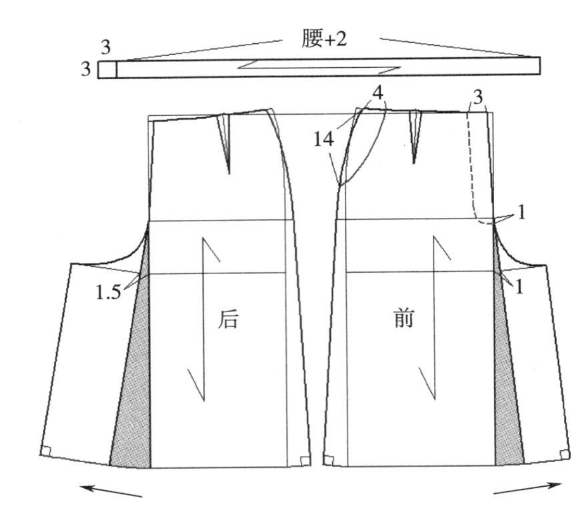

③ 前后中线向外偏移以增加底摆量

前中线与横裆线处向外偏移1cm，后中线处向外偏移1.5cm，相应地增加了底摆围度，圆顺底摆弧线。

绘出门襟、插袋与腰头。

款式二：大摆裙裤

大摆裙裤，又叫做斜形裙裤，造型像喇叭裙。此款式长度在膝盖以上，无腰颡，前中拉链，前插袋。

腰围：68cm+2cm=70cm

腰头：3cm

裤长：裙长63cm−8cm=55cm

立裆长：27cm（不含腰头）

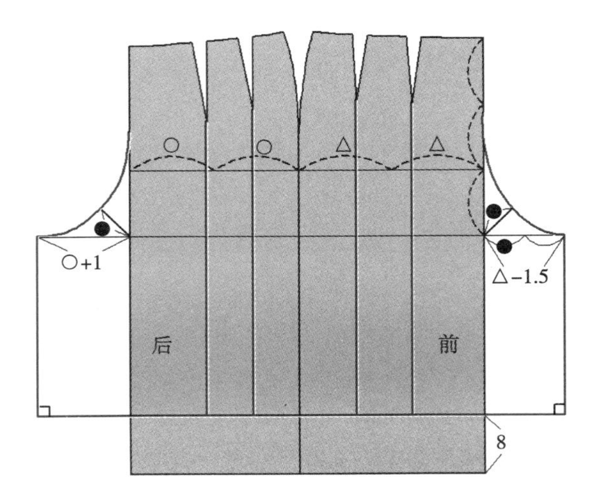

① 绘制前后裆弯

原型裙臀高=18cm，绘制横裆线，即，立裆长=臀高+臀高/2。

前裆宽=前臀围/2−1.5cm，后裆宽=后臀围/2+1cm。绘出前后裆弯。

从颡尖处绘制垂直线。

原型裙裙长减去8cm。

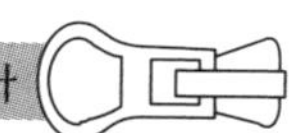

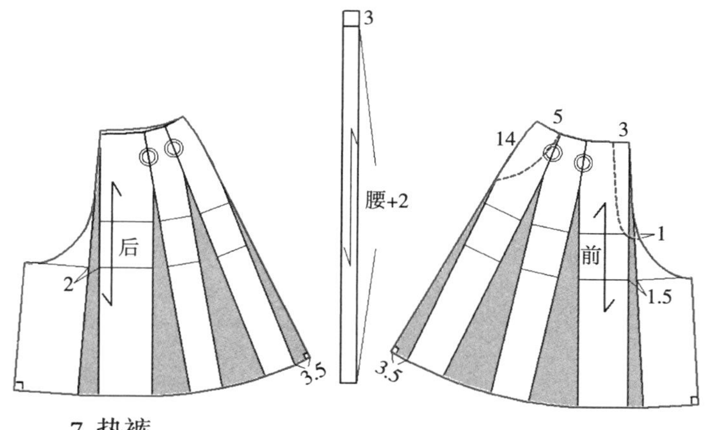

② 合并腰颡展开底摆围度

前中线与横裆线处向外偏移1.5cm，后中线处向外偏移2cm，相应地加大了底摆围度。

分别合并前后腰颡，展开相应的底摆量，圆顺底摆弧线。

绘出门襟、插袋与腰头。

7. 热裤

热裤，就是贴身型超短裤。热裤的落裆量比较大，落裆量与裤长、裤口有关：裤子越短，裤口越小，落裆量越大。热裤的落裆量一般为2~3cm。

款式一：基础热裤

基础热裤，低腰，前无腰颡，后腰颡转移到后上裆缝中；前中拉链，前插袋。

腰围：68cm+0cm=68cm

臀围：92cm+0cm=92cm

腰头：3cm

裤长：30cm

裤口围度：大腿围度+（4~6cm）=48cm+6cm=54cm

立裆长：24.5cm（原型裤）–2cm（低腰量）–3cm（腰头）=19.5cm（不含腰头）

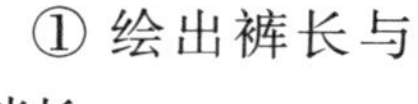

① 绘出裤长与立裆长

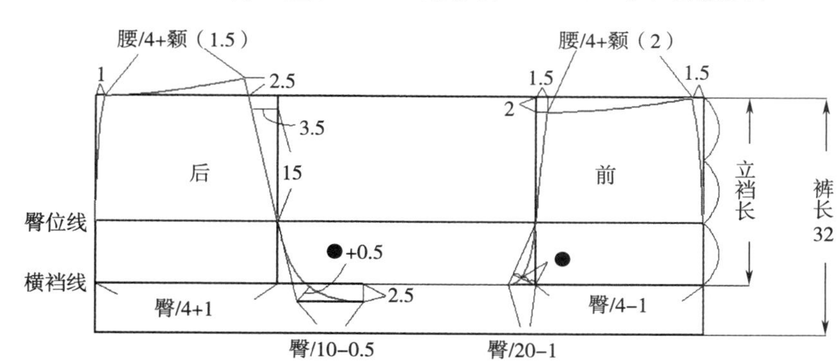

运用基础西裤的立裆长（此处为25cm）；30cm（成衣裤长）+2cm（低腰量）=32cm，低腰量是指在原型裤腰线的基础之上，腰线下落2cm（2~3cm）。

② 后臀围宽=臀/4+1cm（前后调节量），前臀围宽=臀/4–1cm（前后调节量）。

③ 前裆宽=臀/20–1cm，后裆宽=臀/10–0.5cm。

④ 后裆倾斜量：15:3.5，起翘量：2.5cm，落裆量：2.5cm。

⑤ 前中缩进1.5cm，下落2cm，前侧缝缩进1.5cm，前腰=腰/4+颡（2cm）；后侧缝缩进1cm，后腰=腰/4+颡（1.5cm）。

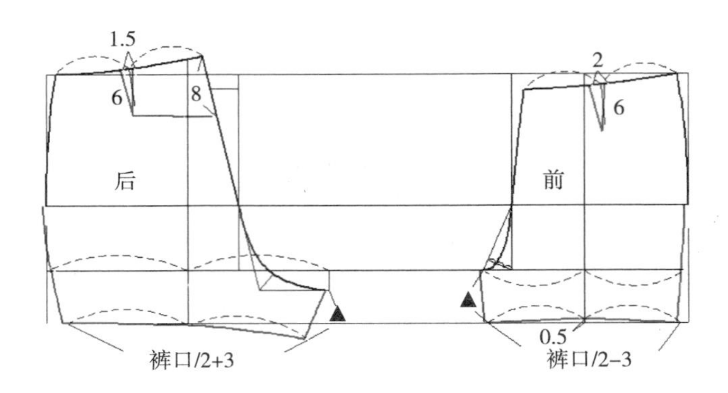

⑥ 绘制裤口和腰颡裤口宽

大腿围度+（4~6cm）=48cm+6cm=54cm。

前裤口=54cm ÷ 2−3cm，后裤口=54cm ÷ 2+3cm。

绘出前后腰颡和后腰颡道转移线。

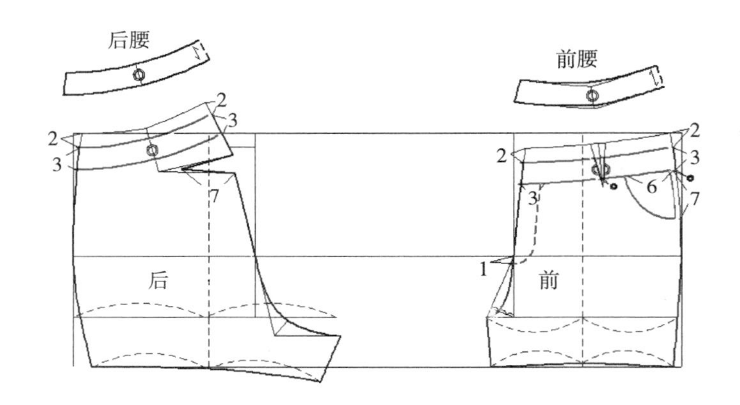

⑦ 绘制前后腰条

后腰颡量转移到后上裆缝。低腰腰线下落2~3cm。

前后腰条宽=3cm，合并前腰，圆顺腰线。绘出插袋、门襟。

款式二：前片分割交叠式热裤

此款式是在基础热裤的纸样上进行了样片分割。

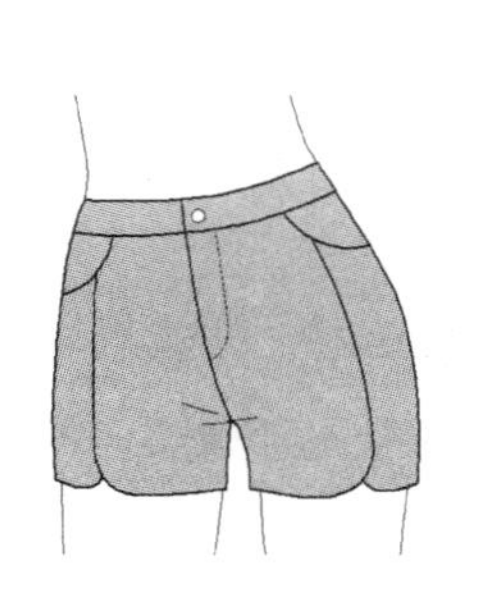

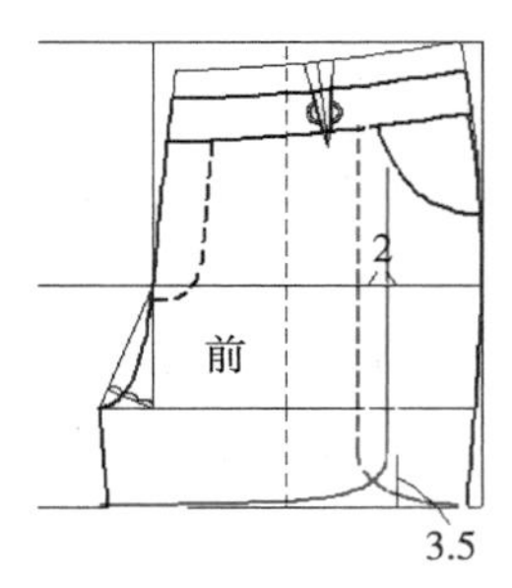

第五章 连身装结构变化与纸样设计

第一节 连衣裙结构变化与纸样设计

一、连衣裙结构变化

（一）连衣裙结构分析

连衣裙，顾名思义，就是上衣与裙子连为一体。根据连衣裙的外形分为：自然紧身型、X型、H型、郁金香型、椭圆形等（此处图片参照第三章第一节的衣身纸样设计）。

根据连衣裙的长度可分为：长裙、中长裙、及膝裙（中裙）、短裙等。

根据裙腰的连接方式，又分为：装腰裙与连腰裙，腰线的高低变化形成低腰裙、中腰裙、高腰裙等款式变化。

1. 裙长变化

长裙　　中长裙　　中裙　　短裙

2. 腰节线的高低

中腰裙　　低腰裙　　高腰裙　　连腰裙

3. 连衣裙放松量

紧身型连衣裙：胸围+（0~2）cm，腰围+（0~2）cm，臀围+2cm。

合体型连衣裙：胸围+（4~6）cm，腰围+（2~6）cm，臀围+4cm。

较合体型连衣裙：胸围+（8~12）cm，腰围+（6~8）cm，臀围+8cm。

较宽松型连衣裙：胸围+（14~20）cm，腰围+（8~10）cm，臀围+12cm。

宽松型连衣裙：胸围+（20~30）cm，腰围、臀围放松量根据款式造型设计在胸围放量基础上做相应变化（增加或减小）。

一般臀围加放量比胸围加放量小2cm。

（二）连衣裙绘图步骤

第一步，确定袖窿深。

无袖上衣的袖窿深上抬量1.5~2cm。装袖上衣的袖窿深下落量0~4cm（合体上衣0~2cm，宽松上衣3~4cm）。

第二步，胸围收放量计算。

原型胸围−成衣胸围=收放量。超过原型胸围（胸围+12cm）的成衣胸围要进行胸部尺寸的放（加）量，如宽松型。成衣胸围小于原型胸围，就要对胸围进行收（减）量，如紧身型。

例1：合体型上衣，96cm（原型胸围）−90cm（成衣尺寸）=6cm，即在原型基础上胸围要收进（减）6cm，6cm ÷ 2=3cm，前后收量:前胸侧缝收（减）2cm，后胸侧缝收（减）1cm。

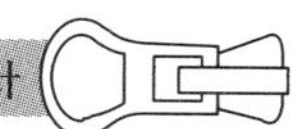

例2：较宽松型上衣，100cm（成衣尺寸）–96cm（原型胸围）=4cm，即在原型基础上胸围要放（加）4cm的量，4cm ÷ 2=2cm，前后放量：前胸侧缝放（加）0.5cm，后胸侧缝放（加）1.5cm。

第三步，颡量计算与分配。

成衣胸围–成衣腰围=颡量，将颡量的1/2按照一定比例分配到前后片中，后腰颡≥前腰颡＞侧缝颡，通常情况下，前腰颡≤3cm，后腰颡≤3.5cm，侧缝颡≤2cm。如：90cm（胸围）–72cm（腰围）=18cm，18cm ÷ 2=9cm，颡量分配：前胸颡2.5cm，后腰颡2.5cm，前后侧缝颡分别2cm。

第四步，绘制裙子。

二、连衣裙纸样设计

（一）接腰式连衣裙

上下衣在腰线处接合，合体S型，腰部和腋下收颡。

成衣胸围：84cm+6cm=90cm

成衣腰围：68cm+4cm=72 cm

成衣臀围：92cm+4cm=96 cm

裙长：38cm（背长）+60cm=98cm

① 上衣原型结构变化设计

确定袖窿深：此款袖窿深上抬1.5cm。

胸围收放量计算：96cm（原型胸围）–90cm=6cm，6cm ÷ 2=3cm，前后收量：前胸侧缝收2cm，后胸侧缝收1cm。

前后肩点各收进2cm，绘出新的袖窿线，注意前袖窿颡先对合一下再绘制。

颡量计算与分配：90cm（胸围）–72cm（腰围）=18cm，18cm ÷ 2=9cm，颡量分配：前胸颡2.5cm，后腰颡2.5cm，前后侧缝颡分别2cm。

注意：成衣侧缝线与袖窿线确定后，再进行转颡。

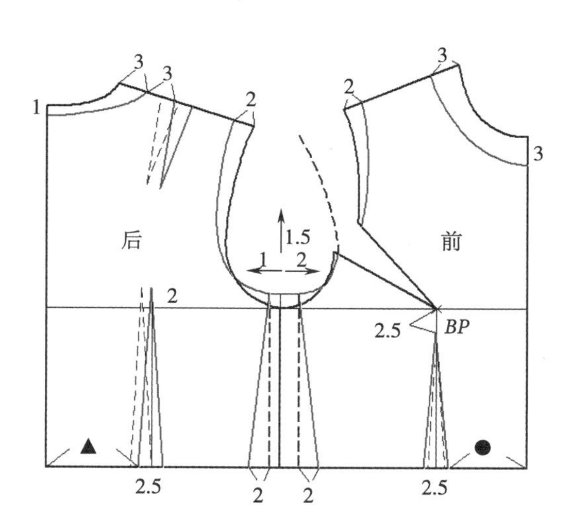

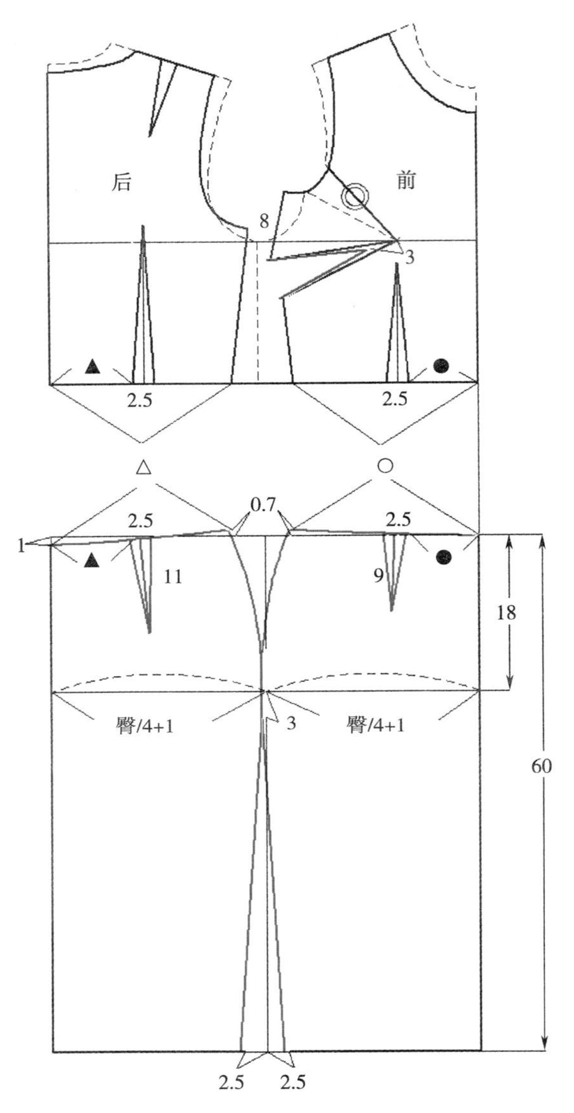

② 绘制裙装

将上衣袖窿颡转移到腋下位置。

臀围+4cm，裙长60cm，绘制矩形：宽=臀/2+2cm，长=60cm。绘出侧缝线。

根据上衣的腰围与前后腰颡颡量，绘制裙腰与腰颡。注意上下的颡道位置与颡量要完全相符。

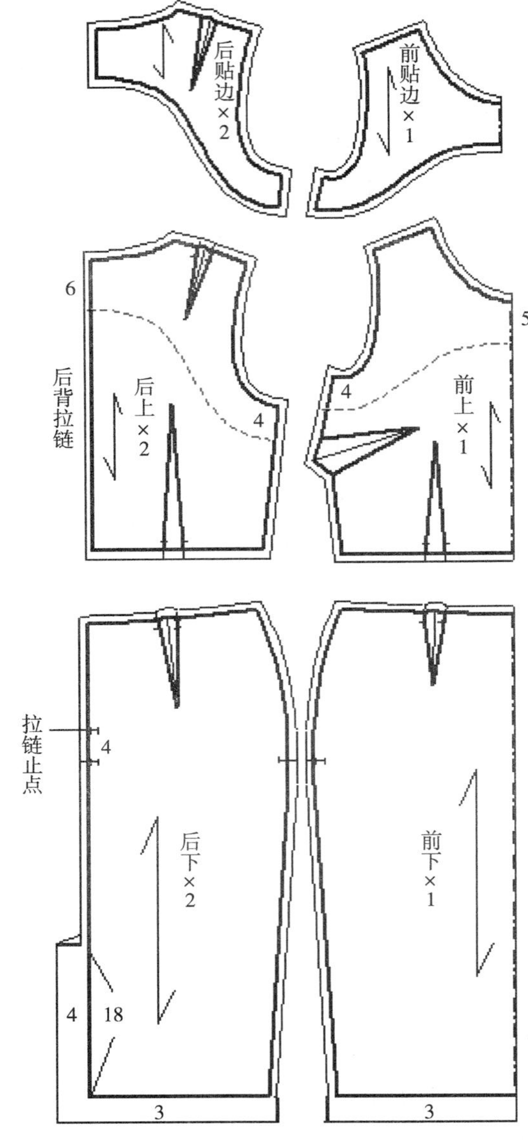

③ 绘制贴边

在上衣的前后片上直接绘制前后贴边。

加缝边，完成样板。

（二）连腰式连衣裙

腰部相连，合体小X型。

1. 基础连腰裙

成衣胸围：84cm+6cm=90cm

成衣腰围：68cm+4cm=72 cm

成衣臀围：92cm+4cm=96 cm

裙长：38cm（背长）+50cm=88cm

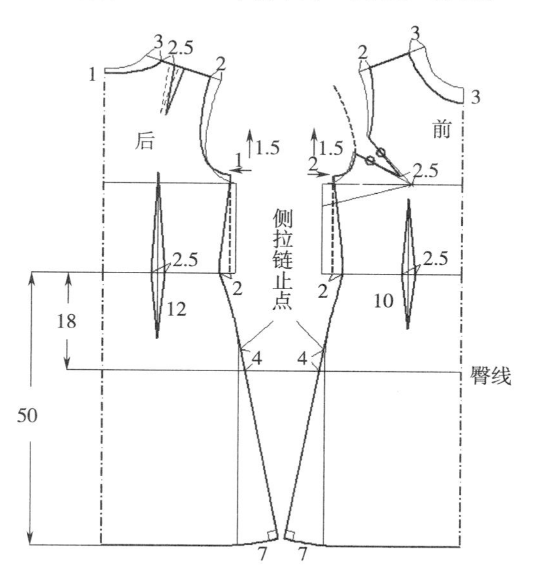

上衣绘制方法同上。

衣长向下延伸50cm，底摆侧缝根据款式外延7cm。

前后腰颡分别向下延伸10cm、12cm颡长。

2. 连身对褶裙

款式分析：上身合体，底摆宽大，呈X型造型。上身的颡量都转移到开刀线中，腰部以下展开对褶。

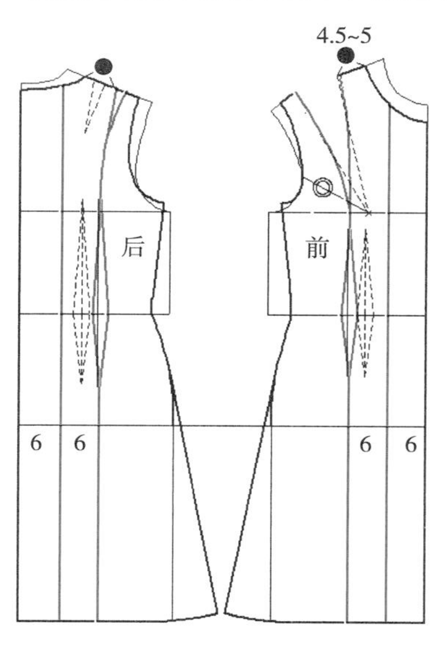

① 绘制分割线

采用基础连腰裙的纸样设计，将袖窿颡转移到肩部。

移动前后腰颡与后肩颡的位置，绘制分割线。

注意：前后肩部的分割线能够完全拼合。

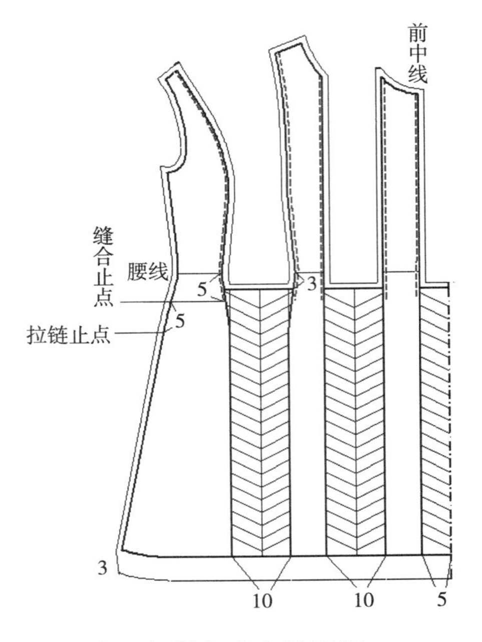

② 对褶展开

从腰线以下3cm的位置展开对褶褶量，上身部分随之展开。

加缝边的效果如图所示。

对褶以上部分的分割线需要缝合，标出缝合止点和拉链止点。

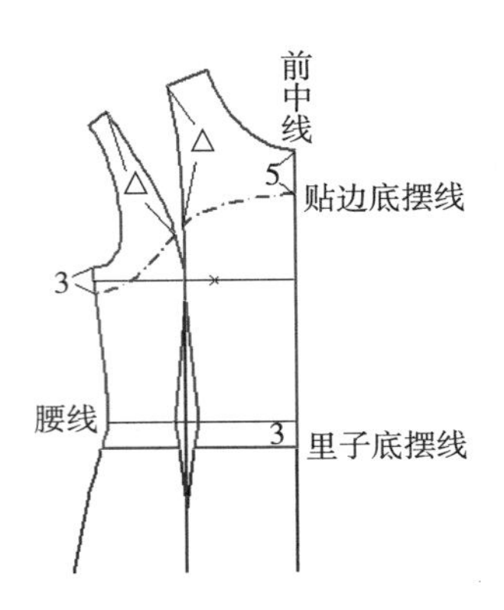

③ 绘出贴边和里子

红线部分为里子和贴边。

（三）紧身式小礼服裙

紧身S型无肩裙，前、后身各两条造型颡线。

成衣胸围：84cm+0cm=84cm

成衣腰围：68cm+0cm=68cm

成衣臀围：92cm+2cm=94cm

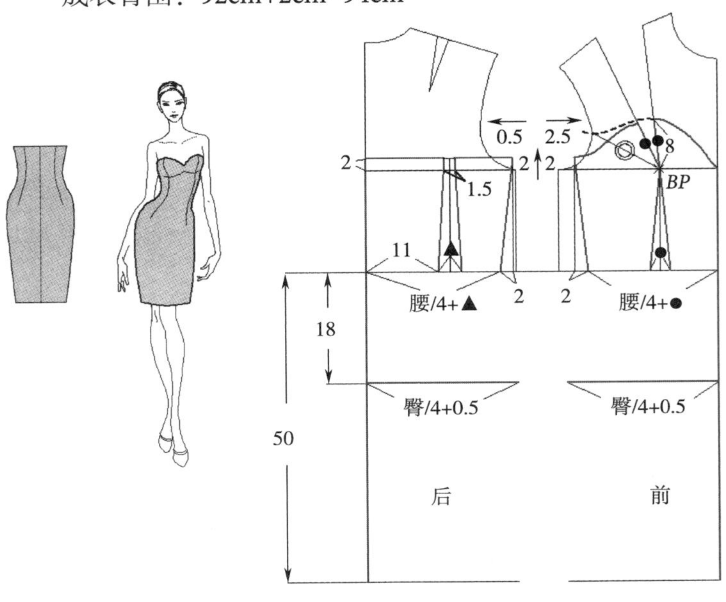

① 确定胸围放松量与颡量分配

袖窿深上抬2cm以上。

胸围收量计算：96cm（原型胸围）−84cm=12cm，12cm ÷ 2=6cm，即前胸减去4cm，后胸减去2cm，因为前后颡的两条颡线之间要留出1.5cm的缝纫量，因此，前胸减2.5cm，后胸减去0.5cm，纸样胸围为90cm。

颡量计算与分配：90cm（胸围）−68cm（腰围）=22cm，22cm ÷ 2=11cm，颡量分配：前胸颡3.3cm，后腰颡3.7cm，前后侧缝颡分别2cm。

绘制抹胸线时，先合并胸颡。

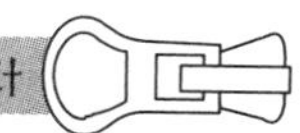

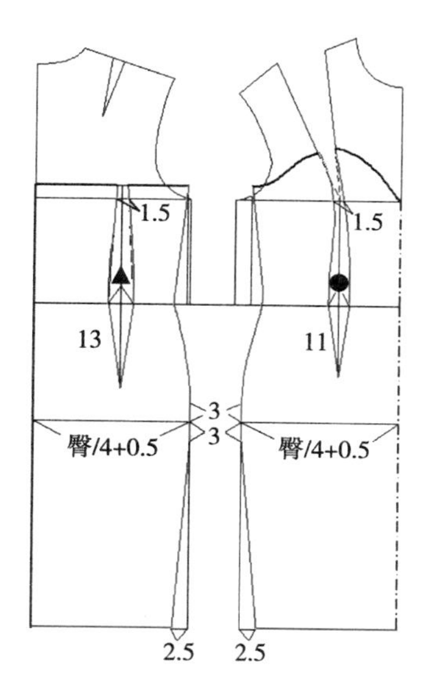

② 绘出前后造型褶线和整体轮廓线

绘出前后衣身的造型褶，注意后褶与前褶胸线处分别增加1.5cm。

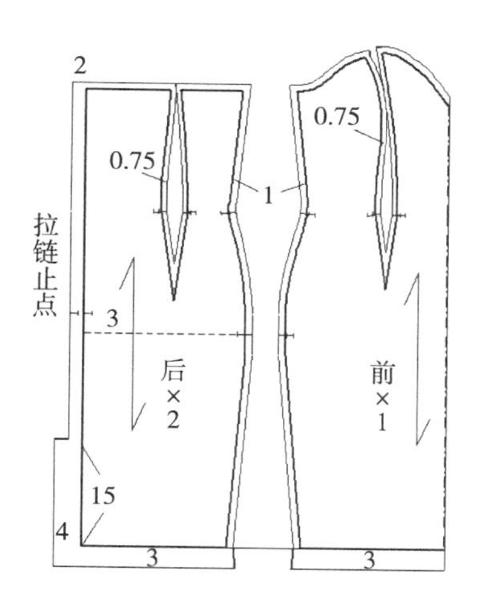

③ 加缝边

加缝边和刀口标注。

（四）高腰连衣裙

高腰裙就是将腰线提高到胸底处，胸部合体，前中抽褶；下摆顺褶展开；装袖。

成衣胸围：84cm+4cm=88cm

成衣腰围：68cm+4cm=72cm

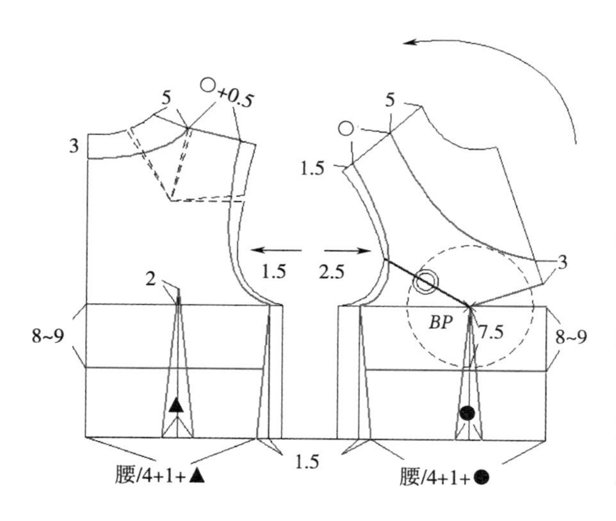

① 前后转褶并确定胸底横断线位置

后肩褶的2/3分别转移到袖窿与领口，都成为吃势松量。前袖窿褶转移到前中，箭头标注为衣片移动方向。

按照图中所示尺寸，确定胸围放松量与褶量分配。

*BP*点以下7.5cm，这是胸罩的最低位置，胸底横断线不要越过这个高度，一般在*BP*点以下8~9cm的位置做横断线。

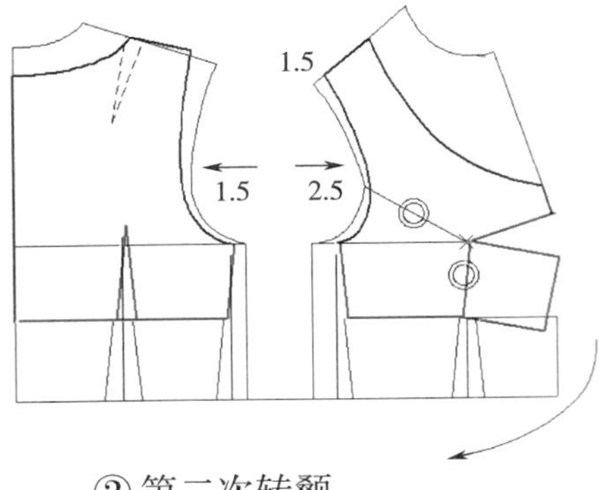

②第二次转颡

将BP点以下的前胸颡转移到前中颡。

③绘制裙下部

根据前后胸底横断线的长度绘制裙下部分。

按照一定比例分别绘出前后展开线。展开效果如小示意图所示。

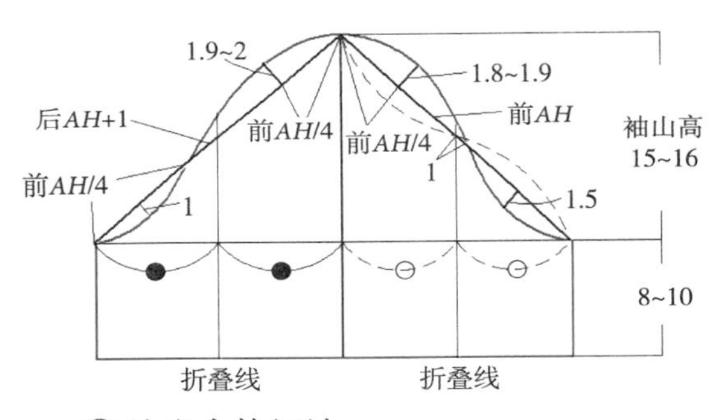

④绘出合体短袖

根据衣身的前后袖窿长度绘出本款式的基础袖。以前后翻折线（折叠线）为基准，转动袖子的前侧和后侧部分，分别与前中与后中交叠1.5cm。

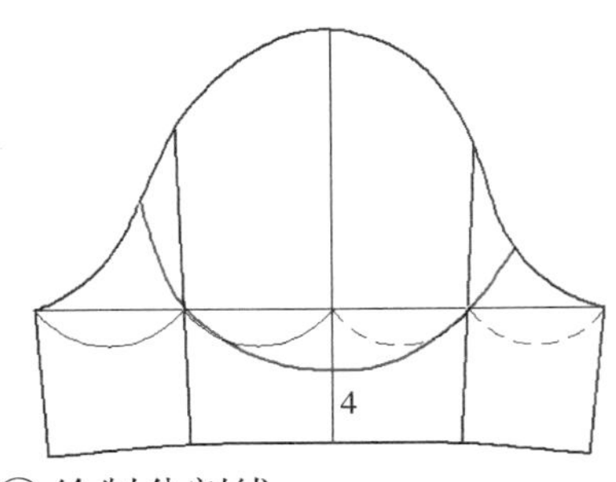

⑤绘制分割线

首先绘出新的翻折线，以此为基础根据款式绘出分割线（红线）。

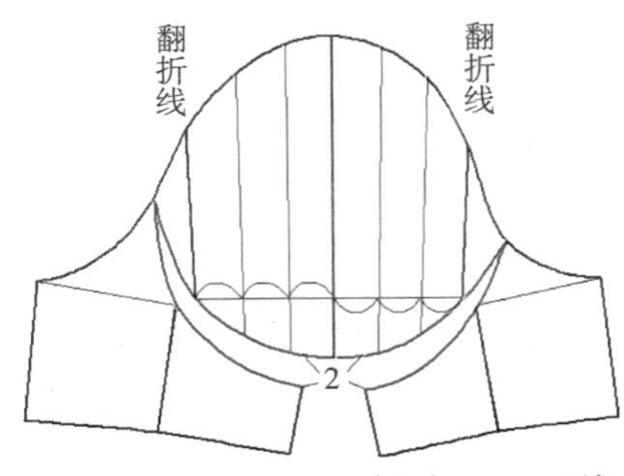

⑥分割袖底部后绘制袖山展开线

从袖中底部剪开，进行分割。绘制袖山展开线。

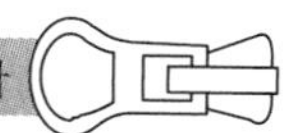

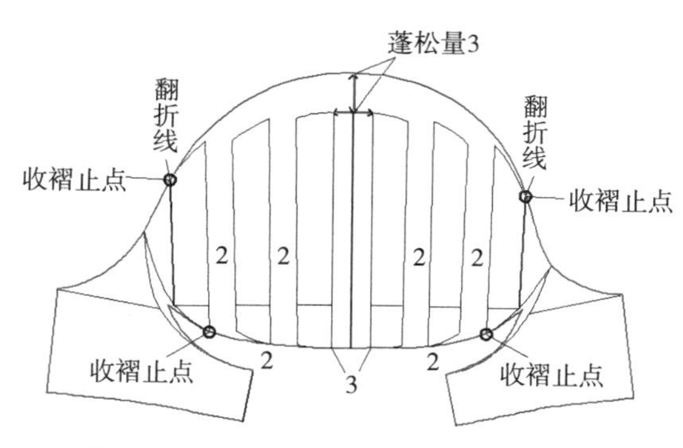

⑦ 展开袖山

袖山展开效果如图所示。袖山顶点处加上3cm的蓬松量。前后翻折线位置作为袖山的收褶止点。

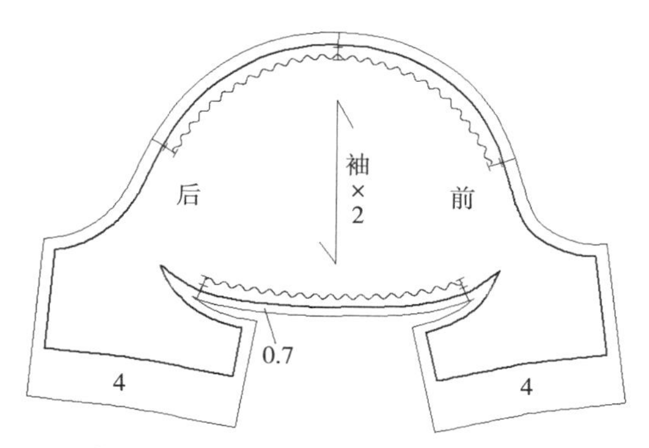

⑧ 加缝边和标注

分割线处的缝边宽度为0.7cm，袖口处为4cm。标注出各个位置点。

（五）低腰连衣裙

此款腰线降低到接近臀线位置，上衣适体，下摆对褶展开，盖肩短袖。

成衣胸围：84cm+6cm=90cm

成衣腰围：68cm+5cm=73cm

成衣臀围：92cm+4cm=96cm

前腰=腰/4+1.5cm（松量）+2.5cm（颡量）

后腰=腰/4+1cm（松量）+2.5cm（颡量）

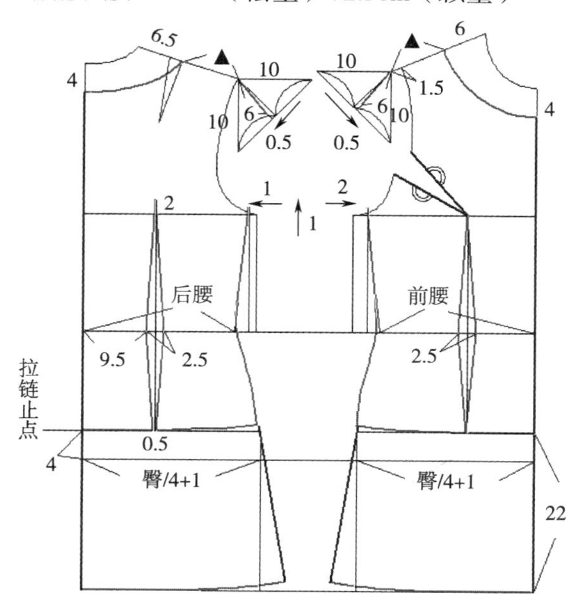

① 确定三围尺寸和低腰线位置

运用前面讲过的胸围计算方法计算出前后胸围的收放量。

袖窿深点上抬1cm。

确定腰围、臀围尺寸和低腰线位置，完成衣身部分的外形线。

运用插肩袖的方法，绘制盖肩短袖，注意前后袖中缝的偏移量。

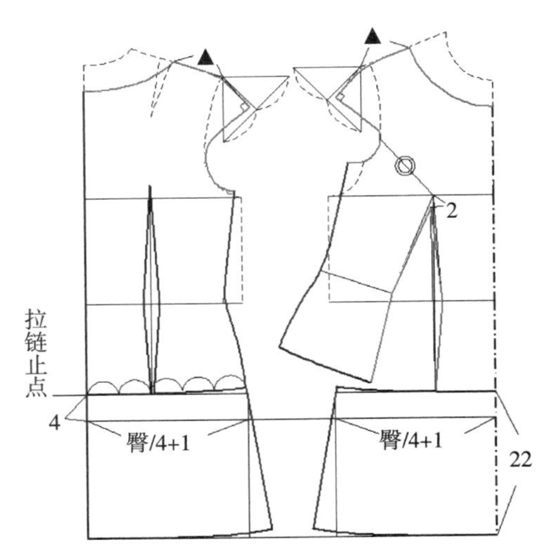

② 袖窿省转移到前腰省

剪开前腰省的省中线，合并袖窿省，将省量转移到前腰省中。

绘出前、后袖口与袖窿底部线。

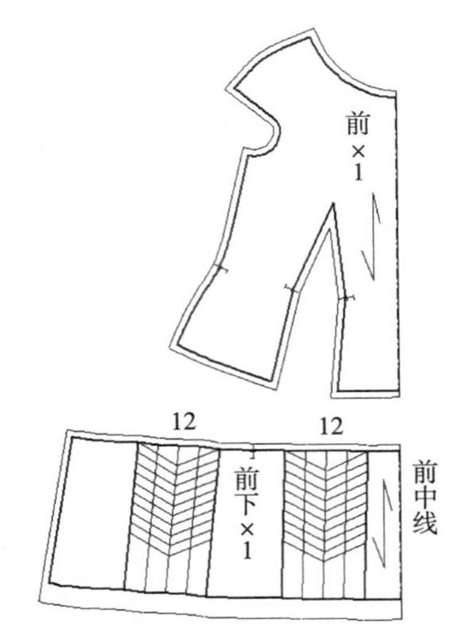

③ 裙下部分展开褶量

根据款式绘制展开线，展开对褶褶量12cm。加缝边后效果如图所示。

三、旗袍纸样设计

此款旗袍的结构为中西合璧式，既有旗装的款式特点（立领、偏襟、盘扣、侧开衩），又有西式的造型省道和装袖。

成衣胸围：84cm+4cm=88cm

成衣腰围：68cm+4cm=72cm

成衣臀围：92cm+4cm=96cm

裙长：133cm

袖长：10cm

领高：4~5cm

① 上衣原型结构变化设计

胸围收量计算：96cm（原型胸围）−88cm=8cm，8cm ÷ 2=4cm，即前胸减去2.5cm，后胸减去1.5cm。

袖窿深上抬1cm。

前腰=后腰=腰/4+1cm+2.5cm（省），直接应用原型中的前后腰省位置，只是改变了省量。

前片新袖窿深点向下6cm处绘出转省线。

注意：成衣侧缝线与袖窿线确定后，再进行转省。

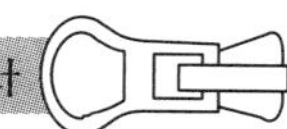

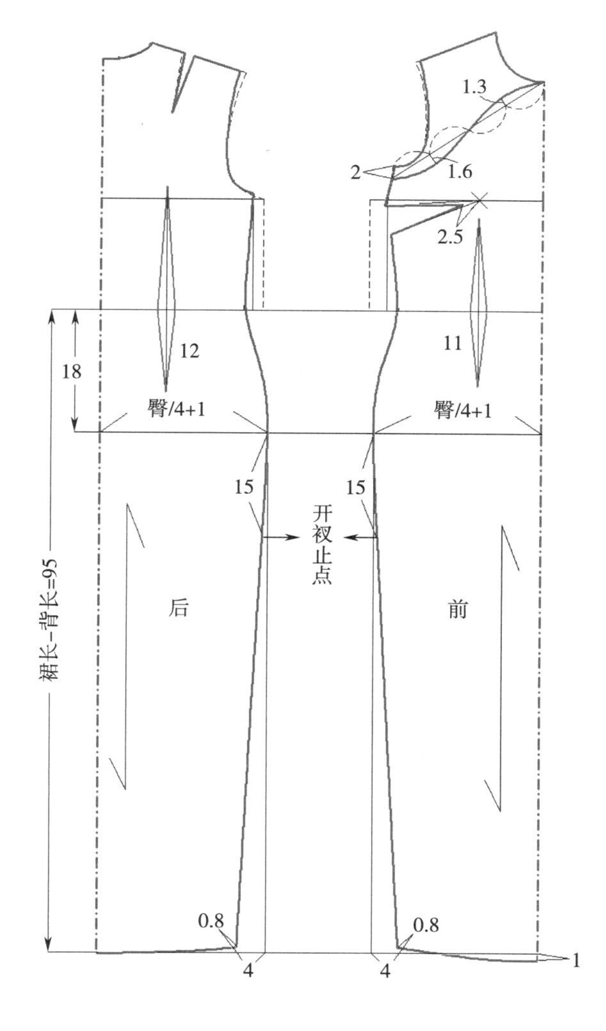

② 绘出整体轮廓线和前门襟弧线

将袖窿颡转移到腋下，颡尖距离*BP*点2.5~3cm。

绘制前门襟弧线，始点：前领深点，止点：前袖窿深点向下2cm处。

后中从腰线向下延长95cm，前中延长96cm，底摆侧缝处内收4cm，上抬0.8cm左右。

前后腰颡分别向下延伸11cm、12cm颡长。

前臀=后臀=臀/4+1cm。

侧缝开衩止点在臀线向下15cm处。

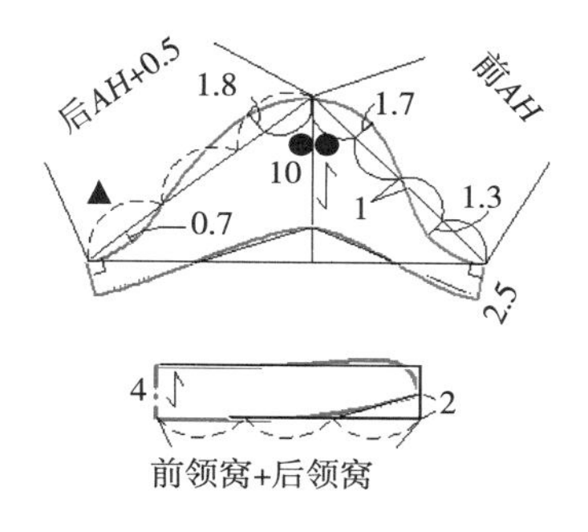

③ 绘制短袖和立领

如图所示，绘制短袖和立领。袖长：10cm，领高4~5cm。（前*AH*指前袖窿长，后*AH*指后袖窿长）

注意：圆圈=（前*AH*）/4，三角=（后*AH*+0.5）/3。

2.5
6
前中线
6
右小襟×1
开口止点
3
7
6

④ 绘制右小襟（底襟）

绘制右小襟的边缘线（红线处），右小襟处的腋下颡可以在纸样上进行合并，如图右所示。

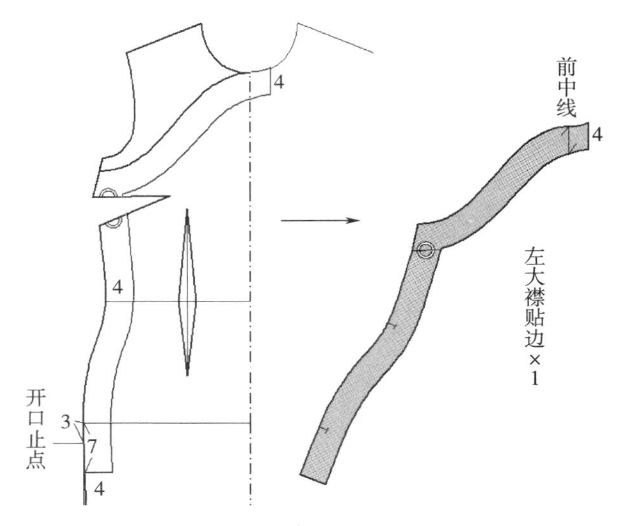

⑤ 绘制左大襟贴边

绘制左大襟贴边的边缘线（红线处），贴边的腋下褶在纸样上进行合并。

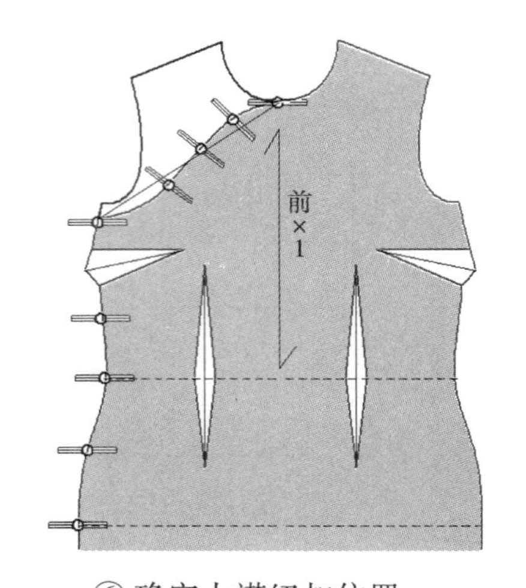

⑥ 确定大襟纽扣位置

填色纸样为左大襟。门襟处钉四副盘扣，侧缝钉五副盘扣。

第二节　大衣结构变化与纸样设计

一、大衣结构变化

（一）大衣结构分析

1. 大衣造型

按照放松量的多少，可以把大衣分为：贴身型、合体型、较宽松型和宽松型几种类型。

按照外造型的不同，可以把大衣分为：X型（束腰合体型）、H型（直筒型）、A型（包括梯形）、和O型（如茧型）等几种类型。

按照衣长的不同，又可以分为短大衣、中长大衣和长大衣。

2. 胸围放松量

贴身型大衣：胸围放松量为10cm。

合体型大衣：胸围放松量为14~18cm。

较宽松型大衣：胸围放松量为20~25cm。

宽松型大衣：胸围放松量为26cm以上。

袖长：紧身型为原型袖长+3cm，合体型为原型袖长+4cm，宽松型为原型袖长+5cm。

3. 放量方法

胸围放量比较大的大衣，要分别在前中、后中、前侧缝、后侧缝进行胸围放量。厚型面料还需要在后肩线、前中部加上面料厚度，一般为0.5cm。

放量原则：后侧缝＞前侧缝＞后中≥前中，后侧：前侧：后中：前中=4：2：1：1，当然，这些数据不是绝对的，可以根据设计进行调整。例如：宽松型大衣的上衣部分，115cm（成衣胸围）−96cm（原型胸围）=19cm，即在原型基础上胸围要放（加）19cm的量，19cm ÷ 2=9.5cm，按照此原则，本款追加的放量分别为：后侧+4.5cm，前侧+3cm，后中+1cm，前中+1cm。

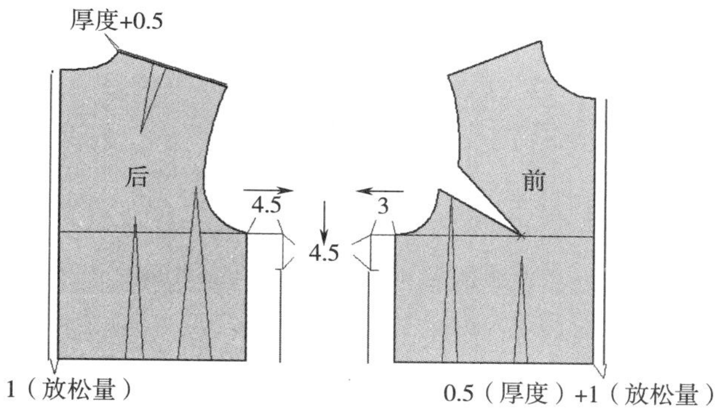

二、大衣纸样设计

（一）合体型大衣纸样设计

此款式为女式大衣中的经典款型，腰线以上比较修身，下摆宽大。

款式分析：合体X型长款，刀背缝分割，双排扣，翻驳领，合体两片袖（无后偏袖）。

成衣胸围：84cm+18cm=102cm

成衣腰围：68cm+15cm=83cm

衣长：113cm

袖长：60cm

袖口：28cm

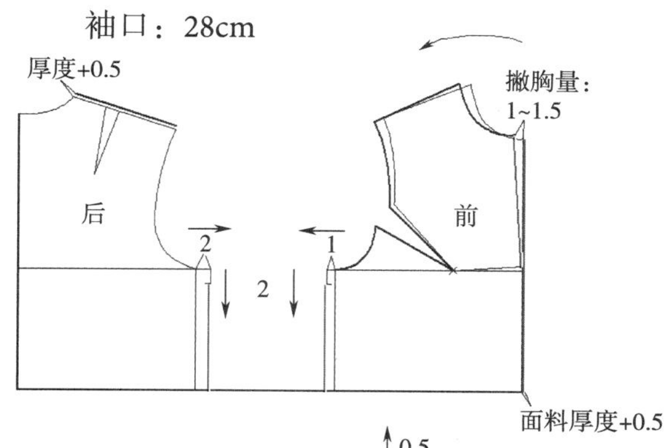

① 上衣原型结构变化设计1

首先做撇胸：将一部分袖窿颖转移到前中，使撇胸量达到1~1.5cm（胸围越大撇胸量就越大）。

前中加上0.5cm的面料厚度，后肩线加上0.5的面料厚度。

胸围放量计算：102cm（成衣胸围）−96cm（原型胸围）=6cm，6cm ÷ 2=3cm，即前胸侧缝加1cm，后胸侧缝加2cm。袖窿深下落2cm。

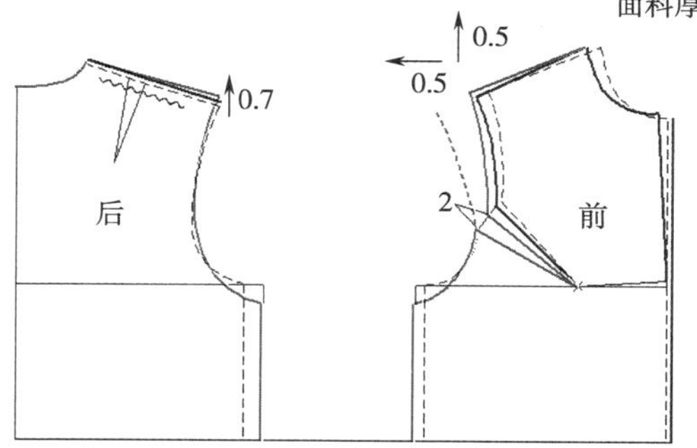

② 上衣原型结构变化设计2

将前袖窿颖缩到2cm的颖量。根据图示，绘制前后肩线，后肩颖放松成为后肩线的缩缝量。

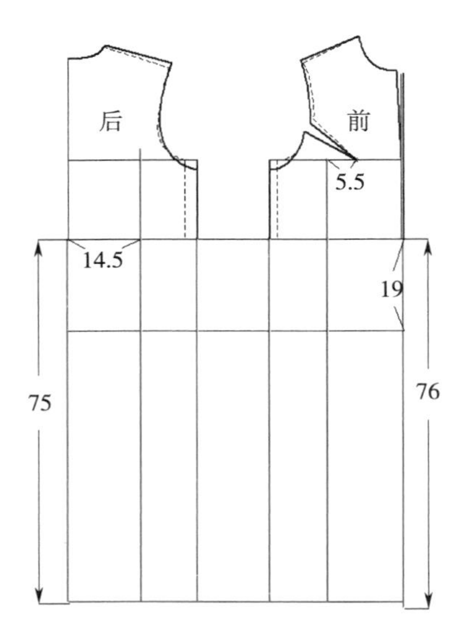

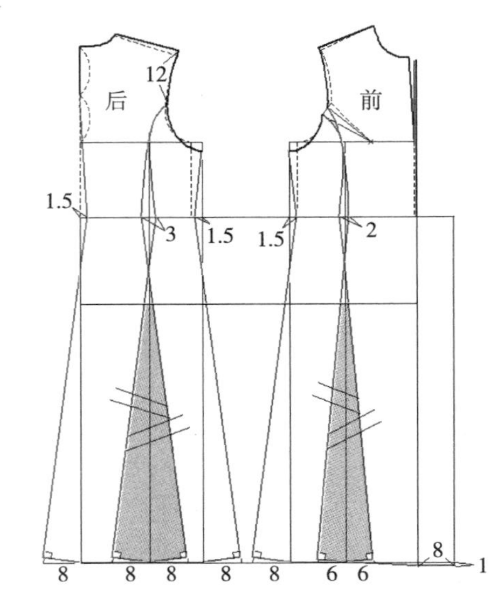

③ 绘出下衣长和刀背缝基准线

后中下延75cm，前中下延76cm。根据图示，绘出前后刀背缝的基准线。

④ 绘制刀背缝和底摆线

成衣胸宽−成衣腰宽=腰部颣量。（102cm−83cm）÷2=9.5cm，这一半腰部颣量的分配方式：前胸颣量2cm，后腰颣量3cm，后中颣量1.5cm，前后侧缝颣量各1.5cm。

前后底摆侧缝处扩大8cm，前后刀背缝基准线两端各展开6cm和8cm，绘制出新底摆线。

前中设定搭门量8cm，绘出腰线以下的门襟止口。

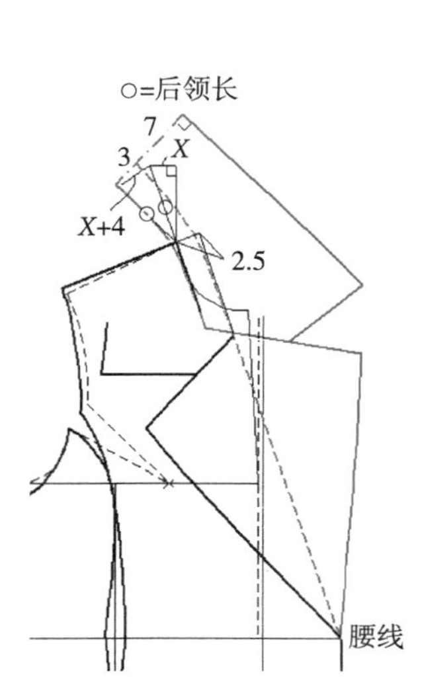

⑤ 绘制翻驳领

前肩线从颈侧点处外延2.5cm，绘制串口线，串口点在腰线与门襟止口线交点处。

翻领宽7cm，底领高3cm，翻底领宽差值是4cm，因此倒伏量为X+4cm。

⑥ 绘制扣位等

在前中线两侧确定扣位，距离门襟止口线2.5cm。腰线处双排扣水平间距为11cm，垂直间距10cm。腰线以上装饰扣直线距离10cm。

根据图示，绘制挂面和兜盖位置。

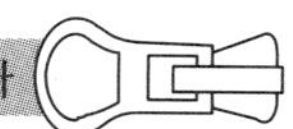

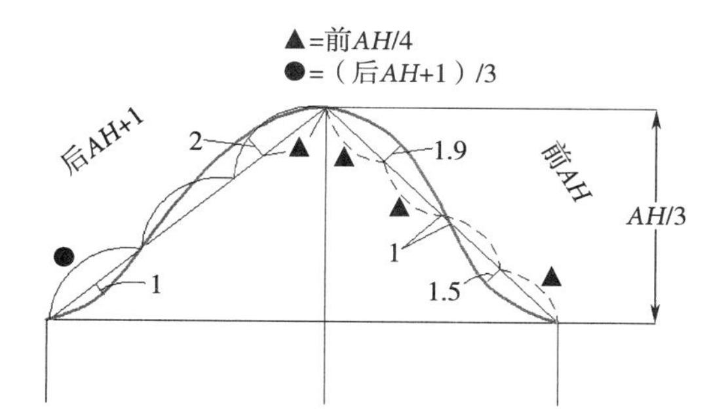

⑦ 绘制本款式的原型袖

如图所示，绘制袖山部分。袖山高：AH/3（AH指前后袖窿长的和），袖长=60cm。

注意：三角=前AH/4，圆圈=（后AH+1）/3。

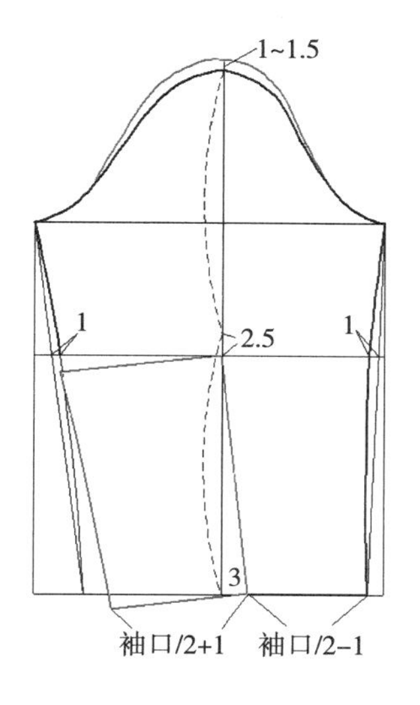

⑧ 绘制肘位褶一片合体袖

原型袖的袖山高上抬1~1.5cm，重新绘制袖山弧线。

将原型袖变化为肘位褶一片合体袖：

首先，在原型袖口线上绘制后袖口（袖口/2+1cm），绘出后袖缝线。

然后，把后袖的肘位线剪开，将后下袖片向前袖方向偏移3cm。此时后袖肘处形成一个褶道。绘制前袖口和前袖缝线。

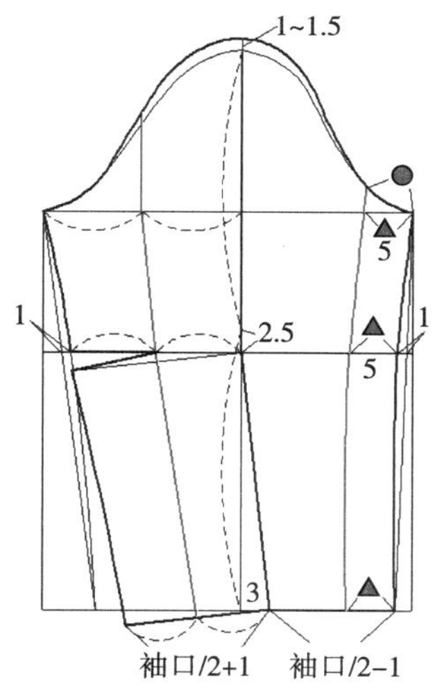

⑨ 确定前偏袖线和新后袖缝线

绘制前偏袖线，前偏袖线距离前袖缝线5cm。

新后袖缝线在后袖宽的中点。

后肘位褶长度缩短。

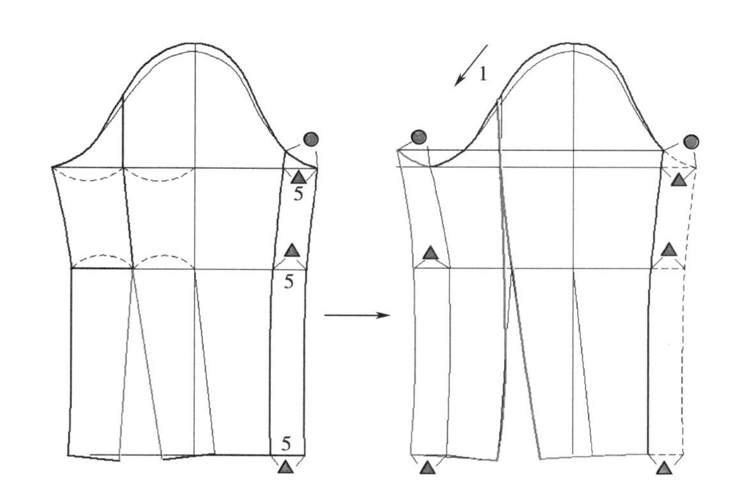

⑩ 合体两片袖

将肘位褶转移到后袖口。剪开前偏袖缝，将剪下的裁片与后袖拼接，即对合原来的前后袖缝线。圆顺大小袖的新后袖缝线与袖口线。

（二）宽松型大衣纸样设计

此款式为宽松型女式大衣：茧型外轮廓，刀背缝式插肩袖，大翻驳领，宽门襟，暗扣，前兜盖内有插袋。

成衣胸围：84cm+31cm=115cm

衣长：78cm

袖长：57cm

袖口：32cm

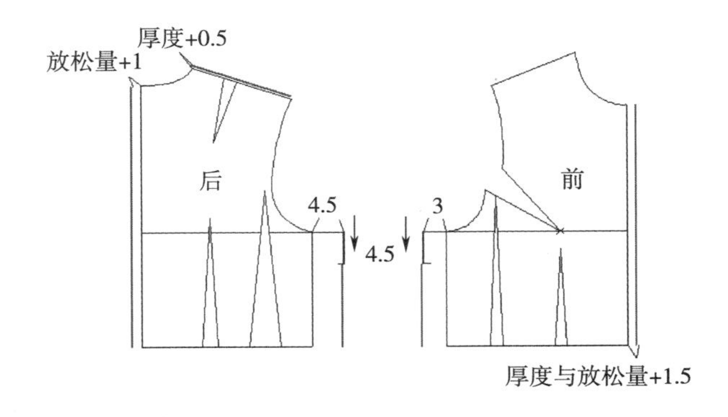

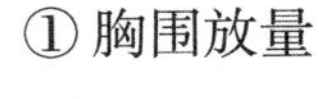

① 胸围放量

115cm－96cm=19cm，19cm÷2=9.5cm，根据放量比例，后侧缝∶前侧缝∶后中缝∶前中缝=4∶2∶1∶1，后侧+4.5cm，前侧+3cm，后中+1cm，前中+1cm。前中和后肩线分别加面料厚度0.5cm。袖窿深下落4.5cm。

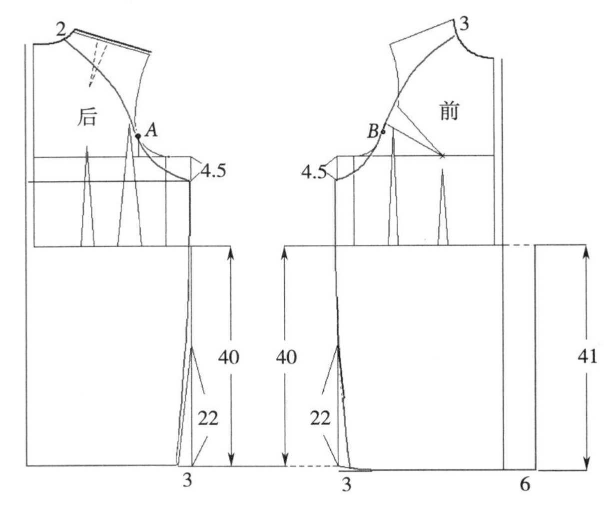

② 绘出插肩袖分割线和下衣长

根据图示，绘出前后插肩分割线，在分割线与原型袖窿相切的位置，确定两个交叉点*A*、*B*。

后中下延40cm，前中下延41cm，侧缝底摆处收进各3cm。前中门襟宽度6cm，绘出腰线以下的门襟止口。

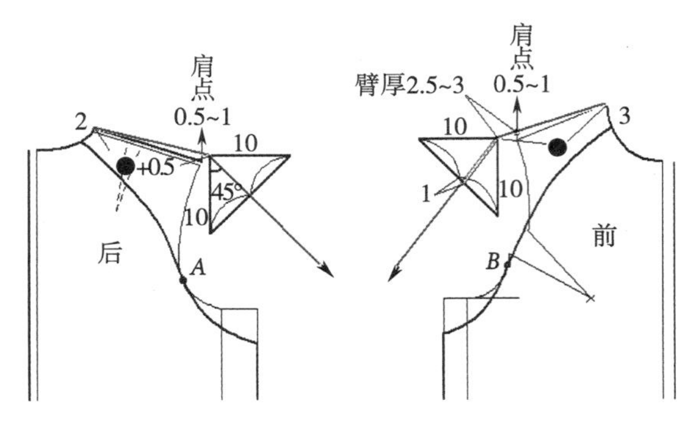

③ 确定前后袖的倾斜角度

此款的前后肩点抬高量为1cm，前肩加臂厚2.5cm，后肩=前肩+0.5cm。根据等腰三角形，确定后袖的倾斜角度为45°，前袖下落1cm，即前袖倾斜角度大于45°。

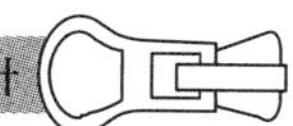

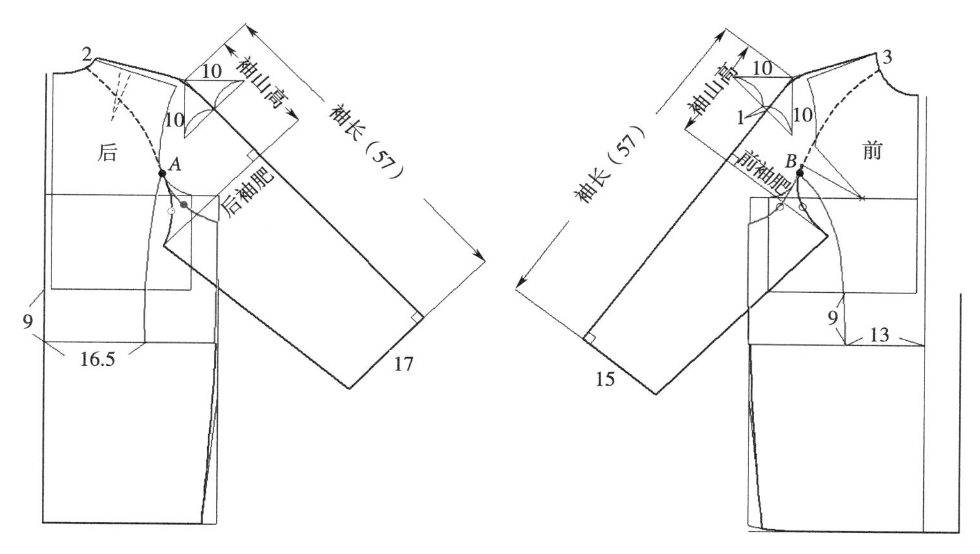

④ 绘制刀背缝分割线和腋下片

插肩袖尺寸：袖长=57cm，后袖口=17cm，前袖口=15cm，后袖山高=前袖山高，前袖肥=后袖肥−1cm。

在前后插肩袖的交叉点处，重新绘制刀背缝做分割线（注意分割线与袖底弧线之间要有一定的距离，最少要大于两个缝边的宽度），刀背缝下端点到腰线以下9cm的位置，往侧缝做横向分割线，绘出腋下片。

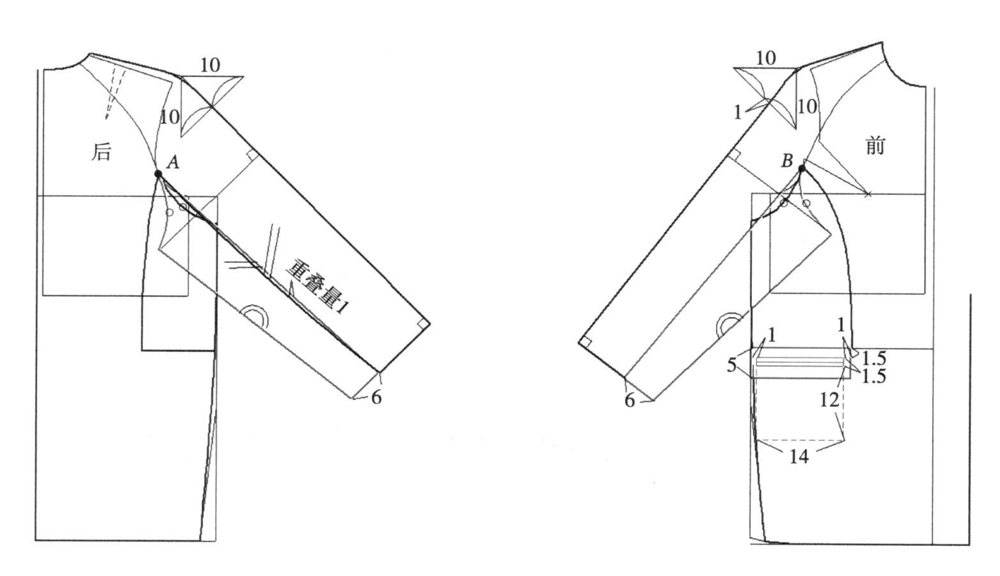

⑤ 绘制袖底片和前袋位置

分别从交叉点A、B处绘制到袖口的分割直线，注意后身与袖底片的重叠量为1cm（0.7~1cm）。前后袖缝线对合成为袖底片。

在前腋下片横向分割线处，绘出前插袋和外兜盖的尺寸与位置。

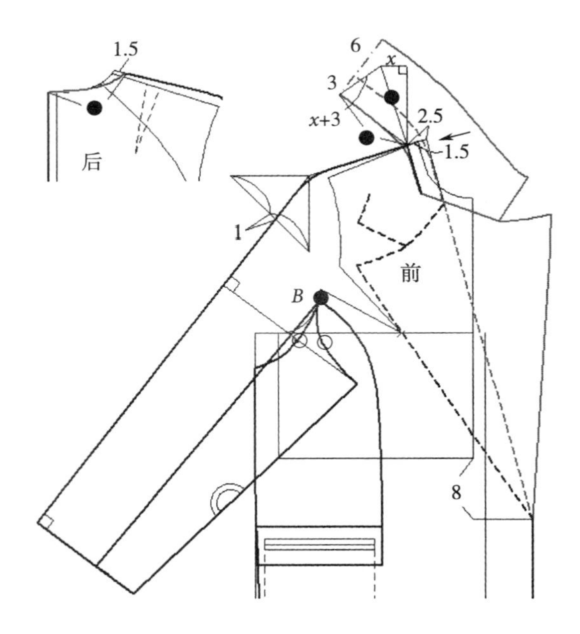

⑥ 绘制大翻驳领

驳口点在门襟止口的腰线以下8cm处，首先将前颈侧点往肩点方向收1.5cm（后颈侧点同样），再从这点往上顺延肩线2.5cm做底领高，连接驳口点和底领高两点，完成驳口线。

参考第三章第二节——平驳头西服领（一片立翻领）的绘图方法，绘出大翻驳领，翻领宽6cm，底领高3cm。

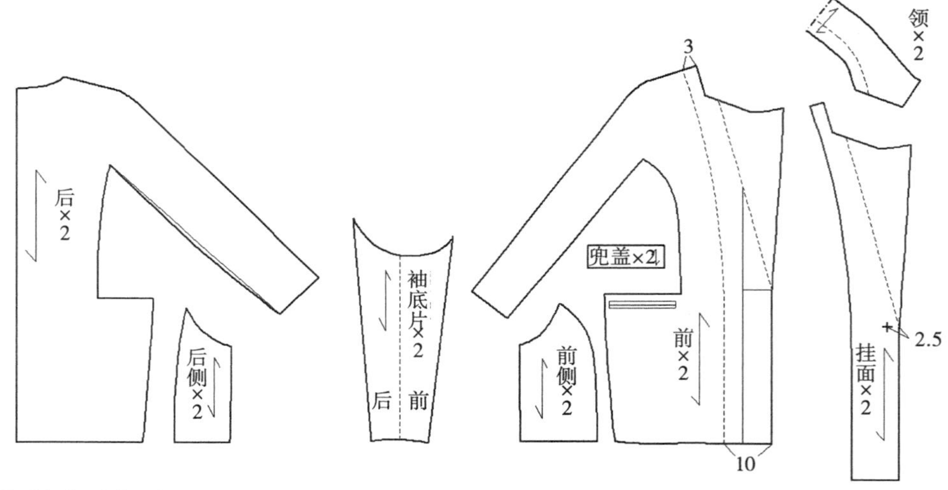

⑦ 样片示意图

完成后的纸样示意图，如图所示。

第三节　连身裤结构变化与纸样设计

一、连身裤结构变化

连身裤指上衣与裤子连为一体。

（一）连衣裤放松量

合体型：胸围放松量为6~10cm，臀围放松量4~6cm。

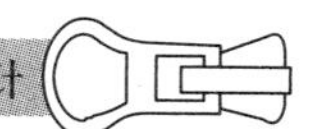

较合体型：胸围放松量为10~14cm，臀围放松量6~12cm。

较宽松型：胸围放松量为14~20cm，臀围放松量12~18cm。

宽松型：胸围放松量20cm以上，臀围放松量18cm以上。

胸围和臀围放松量的组合数值均为参考数，可以根据款式进行调整。

例1：胸部合体、臀部较宽松的款型，可以将胸围放松6~8cm，臀围放松12~18cm；

例2：上衣宽松、下衣较合体的款型，胸围放松14~20cm，臀围放松6~12cm。

以上两款连衣裤的腰部一般进行抽褶处理。

（二）连衣裤结构变化

在坐姿和上身前屈时，连体裤的裤腰部分会出现下滑现象，因此要在腰部增加一定的活动松量，尤其在后腰部分还要有交叉重叠量，以便于活动。

如右图所示，连衣裤有三个结构变化：

① 增加立裆长；

② 腰部追加活动松量；

③ 后腰的交叉重叠量。

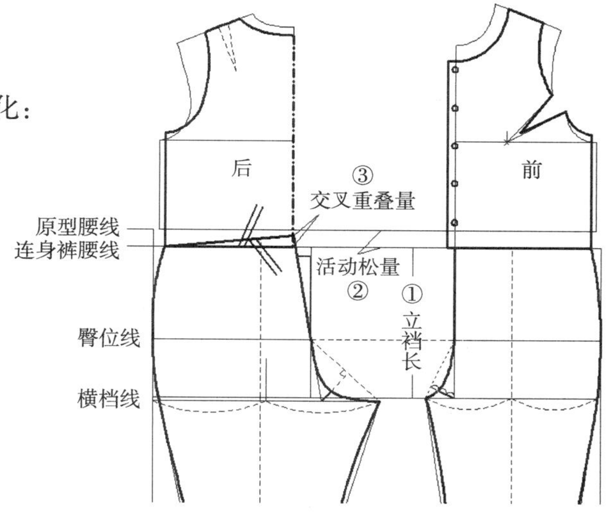

如上图所示，将基础西裤的立裆长增加了1.5cm。腰部追加3cm的活动松量，上下衣后腰部分有2cm的交叉重叠量。在站姿时，连身裤后背会显得余量大些，坐姿状态下，后面的长度刚好，如果上身前倾幅度大的话，此时的后背会出现长度不足的现象。

越宽松的裤子，活动松量和交叉重叠量越大，也就越利于活动。腰部活动松量最少不低于2cm，可根据款式而加长，如加长到8~9cm时，后背虽然余量较多，但利于上身前倾幅度较大的动作。

交叉重叠量最大不要超过3~4cm。

二、连身裤纸样设计

（一）背带式连身裤

此款式是比较典型的背带式连身牛仔裤，两侧开襟；上衣部分较短，前后以可调节长度的背带相连；腰部放松，臀部合体；裤腿为直筒式，可向上翻折；前插袋。

成衣臀围：92cm+4cm=96cm

裤口围度：53cm

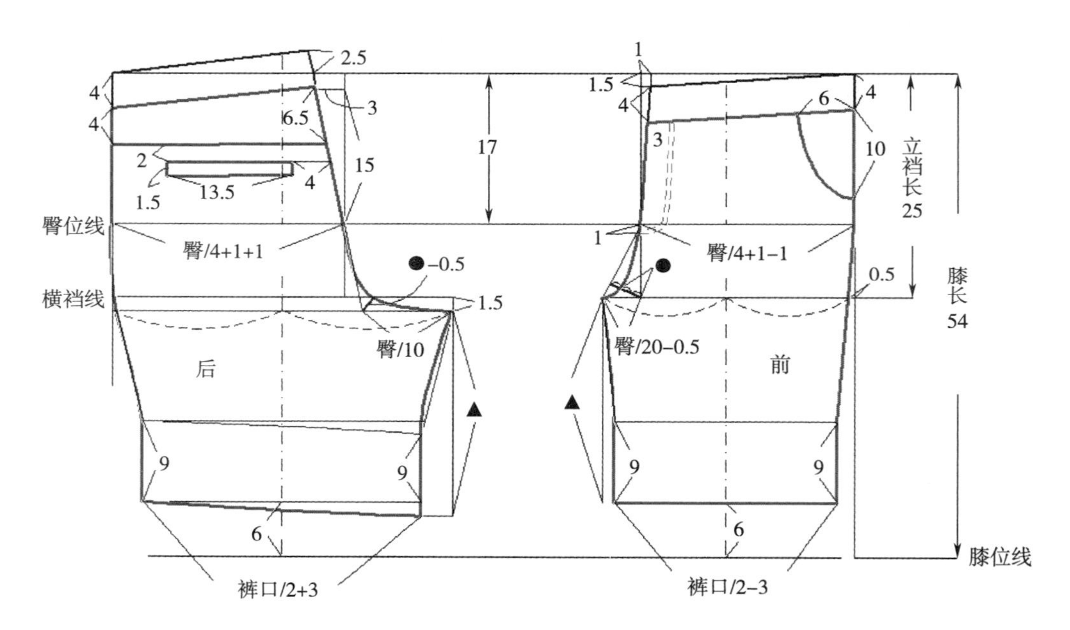

① 绘出立裆长与裤长：运用基础西裤的立裆长（25cm），首先绘出膝长（54cm），膝位线向上6cm为裤口线位置。

② 腰线向下17cm位置确定臀围线，后臀围宽=臀/4+1cm（松量）+1cm（前后调节量），前臀围宽=臀/4+1cm（松量）−1cm（前后调节量）

③ 前裆宽=臀/20−0.5cm，后裆宽=臀/10。

④ 后裆倾斜量：15∶3，起翘量：2.5cm，落裆量：1.5cm。

⑤ 前中缩进1cm，下落1.5cm，前、后侧缝取直，原腰线下落4cm，绘出新的前、后腰直线。

⑥ 确定前后裤中线，从而绘出裤口：前裤口=53cm ÷ 2−3cm，后裤口=53cm ÷ 2+3cm。

⑦ 绘制后育克、插袋，前门襟处为装饰线。

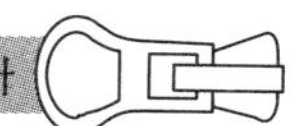

⑩ 绘制肩带（背带）

首先绘出后背带，注意与后衣片相接的顶端位置。

从后肩外延出前肩带的长度，再加上大于12cm的长度调节量。

⑨ 绘出上衣轮廓线和零部件

根据款式，绘出前后上衣造型。

绘出前贴兜和兜盖。

后侧缝处绘出门襟贴边：宽度=1.5cm，长度=2.5cm+4cm+10cm=16.5cm，标出后扣位和前扣眼位置。

标出腰带袢位置。

⑧ 绘出腰条

原型腰线处追加2~3cm的活动松量。

在新腰线下绘出水平腰条：宽度=4cm，长度=前或后裤腰，前后各一片。

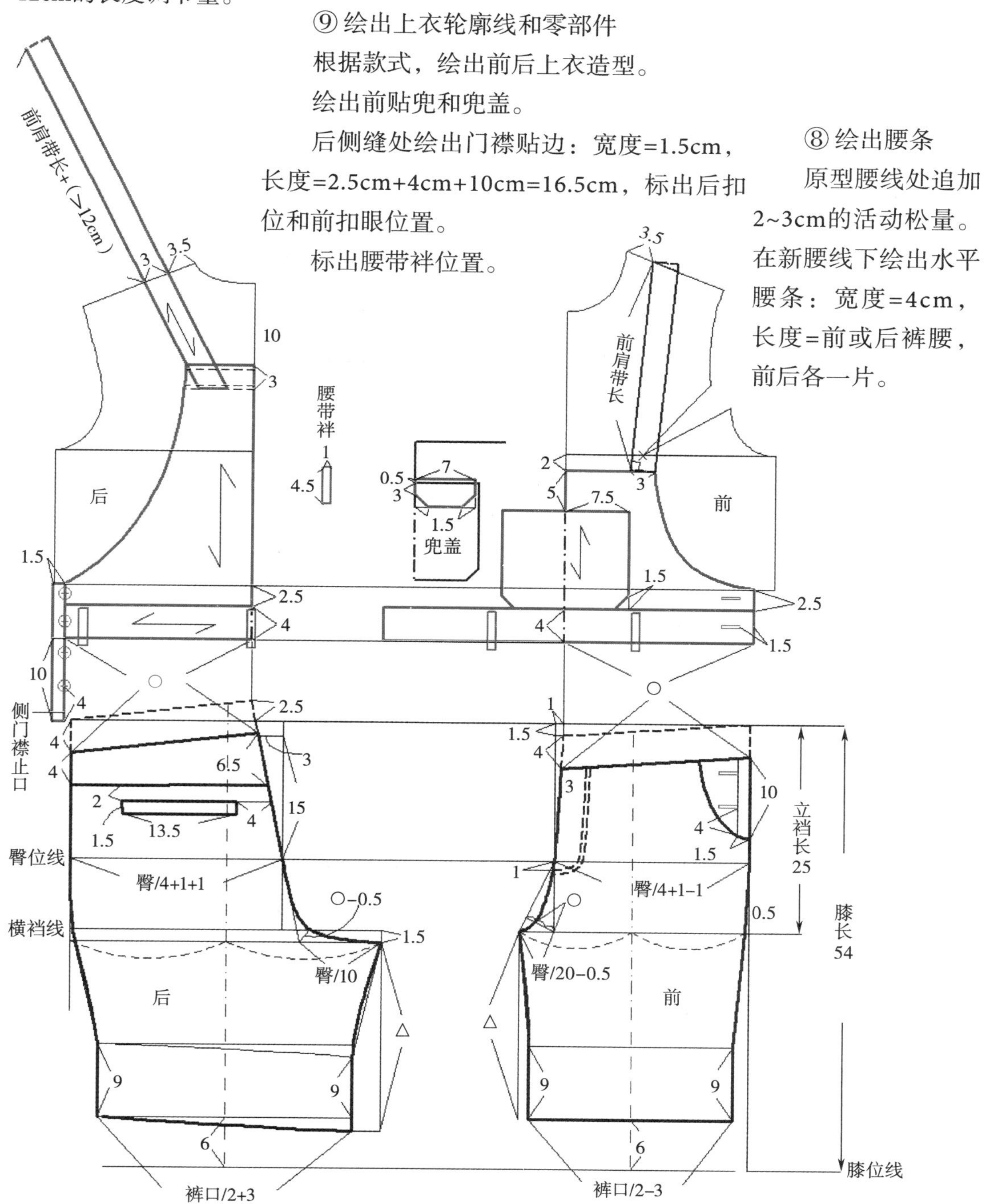

（二）宽松式连身裤

此款式为较宽松的一款连身裤：上衣部分为无袖圆领、前开襟，胸部以上合体，腰部抽褶，臀部宽松，前侧插袋。

成衣胸围：84cm+8cm=92cm

成衣臀围：92cm+12cm=104cm

衣长：38cm（背长）+3cm（腰部前倾松量）+93cm（裤长）=134cm

裤口宽：18cm

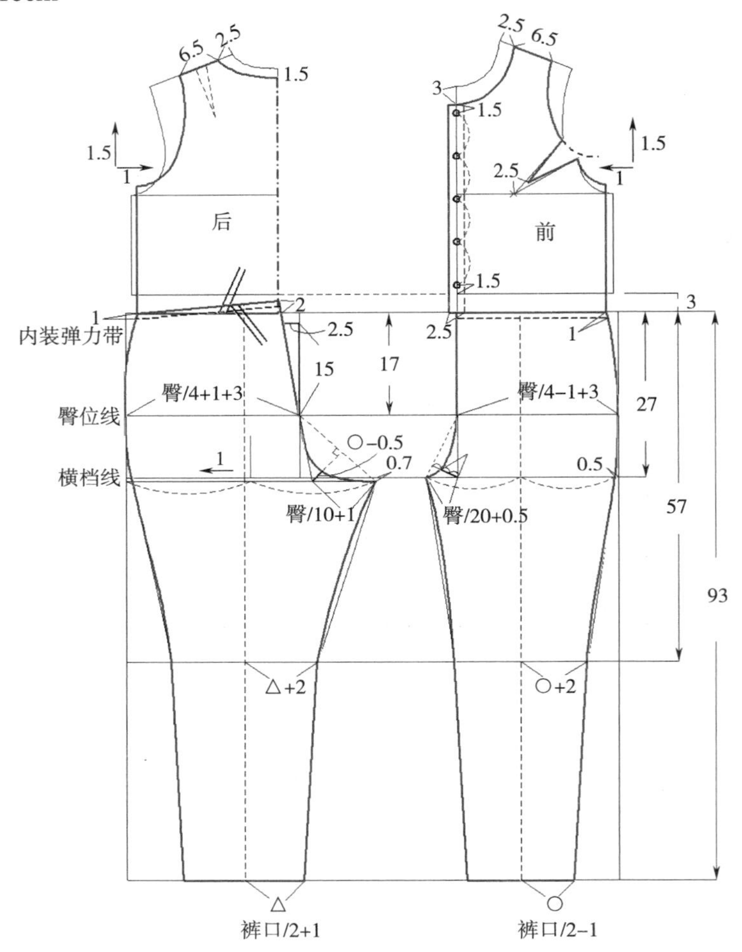

① 首先绘制裤子（臀位以上侧缝线暂不处理）：立裆长=27cm，裤长=93cm；臀高=17cm，后臀围宽=臀/4+4cm，前臀围宽=臀/4+2cm；前裆宽=臀/20+0.5cm，后裆宽=臀/10+1cm；后裆倾斜量：15∶2.5，起翘量：2cm，落裆量：0.7cm；前裤口=裤口/2−1cm，后裤口=裤口/2+1cm。

② 将上衣原型的腰部追加前倾活动松量3cm，前后中线分别与裤子的前后中线对齐，后上衣与后裤的腰部叠加量为2cm。原型胸围侧缝处前后分别收进1cm，袖窿深点上抬1.5cm，绘制垂直侧缝线与裤子腰线相交，绘出裤子的侧缝线。

参 考 文 献

［1］伯纳德·赞姆考夫，珍妮·皮尔斯. 美国现代时装设计裁剪技巧［M］. 杨江海，冯宝林，等译. 北京：电子工业出版社，1990.

［2］刘瑞璞. 服装纸样设计原理与应用［M］. 北京：中国纺织出版社，2008.

［3］文化服装学院. 文化服装讲座［M］（新版）郝瑞闽，译. 北京：中国轻工业出版社，2006.